可程式控制快速進階篇

(含乙級機電整合術科解析)

林文山　編著

全華圖書股份有限公司

序

強大的可程式控制器 PLC 已在自動控制領域中佔有獨特之地位，舉凡工業上之小型順序控制到專用機的自動控制流程，都可以看到它的身影，本書延續可程式控制快速入門篇，以三菱 PLC FX3U 之程式撰寫進階指令及應用技術為本書之內容。本書前三章介紹 PLC 之輸入輸出之關係與程式撰寫的方法，第四章介紹 PLC 之常用應用指令，第五章介紹 PLC 之 DA 模組控制(變頻器及編碼器控制)，第六章介紹 PLC 之 AD 模組控制(電位計及荷重元控制)，第七章介紹 PLC 之步進馬達控制，第八章介紹 PLC 之伺服馬達控制，第九章介紹機電整合乙級技術士術科檢定，運用階梯程式與狀態流程的合併設計，將理論與實務作結合，提供機電整合乙級實務範例程式供參考實習訓練用。

本書快速引導讀者進入 PLC 之應用控制領域，可程式控制快速進階篇適合作為高職電機、控制、機電之進階實習課程，或技職院校自動化相關之 PLC 應用技術之實務與乙級機電整合實習參考用書，以及從事自動化之相關技術人員自學參考，敝人每每利用課餘及機整訓練之暇編寫而成，將多年的教學與訓練之經驗及對 PLC 的程式控制親自實作，並將業界常用之 PLC 控制模組、應用指令控制、變頻控制、步進馬達控制、伺服馬達控制等，循序漸進由淺入深加速了解 PLC 控制方法，希冀本書能帶給讀者對 PLC 之應用技術有更具體之認識及應用。小弟才疏學淺，編輯難免有誤，懇請各位先進前輩不吝指正。

本書的完成，要感謝國立雲林科技大學機械工程系指導教授曾世昌博士之勉勵，在這段期間給我很多的建議與回饋；同時也要感謝我的內人(宥希)、這些日子以來給我的包容與體諒，我將這本書獻給我最愛的家人及我可愛的兩個寶貝(孝恩、子甯)。因為有你們讓我的人生更增添色彩且豐富許多。

編輯部序

「系統編輯」是我們編輯方針，我們所提供給您的，絕不只是一本書，而是關於這門學問的所有知識，它們由淺入深，循序漸進。

本書強調三菱 PLC FX3U 階梯(LD)與步進流程(SFC)合併設計之方法，程式的主控權交給階梯，動作流程由 SFC 來編輯處理，循序漸進淺顯易懂。而 PLC FX3U 常用之應用指令解說，增加編輯程式之技巧，以及使用應用指令來驅動三菱 J4 伺服馬達、步進馬達。另外還結合工業上之常用感測器(電位計、荷重元、編碼器)及 PLC FX3U 外掛模組(AD、DA)，來做一些重量、長度及變頻器控制。

本書前三章介紹 PLC 之輸入輸出之關係與程式撰寫的方法，第四章介紹 PLC 之常用應用指令，第五章介紹 PLC 之 DA 模組控制(變頻器及編碼器控制)，第六章介紹 PLC 之 AD 模組控制(電位計及荷重元控制)，第七章介紹 PLC 之步進馬達控制，第八章介紹 PLC 之伺服馬達控制，第九章介紹機電整合乙級技術士術科檢定，運用階梯程式與狀態流程的合併設計將理論與實務作結合，提供機電整合乙級實務範例程式供參考實習訓練用。

同時，為了使您能有系統且循序漸進研習相關方面的叢書，我們以流程圖方式，列出各有關圖書的閱讀順序，以減少您研習此門學問的摸索時間，並能對這門學問有完整的知識。若您在這方面有任何問題，歡迎來函連繫，我們將竭誠為您服務。

相關叢書介紹

書號：04F01027
書名：可程式控制實習與應用－OMRON NX1P2(第三版)(附範例光碟)
編著：陳冠良
小菊 8K/400 頁/580 元

書號：04A97106
書名：可程式控制實習全一冊(附實習手冊)
編著：賴祐炯
小菊 8K/436 頁/525 元

書號：10374
書名：可程式控制器 CJ/CS/NSJ 指令應用大全(基礎篇)
編著：台灣歐姆龍(股)公司
16K/355 頁/350 元

書號：10385
書名：可程式控制器 CP1E PLC 指令應用大全(基礎篇)
編著：台灣歐姆龍(股)公司
16K/218 頁/300 元

書號：06297017
書名：可程式控制器實習與電腦圖形監控(第二版)(附範例光碟)
編著：楊錫凱.林品憲.曾仕民.陳冠興
16K/344 頁/360 元

書號：0585102
書名：泛用伺服馬達應用技術(第三版)
編著：顏嘉男
20K/272 頁/320 元

書號：06130017
書名：人機介面觸控技術實務－士林電機系列(第二版)(附應用軟體、影音教學光碟)
編著：石文傑.白皓天.林家名
16K/456 頁/540 元

◎上列書價若有變動，請以最新定價為準。

流程圖

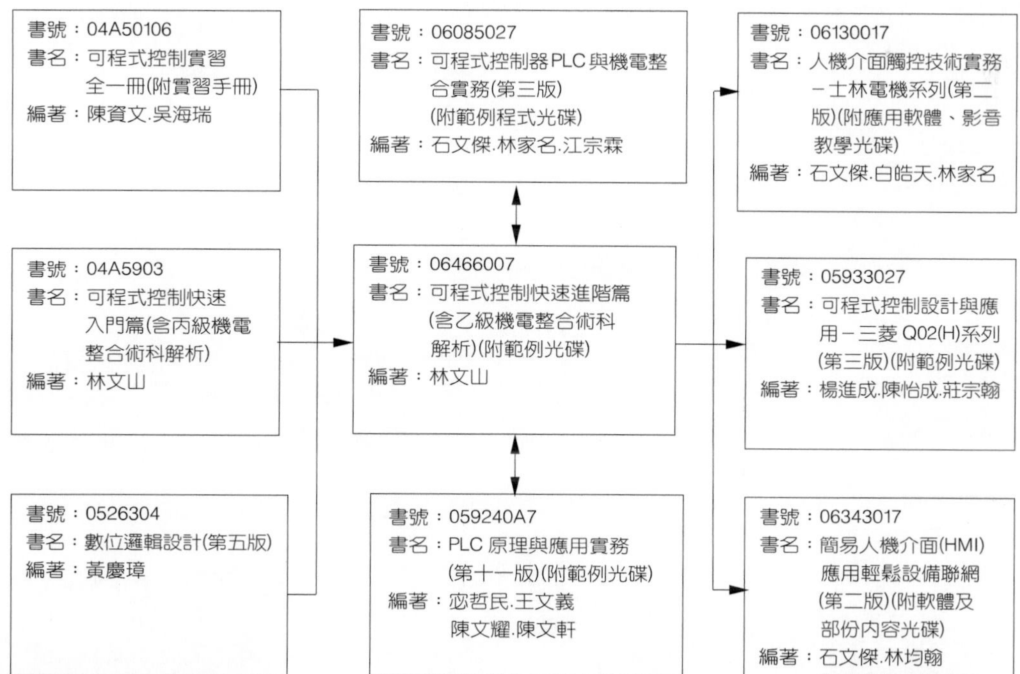

目錄

Chapter 1 可程式控制器之介紹

Chapter 2 輸入端配線方式與程式 AB 接點之關係

Chapter 3 階梯(Ladder)與 SFC 之合併設計應用實習

Chapter 4 應用指令介紹

Chapter 5 交流馬達變頻器控制(含 AD、DA 模組)應用指令介紹

Chapter 6 電位計與荷重元(含 AD 模組)

Chapter 7 步進馬達控制

Chapter 8 伺服馬達控制

Chapter 9 機電整合乙級術科解析

Chapter 1

可程式控制器之介紹

1-1 PLC 簡介

1. PLC 發展

隨著機械與機構之複雜頻繁的動作流程和自動化機械快速發展的趨勢下，如何設計省時、省力、方便，自動化機械控制(機電整合)是必然的方向。而歐美國家早期的自動化機械，其控制元件，是由繼電器、按鈕開關、計時器、計數器及感測器(開關)等所構成，以達到控制目的。但約在 1968 年美國最大的汽車工廠(通用汽車)，因推出的汽車款式愈來愈多，在生產線上爲了應付多樣化的控制，於是發展出控制的核心爲可程式控制器，簡稱 PLC。

可程式控制器(Programmable Controller)簡稱 PC，近年來由於個人電腦(Person Computer)也簡稱 PC，常會造成名稱混淆，後來將可程式控制器簡稱爲 PLC(Programmable Logic Controller)。由於可程式控制器是由順序動作演變而來的，也有人稱之順序控制器(Sequencer Controller)簡稱 SC。

依照美國電工製造協會(National Electrical Manufacturers Association)簡

稱 NEMA，在 1978 年對可程式控制器的定義：可程式控制器是一種用數位操作的電子設備，具有可程式的記憶體，能儲存規劃的指令，然後執行邏輯、順序、計時、計數與算術等控制機械或程序的特定功能。由於微處理機技術進步，可程式控制器加入了人機介面功能、演算與通信功能等，使可程式控制器更彈性化與功能化，由於 CMOS 的技術不斷的進步，記憶體容量的增加，於是程序控制(process control)的自動化機械，大量使用可程式控制器，並能與電腦連線結合圖控系統，作更完善的控制與監控系統。

可程式控制器在日本發展相當快速，因爲它是由順序控制演變而來，所以有人稱爲順序 控制器(Sequencer Controller)。工業自動控制依其應用的特性，可分爲兩種(1)爲數值控制(Numerical Control)，俗稱 NC 控制，它是強調量測與定位的精準度，(2)順序控制(Squence Control)，俗稱 SC 控制，它強調的是階段、步進、程序過程等等。NC 控制講求的每一動作的尺寸或物理量的精準度。而順序控制是講求先後順序的過程，其定位或物理量的測量是由外部裝置例如光電感測器，近接開關等來決定。

至於順序控制，大致亦可分成兩類型(1)單純進行 ON/OFF 返覆動作的順序控制，(2)依據某條件，作 ON/OFF 控制的條件控制。

可程式控制器的使用，改善了很多傳統繼電器的缺點，其設計更趨人性化，所以是值得去了解與使用的控制器，它具有下列的特性與優點：

(1) 利用微處機處理資料，運算與通信能力強。
(2) 可程式化的設計，修改程式容易。
(3) 體積小，適合各種環境。
(4) 抗雜訊能力強。
(5) 模組化設計，擴充容易。
(6) 自我診斷功能強。
(7) 系統之可信度及穩定度高。
(8) 人性化設計具親和力。

由於科技的進步，可程式控制器的功能亦隨著增強，且 CPU 的處理

速度不斷的提升，使得 PLC 的資料演算處理更快，過去集中控制管理的方式，會隨著網路通信能力的提升而成爲分散式控制系統。另外，圖控與人機介面對可程式控制系統亦是相當重要的，未來的 PLC 並不是只有順序控制功能，而是配合電腦、人機介面及網路通訊成爲一個全方位功能性強大易於操作的控制器。

2. PLC 架構

PLC 系統架構包含有四個單元，分別是中央處理單元(含記憶體)、電源供應器、輸入/輸出界面單元、程式規劃器單元，其基本架構如圖 1-1 所示。

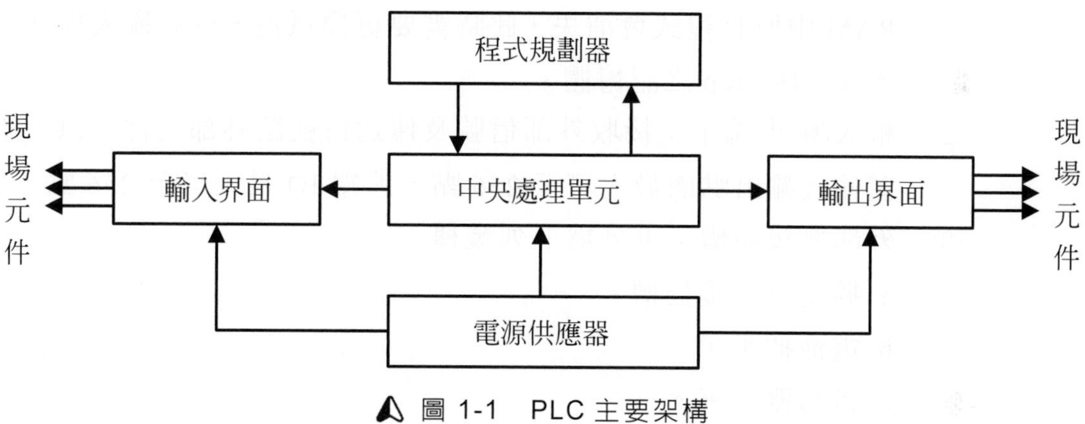

圖 1-1　PLC 主要架構

(1) 中央處理單元：

這是 PLC 的心臟單元。中央處理器經由輸入界面收取現場元件輸入信號，依照記憶體內的控制程式執行控制法則，然後將結果經由輸出界面送到現場元件。其記憶體主要用來儲存控制程式以及輸出入狀態。

(2) 電源供應器：

主要將交流電源轉換成 PLC 運作所需的直流電源。

(3) 輸入/輸出界面單元：

中央處理單元由此接收外部信號，經邏輯演算之後，再經此將命令送達外部元件。

(4) 程式規劃器單元：

主要利用個人電腦(PC)或掌上型程式書寫器，將控制程式輸入至中央處理單元之記憶體。

3. PLC 主機及外掛模組

本系統採用三菱 FX3U 系列的 PLC，其產品包括主機、擴充機及擴充模組。主機與擴充機可安裝在同一鋁軌上，主機可搭配不同擴充模組使用。

(1) 主機：包含 RAM 鋰電池、輸出/入端子台、外部連接插槽、指示燈等。

① RAM：主要功能儲存程式，當外部電源沒有接通時，程式暫存在 RAM 中靠電池供應電源維持程式儲存，若電池電力耗盡，RAM 中原有程式會消失，此時需要更換電池，重新輸入程式。內建 64K step 之記憶體。

② 輸入/輸出端子：接收外部信號及傳送信號給外部元件。3U 實體輸入輸出點數最大可至 256 點，遠端 IO 最大可至 256 點。

③ 外部連接插槽：可分爲下列幾種：

a. 擴充機連接插槽。

b. 電池插座。

c. 書寫器插座。

d. 記憶卡插槽。

e. 特殊模組(含通訊功能)連接插槽。

④ 指示燈：可分爲下列幾種：

a. 輸入信號指示燈(IN)：有輸入信號時，相對應的燈號會亮。

b. 輸出信號指示燈(OUT)：有輸出信號時，相對應的燈號會亮。

c. 電源指示燈(POWER)：外部電源輸入時，指示燈亮。

d. 執行信號指示燈(RUN)：當 RUN 的開關扳至 RUN 時，指示燈亮。

e. 電池電壓指示燈(BATT)：電池電壓過低時，指示燈會亮(紅色)，此時需更換電池。

f. CPU 程式偵錯指示燈(ERROR)：程式編輯時有錯誤時，指示燈會閃爍，若內部 CPU 有問題時則指示燈持續亮。

⑤ RUN/STOP 開關：當開關扳至 RUN 時，程式執行，開關扳至 STOP 時，程式停止執行。

⑥ 程式軟體設計：GX Developer(GPPW)版本或 GX Works2 版本。

⑦ 電源規格：

a. 主機使用 50/60HZ，100V 至 240V 之交流電。

b. FX3U-32MR，本機消耗功率為 35W。

c. PLC 本身提供直流電源 DC24V/0.4A。所提供之功率並不大，故不可提供外部其他負載(如繼電器、直流馬達等)所使用，僅提供給輸入元件(如按鈕開關、感測器等)所需之電源使用。

(2) 擴充機及擴充模組：一般可分為 I/O 擴充模組、類比輸入模組、類比輸出模組、溫度感測模組、通信模組、高速計數模組，脈波定位模組及週邊擴充介面卡。

① I/O 擴充模組：為輸入接點及輸出接點之擴充。

② 類比信號輸入模組：外部輸入類比信號，可接受電壓(DC－10V～＋10V)或電流(DC－20mA～＋20mA)。

③ 類比信號輸出模組：輸出類比信號，可輸出電壓(DC－10V～＋10V)或電流(DC－20mA～＋20mA)。

④ 感測模組：接收溫度感測器的信號。

⑤ 通信模組：為 RS232 通信用，傳送距離最長 15 米，可與電腦、列表機及條碼機(Bar Code)等連結。

⑥ 高速計數模組：可輸入 2 相，最高 50KHz 高速計數信號。

⑦ 脈波定位模組：可控制單軸步進馬達或伺服馬達，最高輸出脈波為 100kpps，1 台 PLC 最多可連接 8 台，脈波定位模組執行 8 軸獨立運轉。

⑧ RS232 通信介面：為 RS232 通信用，傳送距離最大 50 米可與電腦、列表機及條碼機(Bar Code)等連結。

⑨ RS485 通訊介面：可做爲 FX3U 系列，主機與主機間的連結或做爲 RS232 轉換之介面，用於電腦與主機間資料傳輸。

⑩ RS422 通信介面：可使用 RS422 介面，可同時連接電腦及程式書寫器做程式編輯及監控的動作。

4. 三菱 PLC 型號

瞭解 PLC 架構及週邊擴充模組功能後，可視實際需求去選擇適合的 PLC 及擴充模組。以 FX3U-32MR-ES 爲例。

(1) FX3U：表示機型系列名稱。

(2) 32：表示輸入及輸出合計點數。

(3) M：表示機種區分。

a. M：主機。

b. E：輸出輸入混合擴充機，擴充模組。

c. EX：輸入專用模組。

d. EY：輸出專用模組。

(4) R：表示輸出型式。

a. R：繼電器輸出。

b. T：電晶體輸出。

c. S：SSR 輸出。

(5) ES：輸出方式。

a. ES 電晶體(NPN)。

b. ESS 電晶體(PNP)。

5. 三菱 PLC 網路架構

PLC 之間資料交換，可透過 RS-485 連線方式，做兩台 PLC 或多台 PLC 之間資料交換，其連線方式大致可分爲下列幾種：

(1) 二台 PLC 連線

兩台 PLC 之間資料交換，可透過 485BD 或 485-ADP 模組聯結。

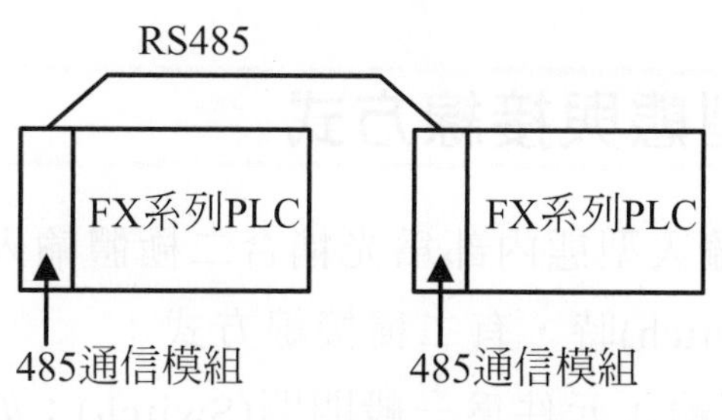

圖 1-2 兩台 PLC 連線

(2) 以 PLC 為主控，多台 PLC 連線方式

以 FX 系列 PLC 為主控制，透過 485-BD 或 485-ADP 模組連結 FX 系列 PLC，最多可連結 7 台 PLC(含主控 PLC 總共 8 台 PLC)，做內部資料交換。

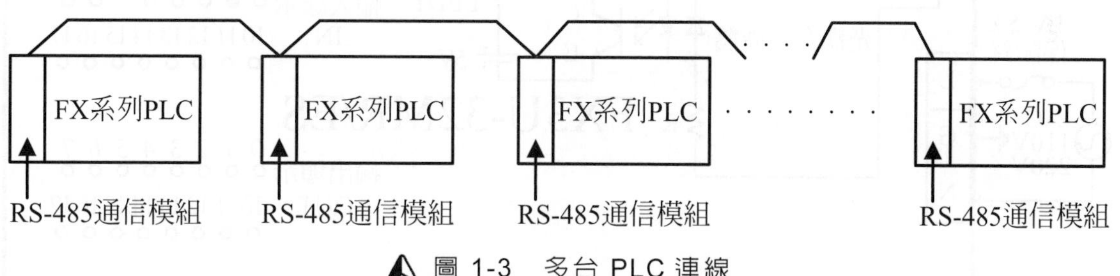

圖 1-3 多台 PLC 連線

(3) 以 PC 為主控，多台 PLC 連線方式

以 PC 為主控，透過 RS-232 轉 RS-485 模組與 485-BD 或 485ADP 模組連結多台 PLC，最多可連結 16 台 PLC。

圖 1-4 PC 主控多台 PLC 連線

註：1.以上網路架構為 FX 系列 PLC 為例。

2.隨著科技進步，連線方式可能會有所變更，本架構僅提供參考。

1-2 輸入型態與接線方式

可程式控制器的輸入型態內部為光耦合二極體輸入迴路型式，而外部輸入元件為一般開關(Switch)時，有二種接線方式：

1. **S/S 接 24V**，外部輸入元件為一般開關(Switch)：如圖 1-5 所示。

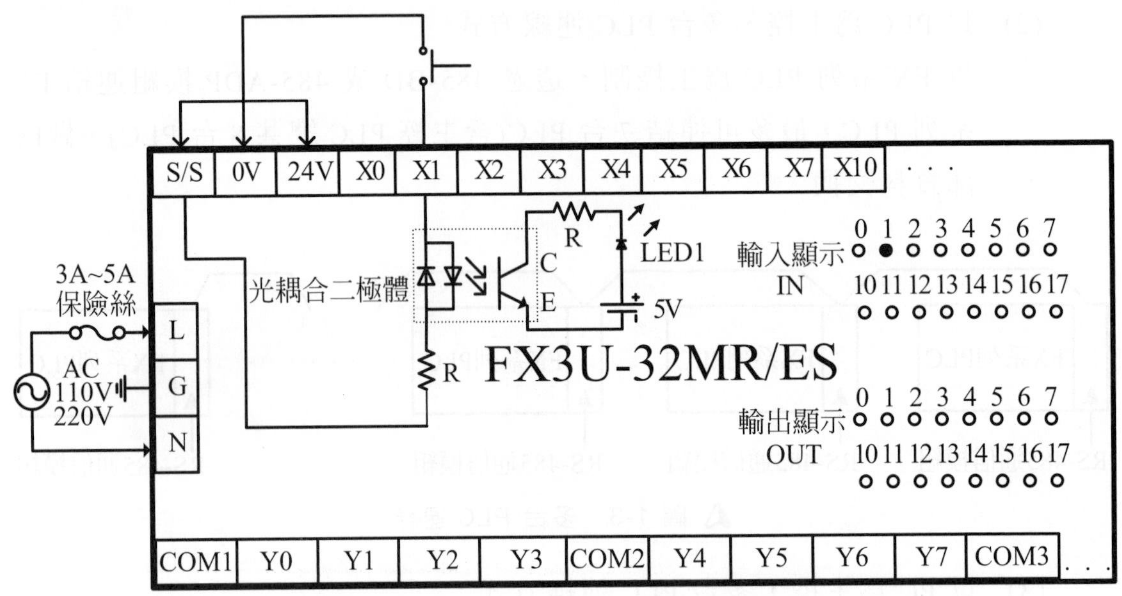

圖 1-5　S/S 接 24V 按鈕開關迴路

圖 1-5　說明如下：

(1) 當 S/S 接 24V 時，S/S 為所有輸入(X)的共點，當按鈕開關壓下去(按住)之後，電路從 24V→S/S→R 電阻→發光二極體(順偏)→按鈕開關→0V，構成迴路電路形成導通的狀態。此時，發光二極體觸發光電晶體，使得光電晶體 CE 之間形成短路，又使得整個光電晶體迴路導通，所以 LED1 燈亮。

(2) 當按鈕開關放開之後，無構成迴路電路形成斷路的狀態，此時 LED1 燈滅。

(3) 換言之，可假想輸入端 X1 就是一顆繼電器，當按鈕開關壓下去(按住)之後，電路導通繼電器線圈激磁，所以 LED1 燈亮，也就代表

X1 線圈有激磁。按鈕開關放開之後，電路斷路繼電器線圈失磁，所以 LED1 燈滅，也就代表 X1 線圈無激磁。

(4) 輸入端(X)，因內部迴路都是電子元件所組成的，故輸入端(X)只能通直流電，可搭配 24V 之電源供應器使用(無需使用 PLC 內部所提供之 24V 電源)，接線時需用藍色線來配線，與交流電以示區別。

2. **S/S 接 0V**，外部輸入元件為一般開關(Switch)：如圖 1-6 所示。

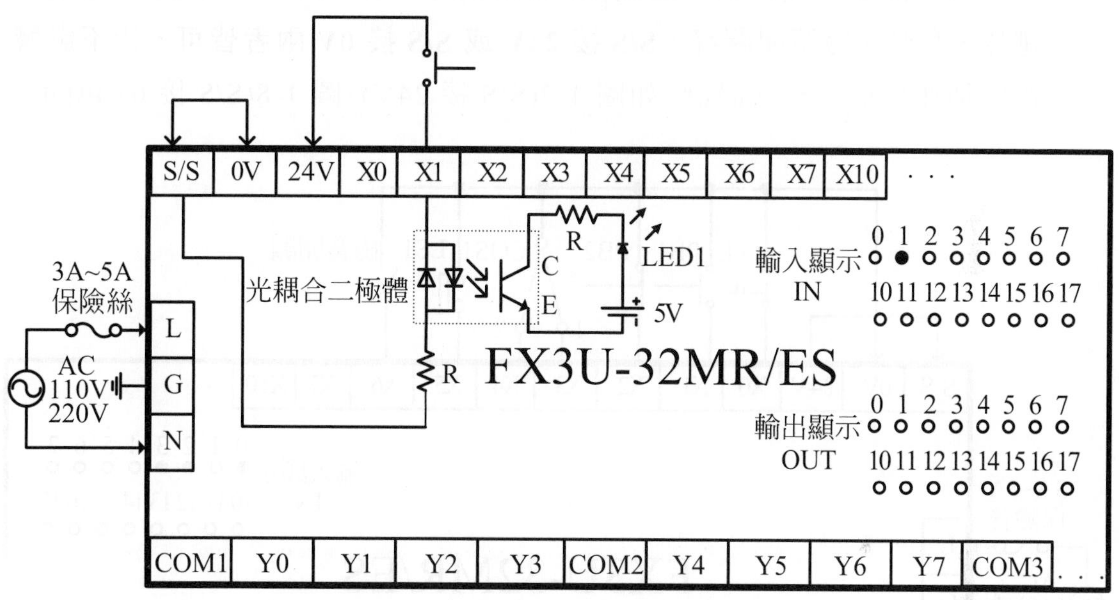

圖 1-6　S/S 接 0V 按鈕開關迴路

圖 1-6　說明如下：

(1) 當 S/S 接 0V 時，S/S 為所有輸入(X)的共點，當按鈕開關壓下去(按住)之後，電路從 24V→按鈕開關→發光二極體(順偏)→R 電阻→S/S→0V，構成迴路電路形成導通的狀態。此時，發光二極體觸發光電晶體，使得光電晶體 CE 之間形成短路，又使得整個光電晶體迴路導通，所以 LED1 燈亮。

(2) 當按鈕開關放開之後，無構成迴路電路形成斷路的狀態，此時 LED1 燈滅。

(3) 換言之，可假想輸入端 X1 就是一顆繼電器，當按鈕開關壓下去(按住)之後，電路導通繼電器線圈激磁，所以 LED1 燈亮，也就代表

X1 線圈有激磁。按鈕開關放開之後，電路斷路繼電器線圈失磁，所以 LED1 燈滅，也就代表 X1 線圈無激磁。

(4) 輸入端(X)，因內部迴路都是電子元件所組成的，故輸入端(X)只能通直流電，可搭配 24V 之電源供應器使用(無需使用 PLC 內部所提供之 24V 電源)，接線時需用藍色線來配線，與交流電以示區別。

3. 結論

當外部輸入元件為一般開關(Switch)時，如：TH-RY、按鈕、急停、選擇、微動、磁簧開關等，**S/S 接 24V 或 S/S 接 0V 兩者皆可**，皆不影響電路動作情形及程式設計。如圖 1-7(S/S 接 24V)、圖 1-8(S/S 接 0V)所示。

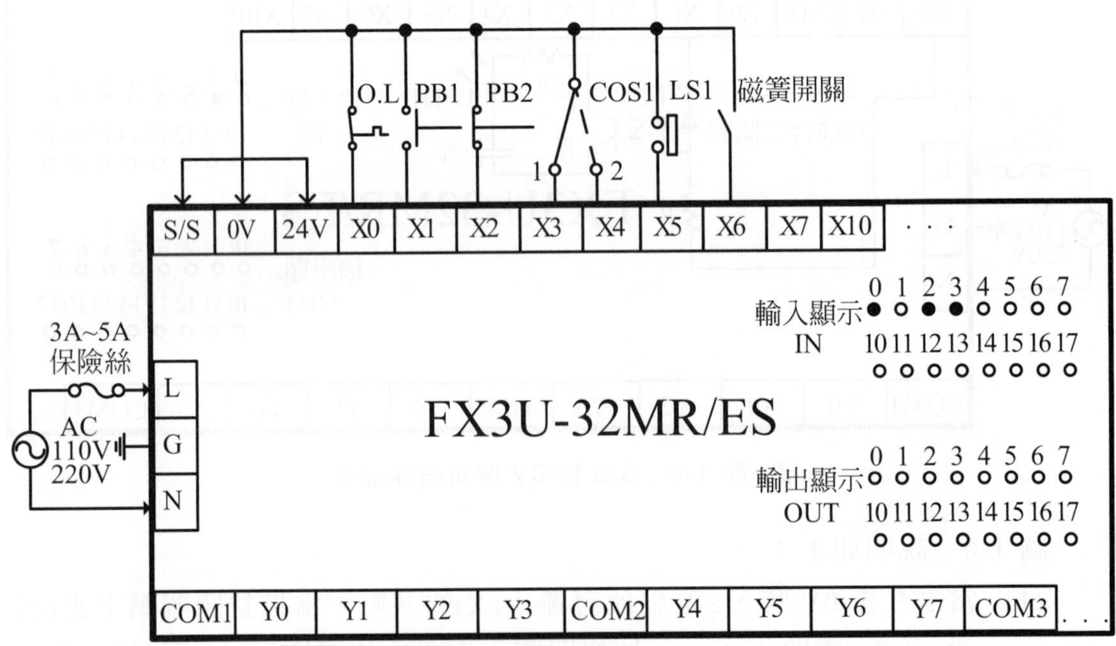

▲ 圖 1-7　輸入元件為一般開關，輸入端(X)接線方式(S/S 接 24V)

圖 1-7　說明如下：

(1) S/S 接 24V 時，X0～X6 的輸入分別是 O.L(積熱電驛 b 接點)、PB1(按鈕開關 a 接點)、PB2(按鈕開關 b 接點)、COS1(選擇開關 1 的位置 b 接點)、COS1(選擇開關 2 的位置 a 接點)、LS1(極限開關 a 接點)、磁簣開關 a 接點。

(2) b 接點的開關都有構成迴路，電路形成導通的狀態分別使得 X0、X2、X3 線圈激磁，所以 LED0、LED2、LED3 燈亮。

(3) a 接點的開關都無構成迴路，電路形成斷路的狀態分別使得 X1、X4、X5、X6 線圈無法激磁，所以 LED1、LED4、LED5、LED6 燈滅。

(4) 由輸入(X)LED 燈的亮與滅，可得知輸入(X)所對應開關之 a、b 接點的狀態，配線時亦可檢查開關之 a、b 接點是否接正確。

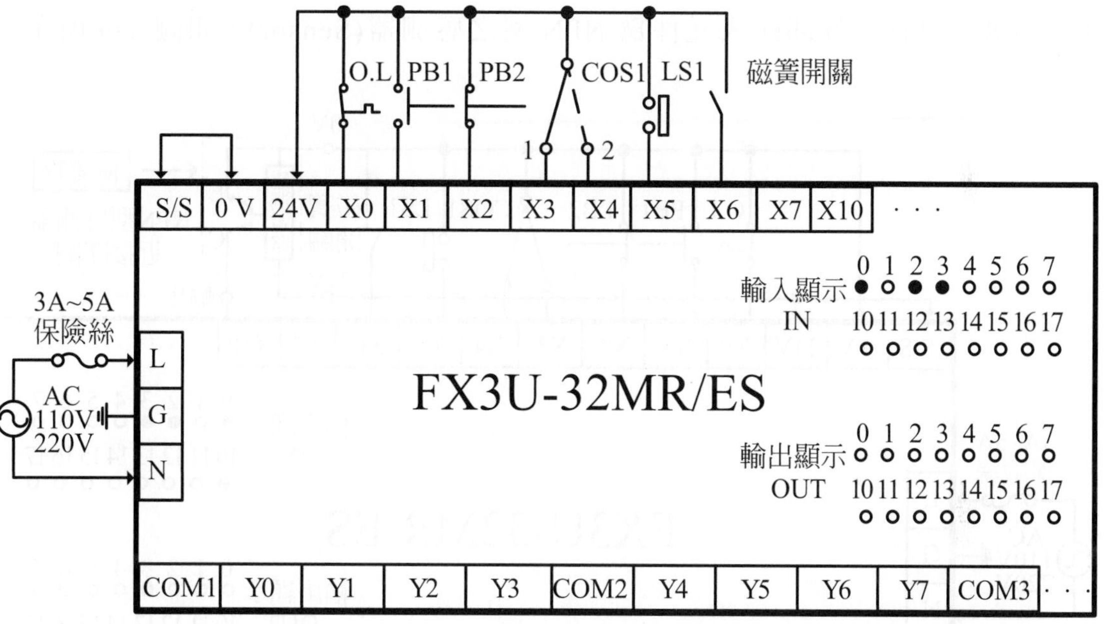

圖 1-8 輸入元件為一般開關，輸入端(X)接線方式(S/S 接 0V)

圖 1-8 說明如下：

(1) S/S 接 0V 時，X0～X6 的輸入分別是 O.L(積熱電驛 b 接點)、PB1(按鈕開關 a 接點)、PB2(按鈕開關 b 接點)、COS1(選擇開關 1 的位置 b 接點)、COS1(選擇開關 2 的位置 a 接點)、LS1(極限開關 a 接點)、磁簧開關 a 接點。

(2) b 接點的開關都有構成迴路，電路形成導通的狀態分別使得 X0、X2、X3 線圈激磁，所以 LED0、LED2、LED3 燈亮。

(3) a 接點的開關都無構成迴路，電路形成斷路的狀態分別使得 X1、X4、X5、X6 線圈無法激磁，所以 LED1、LED4、LED5、LED6 燈滅。

(4) 由輸入(X)LED 燈的亮與滅，可得知輸入(X)所對應開關之 a、b 接點的狀態，配線時亦可檢查開關之 a、b 接點是否接正確。

可程式控制器的輸入型態內部爲光耦合二極體輸入迴路型式，而外部輸入元件爲電晶體(Transistor)開關電路，也就是外部輸入元件爲感測器(Sensor)時有二種接線方式：

1. S/S 接 24V，外部輸入元件爲 NPN 型之感測器(Sensor)：如圖 1-9 所示。

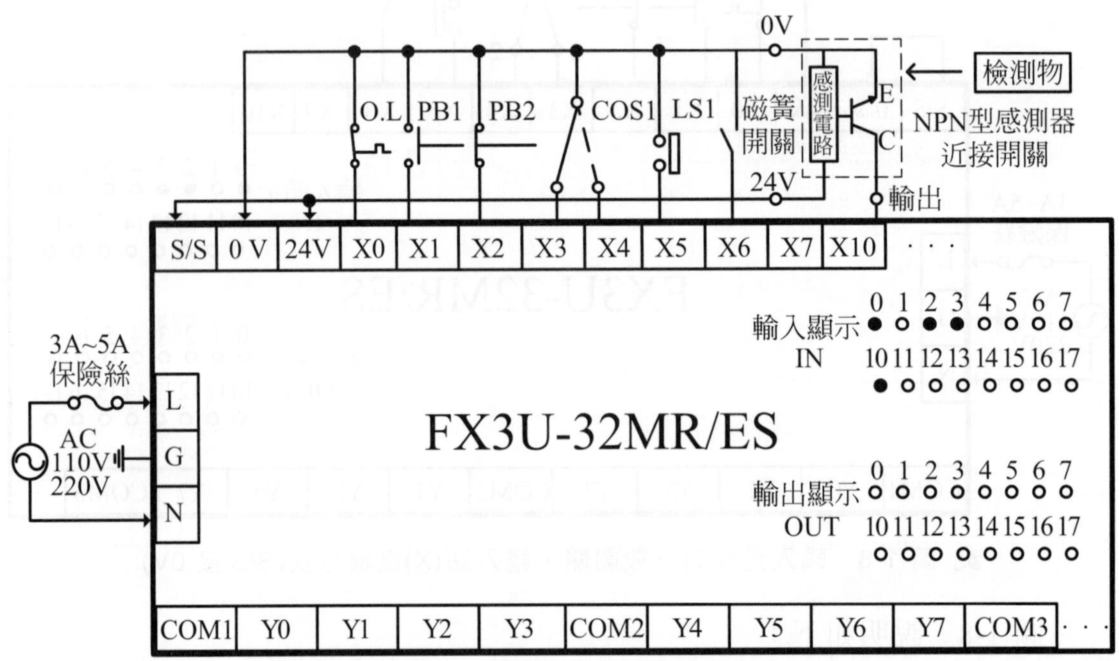

圖 1-9 S/S 接 24V NPN 型電晶體開關迴路

圖 1-9 說明如下：

(1) S/S 爲所有輸入(X)的共點當 S/S 接 24V 時，X10 的輸入爲 NPN 型感測器(NPN 型近接開關)，當檢測物靠近近接開關之檢測區域中，輸出開關元件(NPN 電晶體當開關電路)變爲 ON，也就是電晶體 CE 之間導通(短路)構成迴路，使得 X10 線圈激磁，所以此時 LED10 燈亮。

(2) 當檢測物遠離近接開關之檢測區域中，輸出開關元件變爲 OFF，也就是電晶體 CE 之間不導通(斷路)，無構成迴路電路形成斷路之狀態，此時 LED10 燈滅。

(3) 換言之，可假想輸入端 X10 就是一顆繼電器，當感測元件使 NPN 型電晶體 CE 之間導通之後，繼電器線圈立即激磁，所以 LED10 燈亮，亦即代表 X10 線圈有激磁；若電晶體 CE 之間不導通，繼電器線圈也立即失磁，所以 LED10 燈滅，也就代表 X10 線圈無激磁。

2. S/S 接 0V，外部輸入元件爲 PNP 型之感測器(Sensor)，如圖 1-10 所示。

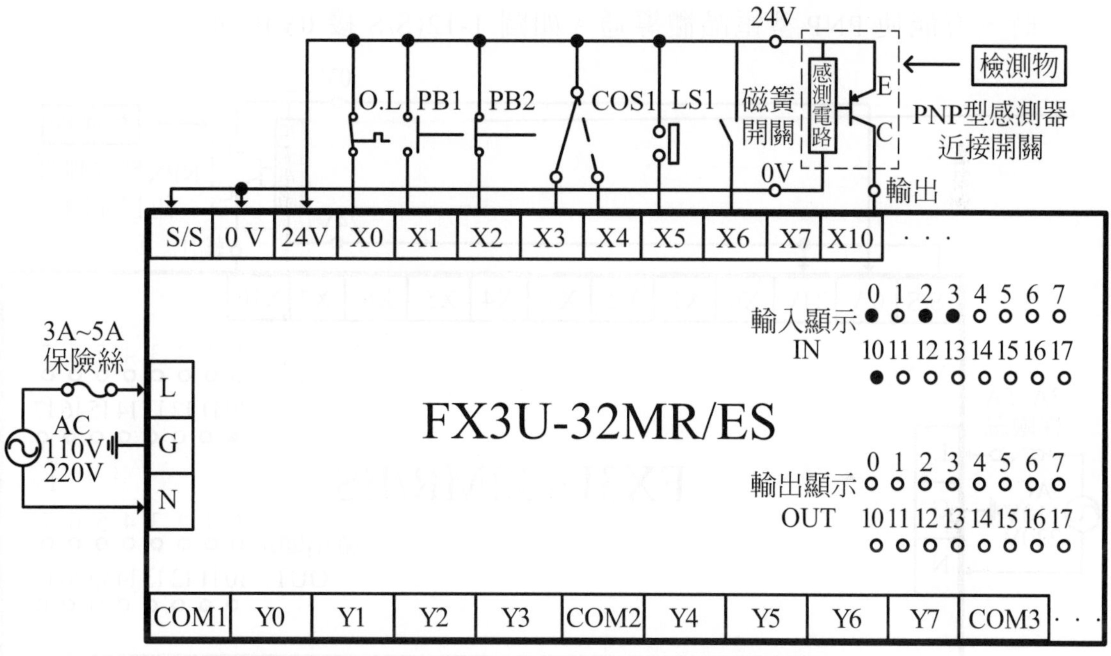

圖 1-10　S/S 接 0V PNP 型電晶體開關迴路

圖 1-10　說明如下：

(1) S/S 爲所有輸入(X)的共點當 S/S 接 0V 時，X10 的輸入爲 PNP 型感測器(PNP 型近接開關)，當檢測物靠近近接開關之檢測區域中，輸出開關元件(PNP 電晶體當開關電路)變爲 ON，也就是電晶體 CE 之間導通(短路)構成迴路，使得 X10 線圈激磁，所以此時 LED10 燈亮。

(2) 當檢測物遠離近接開關之檢測區域中，輸出開關元件變爲 OFF，也就是電晶體 CE 之間不導通(斷路)，無構成迴路電路形成斷路之狀態，此時 LED10 燈滅。

(3) 換言之，可假想輸入端 X10 就是一顆繼電器，當感測元件使 PNP 型電晶體 CE 之間導通之後，繼電器線圈立即激磁，所以 LED10 燈亮，亦即代表 X10 線圈有激磁；若電晶體 CE 之間不導通，繼電器線圈也立即失磁，所以 LED10 燈滅，也就代表 X10 線圈無激磁。

3. 結論

若外部輸入元件是接 NPN 型感測器，S/S 就必須接 24V 電源，當檢測物靠近時，方能使 NPN 型電晶體導通。如圖 1-11(S/S 接 24V)所示。若外部輸入元件是接 PNP 型感測器，S/S 就必須接 0V 電源，當檢測物靠近時，方能使 PNP 型電晶體導通。如圖 1-12(S/S 接 0V)所示。

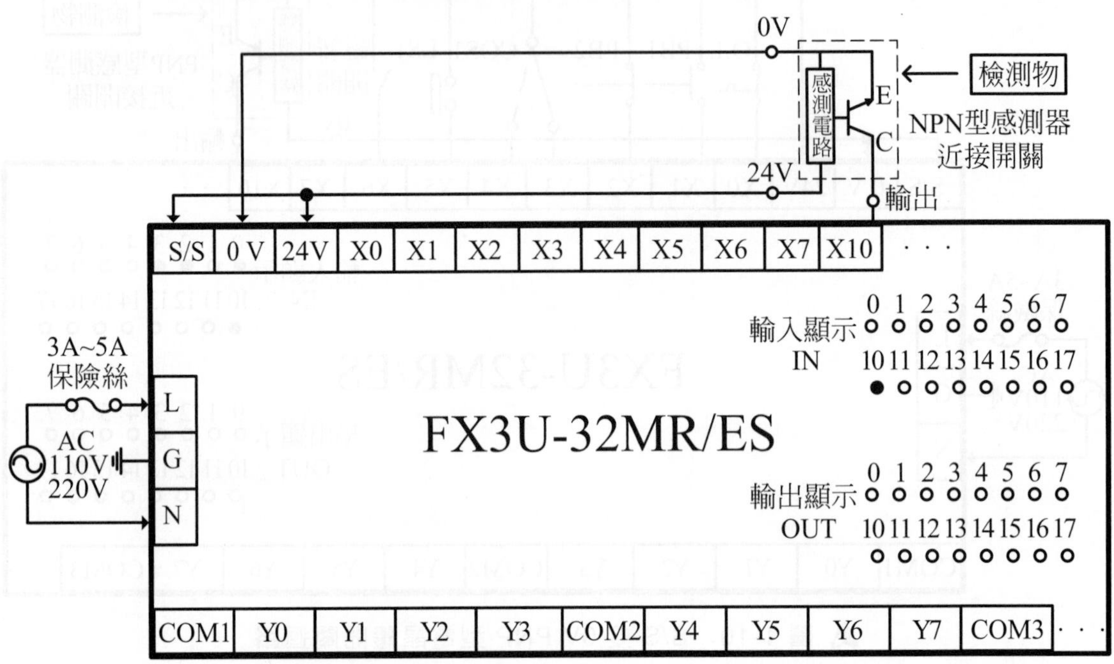

圖 1-11 輸入元件為 NPN 型感測器，輸入端(X)接線方式(S/S 接 24V)

圖 1-11 說明如下：

(1) 由輸入(X)LED 燈的亮與滅可得知，輸入端(X)所對應感測器之信號的有無狀態，以確認感測器之信號有無傳送至 PLC，來判斷檢查感測器之好壞(含接線是否正確)及調整感測器之靈敏度。

(2) 通常三線式 NPN 型的感測器，若以 OMRON(歐姆龍)來說，棕色要接電源 24V、藍色要接電源 0V、黑色為輸出，要接 PLC 的輸入端子(X)。

(3) 若為二線式的感測器，以 OMRON(歐姆龍)來說，藍色要接電源 0V、棕色為輸出，要接 PLC 的輸入端子(X)。

(4) 若為四線式的感測器，以 OMRON(歐姆龍)來說，棕色要接電源 24V、藍色要接電源 0V、黑色為輸出，要接 PLC 的輸入端子(X)、紛紅色可接電源 24V 或電源 0V。

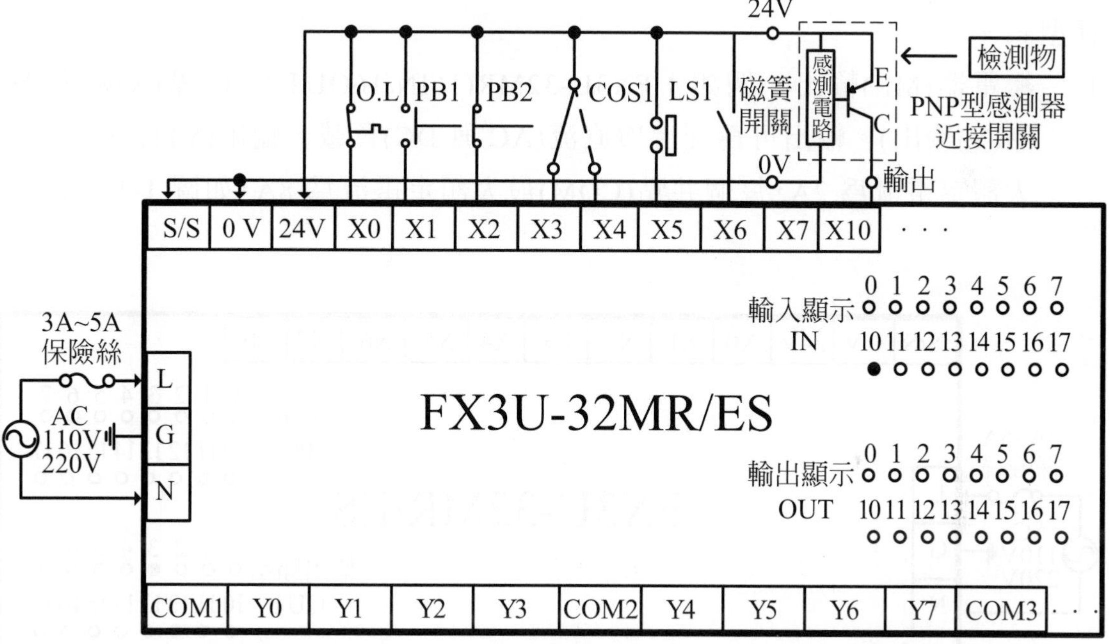

圖 1-12　輸入元件為 PNP 型感測器，輸入端(X)接線方式(S/S 接 0V)

圖 1-12　說明如下：

(1) 由輸入(X)LED 燈的亮與滅可得知，輸入端(X)所對應感測器之信號的有無狀態，以確認感測器之信號有無傳送至 PLC，來判斷檢查感測器之好壞(含接線是否正確)及調整感測器之靈敏度。

(2) 通常三線式 PNP 型的感測器，若以 OMRON(歐姆龍)來說，棕色要接電源 24V、藍色要接電源 0V、黑色為輸出，要接 PLC 的輸入端子(X)。

(3) 若為二線式的感測器，以 OMRON(歐姆龍)來說，藍色要接電源 0V、棕色為輸出，要接 PLC 的輸入端子(X)。

(4) 若為四線式的感測器，以 OMRON(歐姆龍)來說，棕色要接電源 24V、藍色要接電源 0V、黑色為輸出，要接 PLC 的輸入端子(X)、紛紅色可接電源 24V 或電源 0V。

1-3 輸出型態與接線方式

可程式控制器的輸出型態，可分為繼電器、電晶體、固態電驛(SSR)等三種型式。

1. 繼電器(MR)輸出。例如：FX3U-32MR(16IN/16OUT，16 點(X)輸入/16 點(Y)輸出)。輸出可為交流與直流(AC 與 DC)負載，輸出(Y)的每一點最大額定電流為 2A，每個共點(COM)最大額定電流為 8A，如圖 1-13 所示。

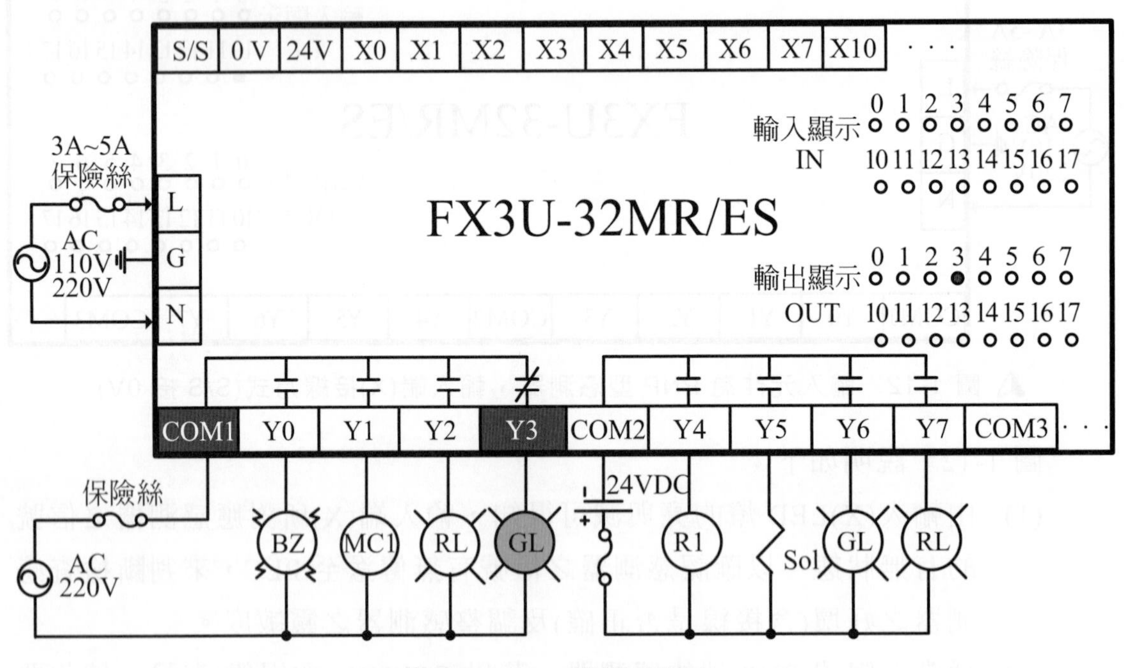

圖 1-13 繼電器輸出

圖 1-13 說明如下：

(1) PLC 所使用的電源可用 AC 110V 或 AC 220V。接地(G)使用 2.0mm² 綠色絞線，按第三種接地(接地電阻值在 100Ω 以下)實施。

(2) 連接共點(COM1)之外部電源可使用 AC 240V 以下之交流電源，連接共點(COM2)之外部電源可使用 DC 30V 以下之直流電源，其餘的共點(COM3、COM4)之外部電源一樣皆可使用 AC 240V 以下；DC 30V 以下之電源。

(3) 可使用不同的共點(COM)來驅動不同的交流或直流電壓元件及負載。此機種因繼電器輸出爲機械式接點，動作反應速度較慢，且接點閉合或跳開時會有火花產生，使用時須注意。

(4) Y0～Y3 的共點是 COM1，Y4～Y7 的共點是 COM2，Y10～Y13 的共點是 COM3，Y14～Y17 的共點是 COM4。當輸出顯示 LED(紅色)指示燈亮，代表輸出端(Y)接點導通

(5) Y0～Y3 的輸出分別是 BZ(蜂鳴器)、MC1(電磁接觸器線圈)、RL(紅燈)、GL(綠燈)，此類元件額定電壓可使用 AC 110V 或 AC 220V。

(6) Y4～Y7 的輸出分別是 R1(繼電器)、Sol(電磁閥)、GL(綠燈)、RL(紅燈)，此類元件額定電壓可使用 DC 5V～30V。

(7) 輸出顯示 Y3 之 LED 指示燈亮，代表 Y3 接點導通，所以 GL(綠燈)亮。換言之，Y3 之 LED 指示燈亮，代表 Y3 這一顆 Relay(繼電器)激磁動作，所以 Y3 上的 a 接點就閉合變成 b 接點，使得整個迴路導通，GL(綠燈)亮。

2. 電晶體(MT)輸出。例如：FX3U-32MT(16IN/16OUT，16 點(X)輸入/16 點(Y)輸出)，又可分 NPN 及 PNP 二種型態。輸出僅爲直流(DC)負載，輸出(Y)的每一點最大額定電流爲 0.5A，每個共點(COM)最大額定電流爲 0.8A，如圖 1-14 所示。

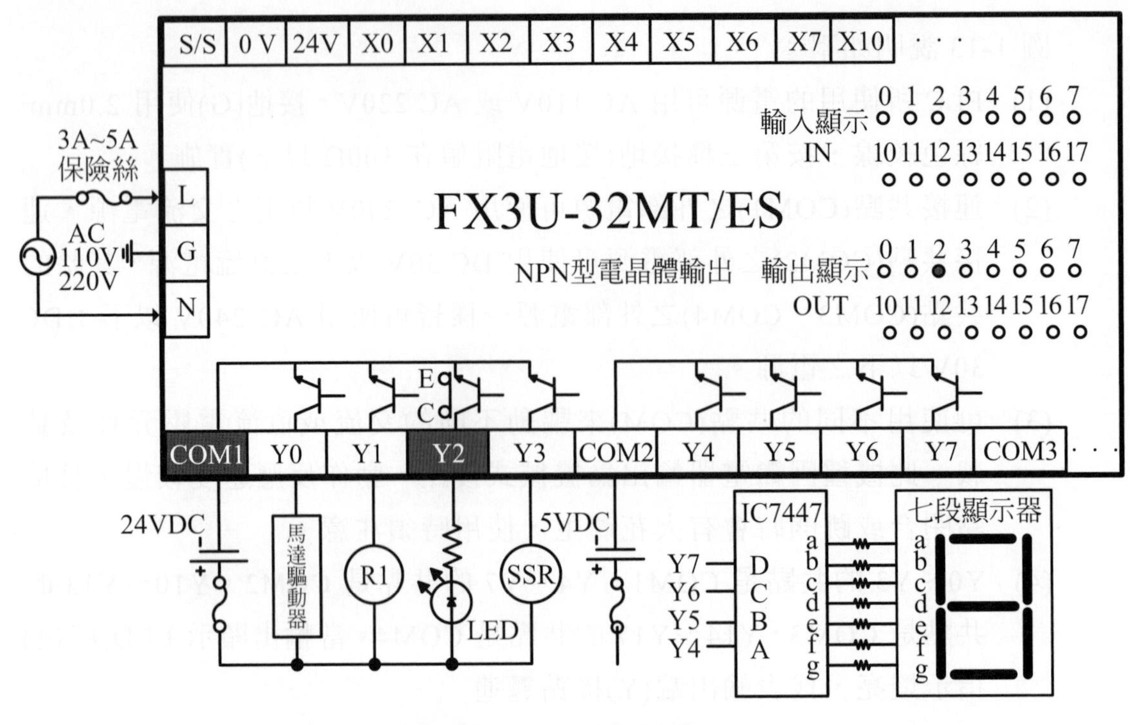

圖 1-14 電晶體輸出

圖 1-14 說明如下：

(1) PLC 所使用的電源可用 AC 110V 或 AC 220V。接地(G)使用 2.0mm² 綠色絞線，按第三種接地(接地電阻值在 100Ω 以下)實施。

(2) 連接共點(COM1)之外部電源使用 DC 24V 之直流電源，連接共點(COM2)之外部電源使用 DC 5V 之直流電源，其餘的共點(COM3、COM4)之外部電源，可使用 DC 5V～30V 之間的電源。

(3) 可使用不同的共點(COM)來驅動不同的直流電壓元件及負載。此機種因電晶體輸出爲無接點元件，動作反應速度較快，可做脈波輸出用。

(4) Y0～Y3 的共點是 COM1，Y4～Y7 的共點是 COM2，Y10～Y13 的共點是 COM3，Y14～Y17 的共點是 COM4。當輸出顯示 LED(紅色)指示燈亮，代表輸出端(Y)電晶體導通。

(5) Y0～Y3 的輸出分別是馬達驅動器(脈波輸出可驅動步進馬達、伺服馬達)、R1(繼電器)、LED(發光二極體)、SSR(固態繼電器，輸入直流 3～32V，輸出可驅動交流 380V 以下負載，額定電流依負載大小決定)，此類元件額定電壓可使用 DC5V～30V。

(6) Y4～Y7 的輸出可接七段顯示器，可顯示數字。此類電子元件額定電壓需使用 DC 5V。

(7) 輸出顯示 Y2 之 LED 指示燈亮，代表 Y2 電晶體導通(電晶體進入飽合區)，所以 LED 燈亮。換言之，Y2 之 LED 指示燈亮，代表 Y2 這一顆電晶體 CE(集極與射極)之間被觸發導通，所以 Y2 上 CE 兩點之間如同短路，使得整個迴路導通，LED 燈亮。

3. 固態電驛(SSR)輸出。例如：FX3U-32MS(16IN/16OUT，16 點(X)輸入/16 點(Y)輸出)。輸出僅爲交流(AC)負載，輸出(Y)的每一點最大額定電流爲 0.3A，每個共點(COM)最大額定電流爲 0.8A，如圖 1-15 所示。

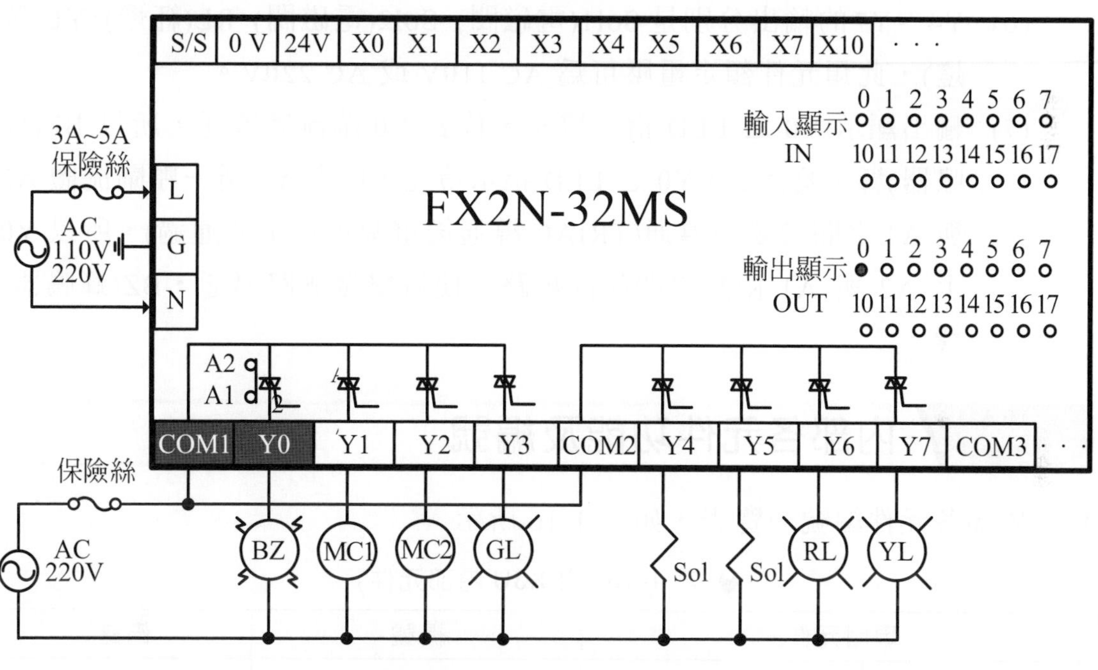

圖 1-15　固態電驛輸出

圖 1-15 說明如下：

(1) PLC 所使用的電源可用 AC 110V 或 AC 220V。接地(G)使用 2.0mm² 綠色絞線，按第三種接地(接地電阻值在 100Ω 以下)實施。

(2) 連接共點(COM1、COM2)之外部電源需使用 AC 90V～240V 之間之交流電源，其餘的共點(COM3、COM4)之外部電源，同樣皆需使用 AC 90V～240V 之間之交流電。

(3) 可使用不同的共點(COM)來驅動不同的交流電壓元件及負載。此機種因固態電驛(SSR)輸出爲閘流體(TRIAC)，動作反應速度較快，且接點截止(OFF)時會有漏電電流，使用時須注意。

(4) Y0～Y3 的共點是 COM1，Y4～Y7 的共點是 COM2，Y10～Y13 的共點是 COM3，Y14～Y17 的共點是 COM4。當輸出顯示 LED(紅色)指示燈亮，代表輸出端(Y)SSR 導通。

(5) Y0～Y3 的輸出分別是 BZ(蜂鳴器)、MC1(電磁接觸器線圈)、MC2(電磁接觸器線圈)、GL(綠燈)，此類元件額定電壓可使用 AC 110V 或 AC 220V。

(6) Y4～Y7 的輸出分別是 Sol1(電磁閥)、Sol2(電磁閥)、RL(紅燈)、YL(黃燈)，此類元件額定電壓可爲 AC 110V 或 AC 220V。

(7) 輸出顯示 Y0 之 LED 指示燈亮，代表 Y0 閘流體導通，所以 BZ(蜂鳴器)響。換言之，Y0 之 LED 指示燈亮，代表 Y0 這一顆閘流體 A2 與 A1 之間被觸發導通(TRIAC 導通後電源可以全波通過)，所以 Y0 上 A2 與 A1 兩點之間如同短路，使得整個迴路導通，BZ(蜂鳴器)響。

1-4 內部各元件功能及編號

1. 內部各元件編號一覽表，如表 1-16 所示。

表 1-16 (FX3U 內部元件)

項目元件		編號	備註
I/O 點數	最大輸入點數	X0～X367；248 點	
	最大輸出點數	Y0～Y367；248 點	
	合計最大點數	256 點	
	遠端 I/O 點數	224 點以下(CC-Link)	可使用 CC-Link、AS-i 主站的其中一個(不可同時使用)
	遠端 I/O 點數	248 點以下(AS-i)	

表 1-16　(FX3U 內部元件)(續)

項目元件		編號		備註
內部輔助繼電器	一般用	M0～M499	500 點	可經由參數設定來變更元件是否具有停電保持功能
	停電保持用(可變)	M500～M1023	524 點	
	停電保持用(固定)	M1024～M7679	6656 點	
	特殊輔助繼電器	M8000～M8511	512 點	
步進點	程式初始用	S0～S9	10 點	可經由參數設定來變更元件是否具有停電保持功能
	一般用	S10～S499	490 點	
	停電保持用(可變)	S500～S899	400 點	
	警報用	S900～S999	100 點	
	停電保持用(固定)	S1000～S4095	3096 點	
計時器	100ms	T0～T191	192 點	0.1～3276.7 秒
	100ms(子程式、中斷程式用)	T192～T199	8 點	0.1～3276.7 秒
	10ms	T200～T245	46 點	0.01～327.67 秒
	1ms 積算	T246～T249	4 點	0.001～32.767 秒
	100ms 積算	T250～T255	6 點	0.1～3276.7 秒
	1ms	T256～T511	256 點	0.001～32.767 秒
計數器	16 位元加算	C0～C99	100 點	0～32767 次
	16 位元加算(停電保持用)	C100～C199	100 點	
	32 位元加減算	C200～C219	20 點	–2147483648～2147483647
	32 位元加減算(停電保持用)	C220～C234	15 點	
資料暫存器(16 位元)	一般用	D0～D199	200 點	可經由參數設定來變更元件是否具有停電保持功能
	停電保持用(可變)	D200～D511	312 點	
	停電保持用(固定)	D512～D7999	7488 點	
	特殊輔助暫存器	D8000～D8511	512 點	
	間接指定暫存器	V0～V7、Z0～Z7	16 點	

2. 內部輔助繼電器(M)之編號及功能，如表 1-17 所示。

表 1-17

一般用	停電保持用	停電保持專用
M0～M499 共 500 點	M500～M1023 共 524 點	M1024～M7679 共 6656 點

表 1-17 說明如下：

(1) 內部輔助繼電器(M)可替代傳統之繼電器®，使用功能與傳統繼電器相同。

(2) 內部輔助繼電器(M)之 ab 接點在階梯圖中可無限次使用。

(3) 停電保持之輔助繼電器(M)，是 PLC 於運轉中斷電時，會自動將斷電前的 ON/OFF 狀態記憶住，一但 PLC 通電後，仍然保持斷電前的 ON/OFF 狀態。

3. 步進點(S)之編號及功能，如表 1-18 所示。

表 1-18

一般用	停電保持用	停電保持專用	警報用
S0～S499 共 500 點	S500～S899 共 400 點	S1000～S4095 共 3096 點	S900～S999 共 100 點

表 1-18 說明如下：

(1) 步進點(S)可替代傳統之繼電器(Relay)，使用功能與傳統繼電器相同。

(2) 步進點(S)大多使用在順序功能圖(Sequential Function Chart，簡稱 SFC)之流程圖語言，於 SFC 章節中再詳加說明。

(3) 停電保持之步進點(S)，功能同停電保持之輔助繼電器(M)。

(4) 步進點(S)之 ab 接點在階梯圖中可無限次使用。

4. 計時器(T)之編號及功能，如表 1-19 所示。

表 1-19

0.1 秒為基數	0.01 秒為基數	0.001 秒為基數	0.001 秒為基數 (積算型)	0.1 秒為基數 (積算型)
T0～T199 共 200 點	T200～T245 共 46 點	T256～T511 共 256 點	T246～T249 共 4 點	T250～T255 共 6 點
可計時之秒數 0.1～3276.7S	可計時之秒數 0.01～327.67S	可計時之秒數 0.001～32.767S	可計時之秒數 0.001～32.767S	可計時之秒數 0.1～3276.7S

表 1-19 說明如下：

(1) 計時器(T)可替代傳統之通電延遲限時電驛(ON Timer)，使用功能與傳統 ON Timer 相同。

(2) 時間設定值以 K 十進制表示。如 T1 K100，表示 T1 計時 10 (0.1×100＝10)秒。

(3) 計時器(T)積算型，當 PLC 電源中斷電時或計時中途條件接點變成 OFF，計時器(T)會暫停計時，待條件接點變爲 ON 或 PLC 通電後，又繼續計時，注意：此時積算型的計時器(T)並不是從 0 開始計時。

5. 計數器(C)之編號及功能，如表 1-20 所示。

表 1-20

16 位元計數器		32 位元計數器	
一般用	停電保持用	一般用	停電保持用
C0～C99 共 100 點	C100～C199 共 100 點	C200～C219 共 20 點	C220～C234 共 15 點
可計數之次數 0～32767 次		可計數之次數 −2147483648～2147483647 次	

表 1-20 說明如下：

(1) 計數器可替代傳統之計數器電驛(Counter)，使用功能與傳統計數器相同。

(2) 計次數設定值以 K 十進制表示。如 C1 K100，表示 C1 計數 100 次。

(3) 停電保持之計數器，當 PLC 電源中斷電時，計數器©會暫停計數，將現在的值加以記憶，待 PLC 通電後又繼續計數，注意，此時計數器並不會從 0 開始計數。

(4) 16 位元計數器是以上數(加)方式計數，32 位元計數器是可以用上數或下數(加或減)方式來計數。

(5) 上數或下數之計數，係由特殊輔助繼電器(M8200～M8234)的 OFF 或 ON 來決定。如 C200 要上數 M8200 要 OFF，若要下數則 M8200 要 ON。

6. 資料暫存器(D)之編號及功能，如表 1-21 所示。

表 1-21

一般用	停電保持用	停電保持專用	特殊用
D0～D199 共 200 點	D200～D511 共 312 點	D512～D7999 共 7488 點	D8000～D8511 共 512 點

表 1-21 說明如下：

(1) 資料暫存器(D)是傳統配線所沒有的電驛，是 PLC 專門儲存數值的地方。

(2) 資料暫存器(D)若以 16 位元方式儲存(最高位元為符號位元)，其所儲存的數值可為–32768～32767。

(3) 資料暫存器(D)若以 32 位元方式儲存(最高位元為符號位元)，係利用連續 2 個號碼的資料暫存器(D)所組成的，其所儲存的數值可為–2147483648～2147483647。如 D0D1 組成 32 位元資料暫存器(D)，D0 代表下 16 位元，D1 代表上 16 位元。

(4) 一般用資料暫存器(D)，當 PLC 從 RUN 到 STOP 或斷電時，資料立即消失變 0。

(5) 停電保持之資料暫存器(D)，是 PLC 於運轉中斷電時，會自動將斷電前的資料保持住。

(6) 特殊用資料暫存器(D)，每一個都有固定特殊功能。如改變 D8039 之值，可改變 PLC 固定掃描時間。

7. 間接指定暫存器(V、Z)之編號及功能，如表 1-22 所示。

表 1-22

V	Z
V0～V7 共 8 點	Z0～Z7 共 8 點

表 1-22 說明如下：

(1) V、Z 與一般資料暫存器(D)一樣都是 16 位元之資料暫存器，亦為索引暫存器。

(2) V 與 Z 可以組合成 32 位元資料之演算，V 為上 16 位元 Z 為下 16 位元。配對如下：(V0，Z0)、(V1，Z1)～(V7，Z7)。

(3) 間接指定暫存器(V、Z)可以修飾對象元件，使用時需注意修飾對象(X、Y、M、S、T、C、D 等)與起始位置。如 D100V0，代表修飾元件為 D，起始位置是 100，使用 V0 索引暫存器，只要變動 V0 的值在 0～9 之間，就可分別表示 D100、D101、D102、D103、D104、D105、D106、D107、D108、D109 之內容值。

1-5 常用之特殊內部輔助繼電器(M)

1. 特殊內部輔助繼電器(M)之編號的開頭為 M8000。
2. 常用特殊內部輔助繼電器之編號及功能，如表 1-23 所示。
3. 其他特殊內部輔助繼電器(M)，可參閱雙象三菱可程式控制器－FX3U 中文使用手冊。

表 1-23 PLC-FX3U 特殊內部輔助繼電器(M)

分類	繼電器編號	動作功能	備註
運轉狀態	M8000	常時 ON a 接點	PLC 在 RUN 的期間 M8000 為 ON
	M8001	常時 OFF a 接點	PLC 在 RUN 的期間 M8001 為 OFF
	M8002	初始脈波 a 接點	PLC 在 RUN 的瞬間 M8002 為一個掃描時間 ON
	M8003	初始脈波 b 接點	PLC 在 RUN 的瞬間 M8003 為一個掃描時間 OFF
時鐘脈波	M8011	0.01 秒脈衝	ON 5mS/OFF 5mS
	M8012	0.1 秒脈衝	ON 50mS/OFF 50mS
	M8013	1 秒脈衝	ON 0.5S/OFF 0.5S
	M8014	1 分鐘脈衝	ON 30S/OFF 30S
旗標	M8020	零旗標信號	加減運算結果為 0 時，M8020＝ON
	M8021	負數旗標信號	加減運算結果為負數時，M8021＝ON
	M8022	進位旗標信號	加減運算結果有溢位時，M8022＝ON
	M8029	指令執行結束旗標	PLSY、PLSR、HKY、DSW、SEGL 等指令執行完畢時，M8029＝ON

表 1-23　PLC-FX3U 特殊內部輔助繼電器(M)(續)

分類	繼電器編號	動作功能	備註
模態設定	M8031	非停電保持區域全部清除(一般)	當 M8031＝ON、M8032＝ON 時，Y、M、S、T、C 的輸出線圈全部變爲 OFF，T、C、D 的內容變成 0。但特 M(停電保持專用)及特 D(停電保持專用)則保持不變。
	M8032	停電保持區域全部清除	
	M8034	輸出全部禁止	當 M8034＝ON 時，PLC 外部輸出(Y)全部 OFF
	M8039	固定掃描時間	當 M8039＝ON 時，PLC 的掃描時間可由 D8039 更改設定(初始值爲 0mS)。
步進流程(步進階梯)	M8040	步進禁止	當 M8040＝ON 時，此時步進點暫停移動，輸出(Y)則照常動作。
	M8043	原點復歸完畢	原點復歸步進流程的最後一個步進點，驅動 M8043＝ON，代表原點復歸完成。
	M8044	原點條件	原點條件成立時，驅動 M8044＝ON。
	M8046	STL 步進點動作中	當 M8047＝ON 時，S0～S899 當中任何一個步進點 ON 時，M8046＝ON。
	M8047	STL 監視有效	當 M8047＝ON 時，才能監視步進點狀況。
	M8048	警報點動作中	當 M8049＝ON 時，S900～S999 當中任何一個步 進點 ON 時，M8048＝ON。
	M8049	警報點有效	當 M8049＝ON 時，才能監視警報步進點狀況。
內部計數器之加減計數	M8200 ≀ M8234	讓計數器作上數或下數(加或減)的控制	M8□□□＝OFF 時，相對應的 C□□□作加算計數。 M8□□□＝ON 時，相對應的 C□□□作減算計數。

1-6 常用之特殊資料暫存器(D)

1. 特殊內部資料暫存器(D)之編號的開頭爲 D8000。
2. 常用特殊內部資料暫存器之編號及功能，如表 1-24 所示。
3. 其他特殊內部資料暫存器(D)，可參閱雙象三菱可程式控制器－FX3U 中文使用手冊。

表 1-24　PLC-FX3U 特殊資料暫存器(D)

分類	暫存器編號	動作功能	相關特 M
運轉狀態顯示	D8000	初始值爲 200ms	看門狗時間設定
	D8001	PLC 的機種及版本顯示	D8101
	D8002	記憶體容量(16K 顯示於 D8102)	M8002　D8102
	D8003	記憶體種類(RAM/EEPROM/EPROM)	10H：內建 8K RAM
	D8004	錯誤編號(顯示 D8060～D8068)	M8004=ON
	D8005	電池電壓的當前值(例：3.0V)	M8005
	D8006	電池電力不足的檢出準位(初始值 3.0V)	M8006
	D8007	瞬時停電次數(統計 M8007 ON/OFF 次數)	M8007
	D8008	停電檢出時間(初始值 10ms)	M8008
	D8009	DC24V 停止的模組編號	M8009
時鐘脈衝	D8010	掃描時間(從位址 0～END 指令的執行時間)	單位：0.1ms
	D8011	最小掃描時間(掃描時間的最小值)	單位：0.1ms
	D8012	最大掃描時間(掃描時間的最大值)	單位：0.1ms
	D8013	萬年曆時鐘的 秒(0～59 秒)	具停電保持功能
	D8014	萬年曆時鐘的 分(0～59 分)	具停電保持功能
	D8015	萬年曆時鐘的 時(0～23 時)	具停電保持功能
	D8016	萬年曆時鐘的 日(1～31 日)	具停電保持功能
	D8017	萬年曆時鐘的 月(1～12 月)	具停電保持功能
	D8018	萬年曆時鐘的 年(1980～2079)	具停電保持功能
	D8019	萬年曆時鐘的 星期(日 0～六 6)	具停電保持功能

表 1-24 PLC-FX3U 特殊資料暫存器(D)(續)

<table>
<tr><th>分類</th><th>暫存器編號</th><th colspan="2">動作功能</th><th>相關特 M</th></tr>
<tr><td>變更輸入端反應時間</td><td>D8020</td><td colspan="2">可變更輸入端 X0～X17 的反應時間</td><td>設定範圍 0～60ms</td></tr>
<tr><td rowspan="2">間接指定暫存器內容</td><td>D8028</td><td colspan="2">Z0 暫存器的內容</td><td rowspan="2">Z1～Z7,V1～V7 的內容存放在 D8182～D8195 中</td></tr>
<tr><td>D8029</td><td colspan="2">V0 暫存器的內容</td></tr>
<tr><td>固定掃描時間設定</td><td>D8039</td><td colspan="2">變更設定 PLC 的掃描時間(初始值 0ms)</td><td>M8039</td></tr>
<tr><td rowspan="9">步進流程
(步進階梯)</td><td>D8040</td><td>ON 步進點號碼 1</td><td rowspan="8">步進點 S0～S899 ON 當中步進點的最小號碼被存放於 D8040 中，下一個 ON 當中的步進點號碼被存放於 D8041 中，依此類推。步進點號碼從小到大順序被存放在 D8040～D8047 中，最多可容納 8 點。</td><td rowspan="8">M8047</td></tr>
<tr><td>D8041</td><td>ON 步進點號碼 2</td></tr>
<tr><td>D8042</td><td>ON 步進點號碼 3</td></tr>
<tr><td>D8043</td><td>ON 步進點號碼 4</td></tr>
<tr><td>D8044</td><td>ON 步進點號碼 5</td></tr>
<tr><td>D8045</td><td>ON 步進點號碼 6</td></tr>
<tr><td>D8046</td><td>ON 步進點號碼 7</td></tr>
<tr><td>D8047</td><td>ON 步進點號碼 8</td></tr>
<tr><td>D8049</td><td colspan="2">存放步進點 S900～S999 ON 當中的最小警報點</td><td>M8049</td></tr>
<tr><td rowspan="10">異常檢出</td><td>D8060</td><td colspan="2">無此 I/O 的開頭號碼，如(1020)1 輸入 X、0 輸出 Y</td><td>M8060</td></tr>
<tr><td>D8061</td><td colspan="2">PLC 硬體故障的錯誤編號</td><td>M8061</td></tr>
<tr><td>D8062</td><td colspan="2">PLC/HPP 傳輸異常的錯誤編號</td><td>M8062</td></tr>
<tr><td>D8063</td><td colspan="2">並列運轉、RS232C 通信異常的錯誤編號</td><td>M8063</td></tr>
<tr><td>D8064</td><td colspan="2">參數錯誤的錯誤編號</td><td>M8064</td></tr>
<tr><td>D8065</td><td colspan="2">文法錯誤的錯誤編號</td><td>M8065</td></tr>
<tr><td>D8066</td><td colspan="2">迴路錯誤的錯誤編號</td><td>M8066</td></tr>
<tr><td>D8067</td><td colspan="2">運算錯誤的錯誤編號</td><td>M8067</td></tr>
<tr><td>D8068</td><td colspan="2">運算錯誤鎖定的位址號碼</td><td>M8068</td></tr>
<tr><td>D8069</td><td colspan="2">M8065～7 的錯誤發生位址號碼</td><td>M8065～M8067</td></tr>
</table>

表 1-24 PLC-FX3U 特殊資料暫存器(D)(續)

分類	暫存器編號	動作功能	相關特 M
記憶體	D8101	如(24220)FX3U、版本 Ver2.20	M8099
	D8102	0008 爲 8K、0016 爲 16K、0064 爲 64K	程式記憶體容量大小
	D8107	元件註解登錄數	M8107
	D8108	特殊功能模組的連接台數	
輸出再生錯誤	D8109	輸出再生錯誤的號碼 Y	M8109

1-7 指定元件及常數

1. 數值的種類與功能使用

(1) 十進值(DEC：K 值)

① 常數 K 作爲計時器(T)及計數器©的設定值，如指令 OUT T1 K30，K30 代表 T1 設定計時 3 秒鐘。

② 元件編號作爲 M、T、C、S 的元件號碼來使用，如 M100，代表編號 100 的輔助繼電器。

③ 置於應用指令的運算元當中來使用，如 MOV K3 D0，代表常數 3 傳送到暫存器 D0。

(2) 十六進值(HEX：H 值)

置於應用指令的運算元當中來使用，如 MOV H0B1A D0，代表常數 0B1A 傳送到暫存器 D0。

(3) 二進值(BIN：B 值)

程式在設計時，將十進值或十六進值之數鍵入程式中，作爲計時器(T)、計數器(C)的設定值或暫存器(D)的內容，但事實上，PLC 係將這些數轉換成二進值之數，在內部執行運算動作；而在數值監視時，PLC 內部的二進值之數又以十進值之數或十六進值之數顯示出來。

(4) 八進值(OCT：O 值)

FX3U 輸入與輸出端之號碼，係採用八進值之數來編號。因此 I/O 的編號順序 8、9 是不存在的。

(5) BCD 值(BCD：BCD 值)

用 4 個位元(bit)來表示十進值的 1 位數，而 16 位元(bit)就可表示十進值的 4 位數，此種位元組合的方式為 BCD 碼，專門用來接收指撥開關的輸入值，以及將 PLC 運算出來的值送到 7 段顯示器作顯示用。

(6) 上述之主要用途，如表 1-25 所示。

表 1-25

10 進數(D)	8 進數(O)	16 進數(H)	2 進數(B)	BCD 碼
常數 K 值	I/O 的元件編號	常數 H 值	PLC 內部處理的值	BCD 指撥開關及編碼後的 7 段顯示器

2. 位數元件的表示與功能使用

(1) 在位元元件(X、Y、M、S)的前面加上位數即為位數元件，是以 Kn 加上 X、Y、M、S 來表現；若 n＝1 即代表 1 位數，而 1 位數係由 4 個位元所組成的，所以 K4 就代表 16 位元的數值，K8 就代表 32 位元的數值。

(2) 如 K4M0 代表 M0～M15 的 16 位元(4 位數)。

K4M0				K3M0				K2M0				K1M0			
M15	M14	M13	M12	M11	M10	M9	M8	M7	M6	M5	M4	M3	M2	M1	M0

(3) 如 K2M3 代表 M3～M10 的 8 位元(2 位數)。

K2M3				K1M3			
M10	M9	M8	M7	M6	M5	M4	M3

(4) 如 K2X4 代表 X4～X7、X10～X13 的 8 位元(2 位數)。

K2X4				K1X4			
X13	X12	X11	X10	X7	X6	X5	X4

(5) 如 K3Y0 代表 Y0～Y7、Y10～Y13 的 12 位元(3 位數)。

K3Y0				K2Y0				K1Y0			
Y13	Y12	Y11	Y10	Y7	Y6	Y5	Y4	Y3	Y2	Y1	Y0

3. 暫存器的位元指定
   (1) 暫存器(D)的位元係以十六進值編號(0～F)來表示，裡頭的位元可獨立出來當成一般位元使用。
   (2) 如 D0.3 代表暫存器 D0 的 bit3。

D0															
b15	b14	b13	b12	b11	b10	b9	b8	b7	b6	b5	b4	b3	b2	b1	b0

1-8 階梯圖(Ladder)基本指令

1. PLC 基本指令的功能(一)，如表 1-25。

表 1-25 FX3U 基本指令(一)

指令	迴路表示	功能	對象元件
LD	母線 對象元件	母線開始 a 接點	X、Y、M、S、D.b、T、C
LDI	母線 對象元件	母線開始 b 接點	X、Y、M、S、D.b、T、C
LDP	母線 對象元件	母線開始上升微分接點	X、Y、M、S、D.b、T、C
LDF	母線 對象元件	母線開始下降微分接點	X、Y、M、S、D.b、T、C
AND	母線 對象元件	串聯 a 接點	X、Y、M、S、D.b、T、C
ANI	母線 對象元件	串聯 b 接點	X、Y、M、S、D.b、T、C
ANDP	母線 對象元件	串聯上升微分接點	X、Y、M、S、D.b、T、C

表 1-25　FX3U 基本指令(一)(續)

指令	迴路表示	功能	對象元件
ANDF	母線 對象元件	串聯下降微分接點	X、Y、M、S、D.b、T、C
OR	母線 對象元件	並聯 a 接點	X、Y、M、S、D.b、T、C
ORI	母線 對象元件	並聯 b 接點	X、Y、M、S、D.b、T、C
ORP	母線 對象元件	並聯上升微分接點	X、Y、M、S、D.b、T、C
ORF	母線 對象元件	並聯下降微分接點	X、Y、M、S、D.b、T、C
ORB	母線	兩個區塊作並聯迴路	無
ANB	母線	兩個區塊作串聯迴路	無

2.　PLC 基本指令的功能(二)，如表 1-26。

表 1-26　FX3U 基本指令(二)

指令	迴路表示	功能	對象元件
MPS	母線 MPS	分歧點開始	無
MRD	MRD	分歧點接續	無
MPP	MPP	分歧點結束	無
INV	母線 INV	反相輸出	無
OUT	母線 對象元件	線圈輸出	Y、M、S、D.b、T、C
SET	母線 (SET 對象元件)	輸出自保持	Y、M、S、D.b
RST	母線 (RST 對象元件)	自保持解除、清除資料	Y、M、S、D.b、T、C、D、R、V、Z
PLS	母線 (PLS 對象元件)	上升微分輸出	Y、M
PLF	母線 (PLF 對象元件)	下降微分輸出	Y、M
MC	母線 (MC N 對象元件)	主控點開始	Y、M
MCR	母線 (MCR N)	主控點解除	無
NOP		無處理	無
END	母線 (END)	程式結束終了	無
STL	母線 (STL)	步進流程開始	S
RET	母線 (RET)	步進流程結束返回階梯	無

1-9 狀態流程圖(SFC)指令

1. FX3U 狀態元件一覽表

FX3U	初始狀態流程用	原點復歸用	一般用	報警用	停電保持用
狀態元件	S0～S9	S10～S19	S20～S499	S900～S999	S500～S899 S1000～S4095

2. 指令說明如下：
   (1) SET：進入狀態步進點或執行狀態流程點裡的輸出自保持指令。
   (2) STL：進入狀態步進點之後需啟動執行裡面的輸出元件指令。
   *通常在狀態步進點 SET 與 STL 會相互搭配使用，以執行狀態步進點所需要的動作。
   (3) RET：結束狀態步進點，亦即從 SFC 回到 Ladder 程式指令。
   (4) OUT：執行狀態流程點裡的輸出指令或在 SFC 流程中狀態點的跳躍指令。
   (5) RST：在 SFC 流程中狀態流程點的關閉指令或解除自保持指令。
   (6) ZRST：區域復歸指令，可關閉狀態流程點的區域範圍(S)。

Chapter 2

輸入端配線方式與程式 AB 接點之關係

2-1 按鈕開關 A 接點配線方式與內部階梯 AB 接點之關係

1. S/S 接 24V，外部輸入元件爲按鈕開關(Push Button)A 接點，如圖 2-1 所示。

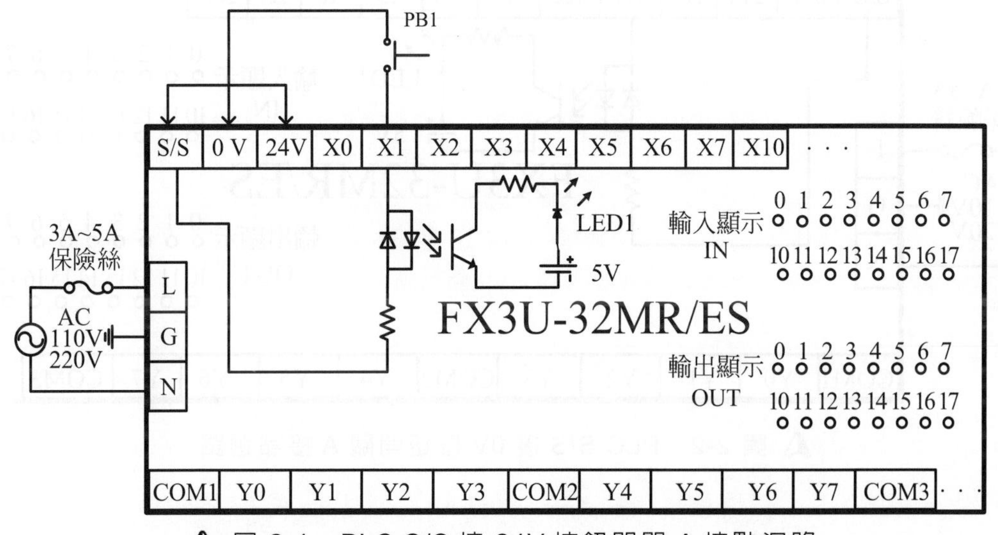

圖 2-1 PLC S/S 接 24V 按鈕開關 A 接點迴路

圖 2-1 說明如下：

(1) 當按鈕開關 PB1 按壓下去之後，按鈕開關由 A 接點→B 接點，LED1 燈亮；就代表 X1 繼電器線圈有激磁。如下圖，此時內部階梯程式 X1 接點閉合，Y1 有輸出。(繼電器原理)

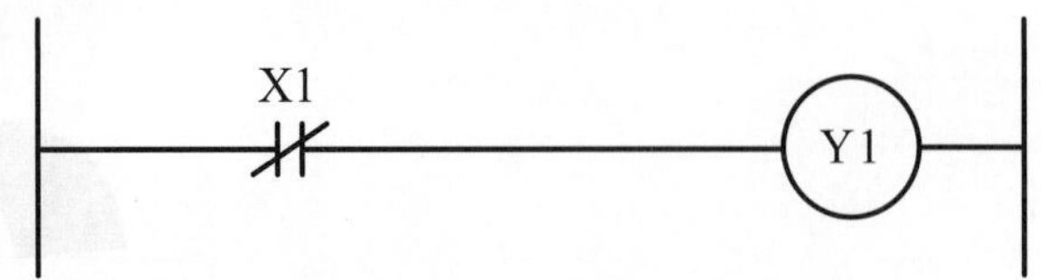

(2) 當按鈕開關 PB1 放開之後，按鈕開關由 B 接點→A 接點，LED1 燈滅；就代表 X1 繼電器線圈無激磁。如下圖，此時內部階梯程式 X1 接點打開，Y1 無輸出。(繼電器原理)

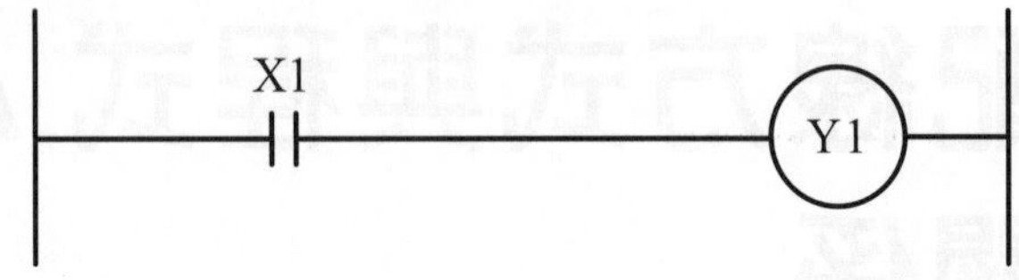

2. S/S 接 0V，外部輸入元件爲按鈕開關(Push Button)A 接點，如圖 2-2 所示。

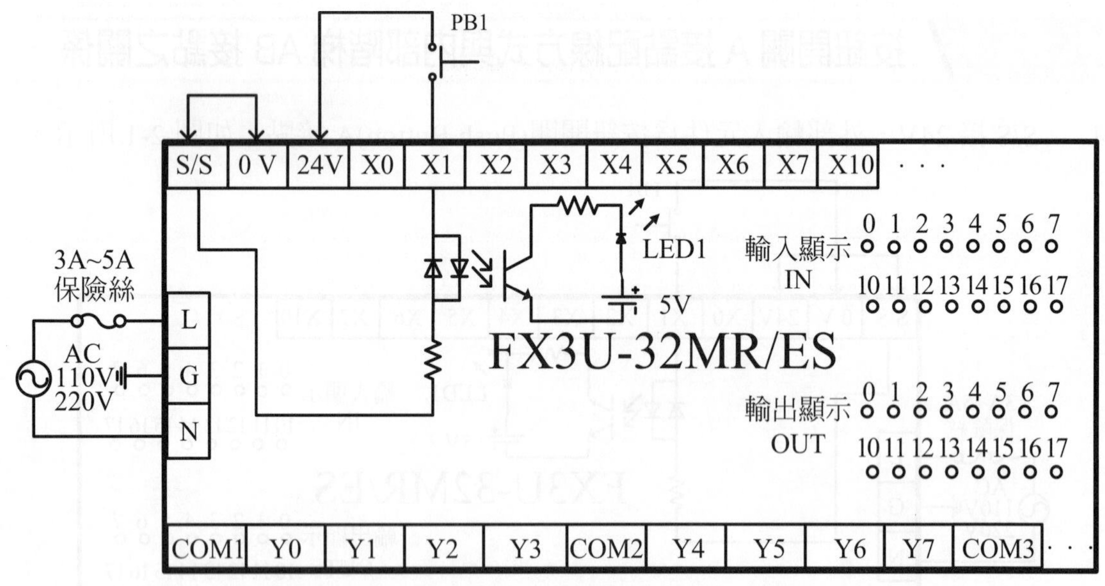

圖 2-2 PLC S/S 接 0V 按鈕開關 A 接點迴路

圖 2-2 說明如下：

(1) 當按鈕開關 PB1 按壓下去之後，按鈕開關由 A 接點→B 接點，LED1 燈亮；就代表 X1 繼電器線圈有激磁。如下圖，此時內部階梯程式 X1 接點閉合，Y1 有輸出。(繼電器原理)

(2) 當按鈕開關 PB1 放開之後，按鈕開關由 B 接點→A 接點，LED1 燈滅；就代表 X1 繼電器線圈無激磁。如下圖，此時內部階梯程式 X1 接點打開，Y1 無輸出。(繼電器原理)

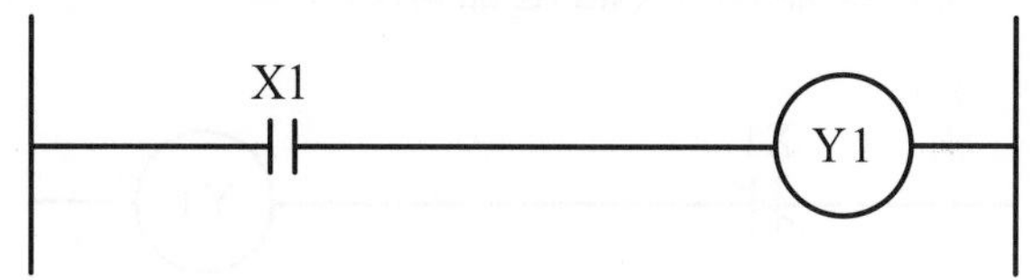

2-2 按鈕開關 B 接點配線方式與內部階梯 AB 接點之關係

1. S/S 接 24V，外部輸入元件為按鈕開關(Push Button)B 接點，如圖 2-3 所示。

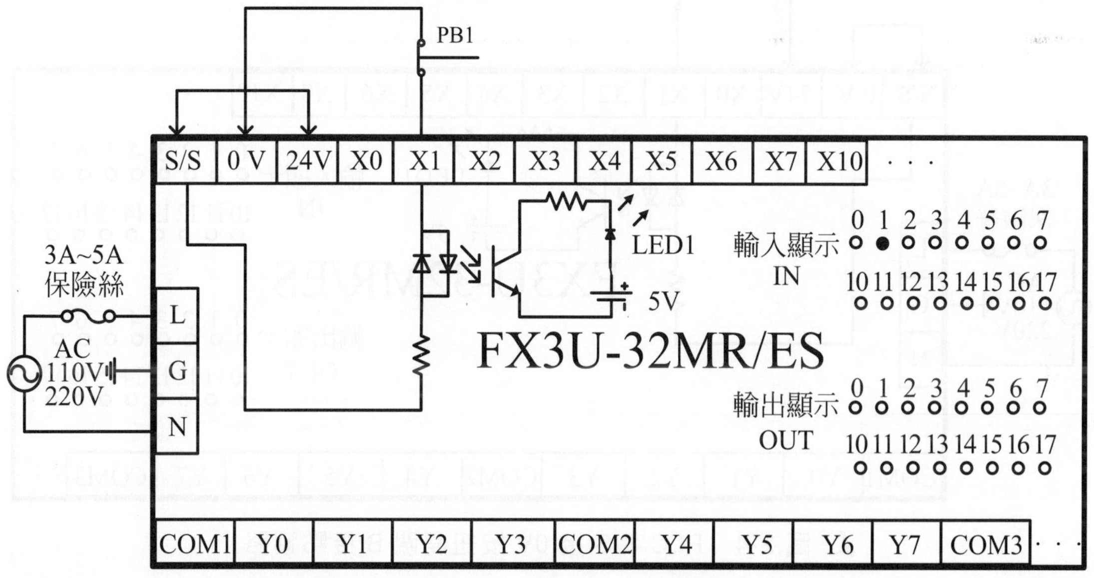

圖 2-3　PLC S/S 接 24V 按鈕開關 B 接點迴路

圖 2-3 說明如下：

(1) 當按鈕開關 PB1 按壓下去之後，按鈕開關由 B 接點→A 接點，LED1 燈滅；就代表 X1 繼電器線圈無激磁。如下圖，此時內部階梯程式 X1 接點打開，Y1 無輸出。(繼電器原理)

(2) 當按鈕開關 PB1 放開之後，按鈕開關由 A 接點→B 接點，LED1 燈亮；就代表 X1 繼電器線圈有激磁。如下圖，此時內部階梯程式 X1 接點閉合，Y1 有輸出。(繼電器原理)

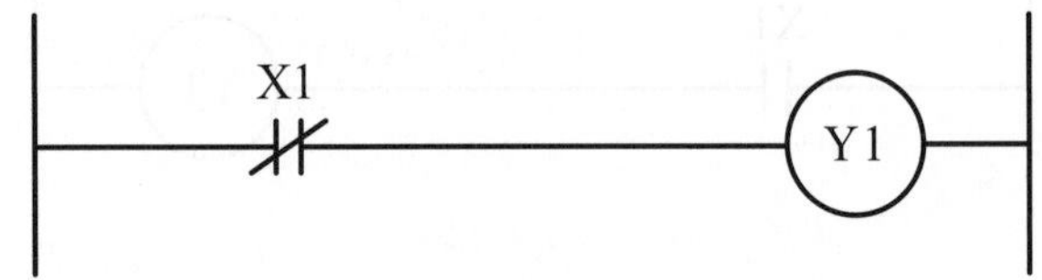

2. S/S 接 0V，外部輸入元件為按鈕開關(Push Button)B 接點，如圖 2-4 所示。

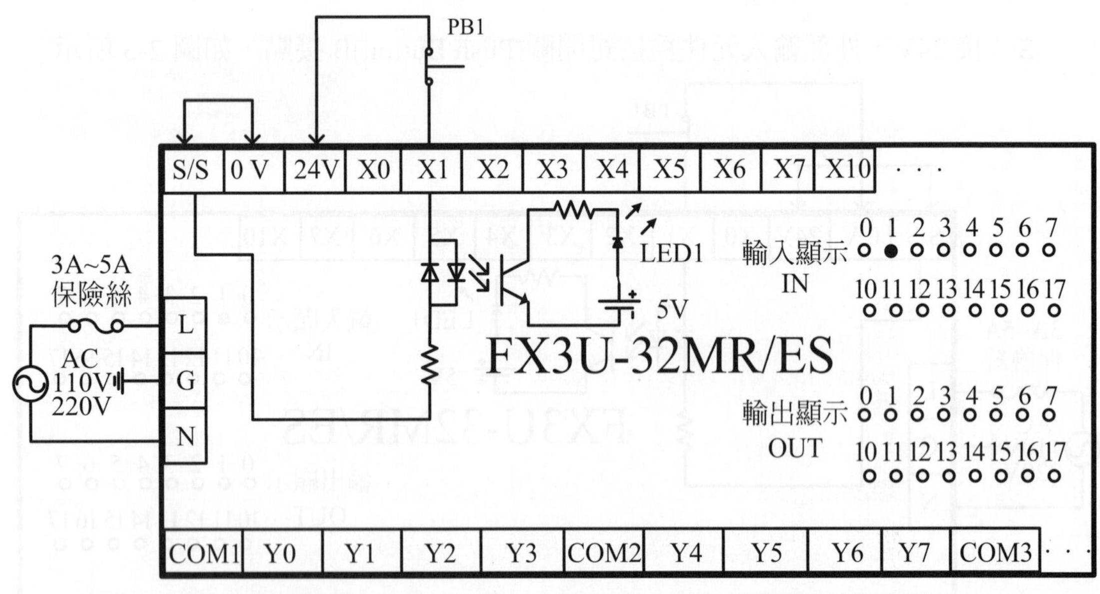

圖 2-4 PLC S/S 接 0V 按鈕開關 B 接點迴路

圖 2-4 說明如下：

(1) 當按鈕開關 PB1 按壓下去之後，按鈕開關由 B 接點→A 接點，LED1 燈滅；就代表 X1 繼電器線圈無激磁。如下圖，此時內部階梯程式 X1 接點打開，Y1 無輸出。(繼電器原理)

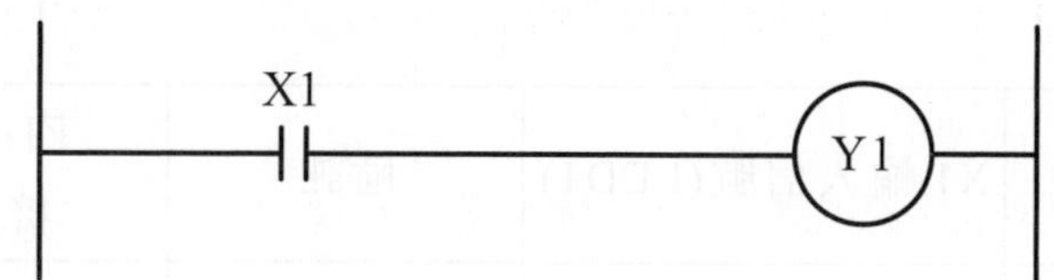

(2) 當按鈕開關 PB1 放開之後，按鈕開關由 A 接點→B 接點，LED1 燈亮；就代表 X1 繼電器線圈有激磁。如下圖，此時內部階梯程式 X1 接點閉合，Y1 有輸出。(繼電器原理)

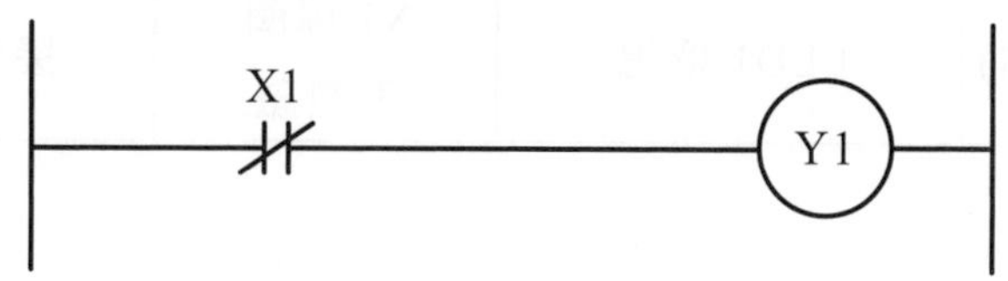

3. 總結：外部按鈕開關 A、B 接點與階梯程式 A、B 接點之關係，如表 2-1 所示。

表 2-1　外部 A、B 接點與階梯 A、B 接點之關係

階梯程式：X1　Y1				
外部按鈕開關 配線方式	X1 輸入信號(LED1)	備註	內部階梯 接點 X1	輸出 Y1
A 接點	LED1 燈熄	X1 線圈 不激磁	接點打開	無輸出
B 接點	LED1 燈亮	X1 線圈激磁	接點閉合	有輸出
按下 A 接點(變 B 接點)	LED1 燈亮	X1 線圈激磁	接點閉合	有輸出
按下 B 接點(變 A 接點)	LED1 燈熄	X1 線圈 不激磁	接點打開	無輸出

表 2-1 外部 A、B 接點與階梯 A、B 接點之關係(續)

階梯程式：				
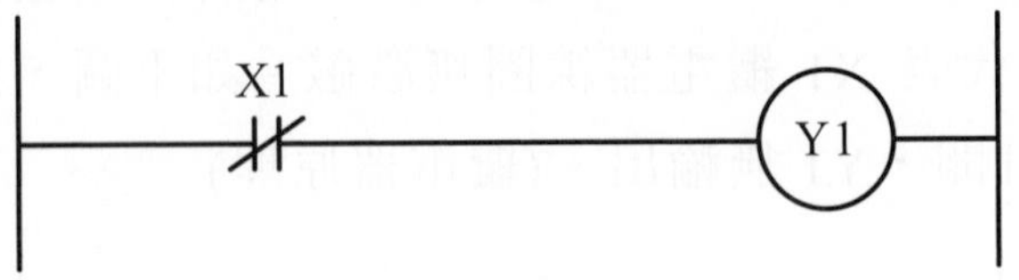 X1 (B 接點) —— (Y1)				
外部按鈕開關配線方式	X1 輸入信號(LED1)	備註	內部階梯接點 X1	輸出 Y1
A 接點	LED1 燈熄	X1 線圈不激磁	接點閉合	有輸出
B 接點	LED1 燈亮	X1 線圈激磁	接點打開	無輸出
按下 A 接點(變 B 接點)	LED1 燈亮	X1 線圈激磁	接點打開	無輸出
按下 B 接點(變 A 接點)	LED1 燈熄	X1 線圈不激磁	接點閉合	有輸出

2-3 自保持 ON、OFF 迴路與內部階梯 AB 接點之關係

1. (1) PB1 爲 A 接點(N.O)配線，接 PLC 輸入 X1，如圖 2-5 所示。
   (2) PB2 爲 A 接點(N.O)配線，接 PLC 輸入 X2，如圖 2-5 所示。
   (3) 動作功能：押按 PB1(ON)，自保持 Y1 輸出；押按 PB2(OFF)，解除 Y1 自保持。
   (4) 階梯圖之設計，如圖 2-6 所示。

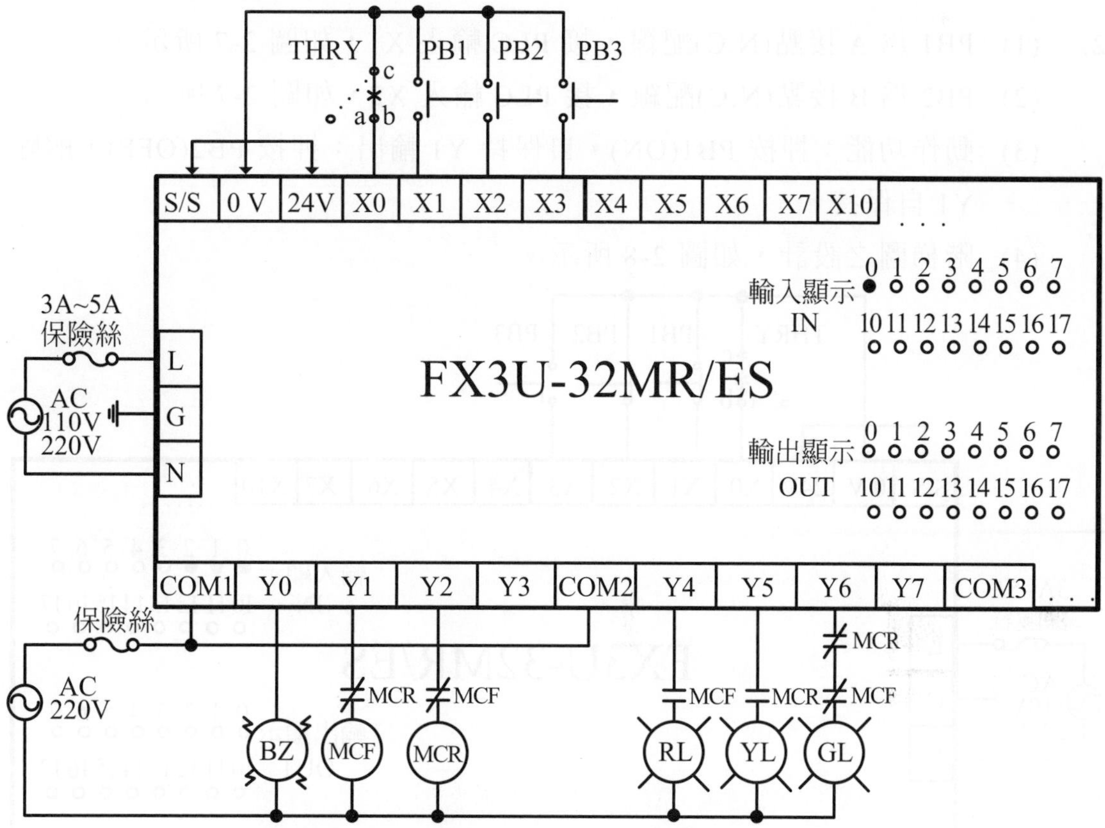

THRY　PB1　PB2　PB3
c
a b
S/S　0 V　24V　X0　X1　X2　X3　X4　X5　X6　X7　X10
3A~5A
保險絲
L
G
N
AC
110V
220V
輸入顯示　0 1 2 3 4 5 6 7
IN　10 11 12 13 14 15 16 17
FX3U-32MR/ES
輸出顯示　0 1 2 3 4 5 6 7
OUT　10 11 12 13 14 15 16 17
COM1　Y0　Y1　Y2　Y3　COM2　Y4　Y5　Y6　Y7　COM3
保險絲
AC
220V
MCR　MCF　MCF　MCR　MCF　MCR
BZ　MCF　MCR　RL　YL　GL

圖 2-5　自保持迴路(PB1、PB2 都是 A 接點)

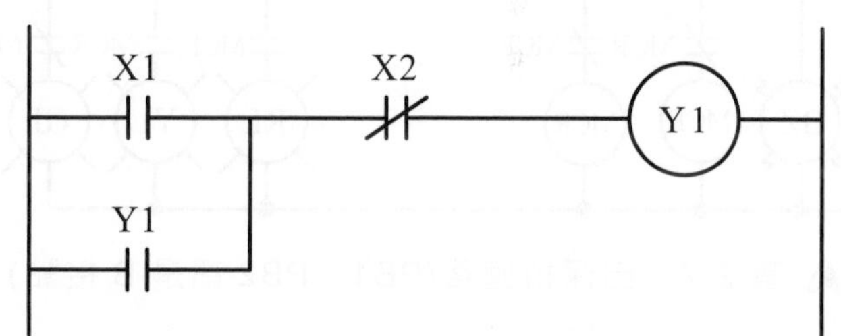

圖 2-6　外部輸入(PB1、PB2 都是 A 接點)配線時之階梯圖

2. (1) PB1 為 A 接點(N.C)配線，接 PLC 輸入 X1，如圖 2-7 所示。
   (2) PB2 為 B 接點(N.C)配線，接 PLC 輸入 X2，如圖 2-7 所示。
   (3) 動作功能：押按 PB1(ON)，自保持 Y1 輸出；押按 PB2(OFF)，解除 Y1 自保持。
   (4) 階梯圖之設計，如圖 2-8 所示。

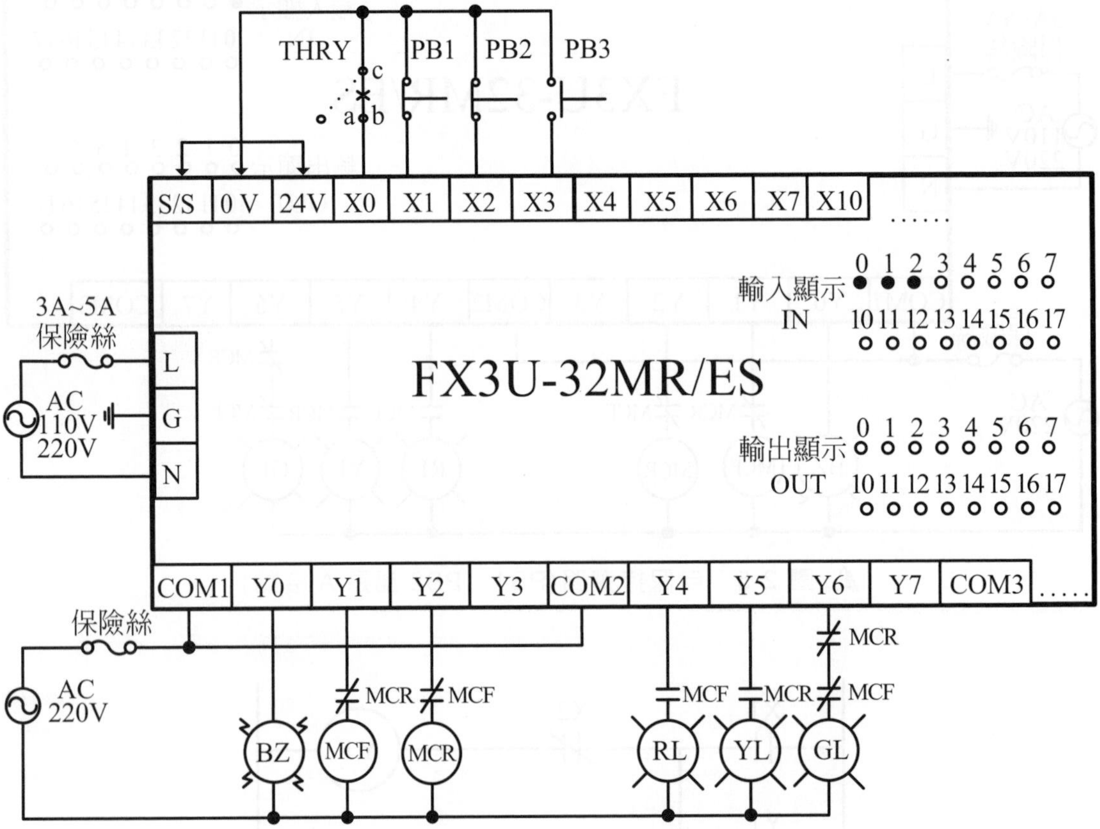

▲ 圖 2-7 自保持迴路(PB1、PB2 都是 B 接點)

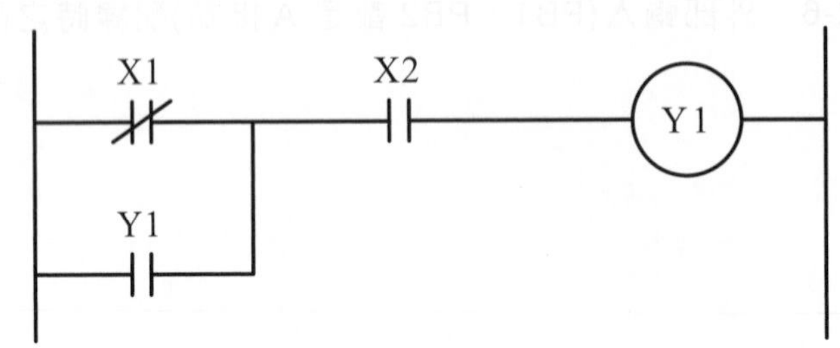

▲ 圖 2-8 外部輸入(PB1、PB2 都是 B 接點)配線時之階梯圖

3. (1) PB1 爲 A 接點(N.O)配線，接 PLC 輸入 X1，如圖 2-9 所示。
   (2) PB2 爲 B 接點(N.C)配線，接 PLC 輸入 X2，如圖 2-9 所示。
   (3) 動作功能：押按 PB1(ON)，自保持 Y1 輸出；押按 PB2(OFF)，解除 Y1 自保持。
   (4) 階梯圖之設計，如圖 2-10 所示。

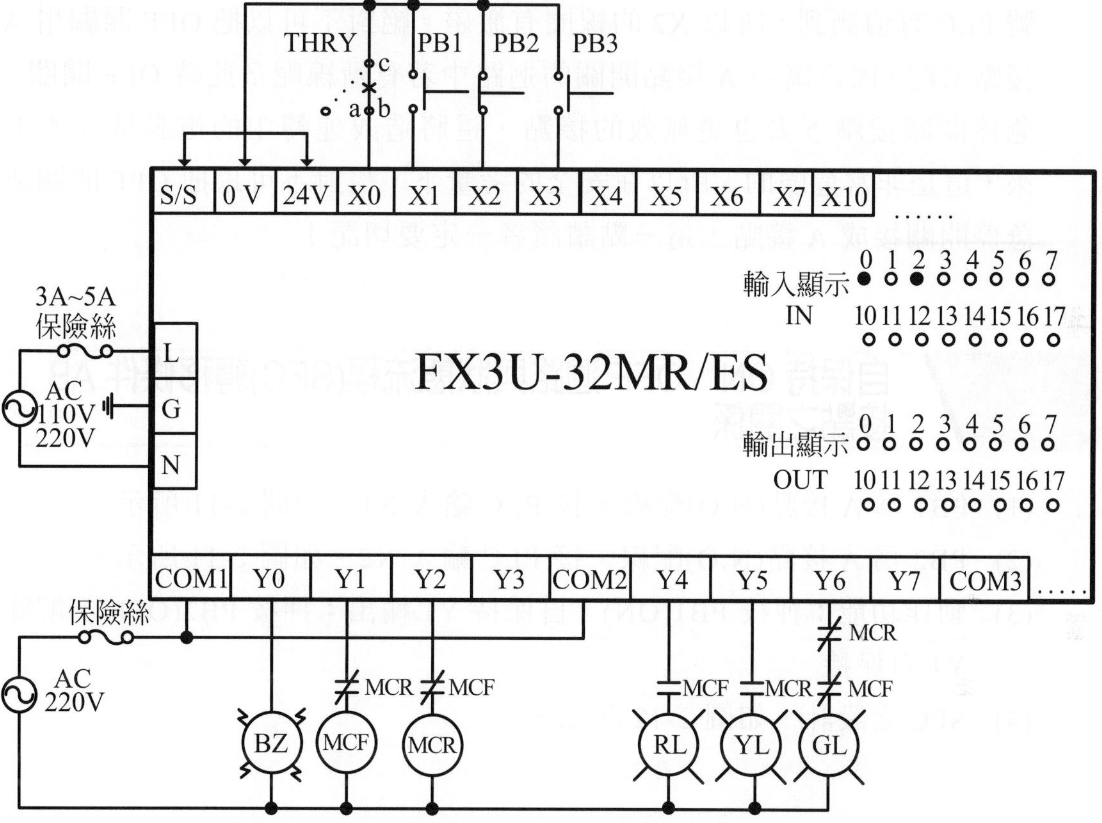

圖 2-9 自保持迴路(PB1 是 A 接點、PB2 是 B 接點)

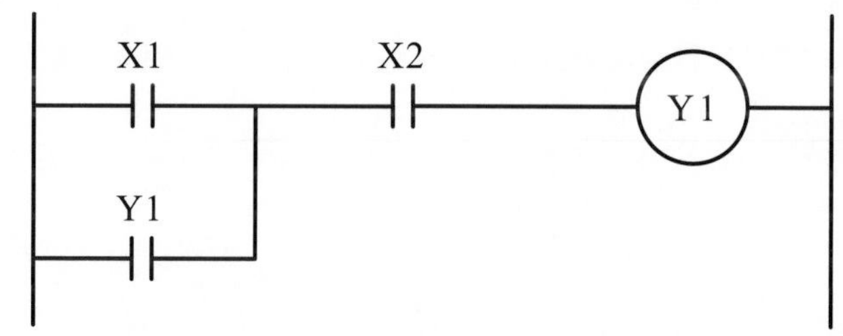

圖 2-10 外部輸入(PB1 是 A 接點、PB2 是 B 接點)配線時之階梯圖

4. 值得一提的是：

一般傳統工業配線啓動(ON)是 A 接點，停止(OFF)是 B 接點，急停(EMS)也是 B 接點；在 PLC 的世界裡尤其是 OFF 開關、急停開關等，外部配線一定要用 B 接點來配，因爲 PB2 是在 B 接點的位置，那 X2 的 LED2 燈一定會亮，表示 OFF 開關是在正常的位置，也代表 B 接點的訊號 PLC 有偵測到，所以 X2 的線圈有激磁。絕對不可以把 OFF 開關用 A 接點來配，因爲萬一 A 接點開關的迴路中若有斷線呢？此時 OFF 開關、急停開關按壓下去也是無效的接點，這將造成運轉中的電動機停不下來，這是非常危險的。所以在安全的考量下，絕對不可以把 OFF 開關或急停開關接成 A 接點，這一點請讀者一定要切記！

2-4 自保持 ON、OFF 迴路與狀態流程(SFC)轉移條件 AB 接點之關係 ★

1. (1) PB1 爲 A 接點(N.O)配線，接 PLC 輸入 X1，如圖 2-11 所示。
   (2) PB2 爲 A 接點(N.O)配線，接 PLC 輸入 X2，如圖 2-11 所示。
   (3) 動作功能：押按 PB1(ON)，自保持 Y1 輸出；押按 PB2(OFF)，解除 Y1 自保持。
   (4) SFC 之設計，如圖 2-12 所示。

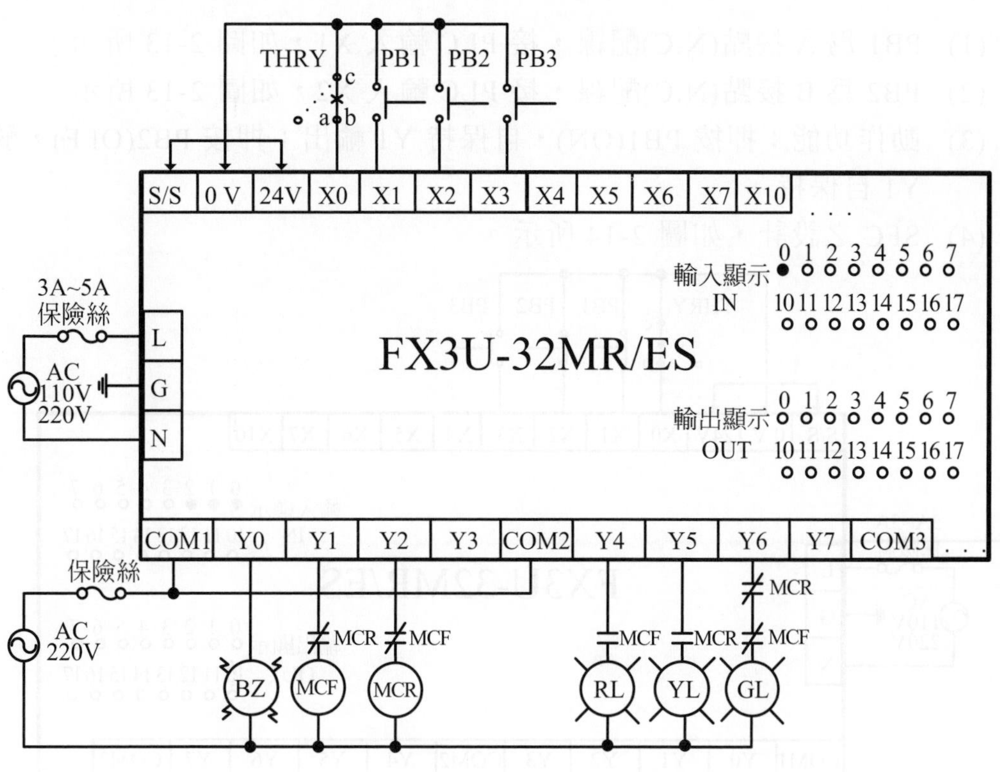

圖 2-11　自保持迴路(PB1、PB2 都是 A 接點)

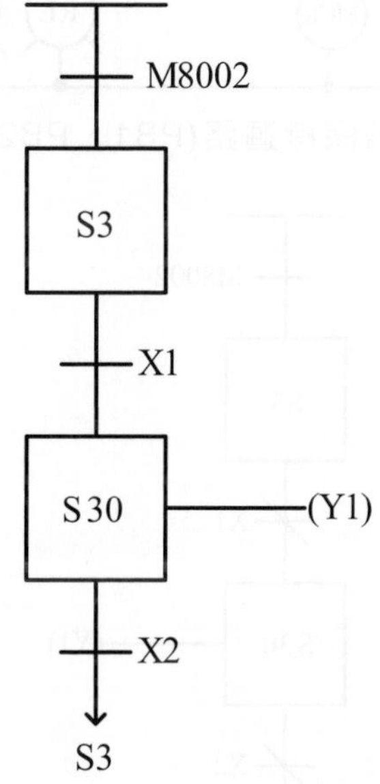

圖 2-12　外部輸入(PB1、PB2 都是 A 接點)配線時之 SFC

2. (1) PB1 爲 A 接點(N.C)配線，接 PLC 輸入 X1，如圖 2-13 所示。
   (2) PB2 爲 B 接點(N.C)配線，接 PLC 輸入 X2，如圖 2-13 所示。
   (3) 動作功能：押按 PB1(ON)，自保持 Y1 輸出；押按 PB2(OFF)，解除 Y1 自保持。
   (4) SFC 之設計，如圖 2-14 所示。

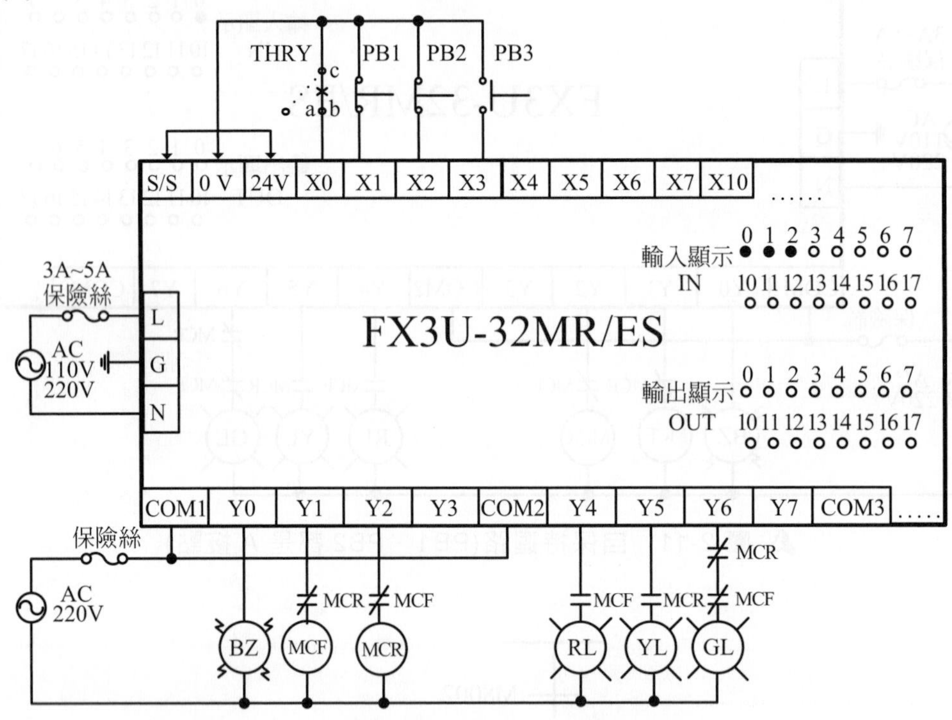

圖 2-13 自保持迴路(PB1、PB2 都是 B 接點)

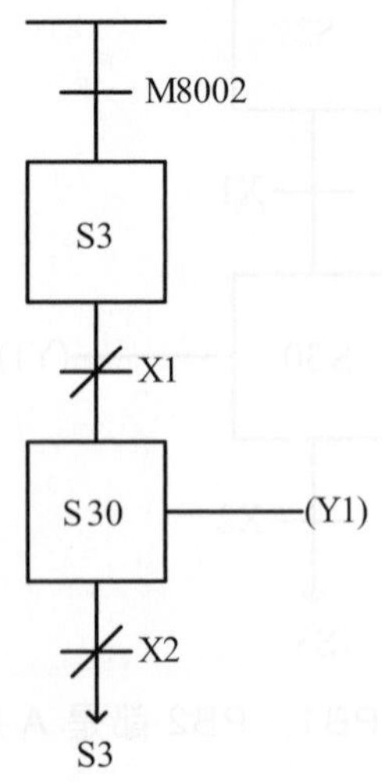

圖 2-14 外部輸入(PB1、PB2 都是 B 接點)配線時之 SFC

3. (1) PB1 為 A 接點(N.O)配線，接 PLC 輸入 X1，如圖 2-15 所示。
   (2) PB2 為 B 接點(N.C)配線，接 PLC 輸入 X2，如圖 2-15 所示。
   (3) 動作功能：押按 PB1(ON)，自保持 Y1 輸出；押按 PB2(OFF)，解除 Y1 自保持。
   (4) SFC 之設計，如圖 2-16 所示。

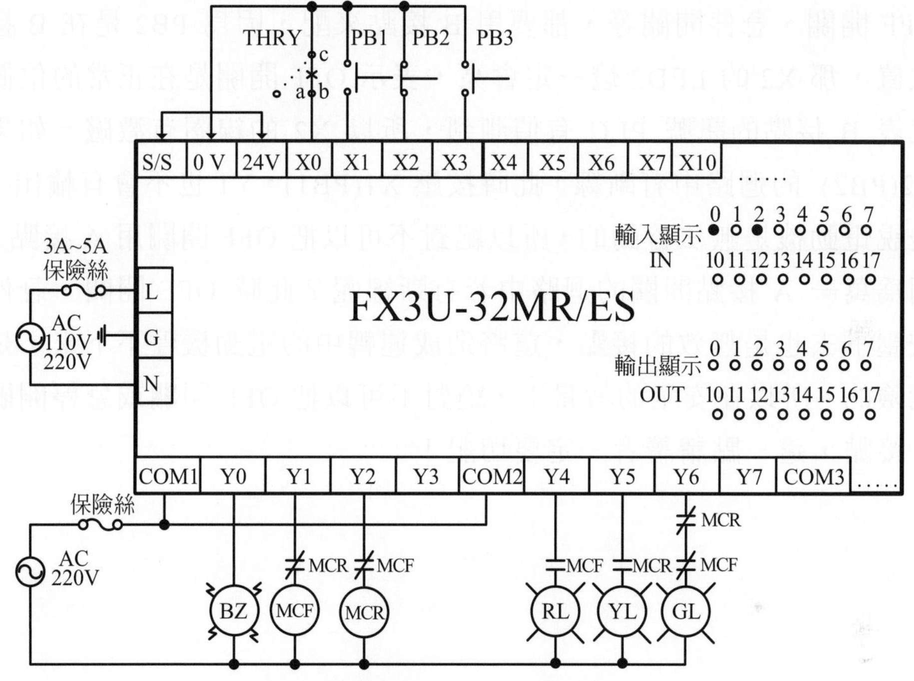

圖 2-15　自保持迴路(PB1 是 A 接點、PB2 是 B 接點)

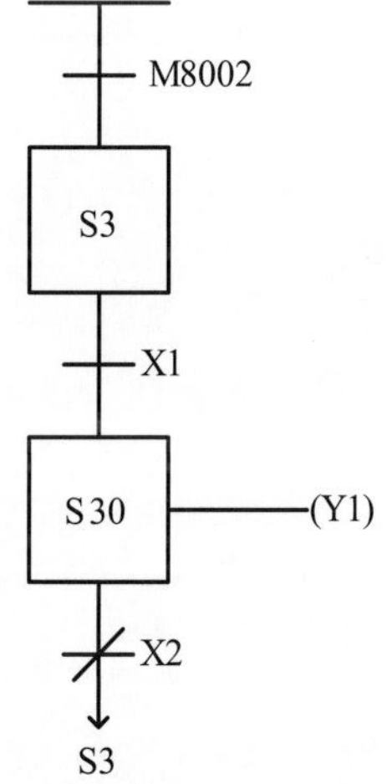

圖 2-16　外部輸入(PB1 是 A 接點、PB2 是 B 接點)配線時之 SFC

4. 總結：不論是階梯的 AB 接點或 SFC 轉移條件的 AB 接點，寫程式時都是依繼電器原理來判斷要 A 接點或是 B 接點，請讀者牢記！且任何廠牌的 PLC 亦是依此原理來判斷。

5. 值得一提的是：

   不管今天是用階梯或 SFC 來寫程式，PLC 的外部配線，只要是接 OFF 開關、急停開關等，都要用 B 接點來配，因爲 PB2 是在 B 接點的位置，那 X2 的 LED2 燈一定會亮，表示 OFF 開關是在正常的位置，也代表 B 接點的訊號 PLC 有偵測到，所以 X2 的線圈有激磁。如果今天 X2(PB2) 的迴路中有斷線，此時按壓 X1(PB1)，Y1 也不會有輸出，也就是說電動機是無法啓動的，所以絕對不可以把 OFF 開關用 A 接點來配，因爲萬一 A 接點開關的迴路中若有斷線呢？此時 OFF 開關、急停開關按壓下去也是無效的接點，這將造成運轉中的電動機停不下來，是非常危險的。所以在安全的考量下，絕對不可以把 OFF 開關或急停開關接成 A 接點，這一點請讀者一定要切記！

Chapter 3

階梯(Ladder)與 SFC 之合併設計應用實習

3-1 階梯與 SFC 合併設計之方法與要領

階梯圖與狀態流程圖之合併設計，本章節的設計方法是以電機控制為例。寫程式要建立一個概念，在任何程式裡基本上都會有主程式與副程式二大部份，而在可程式控制器(PLC)裡，主程式為階梯(Ladder)，副程式為狀態流程圖(SFC)；而主程式視為階梯與 SFC 的交替轉移，副程式視為 SFC 每一步的動作流程。

在編寫 PLC 程式要領值得注意的是，須將整個程式架構分為三個部分。第一部分為急停程式控制區：主要是做階梯與 SFC 的切換(交替轉移)及呼叫使用，也就是主控權的交替、與急停處理、原點條件等，此區屬於 SFC 之 Ladder 程式，為 LD0：程式需由階梯進 SFC 或 SFC 經由階梯的條件再進其他的 SFC，也就是階梯與 SFC 程式的路經轉移，可放在此區；而每個流程點都會用到的條件(按鈕)，不需要在每個流程都寫進去，如 OFF、COS、THRY、EMS 等，皆可用階梯的相關條件規劃在此區；另，原點條件(THRY 在正常復歸的位置)成立時方可讓馬達運轉，亦可把相關條件規劃在此區。

第二部分爲狀態流程控制區：主要是將各個功能動作，用狀態流程圖的方式把它劃出來，畫出來之後再書寫指令，此區屬於 SFC 之 SFC 程式；此區可包含手動功能流程、自動功能流程、急停功能流程、復歸功能流程等，分別要用初始狀態流程點 S0～S9 去規劃它，如 S0 規劃異常流程(積熱電驛流程)、S1 規劃復歸流程、S2 規劃手動流程、S3 規劃自動流程等，本書皆以此架構來規劃每個不同的功能流程。

第三部分爲判斷、異常及燈號區：主要是機台的動作狀態可以用燈號顯示出來，此區屬於 SFC 之 Ladder 程式，爲 LD1：可直接用狀態點(S)的 A、B 接點來當條件使 Y 燈號輸出，亦可用 Y 的 A、B 接點來當條件使燈號輸出。紅色指示燈爲運轉燈，燈亮時表示馬達處於運轉狀態；綠色指示燈爲待機燈，燈亮時表示馬達處於停止待機狀態；黃色指示燈爲異常警示燈。異常碼可以使用在人機介面，及判斷料件的大小、顏色、尺寸、形狀等，可規劃寫在此區。

1. LD0 階梯分析如下：

   如 3-3 節實習範例所示：急停用 M8031、M8032 或 M8034。THRY 可做原點條件(M200)，可用 PLS 指令或 M200 的上升微分進入 S3。停止(OFF)可用 RST S3 及 ZRST S30～S39 來處理。

2. SFC 流程分析如下：

   如 3-3 節實習範例所示：將各種動作流程些在 SFC 裡。初始流程 S0～S9，流程架構如下：

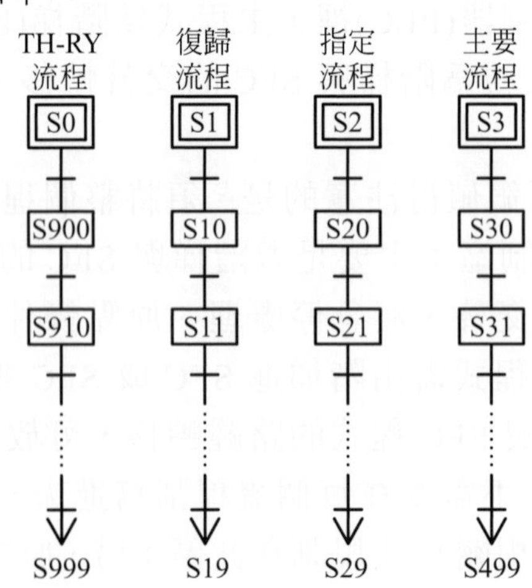

3. LD1 階梯分析如下：

   如 3-3 節實習範例所示：燈號可使用 Y、M、S 之接點來讓 Y 輸出。

3-2 階梯與 SFC 合併設計之注意事項

1. 不可以同時在階梯及 SFC 出現兩個相同編號的輸出(Y)，但可在 SFC 流程裡出現兩個相同編號的輸出(Y)。
2. 階梯圖上的任何條件若要進 SFC 之初始流程都必須用微分接點，不可用 A、B 接點型態進入。
3. 在階梯或 SFC 若有用到 SET 這指令，要記得用 RST 指令解除；在階梯用 SET 指令解除時也要在階梯裡 RST，在 SFC 用 SET 指令解除時也要在 SFC 裡 RST。
4. 在 SFC 流程裡的編號(教室)，所用到的 M、T、C、D 之編號，最好與教室編號相同。
5. 在 SFC 的選擇性合流與並進式合流，需善用空步進點(流程點)。
6. 狀態流程上的 S 可當作一般階梯的 AB 接點來使用，亦可當作 SFC 裡的轉移條件來使用。

3-3 階梯與 SFC 合併設計範例實習

壹　馬達故障警報控制

一、動作說明

1. 電源正常時，僅綠燈 G 亮，電動機不動作。
2. 按下按鈕開關 PB1 時，電磁接觸器 MC 動作，電動機立即運轉，綠燈 G 熄，紅燈 R 亮。
3. 按下按鈕開關 PB2 時，電磁接觸器 MC 斷電，電動機停止運轉，綠燈 G 亮，紅燈 R 熄。
4. 電動機運轉中，若過載致使積熱電驛 TH-RY 動作，電動機停止運轉，蜂鳴器 BZ 發出警報，綠燈 G 亮，紅燈 R 熄。

5. 按下按鈕開關 PB3 時，蜂鳴器 BZ 停止警報，黃燈 Y 閃爍亮，綠燈 G 亮，紅燈 R 熄。
6. 故障排除後，按下積熱電驛 TH-RY 復歸桿，則黃燈 Y 熄，綠燈 G 亮，紅燈 R 熄，可再重新啓動電動機。

二、PLC 外部配線圖

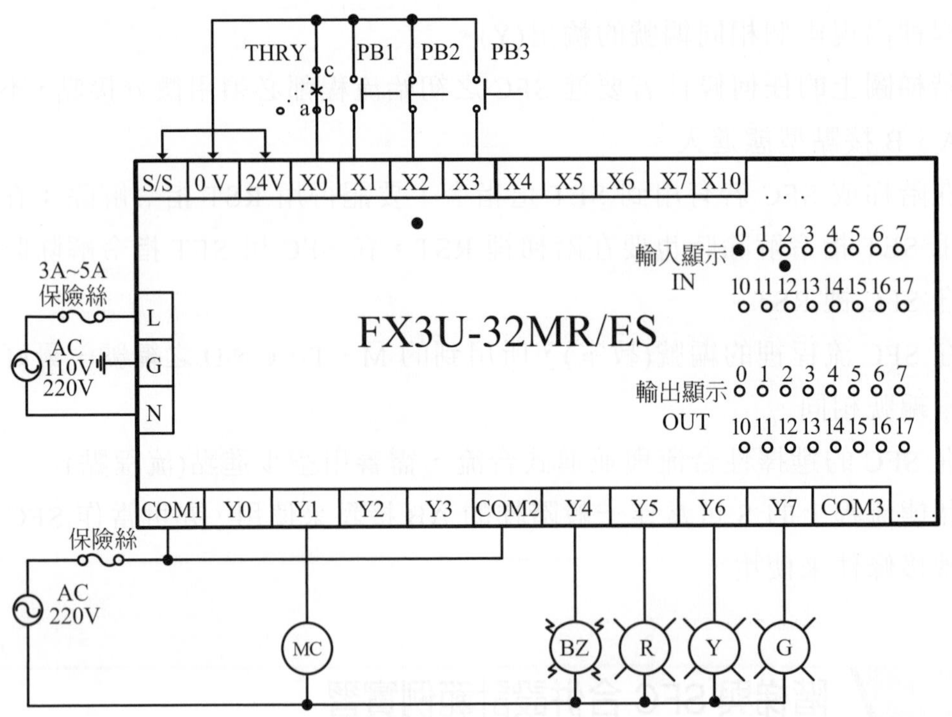

三、階梯與 SFC

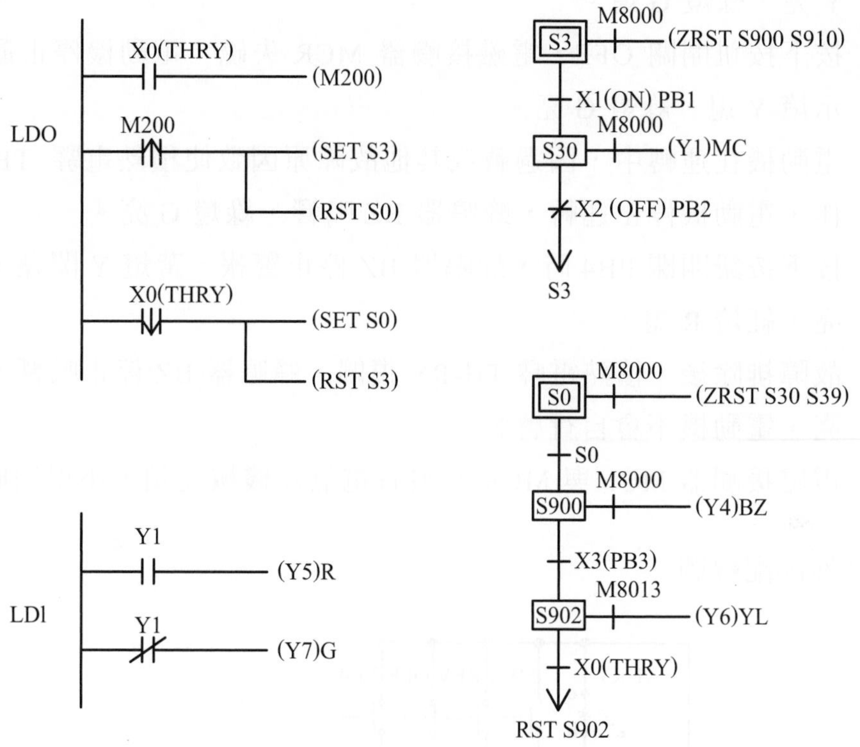

貳　三相感應電動機正反轉控制

一、動作說明

1. 無熔絲開關 NFB ON，僅綠燈 G 亮，電動機不動作。
2. 按下按鈕開關 FWD，電磁接觸器 MCF 激磁，電動機正轉，指示燈 R 亮，綠燈 G 熄。
3. 按下按鈕開關 OFF，電磁接觸器 MCF 失磁，電動機停止運轉，指示燈 R 熄，綠燈 G 亮。

4. 按下按鈕開關 REV，電磁接觸器 MCR 激磁，電動機逆轉，指示燈 Y 亮，綠燈 G 熄。
5. 按下按鈕開關 OFF，電磁接觸器 MCR 失磁，電動機停止運轉，指示燈 Y 熄，綠燈 G 亮。
6. 電動機在運轉中，因過載或其他故障原因致使積熱電驛 TH-RY 動作，電動機停止運轉，蜂鳴器 BZ 鳴響，綠燈 G 亮。
7. 按下按鈕開關 PB4 時，蜂鳴器 BZ 停止警報，黃燈 Y 閃爍，綠燈 G 亮，紅燈 R 熄。
8. 故障排除後，積熱電驛 TH-RY 復歸，蜂鳴器 BZ 停止鳴響，綠燈 G 亮，電動機不會自行啓動。
9. 電磁接觸器 MCF 與 MCR 必須有電氣及機械連鎖，不得同時動作。

二、PLC 外部配線圖

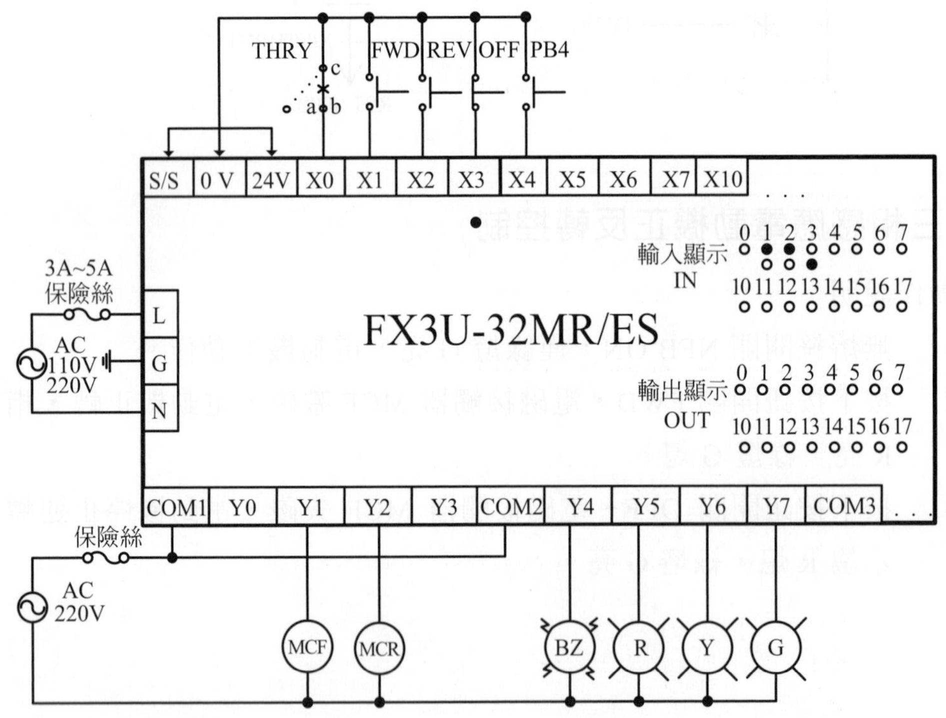

三、階梯與 SFC

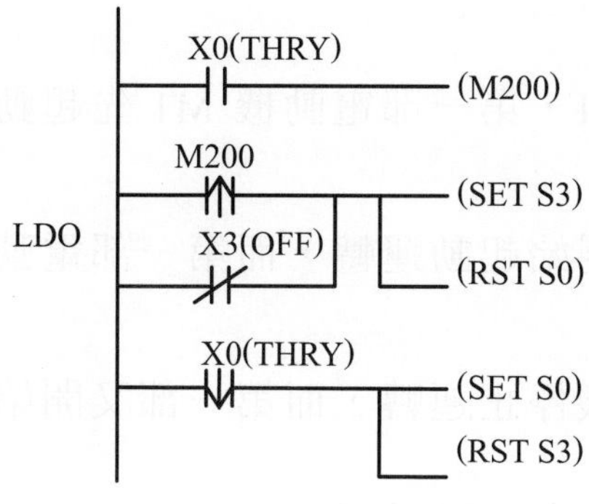
X0(THRY)
(M200)
M200
(SET S3)
LDO
X3(OFF)
(RST S0)
X0(THRY)
(SET S0)
(RST S3)

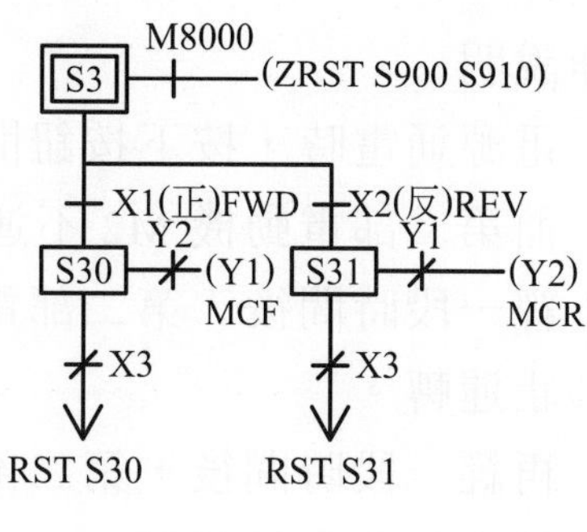
M8000
S3
(ZRST S900 S910)
X1(正)FWD
X2(反)REV
Y2
Y1
S30
(Y1)
S31
(Y2)
MCF
MCR
X3
X3
RST S30
RST S31

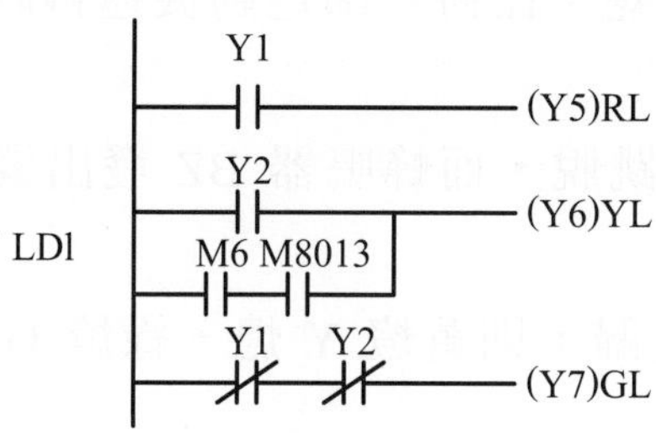
Y1
(Y5)RL
Y2
(Y6)YL
LDl
M6 M8013
Y1
Y2
(Y7)GL

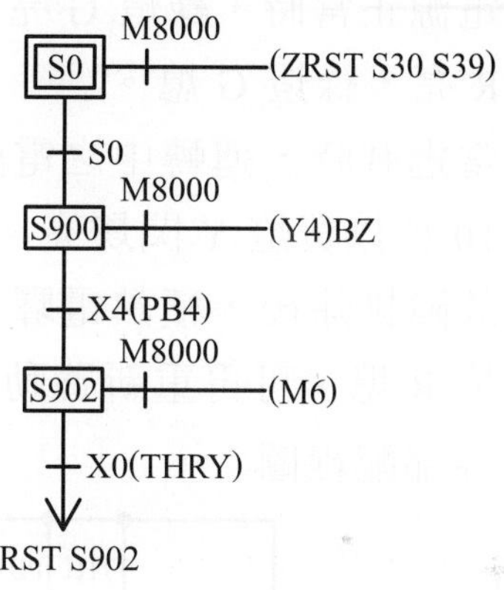
M8000
S0
(ZRST S30 S39)
S0
M8000
S900
(Y4)BZ
X4(PB4)
M8000
S902
(M6)
X0(THRY)
RST S902

參　兩部電動機自動交替運轉控制

一、動作說明

1. 電源通電時，按下按鈕開關 PB1，第一部電動機 M1 先起動運轉，而第二部電動機 M2 不運轉。
2. 經一段時間後，第二部電動機開始起動運轉，而第一部電動機則停止運轉。
3. 再經一段時間後，第二部電動機停止運轉，而第一部又開始啓動運轉，依此交替運轉。
4. 當按下按鈕開關 PB2 時，運轉中之電動機 M1 或 M2 均可停止運轉。
5. 電源正常時，綠燈 G 亮，紅燈 R 熄。任何一部電動機運轉時，紅燈 R 亮，綠燈 G 熄。
6. 當過載時，運轉中之電動機均應跳脫，而蜂鳴器 BZ 發出警報，經 10 秒以黃燈 Y 閃爍亮。
7. 故障排除後，積熱電驛 THRY 復歸，則黃燈 Y 熄，綠燈 G 亮，紅燈 R 熄，可再重新啓動電動機。

二、PLC 外部配線圖

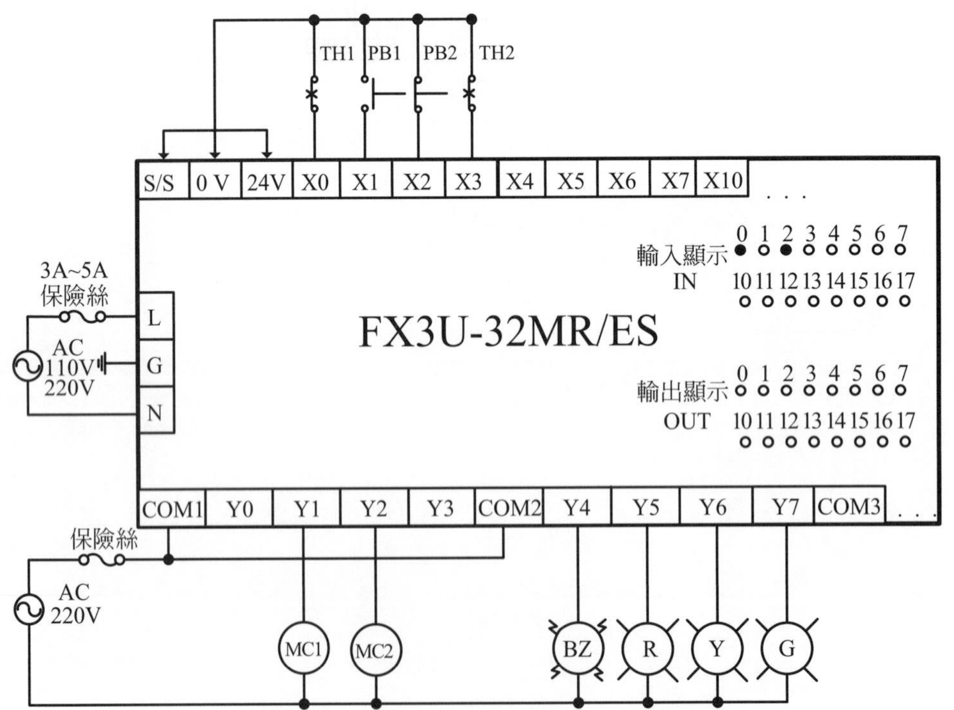

三、階梯與 SFC

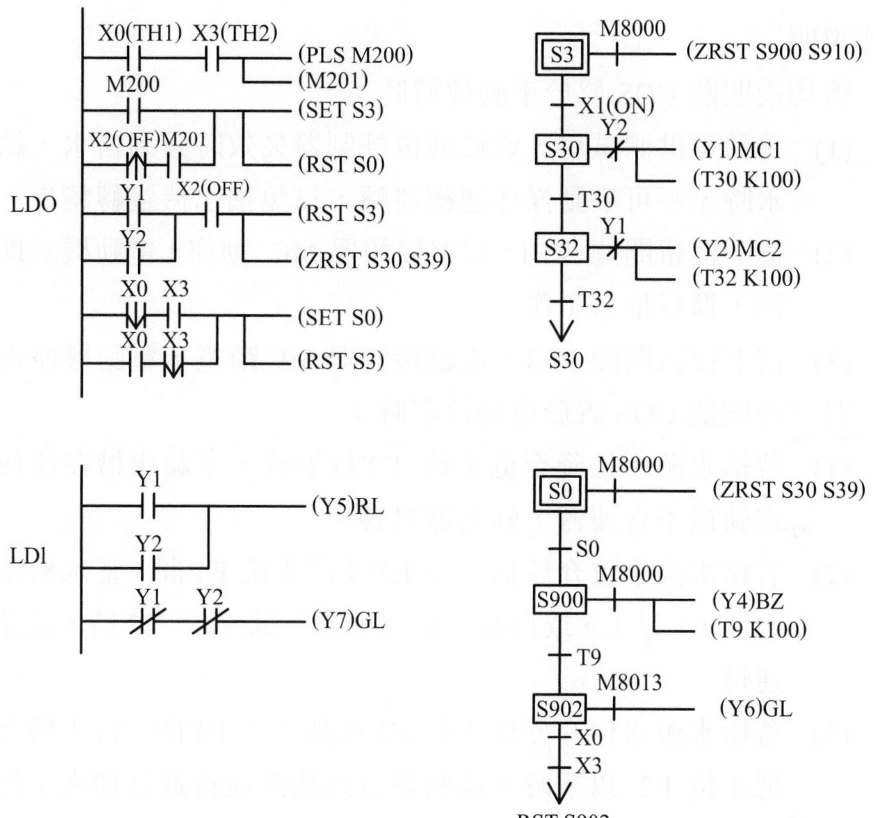

LDO
X0(TH1)
X3(TH2)
(PLS M200)
(M201)
M200
(SET S3)
X2(OFF)
M201
(RST S0)
Y1
X2(OFF)
(RST S3)
Y2
(ZRST S30 S39)
X0
X3
(SET S0)
(RST S3)
LDl
(Y5)RL
(Y7)GL
S3
M8000
(ZRST S900 S910)
X1(ON)
S30
(Y1)MC1
(T30 K100)
T30
S32
(Y2)MC2
(T32 K100)
T32
S0
(ZRST S30 S39)
S900
(Y4)BZ
(T9 K100)
T9
S902
M8013
(Y6)GL
RST S902

肆　手動、自動液位控制

一、動作說明

1. 將切換開關 COS 置於手動位置時：
   (1) 手動可供測試用，或於液位控制器失效時強制給水。給水源無水時，不可手動操作連續運轉，以免抽水機空轉燒損。
   (2) 按下按鈕開關 PB1，電磁接觸器 MC 動作，電動機立即起動運轉，進行抽水工作。
   (3) 按下按鈕開關 PB2，電磁接觸器 MC 斷電，電動機停止運轉。
2. 將切換開關 COS 置於自動位置時：
   (1) 若給水源水位降至低水位 E2'以下時，不論水槽在任何水位，電動機不會運轉，蜂鳴器鳴響。
   (2) 若給水源水位介於低水位 E2'及高水位 E1'間，當水槽水位在高水位 E1 以上，或自高水位 E1 降至低水位 E2 時，電動機不會運轉。
   (3) 若給水源水位介於低水位 E2'及高水位 E1'間，當水槽水位降至低水位 E2 以下時，電動機自動起動運轉進行抽水工作。俟水槽水位昇至高水位 E1 以上時，電動機自動停止抽水。
   (4) 當電動機在抽水時，若給水源水位降至低水位 E2'以下時，電動機自動停止運轉，且蜂鳴器 BZ 鳴響。
   (5) 欲切斷蜂鳴器 BZ 鳴響，可按下按鈕開關 PB3。
3. 電動機在運轉中，因過載而致使積熱電驛 TH-RY 動作時，電磁接觸器 MC 失磁，黃燈 Y 及綠燈 G 均亮；當故障排除後，將積熱電驛 TH-RY 復歸，黃燈 Y 熄。
4. 電源正常，電磁接觸器 MC 斷電時，綠燈 G 亮、紅燈 R 熄；電磁接觸器 MC 動作時，綠燈 G 熄、紅燈 R 亮。

二、PLC 外部配線圖

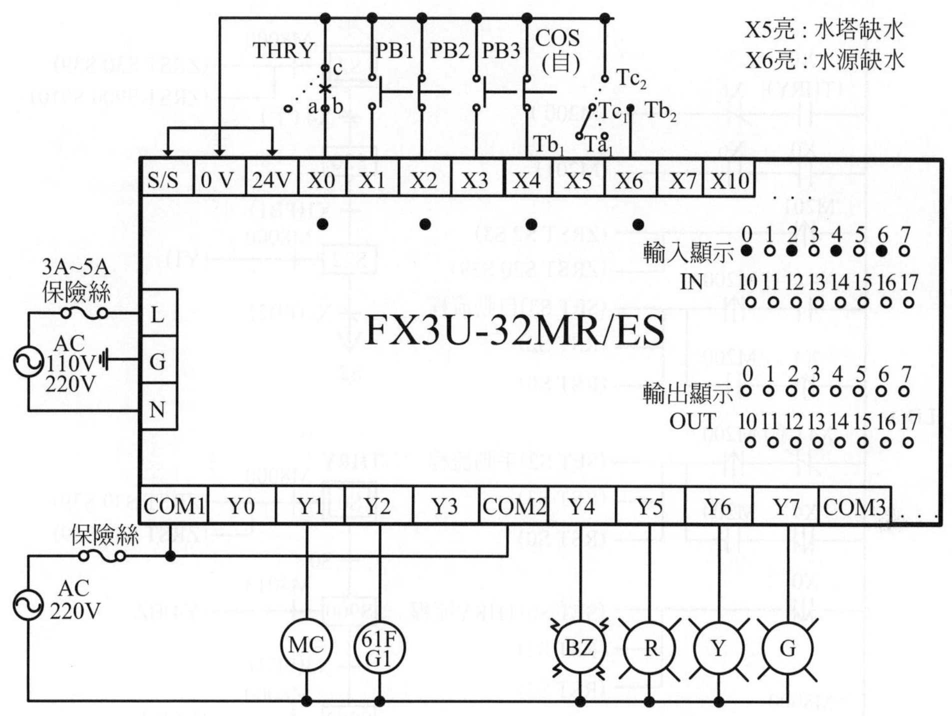
X5亮：水塔缺水
X6亮：水源缺水
THRY
PB1
PB2
PB3
COS
(自)
S/S
0 V
24V
X0
X1
X2
X3
X4
X5
X6
X7
X10
3A~5A
保險絲
AC
110V
220V
L
G
N
FX3U-32MR/ES
輸入顯示
IN
輸出顯示
OUT
COM1
Y0
Y1
Y2
Y3
COM2
Y4
Y5
Y6
Y7
COM3
保險絲
AC
220V
MC
61F
G1
BZ
R
Y
G

三、階梯與 SFC

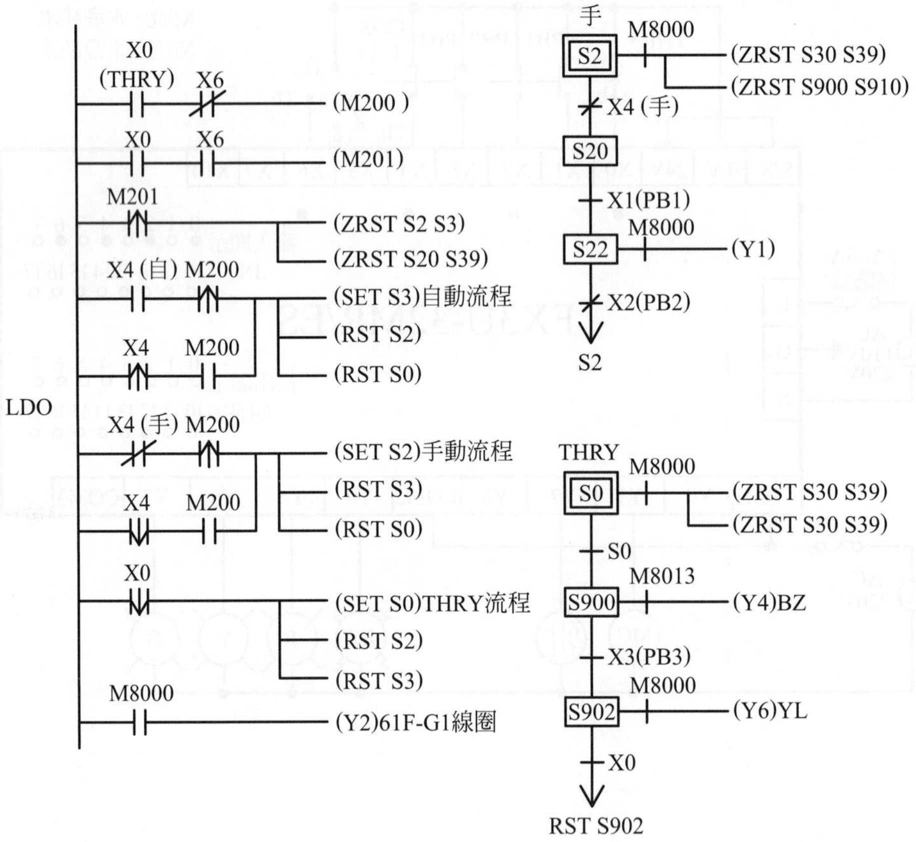

X0
(THRY) X6
(M200)
X0 X6
(M201)
M201
(ZRST S2 S3)
(ZRST S20 S39)
X4 (自) M200
(SET S3)自動流程
(RST S2)
X4 M200
(RST S0)
LDO
X4 (手) M200
(SET S2)手動流程
(RST S3)
X4 M200
(RST S0)
X0
(SET S0)THRY流程
(RST S2)
(RST S3)
M8000
(Y2)61F-G1線圈
手
M8000
S2
(ZRST S30 S39)
(ZRST S900 S910)
X4 (手)
S20
X1(PB1)
M8000
S22
(Y1)
X2(PB2)
S2
THRY
M8000
S0
(ZRST S30 S39)
(ZRST S30 S39)
S0
M8013
S900
(Y4)BZ
X3(PB3)
M8000
S902
(Y6)YL
X0
RST S902
Y1 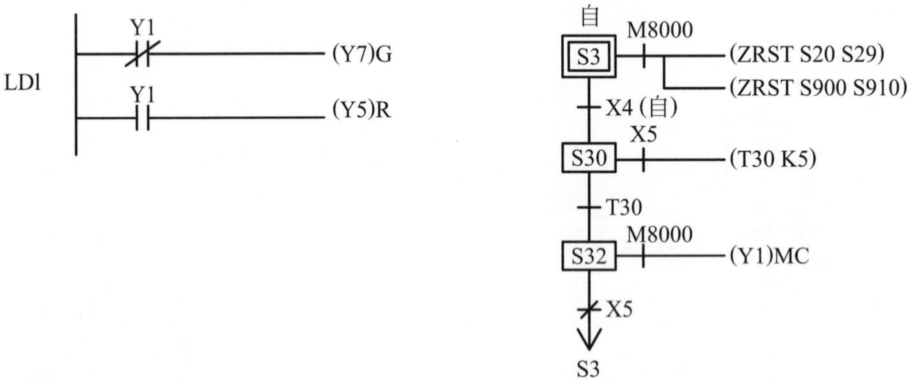
(Y7)G
LDl
Y1
(Y5)R
自
M8000
S3
(ZRST S20 S29)
(ZRST S900 S910)
X4 (自)
X5
S30
(T30 K5)
T30
M8000
S32
(Y1)MC
X5
S3

伍　三相感應電動機正反轉兼 Y-Δ 啓動控制

一、動作說明

1. 無熔絲開關 NFB ON，僅綠燈 G 亮，電動機不動作。
2. 按下按鈕開關 FWD，電動機正轉 Y 啓動，電磁接觸器 MCF、MCY 激磁，指示燈 R 閃爍，經 5 秒後轉成△運轉，電磁接觸器 MCF、MC△激磁，指示燈 R 亮。
3. 按下按鈕開關 OFF，電磁接觸器皆失磁，電動機停止運轉，指示燈 R 熄，綠燈 G 亮。
4. 按下按鈕開關 REV，電動機反轉 Y 啓動，電磁接觸器 MCR、MCY 激磁，指示燈 Y 閃爍，經 5 秒後轉成△運轉，電磁接觸器 MCF、MC△激磁，指示燈 Y 亮。
5. 按下按鈕開關 OFF，電磁接觸器皆失磁，電動機停止運轉，指示燈 Y 熄，綠燈 G 亮。
6. 電動機運轉中，因過載致使積熱電驛 TH-RY 動作，電動機停止運轉，蜂鳴器 BZ 閃響，綠燈 G 亮，按下按鈕開關 OFF，蜂鳴器 BZ 停響。
7. 故障排除後，積熱電驛 TH-RY 復歸，綠燈 G 亮，電動機不會自行啓動，恢復正常操作狀態。

二、PLC 外部配線圖

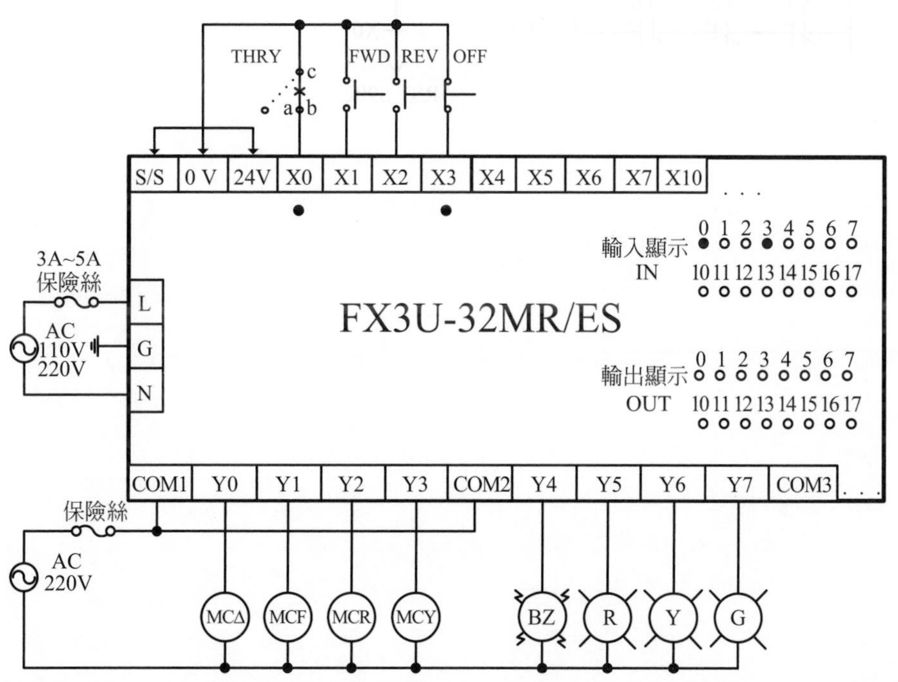

三、階梯與 SFC

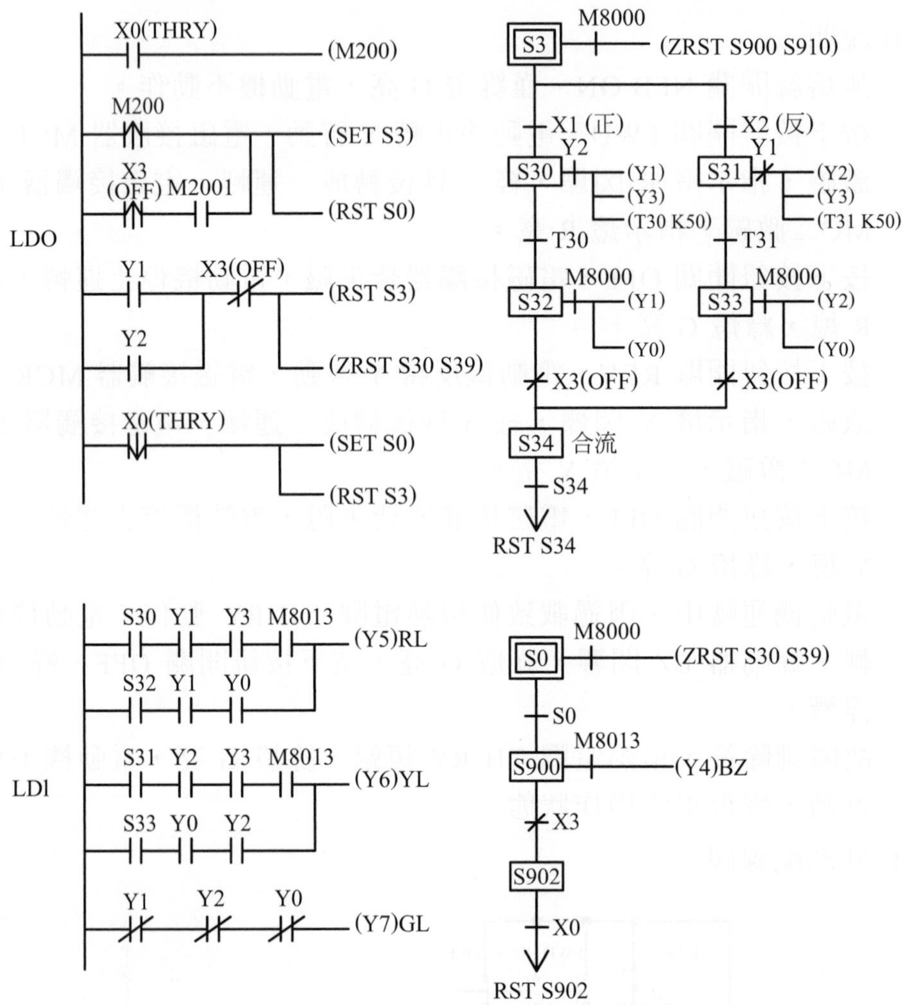
LDO
X0(THRY)
(M200)
M200
(SET S3)
X3
(OFF)
M2001
(RST S0)
Y1
X3(OFF)
(RST S3)
Y2
(ZRST S30 S39)
X0(THRY)
(SET S0)
(RST S3)
M8000
S3
(ZRST S900 S910)
X1 (正)
X2 (反)
Y2
Y1
S30
(Y1)
(Y3)
(T30 K50)
S31
(Y2)
(Y3)
(T31 K50)
T30
T31
M8000
S32
(Y1)
(Y0)
M8000
S33
(Y2)
(Y0)
X3(OFF)
X3(OFF)
S34
合流
S34
RST S34
LD1
S30 Y1 Y3 M8013
(Y5)RL
S32 Y1 Y0
S31 Y2 Y3 M8013
(Y6)YL
S33 Y0 Y2
Y1 Y2 Y0
(Y7)GL
M8000
S0
(ZRST S30 S39)
S0
M8013
S900
(Y4)BZ
X3
S902
X0
RST S902

陸　升降機控制

一、動作說明

1. 電路中限制開關 LS1 及 LS2 分別裝設於一、二樓昇降機內。
2. 按鈕開關 PB1 是一樓控制開關，按鈕開關 PB2 是二樓控制開關。
3. 按鈕開關 PB3 是啓動/復歸開關，系統啓動時，需先按下 PB3。
4. 若昇降機在一樓時，按下按鈕開關 PB1 則↑燈亮，昇降機可昇至二樓自動停止，↑燈熄。
5. 若昇降機在二樓時，按下按鈕開關 PB2 則↓燈亮，昇降機可降至一樓自動停止，↓燈熄。
6. 當昇降機在上昇或下降中，若斷電、過載或按緊急開關 EMS，均可使昇降機停止昇降，復電或復歸時，再按下 PB3 按鈕，可使昇降機繼續未完成的動作。

二、PLC 外部配線圖

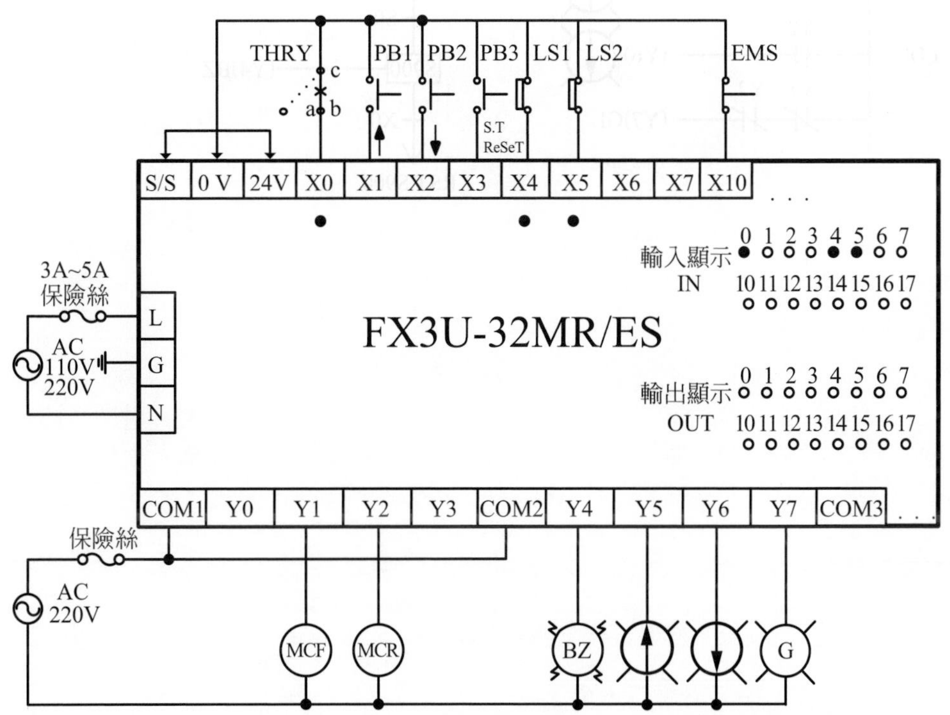

三、階梯與 SFC

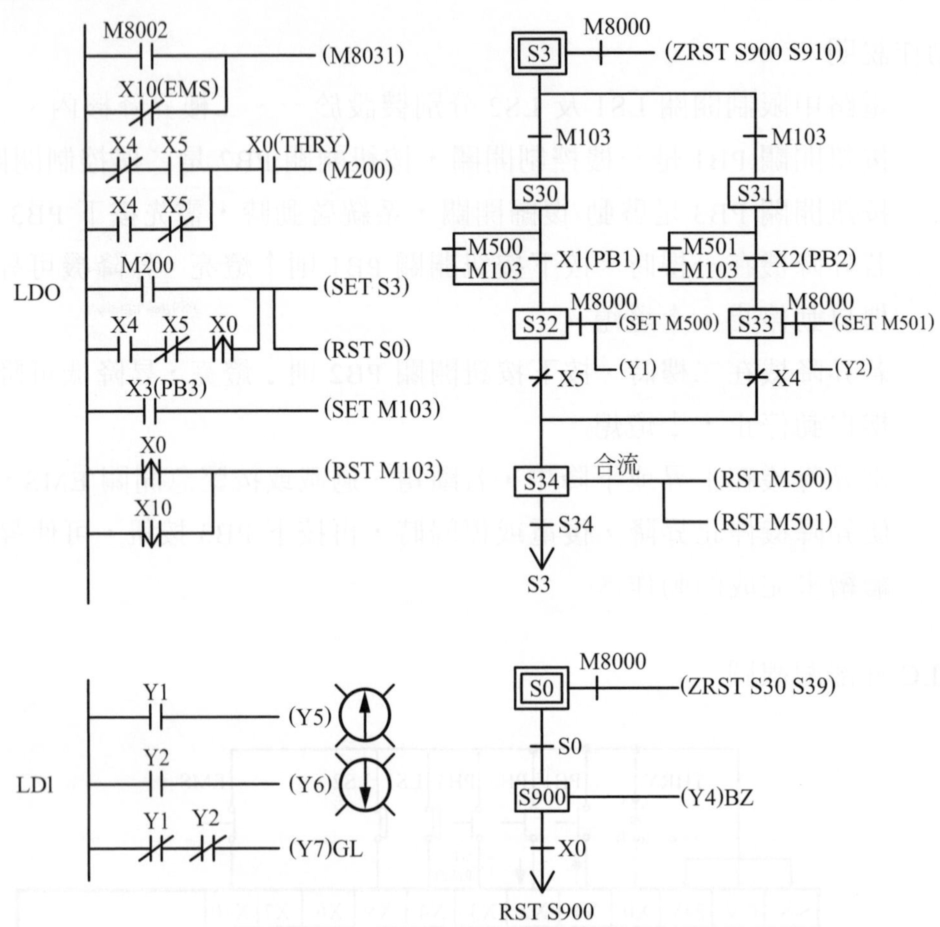
M8002
(M8031)
X10(EMS)
X4
X5
X0(THRY)
(M200)
X4
X5
M200
LDO
(SET S3)
X4
X5
X0
(RST S0)
X3(PB3)
(SET M103)
X0
(RST M103)
X10
S3
M8000
(ZRST S900 S910)
M103
M103
S30
S31
M500
M103
X1(PB1)
M501
M103
X2(PB2)
M8000
S32
(SET M500)
(Y1)
M8000
S33
(SET M501)
(Y2)
X5
X4
合流
S34
(RST M500)
(RST M501)
S34
S3
Y1
(Y5)
LDl
Y2
(Y6)
Y1
Y2
(Y7)GL
S0
M8000
(ZRST S30 S39)
S0
S900
(Y4)BZ
X0
RST S900

應用指令介紹

4-1 應用指令一覽表(分類)

*詳細使用請參考 FX3U 中文使用手冊(雙象)

分類	FNC No.	指令碼		P 指令	迴路象徵	功能
		16 位元	32 位元			
階梯程式流程	00	CJ	–	V	CJ Pn	條件跳躍
	01	CALL	–	V	CALL Pn	呼叫副程式
	02	SRET	–	–	SRET	副程式結束
	03	IRET	–	–	IRET	中斷插入副程式結束
	04	EI	–	–	EI	中斷插入允許
	05	DI	–	–	DI	中斷插入禁止
	06	FEND	–	–	FEND	主程式結束
	07	WDT	–	V	WDT	逾時監視計時器
	08	FOR	–	–	FOR S	迴圈開始
	09	NEXT	–	–	NEXT	迴圈結束

分類	FNC No.	指令碼		P 指令	迴路象徵	功能
		16 位元	32 位元			
傳送比較	10	CMP	DCMP	V	CMP S1 S2 D	比較設定輸出
	11	ZCP	DZCP	V	ZCP S1 S2 S D	區域比較
	12	MOV	DMOV	V	MOV S D	資料移動(資料傳輸1)
	13	SMOV	–	V	SMOV S m1 m2 D n	位數移動
	14	CML	DCML	V	CML S D	反轉傳送
	15	BMOV	–	V	BMOV S D n	全部傳送
	16	FMOV	DFMOV	V	FMOV S D n	多點移動
	17	XCH	DXCH	V	XCH D1 D2	資料交換
	18	BCD	DBCD	V	BCD S D	BIN→BCD 變換
	19	BIN	DBIN	V	BIN S D	BCD→BIN 變換
四則邏輯運算	20	ADD	DADD	V	ADD S1 S2 D	BIN 加法
	21	SUB	DSUB	V	SUB S1 S2 D	BIN 減法
	22	MUL	DMUL	V	MUL S1 S2 D	BIN 乘法
	23	DIV	DDIV	V	DIV S1 S2 D	BIN 除法
	24	INC	DINC	V	INC D	BIN 加一
	25	DEC	DDEC	V	DEC D	BIN 減一
	26	WAND	DWAND	V	WAND S1 S2 D	邏輯及閘(AND)運算
	27	WOR	DWOR	V	WOR S1 S2 D	邏輯或閘(OR)運算
	28	WXOR	DWXOR	V	WXOR S1 S2 D	邏輯互斥或閘(XOR)運算
	29	NEG	DNEG	V	NEG D	取負數(取 2 的補數)

分類	FNC No.	指令碼		P指令	迴路象徵	功能
		16 位元	32 位元			
旋轉位移	30	ROR	DROR	V	ROR D n	右旋轉
	31	ROL	DROL	V	ROL D n	左旋轉
	32	RCR	DRCR	V	RCR D n	附進位旗標右旋轉
	33	RCL	DRCL	V	RCL D n	附進位旗標左旋轉
	34	SFTR	–	V	SFTR S D n1 n2	位元右移
	35	SFTL	–	V	SFTL S D n1 n2	位元左移
	36	WSFR	–	V	WSFR S D n1 n2	暫存器右移
	37	WSFL	–	V	WSFL S D n1 n2	暫存器左移
	38	SFWR	–	V	SFWR S D n	位移寫入
	39	SFRD	–	V	SFRD S D n	位移讀出
資料處理1	40	ZRST	–	V	ZRST D1 D2	區域清除
	41	DECO	–	V	DECO S D n	解碼器
	42	ENCO	–	V	ENCO S D n	編碼器
	43	SUM	DSUM	V	SUM S D	ON 位元數量
	44	BON	DBON	V	BON S D n	ON 位元判定
	45	MEAN	DMEAN	V	MEAN S D n	平均值
	46	ANS	–	–	ANS S m D	警報點輸出
	47	ANR	–	V	ANR	警報點復歸
	48	SQR	DSQR	V	SQR S D	BIN 開平方根
	49	–	DFLT	V	FLT S D	BIN 整數→2 進浮點數變換

分類	FNC No.	指令碼		P 指令	迴路象徵	功能
		16 位元	32 位元			
高速處理1	50	REF	–	V	REF D n	I/O 更新處理
	51	REFF	–	V	REFF n	變更輸入端反應時間
	52	MTR	–	–	MTR S D1 D2 n	多點矩陣輸入
	53	HSCS	DHSCS	–	HSCS S1 S2 D	高速計數器比較 ON
	54	HSCR	DHSCR	–	HSCR S1 S2 D	高速計數器比較 OFF
	55	HSZ	DHSZ	–	HSZ S1 S2 S D	高速計數器區域比較
	56	SPD	DSPD	–	SPD S1 S2 D	速度偵測
	57	PLSY	DPLSY	–	PLSY S1 S2 D	脈波輸出
	58	PWM	–	–	PWM S1 S2 D	脈波寬度調變
	59	PLSR	DPLSR	–	PLSR S1 S2 S3 D	脈波輸出附加減速
便利指令	60	IST	–	–	IST S D1 D2	手動/自動運轉模態
	61	SER	DSER	V	SER S1 S2 D n	多點比較
	62	ABSD	DABSD	–	ABSD S1 S2 D n	絕對值凸輪控制
	63	INCD	–	–	INCD S1 S2 D n	相對值凸輪控制
	64	TTMR	–	–	TTMR S D n	教導計時器
	65	STMR	–	–	STMR S m D	特殊計時器
	66	ALT	–	V	ALT D	ON/OFF 交替(單 ON 雙 OFF)
	67	RAMP	–	–	RAMP S1 S2 D n	傾斜信號
	68	ROTC	–	–	ROTC S m1 m2 D	圓盤控制
	69	SORT	–	–	SORT S m1 m2 D n	資料排序

分類	FNC No.	指令碼		P 指令	迴路象徵	功能
		16 位元	32 位元			
外部設定顯示	70	TKY	DTKY	–	TKY S D1 D2	10 個按鍵鍵盤輸入
	71	HKY	DHKY	V	HKY S D1 D2 D3	16 個按鍵鍵盤輸入
	72	DSW	–	–	DSW S D1 D2 n	指撥開關輸入
	73	SEGD	–	V	SEGD S D	7 段顯示器解碼輸出
	74	SEGL	–	–	SEGL S D n	7 段顯示器掃描輸出
	75	ARWS	–	–	ARWS S D1 D2 n	箭頭操作盤
	76	ASC	–	–	ASC S D	ASCII 碼變換
	77	PR	–	–	PR S D	ASCII 碼輸出
	78	FROM	DFROM	V	FROM m1 m2 D n	特殊模組 BFM 資料讀出
	79	TO	DTO	V	TO m1 m2 S n	特殊模組 BFM 資料寫入
RS232/PID	80	RS	–	V	RS S m D n	RS232C 通信
	81	PRUN	DPRUN	V	PRUN S D	8 進位元傳送
	82	ASCI	–	V	ASCI S D n	HEX→ASCII 碼變換
	83	HEX	–	V	HEX S D n	ASC II →HEX 碼變換
	84	CCD	–	V	CCD S D n	總和檢查
	85	–	–	–	VRRD S D	
	86	–	–	–	VRSC S D	
	87	RS2	–	–	RS2 S m D n n1	RS232C 通信 II
	88	PID	–	–	PID S1 S2 S3 D	PID 運算
	89	–	–	–		

分類	FNC No.	指令碼		P 指令	迴路象徵	功能
		16 位元	32 位元			
－	90	–	–	–		
	91	–	–	–		
	92	–	–	–		
	93	–	–	–		
	94	–	–	–		
	95	–	–	–		
	96	–	–	–		
	97	–	–	–		
	98	–	–	–		
	99	–	–	–		
資料傳輸2	100	–	–	–		
	101	–	–	–		
	102	ZPUSH	–	V	ZPUSH D	(V，Z)的內容儲存
	103	ZPOP	–	V	ZPOP D	(V，Z)的內容回復
	104	–	–	–		
	105	–	–	–		
	106	–	–	–		
	107	–	–	–		
	108	–	–	–		
	109	–	–	–		

分類	FNC No.	指令碼		P 指令	迴路象徵	功能
		16 位元	32 位元			
小數點運算1	110	ECMP	DECMP	V	ECMP S1 S2 D	2 進小數點比較
	111	EZCP	DEZCP	V	EZCP S1 S2 S D	2 進小數點區域比較
	112	EMOV	DEMOV	V	EMOV S D	2 進小數點資料傳送
	113	–	–	–		
	114	–	–	–		
	115	–	–	–		
	116	ESTR	DESTR	V	ESTR S1 S2 D	2 進小數點→文字字串
	117	EVAL	DEVAL	V	EVAL S D	文字字串(ASCII 碼)→2 進小數點
	118	EBCD	DEBCD	V	EBCD S D	2 進小數點→10 進小數點
	119	EBIN	DEBIN	V	EBIN S D	10 進小數點→2 進小數點
小數點運算2	120	EADD	DEADD	V	EADD S1 S2 D	2 進小數點加算
	121	ESUB	DESUB	V	ESUB S1 S2 D	2 進小數點減算
	122	EMUL	DEMUL	V	EMUL S1 S2 D	2 進小數點乘算
	123	EDIV	DEDIV	V	EDIV S1 S2 D	2 進小數點除算
	124	EXP	DEXP	V	EXP S D	2 進小數點指數運算
	125	LOGE	DLOGE	V	LOGE S D	2 進小數點自然對數運算
	126	LOG10	DLOG10	V	LOG10 S D	2 進小數點常用對數運算
	127	ESQR	DESQR	V	ESQR S D	2 進小數點開平方根
	128	ENEG	DENEG	V	ENEG D	2 進小數點取負數(取 2 的補數)
	129	INT	DINT	V	INT S D	2 進小數點→取 BIN 整數

分類	FNC No.	指令碼		P 指令	迴路象徵	功能
		16 位元	32 位元			
小數點運算 2	130	SIN	DSIN	V	SIN S D	2 進小數點 SIN 三角函數運算
	131	COS	DCOS	V	COS S D	2 進小數點 COS 三角函數運算
	132	TAN	DTAN	V	TAN S D	2 進小數點 TAN 三角函數運算
	133	ASIN	DASIN	V	ASIN S D	2 進小數點 ASIN-1 三角函數運算
	134	ACOS	DACOS	V	ACOS S D	2 進小數點 ACOS-1 三角函數運算
	135	ATAN	DATAN	V	ATAN S D	2 進小數點 ATAN-1 三角函數運算
	136	RAD	DRAD	V	RAD S D	2 進小數點角度→弧度
	137	DEG	DDEG	V	DEG S D	2 進小數點弧度→角度
	138	–	–	–		
	139	–	–	–		
資料處理 2	140	WSUM	DWSUM	V	WSUM S D N	資料加總
	141	WTOB		V	WTOB S D N	字元分離
	142	BTOM		V	BTOW S D N	字元結合
	143	UNI		V	UNI S D N	4 位元結合
	144	DIS		V	DIS S D N	4 位元分離
	145	–	–	–		
	146	–	–	–		
	147	SWAP	DSWAP	V	SWAP S	上下 8 位元互換
	148	–	–	–		
	149	SORT2	DSORT2	–	SORT2 S m1 m2 D n	資料排序 2

分類	FNC No.	指令碼		P 指令	迴路象徵	功能
		16 位元	32 位元			
伺服定位控制	150	DSZR	–	–	DSZR S1 S2 D1 D2	近點搜尋原點復歸
	151	DVIT	DDVIT	–	DVIT S1 S2 D1 D2	中斷插入 1 段速定位
	152	TBL	DTBL	–	TBL D n	資料表單定位控制
	153	–	–	–		
	154	–	–	–		
	155	ABS	DABS	–	ABS S D1 D2	絕對位置讀出
	156	ZRN	DZRN	–	ZRN S1 S2 S3 D	原點復歸
	157	PLSV	DPLSV	–	PLSV S D1 D2	變速輸出
	158	DRVI	DDRVI	–	DRVI S1 S2 D1 D2	相對距離定位控制
	159	DRVA	DDRVA	–	DRVA S1 S2 D1 D2	絕對位置定位控制
萬年曆時鐘	160	TCMP	–	V	TCMP S1 S2 S3 S D	萬年曆資料比較
	161	TZCP	–	V	TZCP S1 S2 S D	萬年曆資料區域比較
	162	TADD	–	V	TADD S1 S2 D	萬年曆資料加算
	163	TSUB	–	V	TSUB S1 S2 D	萬年曆資料減算
	164	HTOS	DHTOS	V	HTOS S D	萬年曆(時,分,秒)→秒
	165	STOH	DSTOH	V	STOH S D	秒→萬年曆(時,分,秒)
	166	TRD	–	V	TRD S	萬年曆資料的讀出
	167	TWR	–	V	TWR S	萬年曆資料的寫入
	168	–	–	–		
	169	HOUR	DHOUR	–	HOUR S D1 D2	小時的測量

分類	FNC No.	指令碼		P 指令	迴路象徵	功能
		16 位元	32 位元			
絕對位置編碼	170	GRY	DGRY	V	GRY S D	BIN 型態→絕對位置
	171	GBIN	DGBIN	V	GBIN S D	絕對位置→BIN 型態
	172	–	–	–		
	173	–	–	–		
	174	–	–	–		
	175	–	–	–		
	176	RD3A	–	V	RD3A m1 m2 D	類比讀出
	177	WR3A	–	V	WR3A m1 m2 S	類比寫入
	178	–	–	–		
	179	–	–	–		
其他指令	180	–	–	–		
	181	–	–	–		
	182	COMRD	–	V	COMRD S D	元件註解的讀出
	183	–	–	–		
	184	RND	–	V	RND D	亂數產生
	185	–	–	–		
	186	DUTY	–	–	DUTY n1 n2 D	時鐘脈波產生
	187	–	–	–		
	188	CRC	–	V	CRC S D n	CRC 運算
	189	HCMOV	DHCMOV	–	HCMOV S D n	高速計數器現在值傳送

分類	FNC No.	指令碼		P 指令	迴路象徵	功能
		16 位元	32 位元			
區塊資料處理	190	–	–	–		
	191	–	–	–		
	192	BK+	DBK+	V	BK+ S1 S2 D n	區塊資料加算
	193	BK-	DBK-	V	BK− S1 S2 D n	區塊資料減算
	194	BKCMP =	DBKCMP =	V	BKCMP= S1 S2 D n	區塊資料比較 等於
	195	BKCMP>	DBKCMP>	V	BKCMP> S1 S2 D n	區塊資料比較 大於
	196	BKCMP<	DBKCMP<	V	BKCMP< S1 S2 D n	區塊資料比較 小於
	197	BKCMP<>	DBKCMP<>	V	BKCMP<> S1 S2 D n	區塊資料比較 不等於
	198	BKCMP<=	DBKCMP<=	V	BKCMP<= S1 S2 D n	區塊資料比較 小於等於
	199	BKCMP>=	DBKCMP>=	V	BKCMP>= S1 S2 D n	區塊資料比較 大於等於
文字字串處理	200	STR	DSTR	V	STR S1 S2 D	BIN 值→文字字串
	201	VAL	DVAL	V	VAL S D1 D2	文字字串→BIN 值
	202	$+	–	V	$+ S1 S2 D	文字字串結合
	203	LEN	–	V	LEN S D	文字字串長度判定
	204	RIGHT	–	V	RIGHT S D n	右取文字
	205	LEFT	–	V	LEFT S D n	左取文字
	206	MIDR	–	V	MIDR S1 D S2	任意位置文字取出
	207	MIDW	–	V	MIDW S1 D S2	任意位置文字替換
	208	INSTR	–	V	INSTR S1 S2 D n	文字搜尋
	209	$MOV	–	V	$MOV S D	文字字串傳送

分類	FNC No.	指令碼		P 指令	迴路象徵	功能
		16 位元	32 位元			
資料處理3	210	FDEL	–	V	FDEL S D n	資料表單中的資料刪除
	211	FINS	–	V	FINS S D n	資料表單中的資料插入
	212	POP	–	V	POP S D n	資料表單中的後入先出
	213	SFR	–	V	SFR D n	16 位元資料右移
	214	SFL	–	V	SFL D n	16 位元資料左移
	215	–	–	–		
	216	–	–	–		
	217	–	–	–		
	218	–	–	–		
	219	–	–	–		
接點型態比較1	220	–	–	–		
	221	–	–	–		
	222	–	–	–		
	223	–	–	–		
	224	LD =	LDD =	–	LD= S1 S2	母線開始 當 S1 = S2 時導通
	225	LD>	LDD>	–	LD> S1 S2	母線開始 當 S1>S2 時導通
	226	LD<	LDD<	–	LD< S1 S2	母線開始 當 S1<S2 時導通
	227	–	–	–		
	228	LD<>	LDD<>	–	LD<> S1 S2	母線開始 當 S1≠S2 時導通
	229	LD< =	LDD< =	–	LD<= S1 S2	母線開始 當 S1< = S2 時導通

分類	FNC No.	指令碼		P 指令	迴路象徵	功能
		16 位元	32 位元			
接點型態比較2	230	LD> =	LDD> =	–	LD>= S1 S2	母線開始 當 S1> = S2 時導通
	231	–	–	–		
	232	AND =	ANDD =	V	AND= S1 S2	串聯接點 當 S1 = S2 時導通
	233	AND>	ANDD>	V	AND> S1 S2	串聯接點 當 S1>S2 時導通
	234	AND<	ANDD<	V	AND< S1 S2	串聯接點 當 S1<S2 時導通
	235	–	–	–		
	236	AND<>	ANDD<>	V	AND<> S1 S2	串聯接點 當 S1≠S2 時導通
	237	AND< =	ANDD< =		AND<= S1 S2	串聯接點 當 S1< = S2 時導通
	238	AND> =	ANDD> =		AND>= S1 S2	串聯接點 當 S1> = S2 時導通
	239	–	–	–		
接點型態比較3	240	OR =	ORD =	–	OR= S1 S2	並聯接點 當 S1 = S2 時導通
	241	OR>	ORD>	–	OR> S1 S2	並聯接點 當 S1>S2 時導通
	242	OR<	ORD<	–	OR< S1 S2	並聯接點 當 S1<S2 時導通
	243	–	–	–		

分類	FNC No.	指令碼		P 指令	迴路象徵	功能
		16 位元	32 位元			
接點型態比較3	244	OR<>	ORD<>	–	OR<> S1 S2	並聯接點 當 S1≠S2 時導通
	245	OR< =	ORD< =	–	OR<= S1 S2	並聯接點 當 S1< = S2 時導通
	246	OR> =	ORD> =	–	OR>= S1 S2	並聯接點 當 S1> = S2 時導通
	247	–	–	–		
	248	–	–	–		
	249	–	–	–		
資料表單處理1	250	–	–	–		
	251	–	–	–		
	252	–	–	–		
	253	–	–	–		
	254	–	–	–		
	255	–	–	–		
	256	LIMIT	DLIMIT	∨	LIMIT S1 S2 S3 D	上下極限值控制
	257	BAND	DBAND	∨	BAND S1 S2 S3 D	不感帶上下極限值控制
	258	ZONE	DZONE	∨	ZONE S1 S2 S3 D	資料區域控制
	259	SCL	DSCL	∨	SCL S1 S2 D	尺規 1(點)

分類	FNC No.	指令碼		P 指令	迴路象徵	功能
		16 位元	32 位元			
資料表單處理 2	260	DABIN	DDABIN	V	DABIN S D	10 進 ASCII 碼→BIN 值
	261	BINDA	DBINDA	V	BINDA S D	BIN 值→10 進 ASCII 碼
	262	–	–	–		
	263	–	–	–		
	264	–	–	–		
	265	–	–	–		
	266	–	–	–		
	267	–	–	–		
	268	–	–	–		
	269	SCL2	DSCL2	V	SCL2 S1 S2 D	尺規 2(X,Y)
變頻器通信傳輸	270	IVCK	–	–	IVCK S1 S2 D n	變頻器的運轉監視
	271	IVDR	–	–	IVDR S1 S2 S3 n	變頻器的運轉控制
	272	IVRD	–	–	IVRD S1 S2 D n	變頻器的參數讀出
	273	IVWR	–	–	IVWR S1 S2 S3 n	變頻器的參數寫入
	274	IVBWR	–	–	IVBWR S1 S2 S3 n	變頻器的多個參數寫入
資料傳輸 3	275	–	–	–		
	276	–	–	–		
	277	–	–	–		
	278	RBFM	–	–	RBFM m1 m2 D n1 n2	BFM 分割讀出
	279	WBFM	–	–	WBFM m1 m2 S n1 n2	BFM 分割寫入

分類	FNC No.	指令碼 16位元	指令碼 32位元	P指令	迴路象徵	功能
高速處理2	280	HSCT	DHSCT	–	HSCT S1 m S2 D n	高速計數器資料表單比較
	281	–	–	–		
	282	–	–	–		
	283	–	–	–		
	284	–	–	–		
	285	–	–	–		
	286	–	–	–		
	287	–	–	–		
	288	–	–	–		
	289	–	–	–		
擴充檔案暫存器	290	LOADR	–	–	LOADR S n	擴充檔案暫存器讀出
	291	SAVER	–	–	SAVER S m D	擴充檔案暫存器寫入
	292	INITR	–	∨	INITR S n	擴充暫存器內容格式化
	293	LOGR	–	∨	LOGR S m D1 n D2	資料歸檔至擴充檔案暫存器
	294	RWER	–	∨	RWER S n	擴充檔案暫存器的清除及寫入
	295	INITER	–	∨	CMP S1 S2 D	擴充檔案暫存器內容格式化
	296	–	–	–		
	297	–	–	–		
	298	–	–	–		
	299	–	–	–		

4-2 應用指令之組成與說明

一、應用指令的組成為：

指令名+運算元，如比較指令 CMP K10 C0 M0。指令名是 CMP、運算元為 K10 C0 M0。應用指令的指令部份通常佔 1 個位址(Step)，而運算元會根據 16 位元指令或 32 位元指令佔不同個位址。所以加起來，16 位元的 CMP 佔了 7 個位址；32 位元的 CMP 則佔了 13 個位址，故每個應用指令所佔的位址大小皆有不同，其位址大小可查 FX3U 中文使用手冊應用指令篇。

二、使用手冊應用指令說明：

1. 指令格式如下

		指令符號	執行條件
16 位元指令	佔 7 個位址	CMP CMPP	連續執行 執行一次
32 位元指令	佔 13 個位址	DCMP DCMPP	連續執行 執行一次

2. 運算元設定資料說明如下

元件類別	內容	資料格式
S_1・	比較值 1	BIN 16/32 位元
S_2・	比較值 2	BIN 16/32 位元
D・	顯示比較結果的元件帶頭編號	位元

3. 對象元件如下

元件類別	位元元件							字元元件												其他				
	使用者							指定位數				使用者				特殊模組	間接指定			常數		實數	文字	指標
	X	Y	M	T	C	S	D□b	KnX	KnY	KnM	KnS	T	C	D	R	U□¥G□	V	Z	修飾	K	H	E	"□"	P
S_1·								●	●	●	●	●	●	●	●	●	●	●	●	●	●			
S_2·								●	●	●	●	●	●	●	●	●	●	●	●	●	●			
D·		●	●			●	▲												●					

4-3 應用指令使用規則方法

一、應用指令之輸入

應用指令中有些指令只有指令名，例如：SRET、EI 等。但大多數都是指令部份再加上好幾個運算元所組合而成的。

FX 系列之 PLC 的應用指令是以指令號碼 FNC00～FNC300 來指定的，同時每個指令均有其專用的名稱符號，例如：FNC 12 的指令名稱符號為 MOV(資料傳送)。若利用階梯圖編輯軟體(GX Developer 或 GX Works2)作該指令的輸入，只需直接打入該指令的英文名稱 (MOV)即可，若以程式書寫器(HPP FX-30P)輸入程式，則必須輸入其 FNC 指令號碼。一般應用指令都會有不同的運算元指定，以 MOV 及 SMOV 指令而言：

```
     X0               S•   D•
 ───┤├───────[MOV  K100 D100]
              └─┬─┘ └───┬───┘
             指令符號  運算元

     X0                 S•     m1 m2 D•   n
 ───┤├───────[SMOV  D8015 K2 K2 D100 K4]
              └──┬──┘ └─────────┬────────┘
              指令符號         運算元
```

此指令是將 **S·** 指定的運算元之值搬移至 **D·** 所指定的目的運算元。其中：

<table>
<tr><td>S · (Source)</td><td>來源運算元：若來源運算元有一個以上，則以 S1，S2…分別表示。</td></tr>
<tr><td>D · (Destination)</td><td>目的運算元：若目的運算元有一個以上，則以 D1，D2…分別表示。</td></tr>
<tr><td colspan="2">若運算元只可指定常數 K/H 或暫存器時，則以 m，m1，m2，n，n1，n2 表示。</td></tr>
</table>

二、運算元長度(16 位元指令或 32 位元指令)

運算元的數值內容，其長度可分爲 16 位元及 32 位元，因此部份指令處理不同長度的資料則有 16 及 32 位元的指令，用以區分 32 位元的指令只需在 16 位元指令前加上(D)來表示即可。

16 位元 MOV 指令：當 X0 = ON 時，K100 的值被傳送至 D100 的暫存器。

X0　S•　D•
[MOV K100 D100]
指令符號 運算元

32 位元 DMOV 指令：當 X0 = ON 時，K50000 的值被傳送至(D101,D100)的暫存器。

X0　S•　D•
[MOV K50000 D100]
指令符號 運算元

三、脈波執行&連續執行

以指令的執行方式來說，可分爲「連續執行」與「脈波執行」二種。由於指令不被執行時，所需的執行時間比較短，因此程式中儘可能的使用脈波執行型指令，可減少掃描週期。在指令後面加上(P)記號的指令，即爲脈波執行指令。有些指令的應用上會使用脈波執行方式，如 INC、DEC 及位移相關等指令，因此應用指令的右上方均加上此「◥」標誌，代表該指令通常是使用脈波執行。

脈波執行：當 X0 由 OFF→ON 變化時，MOVP 指令被執行一次，該次掃描指令不再被執行，因此稱之爲脈波執行指令，且指令後面加(P)與條件 X0 的上升微分，執行結果是一樣的。

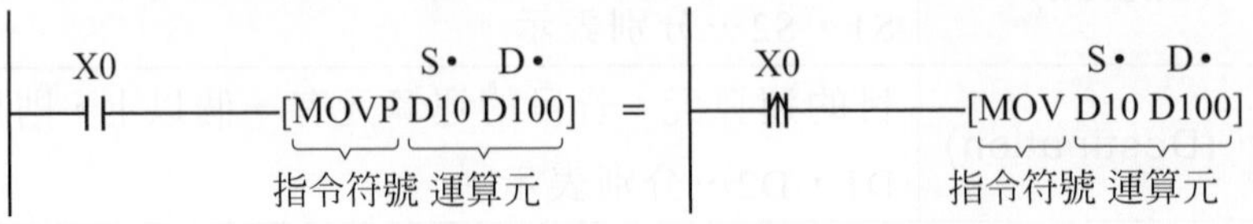

X0 [MOVP D10 D100] S• D• 指令符號 運算元 = X0 [MOV D10 D100] S• D• 指令符號 運算元

連續執行：當 X0 = ON 的每次掃描周期，MOV 指令均被執行一次，因此稱之爲連續執行指令。

X0 [MOV D10 D100] S• D• 指令符號 運算元

四、運算元的指定對象

1. X、Y、M、S 等位元裝置也可以組合成字元裝置使用，在應用指令裡以 KnX、KnY、KnM、KnS 的型態來存放數值資料作運算。
2. 資料暫存器(D)、計時器(T)、計數器、間接指定暫存器(V、Z)，都是一般運算元所指定的對象。
3. 資料暫存器一般爲 16 位元長度，也就是 1 個 D 的暫存器，若指定 32 位元長度的資料暫存器時，是指定連續號碼之 2 個 D 的暫存器，如 D100 爲(D101,D100)。
4. 若 32 位元指令的運算元指定 D100，則(D101,D100)所組成的 32 位元資料暫存器被佔用，D101 爲上 16 位元，而 D100 爲下 16 位元。計時器 T0～T199、計數器 C0～C199 皆爲 16 位元長度，被使用的規則亦相同。
5. 32 位元計數器 C200～C255，若是當資料暫存器來使用時，可指定爲 32 位元指令的運算元。

五、運算元資料格式

1. 裝置 X、Y、M 及 S 只能作爲單點的 ON/OFF，我們將之定義爲位元元件(Bit device)。
2. 16 位元或 32 位元裝置的 T、C、D 及 V、Z 等暫存器，我們將之定義爲字元元件(Word device)。
3. 利用 Kn，(其中 n = 1 表示 4 個位元，所以 16 位元可由 K1～K4，32 位元可由 K1～K8)，加在位元裝置 X、Y、M 及 S 前，可將其定義爲字元裝置，因此可作字元元件的運算，例如 K2M0 即表示 8 位元，代表 M0～M7。

```
         X0              S•   D•
   |----| |--------[MOV K2M0 D100]
                    指令符號 運算元
```

當 X0 = ON 時，將 M0～M7 的內容傳送到 D100 的位元 0～7，而位元 8～15 則設爲 0。

```
         X0              S•   D•
   |----| |--------[MOV K4M0 D100]
                    指令符號 運算元
```

當 X0 = ON 時，將 M0～M15 的內容傳送到 D100 的位元 0～15。

六、位元元件組合成字元元件的數值資料處理

16 位元指令	
16 位元所指定的數值為：K-32,768～K32,767	
指定位數(K1～K4)的數值為：	
K1(4 個位元)	0～15
K2(8 個位元)	0～255
K3(12 個位元)	0～4,095
K4(16 個位元)	−32,768～+32,767

32 位元指令	
32 位元所指定的數值為：K-2,147,483,648～K2,147,483,647	
指定位數(K1～K8)的數值為：	
K1(4 個位元)	0～15
K2(8 個位元)	0～255
K3(12 個位元)	0～4,095
K4(16 個位元)	0～65,535
K5(20 個位元)	0～1,048,575
K6(24 個位元)	0～167,772,165
K7(28 個位元)	0～268,435,455

七、一般的旗標信號

如 M8020：零旗標，M8021：負數旗標，M8022：進位旗標，對應著應用指令運算結果，FX3U 有很多的旗標信號(Flag)。無論那一個旗標信號都會在指令被執行時，隨著指令的運算結果作 ON 或 OFF 的變化，例如：於階梯使用 ADD/SUB/MUL/DIV 等數值運算指令，執行結果會影響 M8020～M8022 等旗標信號的狀態。但是當指令不被執行時，旗標信號的 ON 或 OFF 狀態被保持住。另外，旗標信號的動作，會與許多應用指令有關，請參閱使用手冊個別指令說明。

4-4 應用指令對數值的處理方式

1. X、Y、M、S 等只有 ON/OFF 變化的裝置稱之爲位元元件(Bit Device)，而 T、C、D、V、Z 等專門用來存放數值的裝置稱之爲字元元件(Word Device)。然位元元件只能作 ON/OFF 的變化，但是加上特定的宣告位元元件，是可以以數值的型態被使用於應用指令的運算元當中，所謂的宣告是在位元元件的前面加上位數，它是以 Kn 來表現。
2. 16 位元的數值可使用 K1～K4，而 32 位元的數值則可使用 K1～K8。如：K2M0 是由 M0～M7 所組成的 8 位元數值。
3. 將 K1M0、K2M0、K3M0 傳送至 16 位元的暫存器當中，不足的上位資料補 0。將 K1M0、K2M0、K3M0、K4M0、K5M0、K6M0、K7M0 傳送至 32 位元的暫存器也一樣，不足的上位資料補 0。
4. 16 位元(或 32 位元)的運算動作中，運算元的內容若是指定 K1～K3(或 K4～K7)的位元裝置時，不足的上位資料被視爲 0，因此一般都是被認定爲正數的運算。如：K2M0。

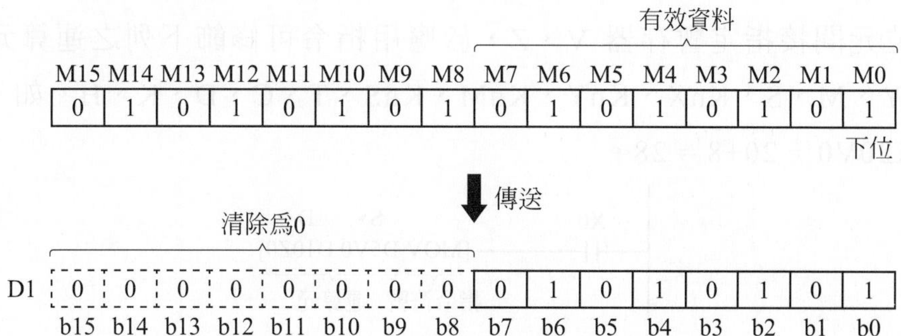

5. 位元裝置的編號可自由指定，但是 X 及 Y 的個位數號碼請儘可能的指定 0，如：(X0、X10、X20…Y0、Y10、Y20)。另，M 及 S 的個位數號碼儘可能的指定爲 8 的倍數，但仍以 0 爲最恰當，如 M0、M10、M20 等。
6. 連續號碼的指定，以資料暫存器(D)爲例，D 的連續號碼爲 D0、D1、D2、D3、D4…。對於指定位數的位元元件而言，使用連續號碼以下表所示。因此位元裝置號碼如上，請勿跳號以免造成混亂。此外，如果將 K4Y0 使用於 32 位元的運算當中，上位 16 位元將被視爲 0。32 位元的資料請使用 K8Y0。

連續 D	K1D0	K2D4	K3D12	K4D24……
4bit	K1X0	K1X4	K1X10	K1X14……
8bit	K2Y0	K2Y10	K2Y20	K2Y30……
12bit	K3M0	K3M12	K3M24	K3M36……
16bit	K4S0	K4S16	K4S32	K4S48……

4-5 使用間接指定暫存器 V、Z 來修飾運算元

1. 間接指定暫存器 V、Z 皆爲 16 位元暫存器，V0～V7，Z0～Z7 共計 16 點。
2. V 爲上 16 位元，Z 爲下 16 位元，若爲 32 位元暫存器，則需相同編號(V0，Z0)

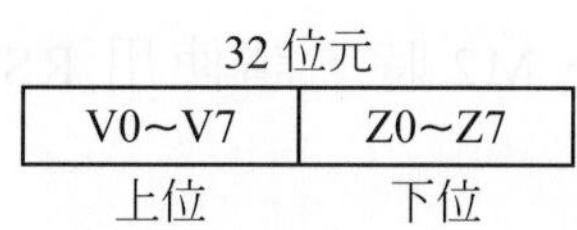

3. 16 位元間接指定暫存器 V、Z，於應用指令可修飾下列之運算元元件：X、Y、M、S、KnX、KnY、KnM、KnS、T、C、D、K、H。如 V0 = 8、那 K20V0 = 20+8 = 28。

```
X0              S•    D•
─┤├─────────[MOV D5V0 D10Z0]
             指令符號  運算元
```

若 V0 = 8，Z0 = 14，當 X0 = ON 時，則 D13(5+8)之值傳送至 D24(10+14)。

4. V、Z 不可修飾本身，可以修飾 Kn 但 V、Z 要放在(KnX、KnY、KnM、KnS)的後面，如：K4M0Z0 修飾有效，K0Z0M0 修飾無效。

4-6 傳送比較指令使用說明(常用)

一、FNC10：CMP(比較)

1. 階梯圖

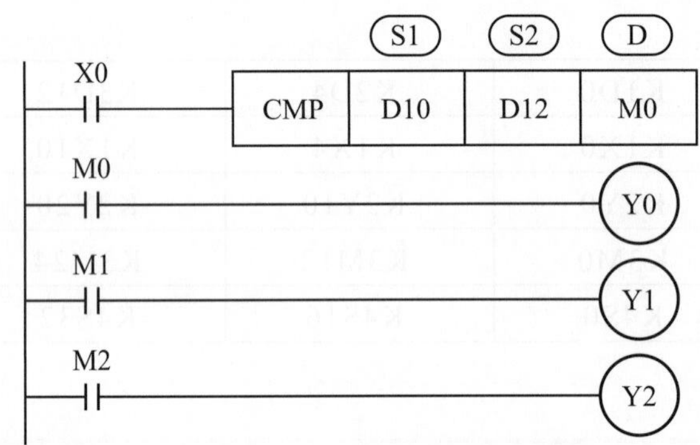

2. 指令說明

當 X0 = ON 時，

(1) D10 的內容 ＞D12 的內容 M0 = ON。

(2) D10 的內容 ＝D12 的內容 M1 = ON。

(3) D10 的內容 ＜D12 的內容 M2 = ON。

(4) 復歸 M0、M1、M2 時，請使用 RST 指令或 ZRST 指令。

二、FNC11：ZCP(區域比較)

1. 階梯圖

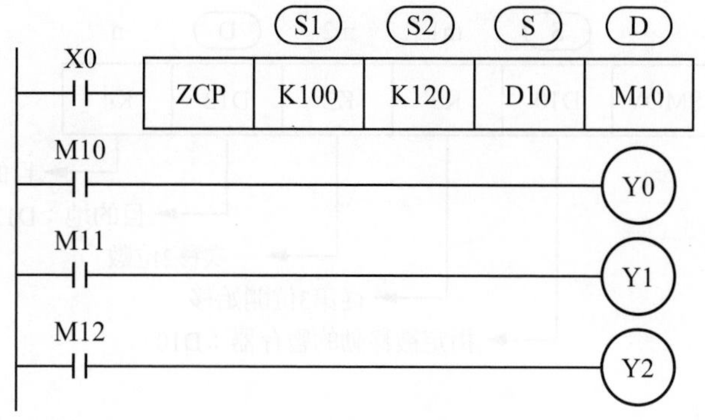

2. 指令說明

當 X0 = ON 時，

(1) D10 的內容 < K100　M10 = ON。

(2) K100 ≦ D10 的內容 ≦ K120　M11 = ON。

(3) D10 的內容 > K120　M12 = ON。

(4) 復歸 M10、M11、M12 時，請使用 RST 指令或 ZRST 指令。

三、FNC12：MOV(傳送)

1. 階梯圖

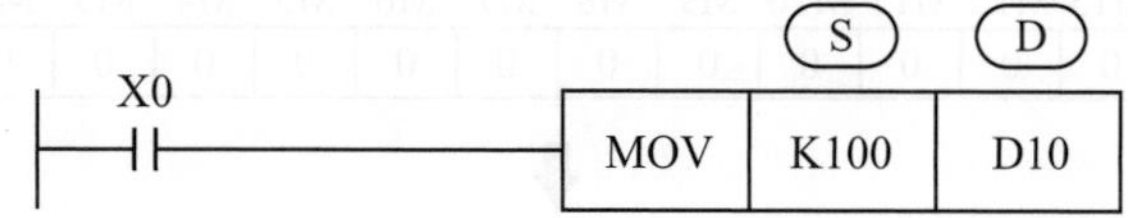

2. 指令說明

當 X0 = ON 時，將 K100 傳送至暫存器 D10。

四、FNC13：SMOV(位數傳送)

1. 階梯圖

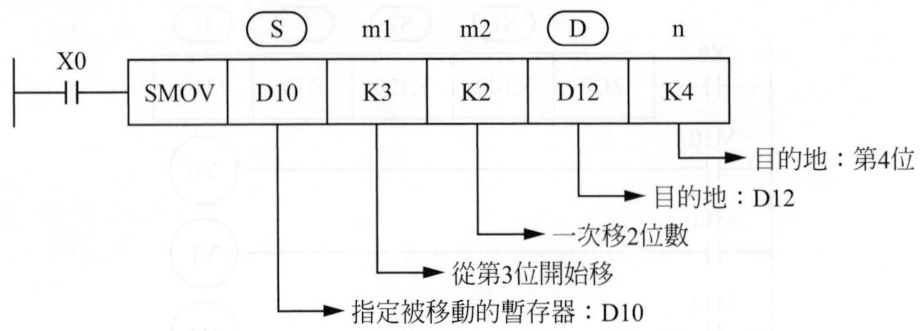

2. 指令說明

當 X0 = ON 時，D10 的第 3 位數開始算一次傳送 2 位數至 D12 的第 4 位數開始算的 2 位數當中。

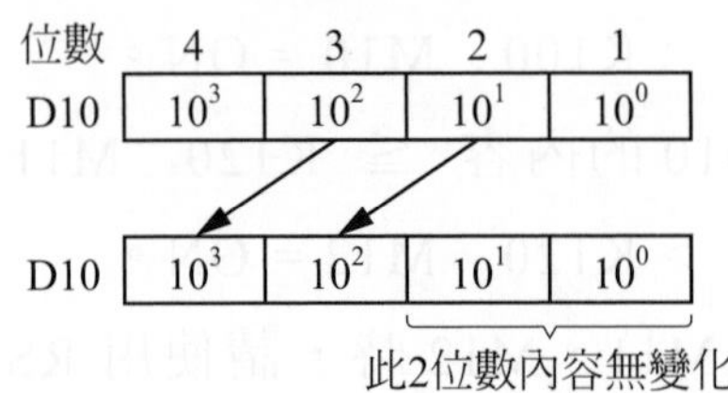

五、FNC14：CML(反向傳送)

1. 階梯圖

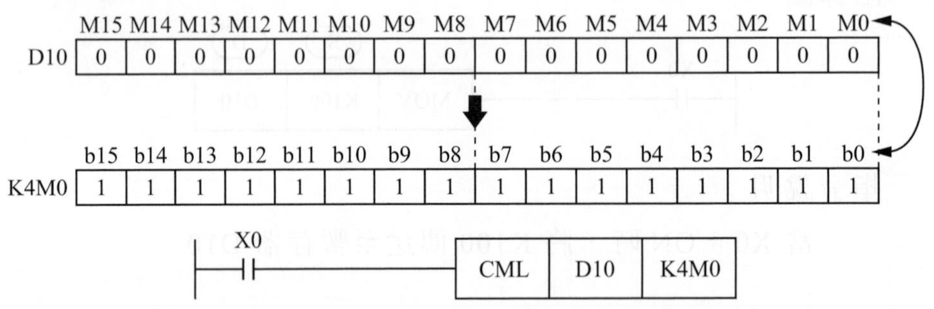

2. 指令說明

當 X0 = ON 時，D10 的內容全部會反相(0→1、1→0)後傳送至 K4M0。

六、FNC15：BMOV(多組傳送)

1. 階梯圖

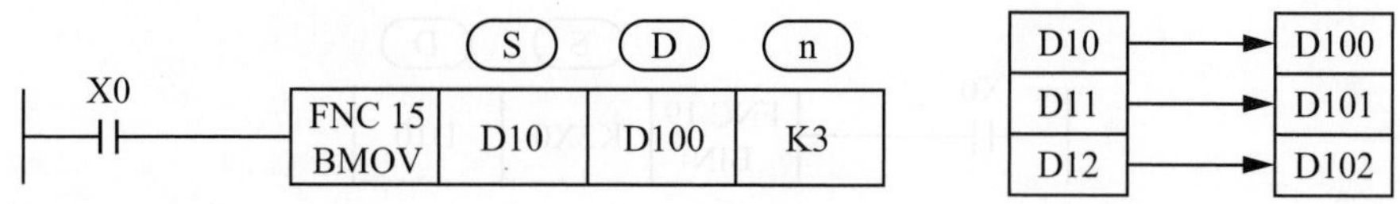

2. 指令說明

當 X0 = ON 時，D10、D11、D12 之內容值會分別傳送至 D100、D101、D102，一次傳送 3 個暫存器。

七、FNC17：XCH(資料交換)

1. 階梯圖

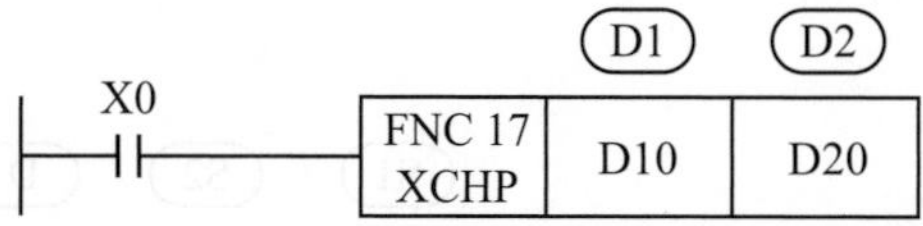

2. 指令說明

(1) 當 X0 = ON 時，D10 的內容與 D20 的內容互相交換。

(2) 本指令一定要加 P。

八、FNC18：BCD(二進碼→BCD 碼)

1. 階梯圖

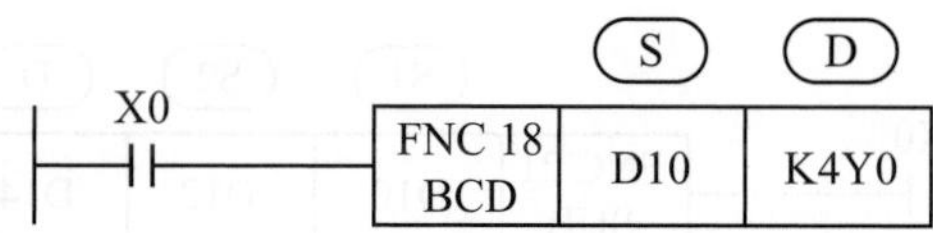

2. 指令說明

當 X0 = ON 時，D10 的內容被轉換成 BCD 型態，存放於 K4Y0 當中。

九、FNC19：BIN(BCD 碼→二進碼)

1. 階梯圖

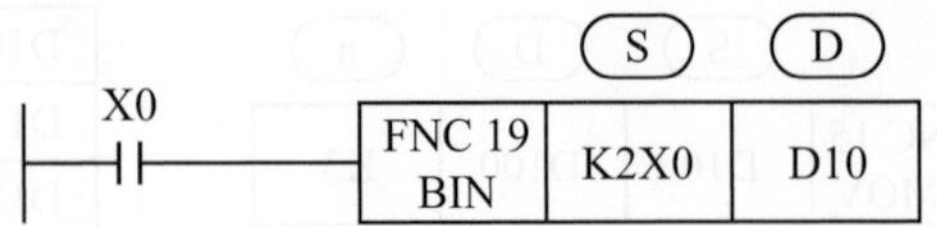

2. 指令說明

當 X0 = ON 時，K2X0 的內容被轉成 BIN 型態，存放於 D10 當中。

4-7 四則邏輯運算指令使用說明(常用)

一、FNC20：ADD(加法)

1. 階梯圖

S1 S2 D

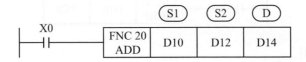

X0 FNC 20 ADD D10 D12 D14

2. 指令說明

當 X0 = ON 時，D10 的內容加 D12 的內容，結果暫存於 D14。

二、FNC21：SUB(減法)

1. 階梯圖

2. 指令說明

當 X0 = ON 時，D10 的內容減 D12 的內容，結果暫存於 D14。

三、FNC22：MUL(乘法)

1. 階梯圖

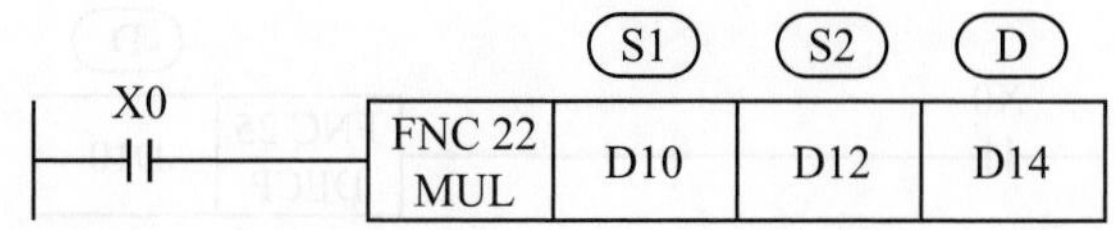

2. 指令說明

當 X0 = ON 時，

16 位元：(D10) × (D12) = (D15, D14)

32 位元：(D11, D10) × (D13, D12) = (D17, D16, D15, D14)

四、FNC23：DIV(除法)

1. 階梯圖

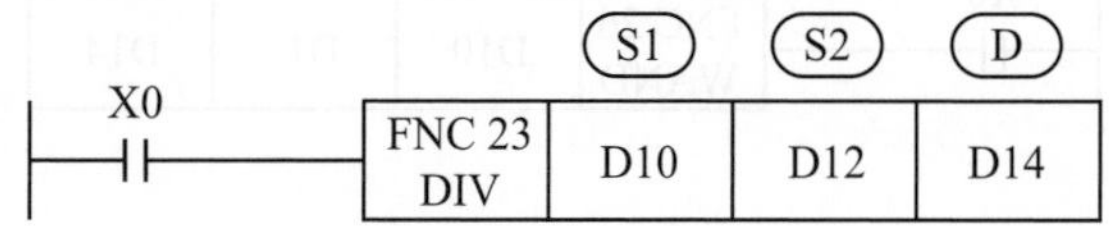

2. 指令說明

當 X0 = ON 時，

16 位元：(D10) ÷ (D12) = D14…商

D15…餘數

32 位元：(D11, D10) ÷ (D13, D12) = (D15, D14)…商

(D17, D16)…餘數

五、FNC24：INC(加一)

1. 階梯圖

D

X0

FNC 24 INCP | D10

2. 指令說明

當 X0 = ON 時，D10 的內容自動加 1，即 X0 開關每 OFF→ON 一次，D10 的內容就自動加 1。

六、FNC25：DEC(減一)

1. 階梯圖

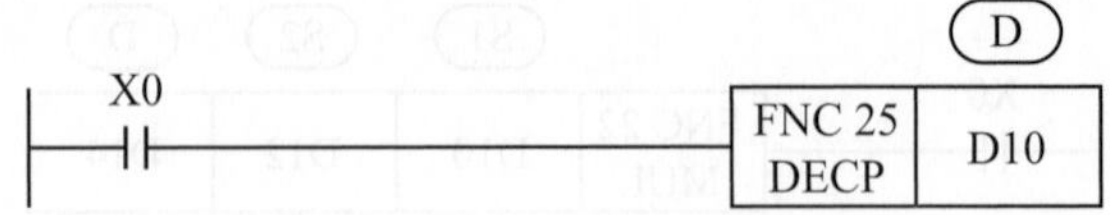

2. 指令說明

當 X0 = ON 時，D10 的內容自動減 1，即 X0 開關每 OFF→ON 一次，D10 的內容就自動減 1。

七、FNC26：WAND(AND 邏輯運算)

1. 階梯圖

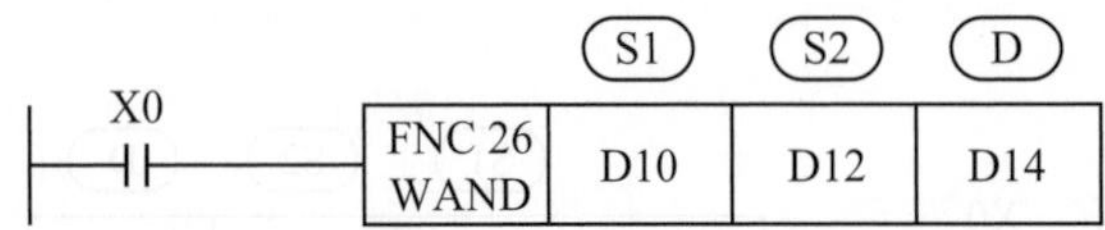

2. 指令說明

當 X0 = ON 時，D10 的 16 個位元與 D12 的 16 個位元作 AND 邏輯運算，結果暫存於 D14 中。

AND 真值表

A	*B*	*F*
0	0	0
1	0	0
0	1	0
1	1	1

	b15	b14	b13	b12	b11	b10	b9	b8	b7	b6	b5	b4	b3	b2	b1	b0
D10	1	1	1	0	0	1	0	1	0	1	1	0	1	0	1	0

∧ AND

	b15	b14	b13	b12	b11	b10	b9	b8	b7	b6	b5	b4	b3	b2	b1	b0
D12	0	0	1	1	0	1	1	0	0	1	0	1	1	0	1	0

	b15	b14	b13	b12	b11	b10	b9	b8	b7	b6	b5	b4	b3	b2	b1	b0
D14	0	0	1	0	0	1	0	0	0	1	0	0	1	0	1	0

八、FNC27：WOR(OR 邏輯運算)

1. 階梯圖

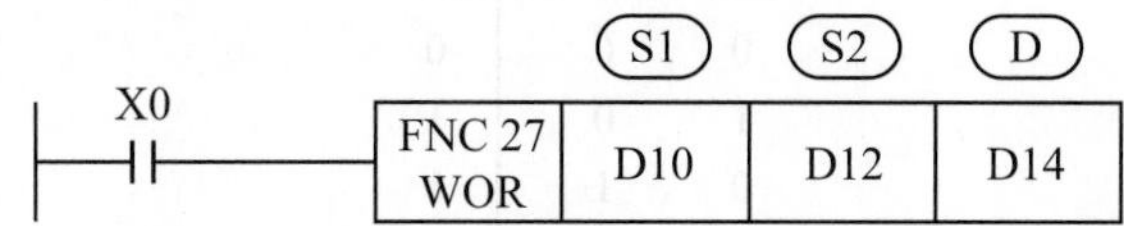

2. 指令說明

當 X0 = ON 時，D10 的 16 個位元與 D12 的 16 個位元作 OR 邏輯運算，結果暫存於 D14 中。

OR 真值表

A	B	F
0	0	0
1	0	1
0	1	1
1	1	1

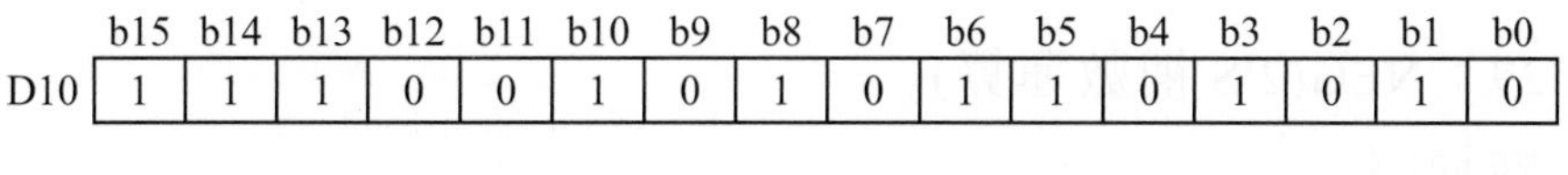

	b15	b14	b13	b12	b11	b10	b9	b8	b7	b6	b5	b4	b3	b2	b1	b0
D10	1	1	1	0	0	1	0	1	0	1	1	0	1	0	1	0

	b15	b14	b13	b12	b11	b10	b9	b8	b7	b6	b5	b4	b3	b2	b1	b0
D12	0	0	1	1	0	1	1	0	0	1	0	1	1	0	1	0

	b15	b14	b13	b12	b11	b10	b9	b8	b7	b6	b5	b4	b3	b2	b1	b0
D14	1	1	1	1	0	1	1	1	0	1	1	1	1	0	1	0

九、FNC28：WXOR(XOR 邏輯運算)

1. 階梯圖

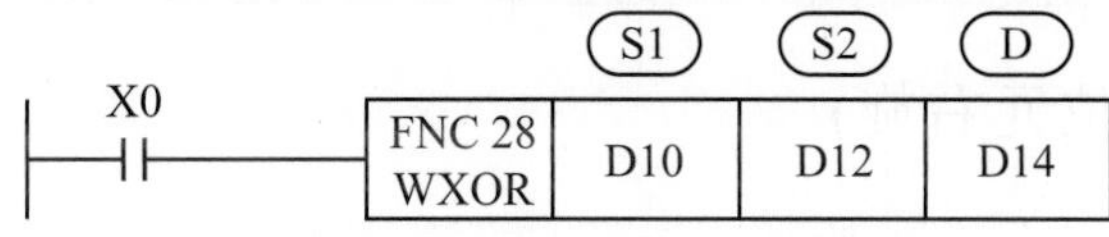

2. 指令說明

當 X0 = ON 時，D10 的 16 個位元與 D12 的 16 個位元作 XOR 邏輯運算，結果暫存於 D14 中。

XOR 真值表

X	Y	Z
0	0	0
1	0	1
0	1	1
1	1	0

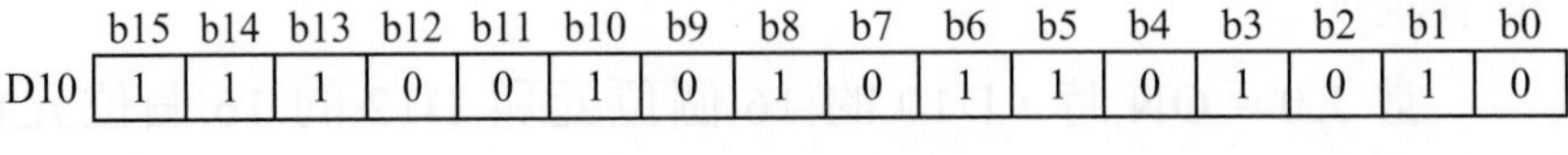

	b15	b14	b13	b12	b11	b10	b9	b8	b7	b6	b5	b4	b3	b2	b1	b0
D10	1	1	1	0	0	1	0	1	0	1	1	0	1	0	1	0

∀ XOR

	b15	b14	b13	b12	b11	b10	b9	b8	b7	b6	b5	b4	b3	b2	b1	b0
D12	0	0	1	1	0	1	1	0	0	1	0	1	1	0	1	0

	b15	b14	b13	b12	b11	b10	b9	b8	b7	b6	b5	b4	b3	b2	b1	b0
D14	1	1	0	1	0	0	1	1	0	0	1	1	0	0	0	0

十、FNC29：NEG(2'S 補數運算)

1. 階梯圖

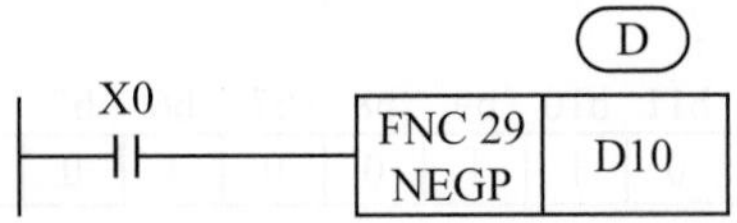

2. 指令說明

當 X0 = ON 時，D10 的 16 個位元之內容全部反相並且加 1，即正數→負數或負數→正數。

4-8 旋轉位移指令使用說明(常用)

一、FNC30：ROR(位元右旋)

1. 階梯圖

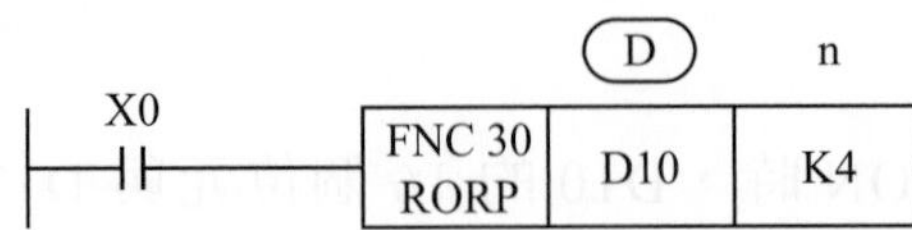

2. 指令說明

(1) X0 每 OFF→ON 一次，D10 的 16 個位元內容往右位移 4 個位元，而最右邊的四個位元(b3～b0)的內容被位移至最左邊的 4 個位元(b15～b12)當中。

(2) 本指令一定要加 P。

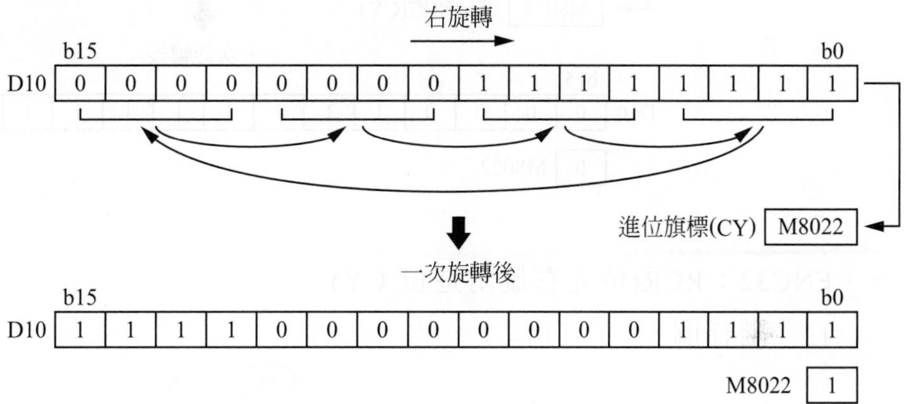

二、FNC31：ROL(位元左旋)

1. 階梯圖

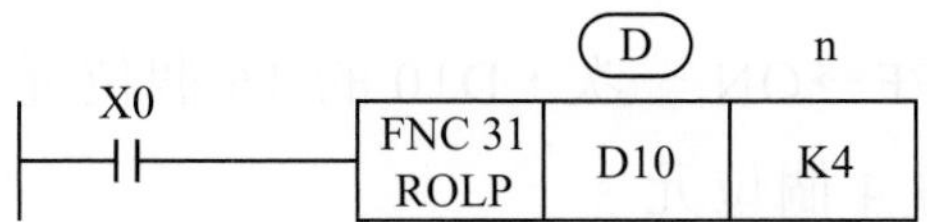

2. 指令說明

(1) X0 每 OFF→ON 一次，D10 的 16 個位元內容全部往左位移 4 個位元，而最左邊的四個位元(b15～b12)的內容被位移至最右邊的 4 個位元(b3～b0)當中。

(2) 本指令一定要加 P。

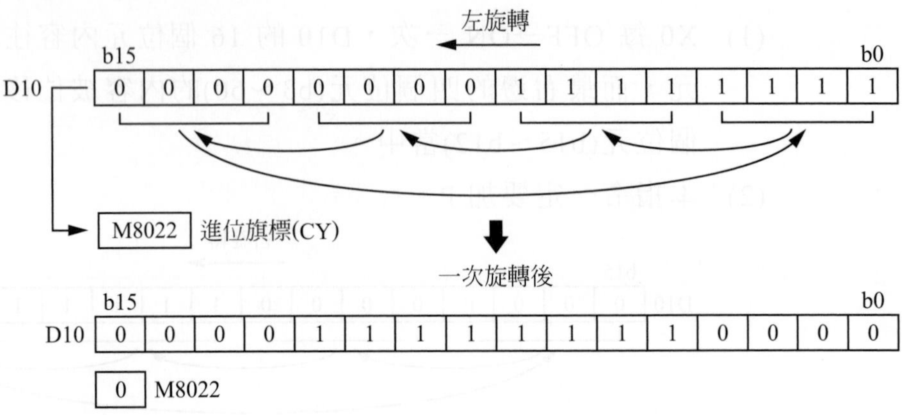

三、FNC32：RCR(位元右旋附進位 CY)

1. 階梯圖

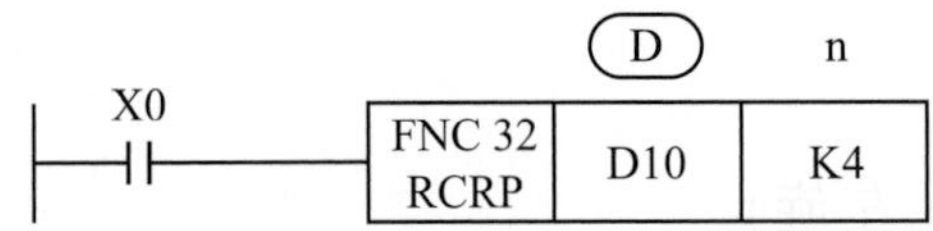

2. 指令說明

(1) X0 每 OFF→ON 一次，D10 的 16 個位元內容連同進位旗標 CY 往右旋轉 4 個位元。

(2) 本指令一定要加 P。

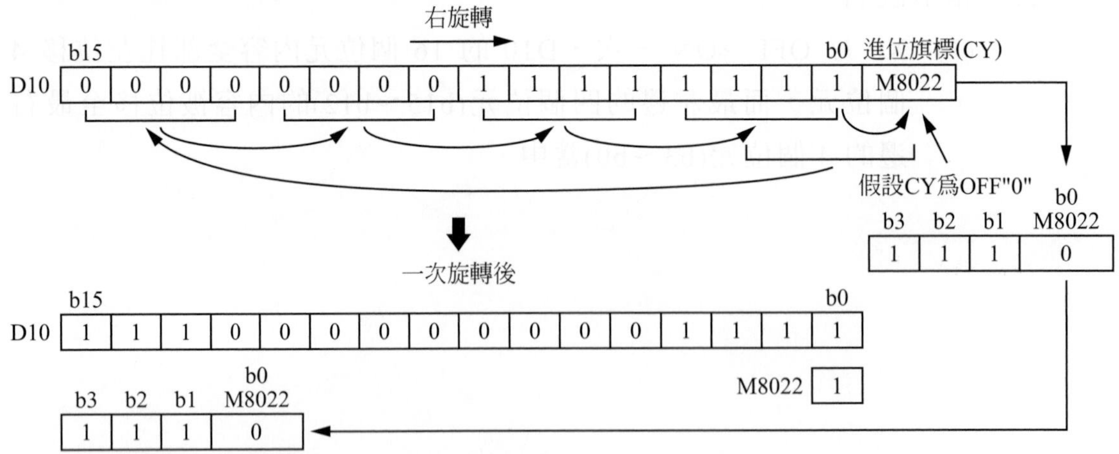

四、FNC33：RCL(位元左旋附進位 CY)

1. 階梯圖

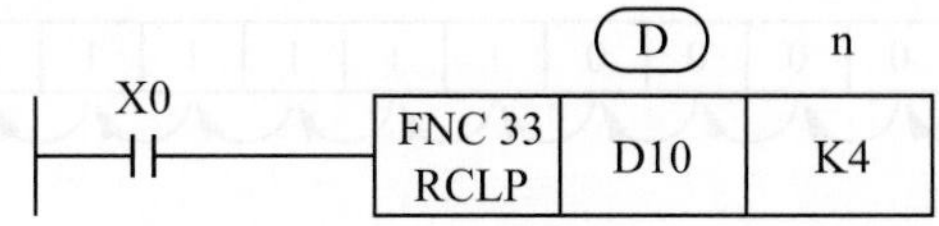

2. 指令說明

(1) X0 每 OFF→ON 一次，D10 的 16 個位元內容連同進位旗標 CY 往左旋轉 4 個位元。

(2) 本指令一定要加 P。

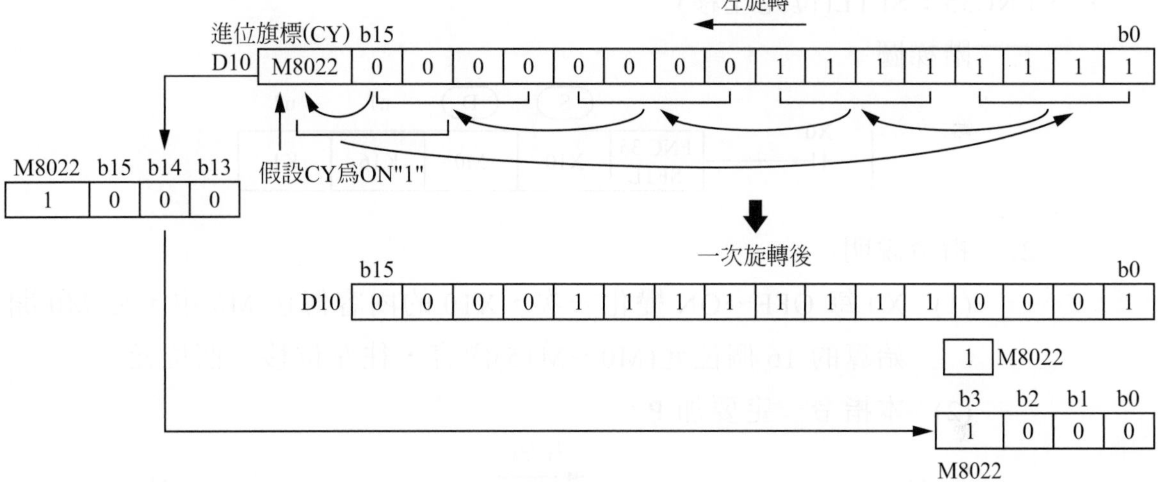

五、FNC34：SFTR(位元右移)

1. 階梯圖

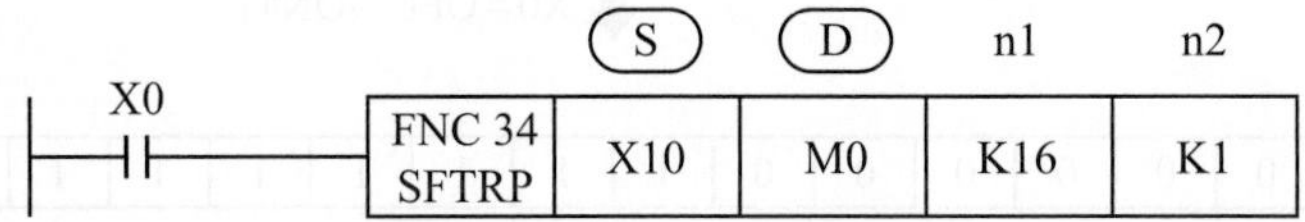

2. 指令說明

(1) X0 每 OFF→ON 變化一次，X10 的內容傳送至 M15 中，從 M0 開始算的 16 個位元(M0～M15)內容，往右位移一個位元。

(2) 本指令一定要加 P。

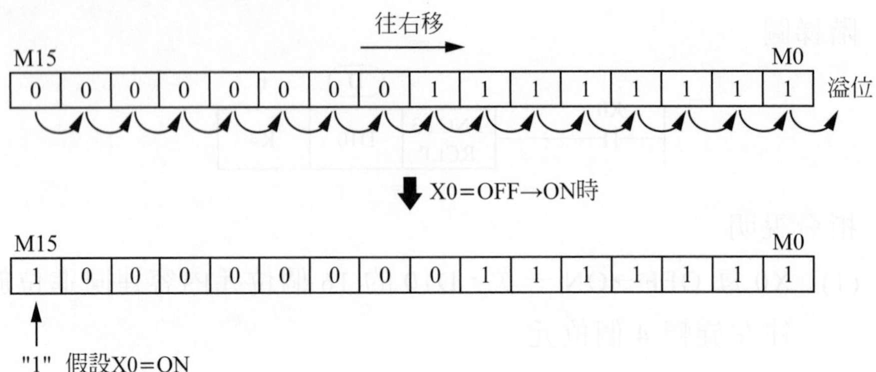

六、FNC35：SFTL(位元左移)

1. 階梯圖

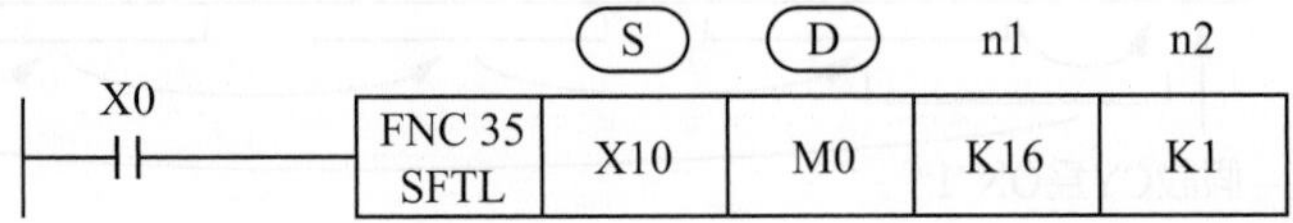

2. 指令說明

(1) X0 每 OFF→ON 變化一次，X10 的內容傳送 M0 中，從 M0 開始算的 16 個位元(M0～M15)內容，往左位移一個位元。

(2) 本指令一定要加 P。

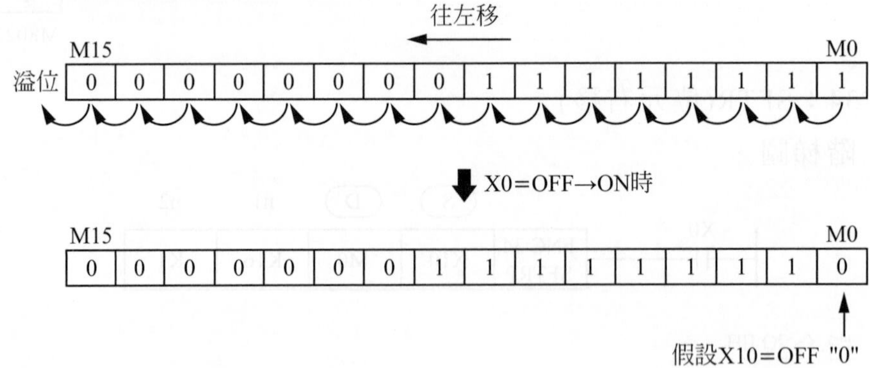

七、FNC36：WSFR(暫存器右移)

1. 階梯圖

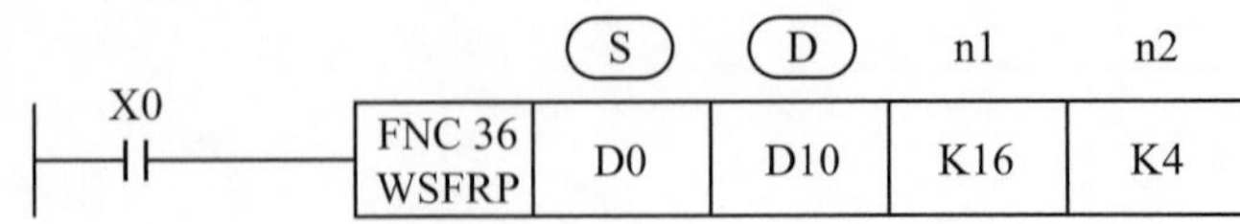

2. 指令說明

(1) X0 每 OFF→ON 變化一次，D0～D3 的內容傳送至 D22～D25 中，從 D10 開始算的 16 個暫存器(D10～D25)內容，往右位移 4 個暫存器。

(2) 本指令一定要加 P。

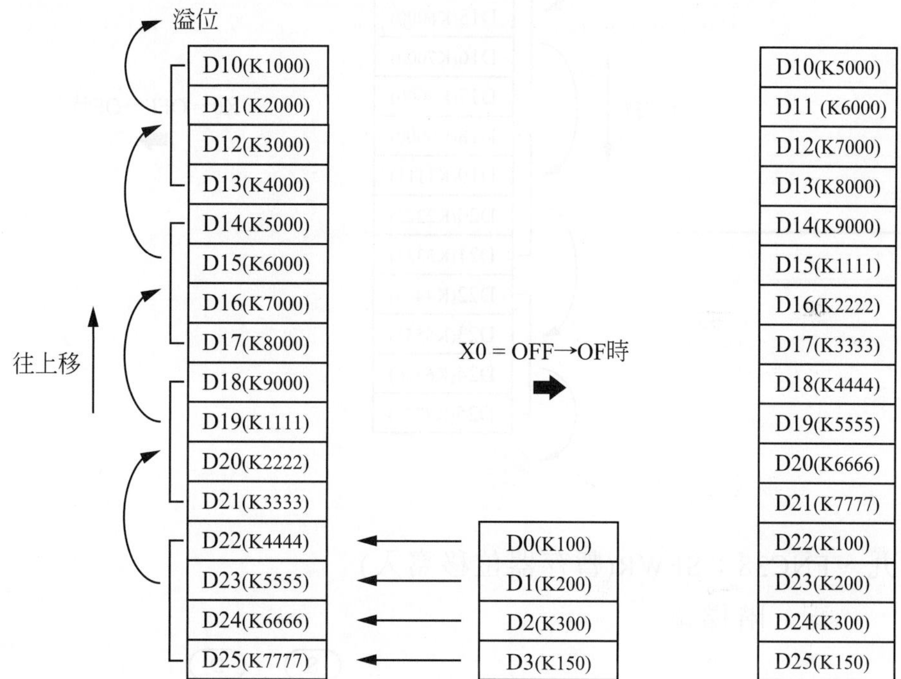

八、FNC37：WSFL(暫存器左移)

1. 階梯圖

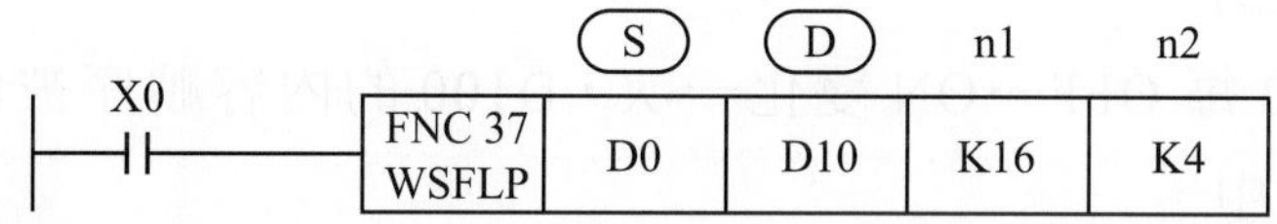

2. 指令說明

(1) X0 每 OFF→ON 變化一次，D0～D3 的內容傳送至 D10～D13 中，從 D10 開始算的 16 個暫存器(D10～D25)內容，往左位移 4 個暫存器。

(2) 本指令一定要加 P。

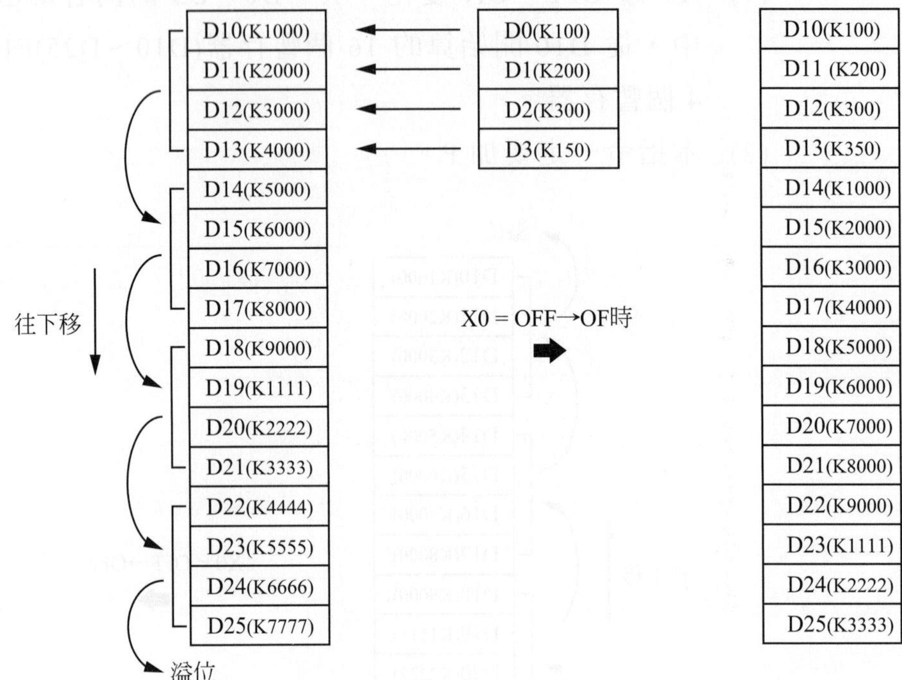

九、FNC38：SFWR(暫存器位移寫入)

1. 階梯圖

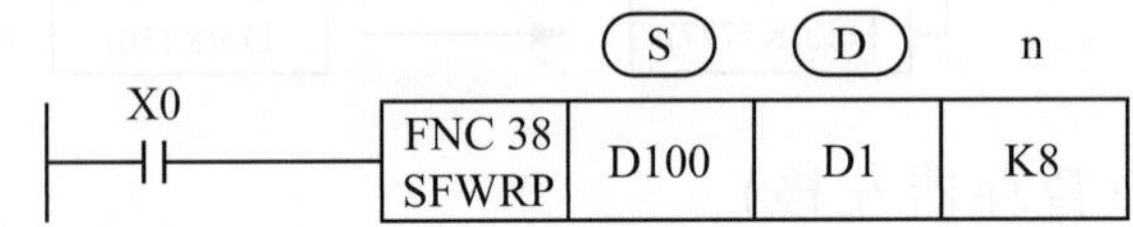

2. 指令說明

(1) X0 每 OFF→ON 變化一次，D100 的內容順序被傳送至 D2～D8 當中。

(2) 本指令一定要加 P。

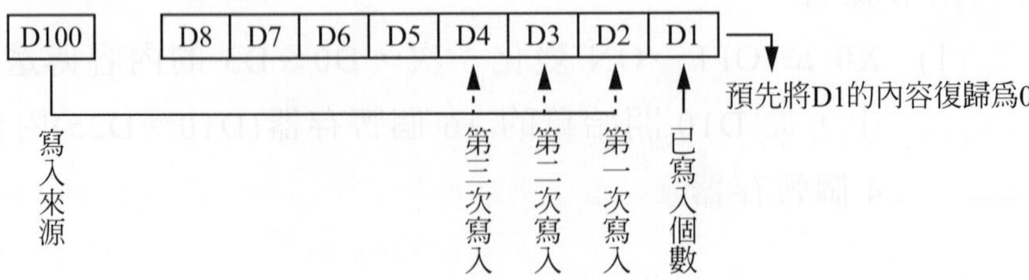

十、FNC39：SFRD(暫存器位移讀出)

1. 階梯圖

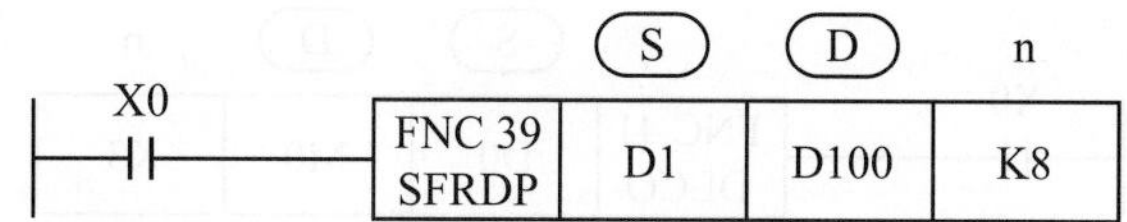

2. 指令說明

(1) X0 每 OFF→ON 變化一次，D2～D8 的內容順序被傳送至 D100 當中。

(2) 本指令一定要加 P。

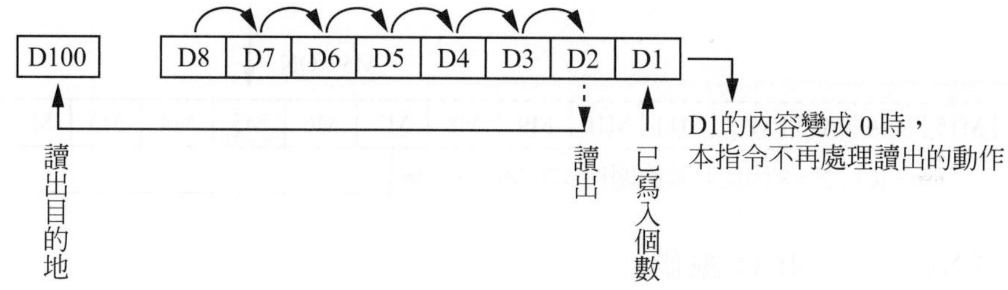

4-9 資料處理 1 指令使用說明(常用)

一、FNC40：ZRST(區域復歸)

1. 階梯圖

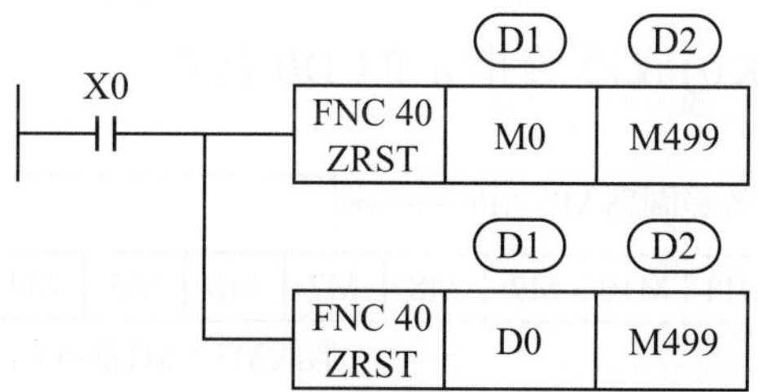

2. 指令說明

當 X0 = ON 時，M0～M499 共 500 個 M 被復歸成 OFF，D0～D499 共 500 個 D 被復歸成"0"。

二、FNC41：DECO(解碼)

1. 階梯圖

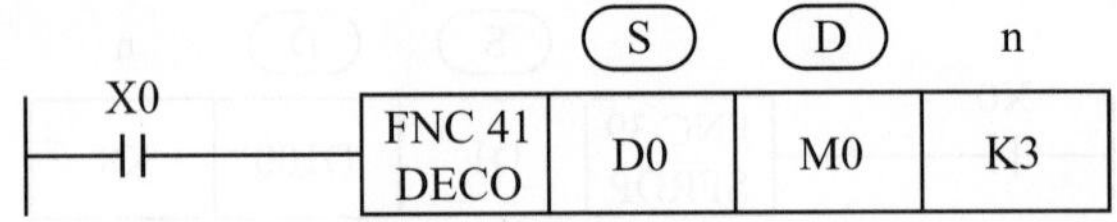

2. 指令說明

當 X0 = ON 時，D0 的數值(K7～K0)被解碼成位元放置於相對應的 8 個位元(M7～M0)當中。

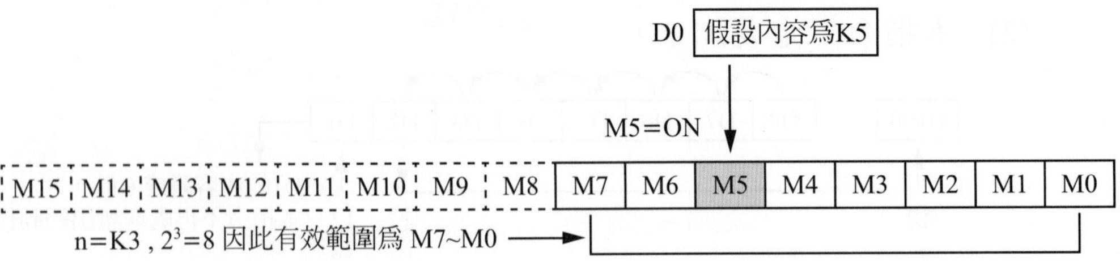

三、FNC42：ENCO(編碼)

1. 階梯圖

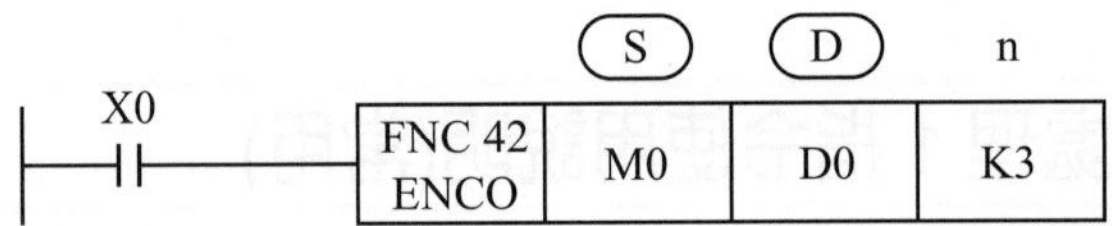

2. 指令說明

當 X0 = ON 時，8 個位元(M7～M0)的 ON 最高位元編碼被編碼成數值(K7～K0)放置於指定的 D0 當中。

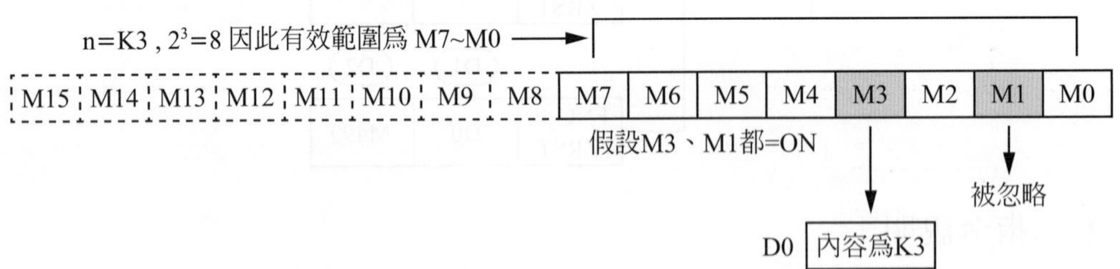

四、FNC43：SUM(ON 位元總數)

1. 階梯圖

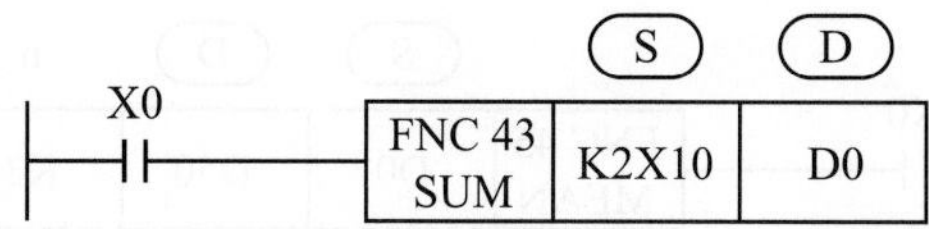

2. 指令說明

當 X0 = ON 時，X17～X10 當中 ON 的位元總數以常數 K 的型態被放置於指定相對應的 D0 當中。

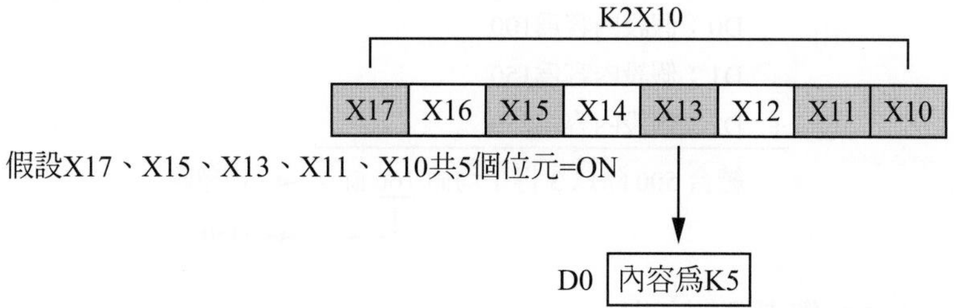

五、FNC44：BON(ON 位元偵測)

1. 階梯圖

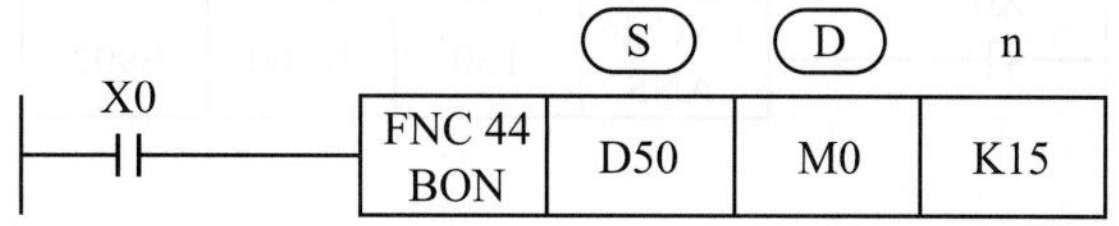

2. 指令說明

當 X0 = ON 時，CPU 偵測 D50 的第 15 個位元的內容，內容爲"1"時 M0 = ON、爲"0"時 MO = OFF。

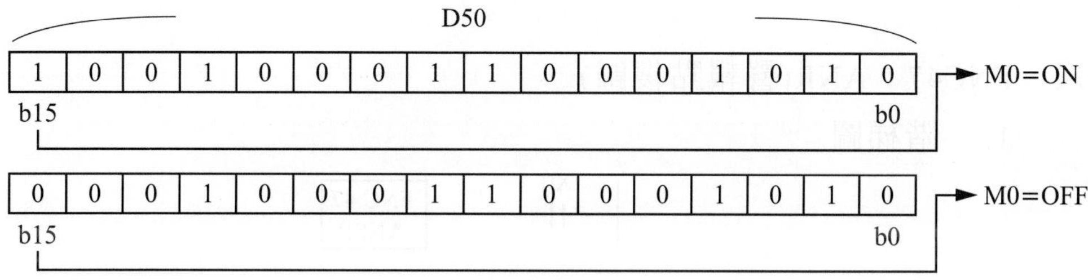

六、FNC45：MEAN(平均值)

1. 階梯圖

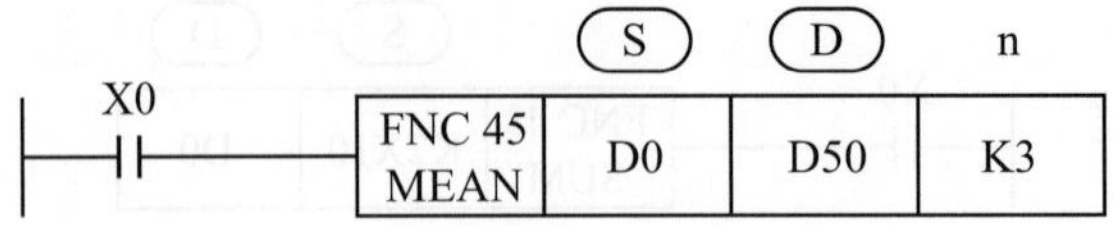

2. 指令說明

當 X0 = ON 時，D0～D2 共 3 個暫存器的內容加總所得除以 3，結果被放置於指定 D50 當中。

D0：假設內容爲100
D1：假設內容爲150
+ D2：假設內容爲250

總合 500 除以 3 得平均值 166 餘 2 ← 被忽略
166 → D50

七、FNC46：ANS(警報點輸出)

1. 階梯圖

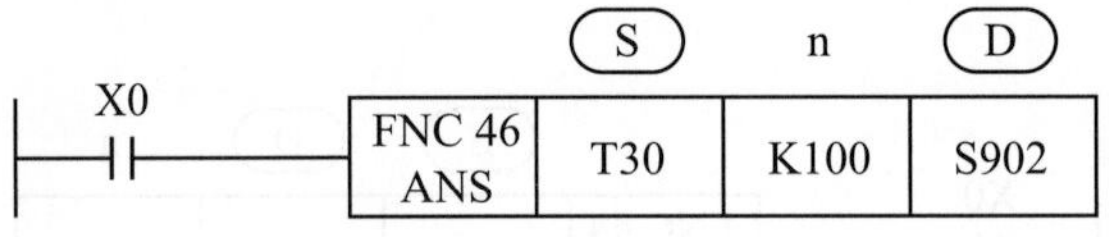

2. 指令說明

當 X0 = ON 時，T30 開始計，10 秒鐘後 S902 = ON，同時 S902 的號碼被暫存於 D8049 當中，計時中途若是 X0 變成 OFF 的話，T30 的計時內容被復歸爲 0，S902 會繼續保持 ON 的狀態。

八、FNC47：ANR(警報點復歸)

1. 階梯圖

X0 —| |— [FNC 47 ANSP]

2. 指令說明

(1) ANR、ANRP 指令爲單獨使用的指令，不必指定對象。
(2) 當 X0 = ON 時，警報點 S900～S999 被復歸一個，若是 S900～S999 當中只有一個警報點 ON 的話，該警報點被復歸成 OFF。

(3) 若是 S900～S999 當中，多個警報點同時 ON 的話，先發生的警報點被復歸，當 X0 再 ON 一次時，次一個警報點會被復歸。

九、FNC48：SQR(開平方根)

1. 階梯圖

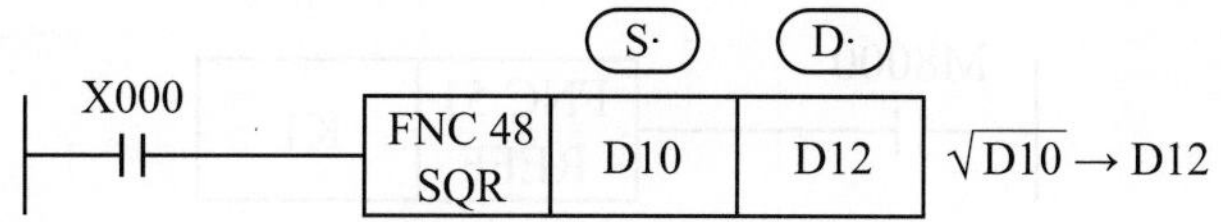

2. 指令說明

(1) 當 X0 = ON 時，D10 的內容開平方根，結果放置於 D12 當中。

(2) (S·)只可以指定正數，若指定負數時，PLC 視爲"指令運算錯誤"，M8067 = ON、本指令不被執行。

(3) 運算結果 (D·)只求整數，小數點被捨棄。有小數點被捨棄時，負數旗標信號 M8021 = ON。

十、FNC49：FLT(整數→2 進小數點變換)

1. 階梯圖

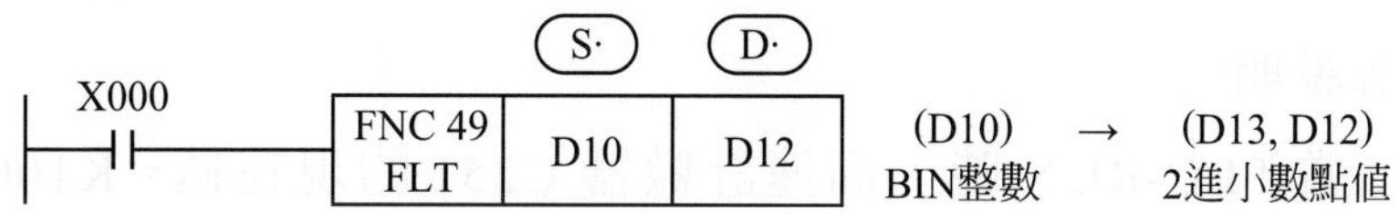

2. 指令說明

當 X0 = ON 時，將 D10 的整數轉換成小數點值，結果放置於 D12(D13, D12)當中。

4-10 高速處理 1 指令使用說明

一、FNC 51：REFF(變更輸入反應時間指令)

1. 階梯圖

2. 指令說明

(1) 當 PLC-RUN 時，將 X0~X7 的輸入反應時間變更為 1ms。

(2) 除了 X0~X7 之外的輸入點均不可變更輸入反應時間。

(3) FX3U 輸入延遲時間是 10ms。

二、FNC 53：HSCS(高速計數器比較 ON 指令)

1. 階梯圖

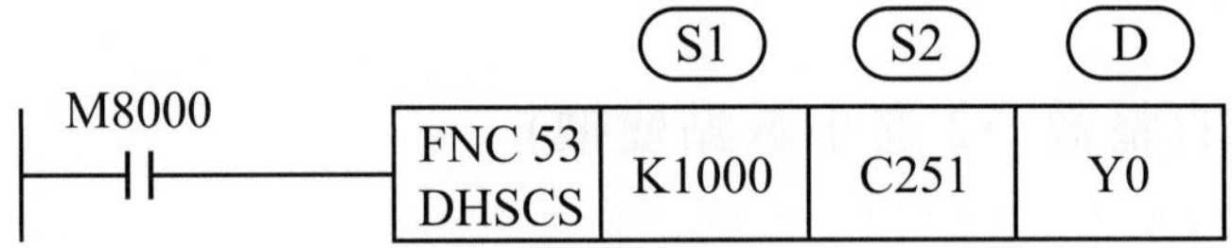

2. 指令說明

(1) 當 PLC-RUN 時，高速計數器 C251 的現在值= K1000 時，Y0 = ON 並保持住。

(2) S1 指定比較用的設定值、S2 指定高速計數器的號碼、D 指定輸出元件。

三、FNC 54：HSCR(高速計數器比較 OFF 指令)

1. 階梯圖

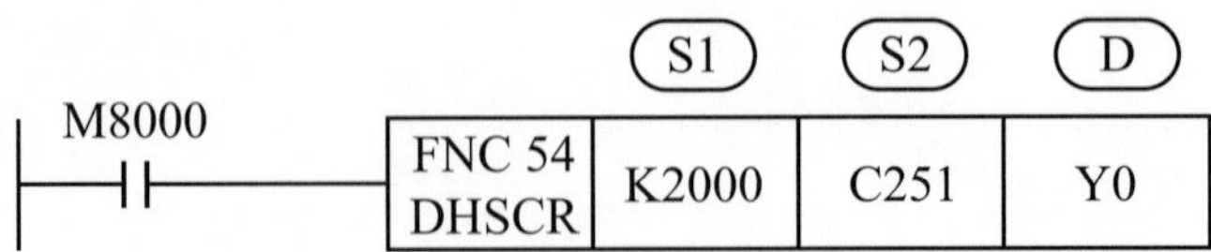

2. 指令說明

(1) 當 PLCRUN 時，高速計數器 C251 的現在值= K2000 時，Y0 = OFF 並保持住。

(2) S1 指定比較用的設定值、S2 指定高速計數器的號碼、D 指定輸出元件。

四、FNC 55：HSZ(高速計數器區域比較指令)

1. 階梯圖

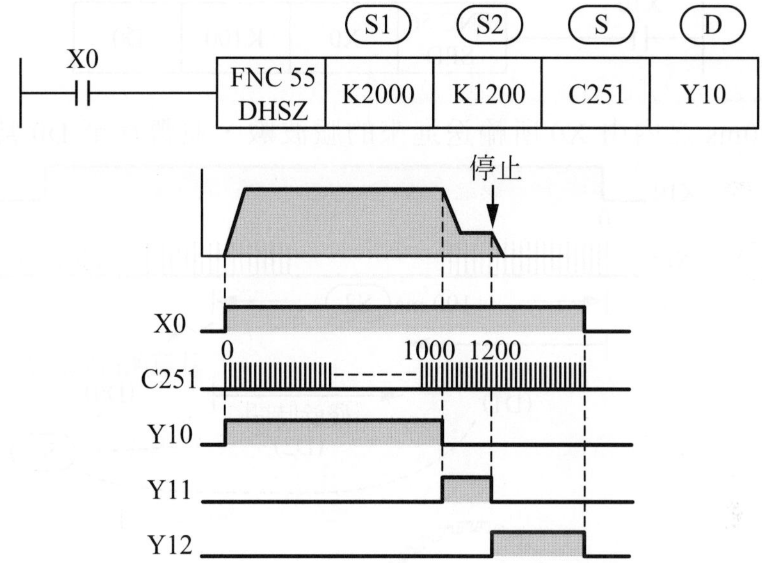

2. 指令說明

(1) 當 X0 = ON 時，

a. C251 之現在值< K1000，Y10 = ON。

b. K1000≦C251 之現在值< K1200，Y11 = ON。

c. C251 之現在值> K1200，Y12 = ON。

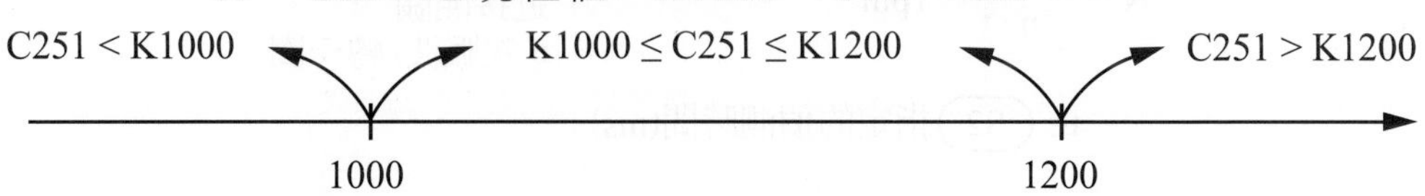

(2) 當 X0 = OFF 時，Y10~Y12 被復歸為 OFF。

(3) 本指令的主要用途是執行定位控制中的馬達的高速、低速及停止動作。

(4) S1 的設定值為 K1000、S2 的設定值為 K1200、S 所指定的高速計數器號碼為 C251、D 所指定的輸出號碼為 Y10。

五、FNC 56：SPD(速度偵測指令)

1. 階梯圖

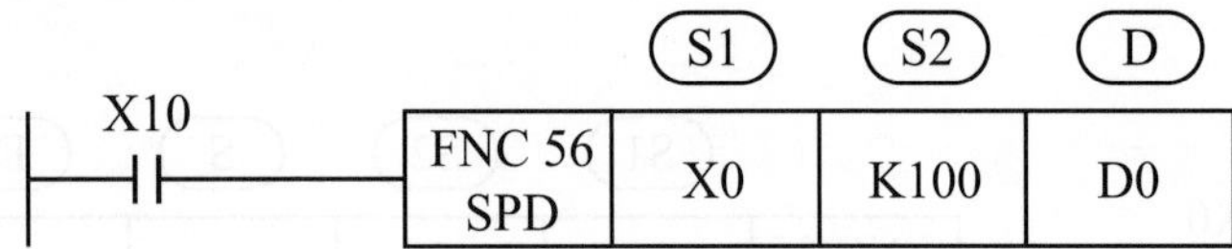

計算 100ms 之內由 X0 所輸送進來的脈波數，並暫存至 D0 當中

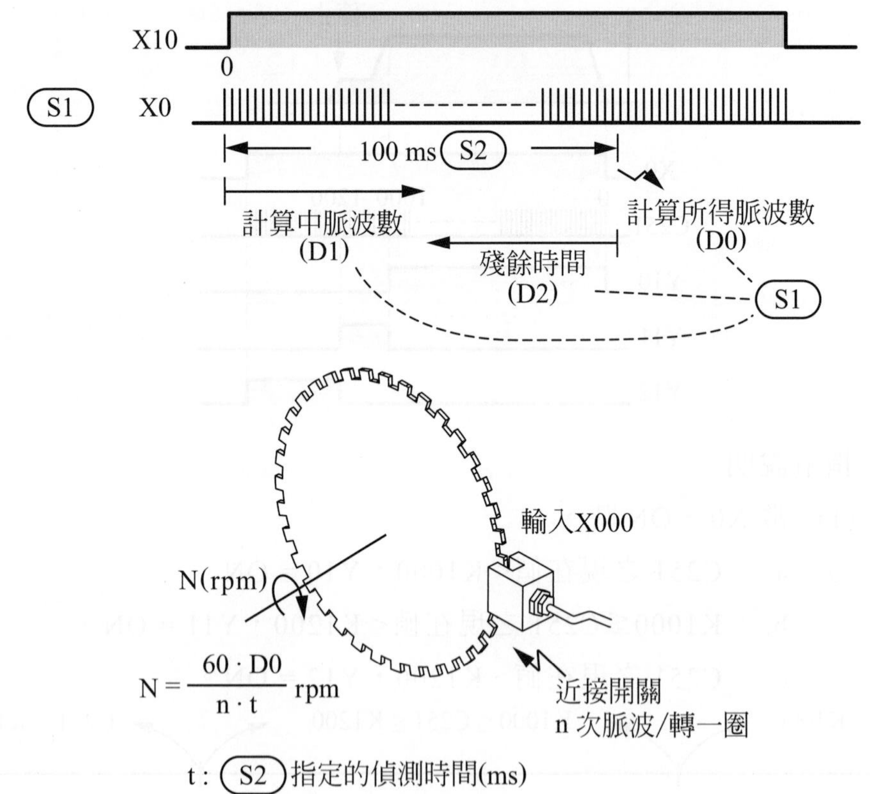

2. 指令說明

(1) 當 X10 = ON 時，X0 所輸入之脈波數於 100ms 之後自動停止計算，結果被存放在 D0 中。

(2) D 指定目的地暫存器的帶頭號碼，D 總共涵蓋 3 個暫存器，而這 3 個暫存器的功能如下：

D0：計算結果脈波數目(計時間時間到)

D1：計算中脈波數目(計時間時間未到)

D2：計時殘餘時間

(3) S1 指定欲計算脈波的輸入端，而 S1 也只可以指定高速計數端 X0~X5。

(4) S2 指定使用多久的時間來計算脈波數目，以 ms 為單位。

(5) 用來計算 rpm(轉速)的專用指令。

六、FNC 57：PLSY(脈波輸出指令)

1. 階梯圖

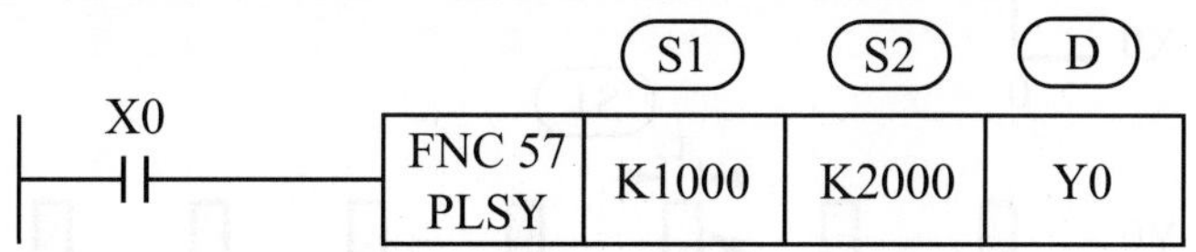

指定 Y0 送出 2000 個脈波、該脈波的速度為 1kHz

2. 指令說明

(1) 當 X0 = ON 時，Y0 以 1kHz 的速度送出 2000 個脈波。

(2) S1 指定輸出脈波的速度，可設定範圍為 2~20kHz。

(3) S2 指定輸出脈波的數目，可設定的範圍為：

16 位元指令 PLSY	K1~K32,767
32 位元指令 DPLSY	K1~K2,147,483,647

(4) 若 S2 的內容為 0，脈波(方波)無限制的被送出。

(5) 輸出 Y 的號碼(Y0 或 Y1)，使用脈波輸出指令必須是 PLC 主機爲電晶體輸出型。
(6) 當指定的脈波數發送完畢時，旗標 M8029 = ON。
(7) 此指令用於輸出脈波(方波)至步進馬達之驅動器作定位控制。

七、FNC 58：PWM(脈波寬度調變指令)

1. 階梯圖

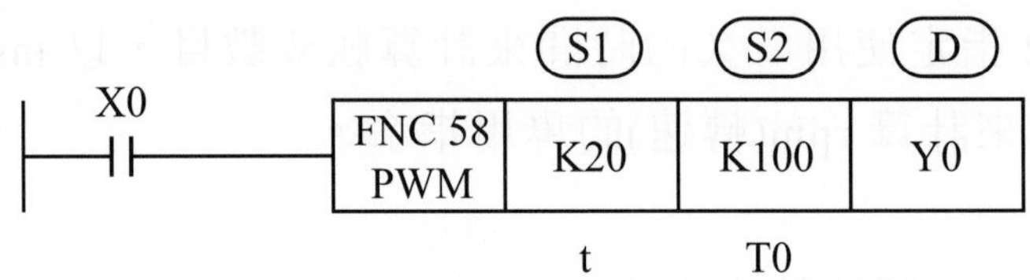

當 X0 = ON 時，Y0 作頻寬調變，週期爲 100ms，ON 的時間爲 20ms

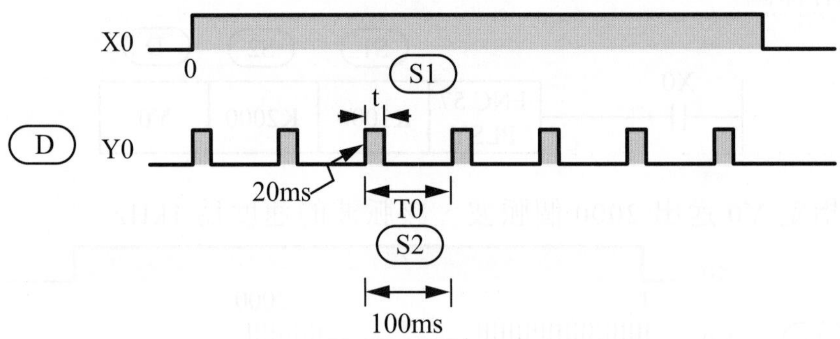

2. 指令說明

(1) 當 X0 = ON 時，Y0 連續輸出之脈波的工作週期爲，ON 時間是 20ms(T_{ON})，週期是 100ms (T_{ON} + T_{OFF})。
(2) S1 指定脈波的 ON 時間，代號爲 t，t = 0~32,767ms。
(3) S2 指定脈波的輸出週期，代號 T_0 = 1~32,767ms
(4) D 指定輸出 Y 的號碼(Y0、Y1 或 Y2)，使用 PWM 輸出指令必須是 PLC 主機爲電晶體輸出型。
(5) 此指令用於對輸出信號作週期性脈波寬度調變的控制。

八、FNC 59：PLSR(附加減速的脈波輸出指令)

1. 階梯圖

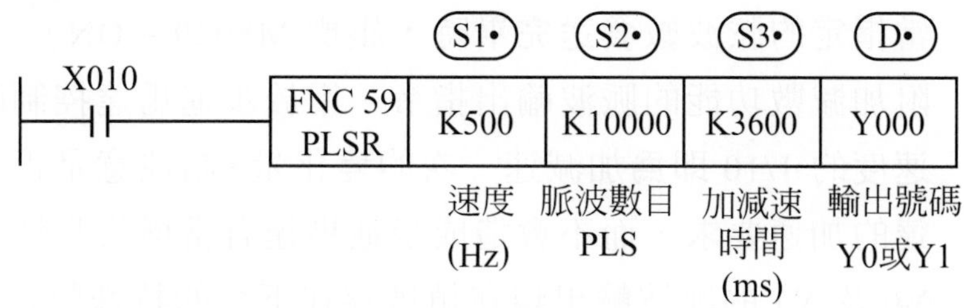

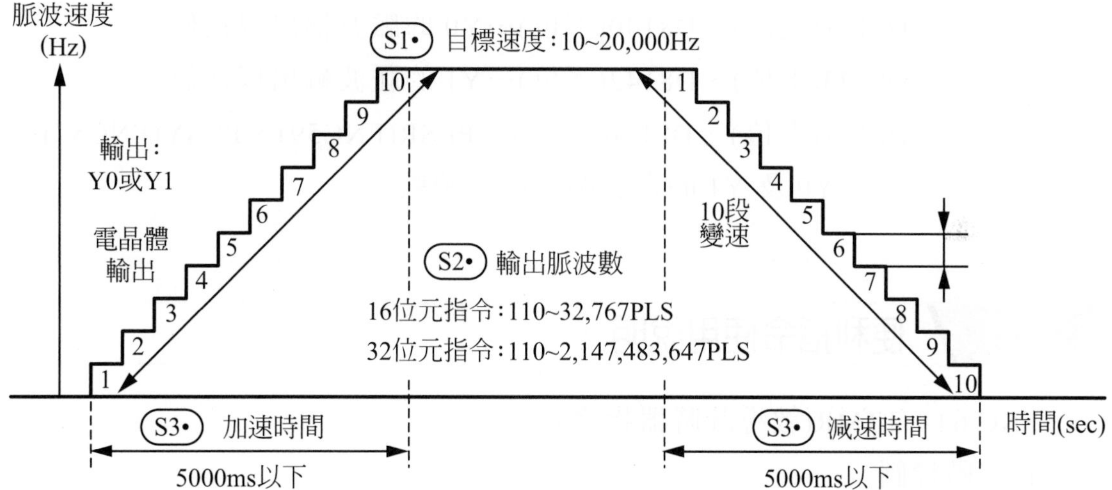

2. 指令說明

(1) 當 X10 = ON 時，Y0 以 500Hz 的速度送出 10000 個脈波；其加速時間(從靜止至目標速度)及減速時間(快達目標距離至停止)各爲 3.6 秒。

(2) S1 指定輸出脈波的時間，可設定範圍爲 10~20kHz，且須爲 10 的倍數。

(3) S2 指定輸出脈波的數目，可設定的範圍爲：

16 位元指令 PLSY	110~32,767(PLS)
32 位元指令 DPLSY	110~2,147,483,647(PLS)

(4) S3 爲加減速時間，單位爲 ms；可設定的範圍爲 5000ms 以下。

(5) D 指定輸出 Y 的號碼(Y0 或 Y1)，使用脈波輸出(附加減速)指令必須是 PLC 主機為電晶體輸出型。

(6) 當指定的脈波數發送完畢時，旗標 M8029 = ON。

(7) 附加減數功能的脈波輸出指令，用於步進馬達控制時，其最高速度的 1/10 即為加減速一次的變化量，請注意是否符合步進馬達的加速要求，而不會造成步進馬達有當機失步情況發生。

(8) Y0 及 Y1 的脈波輸出現在值被存在下列的特殊暫存器當中。
D8141(上位)、D8140(下位)…Y0 的脈波輸出現在值
D8143(上位)、D8142(下位)…Y1 的脈波輸出現在值
D8137(上位)、D8136(下位)…PLSR(FNC59)、PLSY(FNC57)指令下 Y0 及 Y1 的合計輸出脈波總數。

4-11 便利指令使用說明

一、FNC 64：TTMR(教導計時器指令)

1. 階梯圖

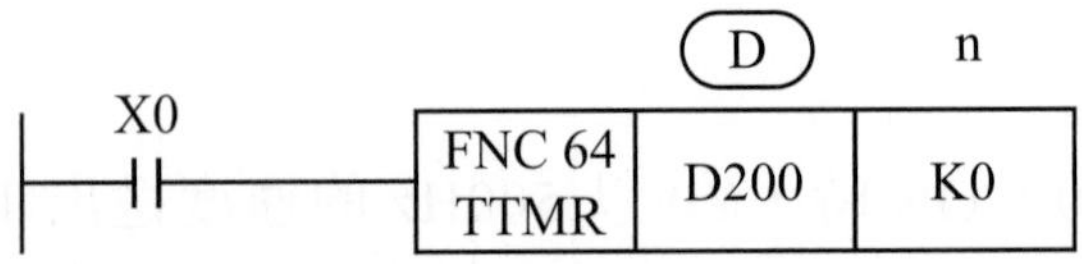

按鈕開關 X0 被按住的經過時間被顯示於 D201 當中，由 n 來指定倍數，X0 = ON 的時間的倍數值被暫存於 D200 當中

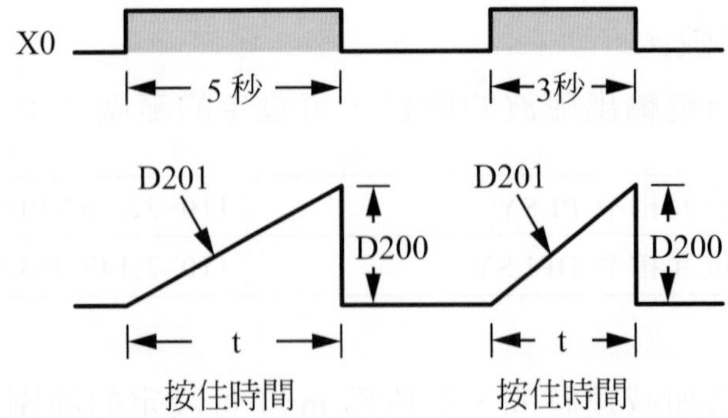

2. 指令說明

(1) 當 X0 = ON 時，X0 被按住導通的時間存入在 D201(單位爲 100ms)中，且倍數時間存入在 D200 中。

(2) 當 X0 = OFF(放開)時，D201 的內容復歸在 0，而 D200 的內容無變化。

(3) n 可設定的範圍如下。

n = 0 時，計時經過及計時結果不變

n = 1 時，計時經過及計時結果×10

n = 2 時，計時經過及計時結果×100

(4) 指令的條件接點爲被偵測之對象，D 爲指定偵測結果被存放在暫存器的帶頭號碼，n 爲設定偵測結果的倍數値。

(5) 此指令爲偵測輸入信號 ON 的時間。

二、FNC 65：STMR(特殊計時器指令)

1. 階梯圖

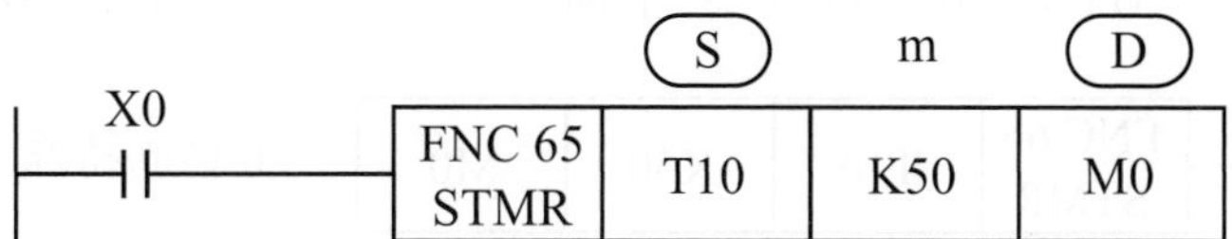

S 秒指定計時器的號碼，m 指定計時器的設定時間，M0~M3 呈現不同的輸出動作

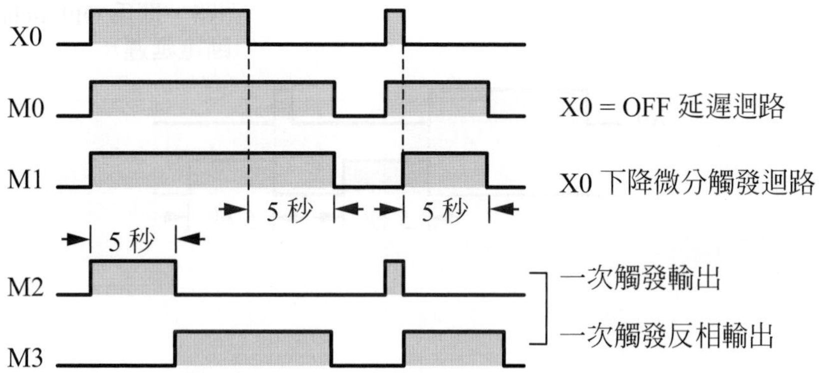

2. 指令說明

(1) 當 X0 = ON 時，X0 被按住或放開(X0 = OFF)的瞬間，T10 計時器以 5 秒的設定時間，分別由 M0~M3 呈現不同的計時回路，其 M 的輸出動作分別為：

(i) M0：X0 = OFF 時的延遲回路(X0 放開時)

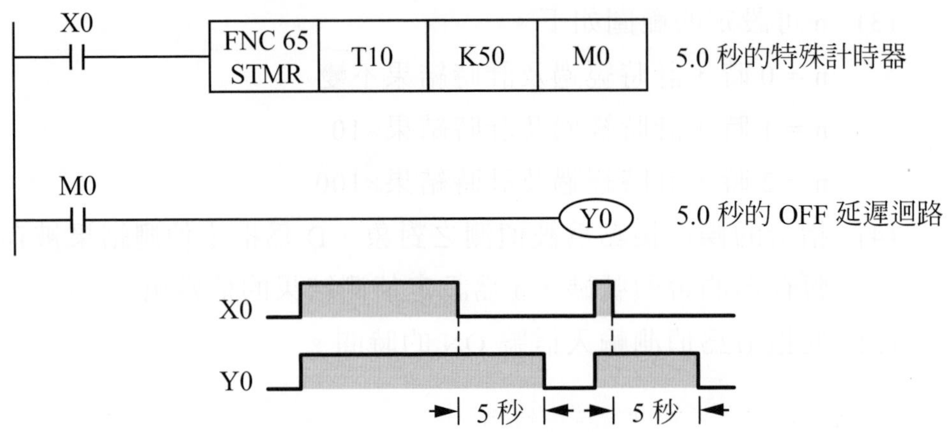

(ii) M1：X0 = OFF 之下降微分觸發回路(X0 放開的瞬間)

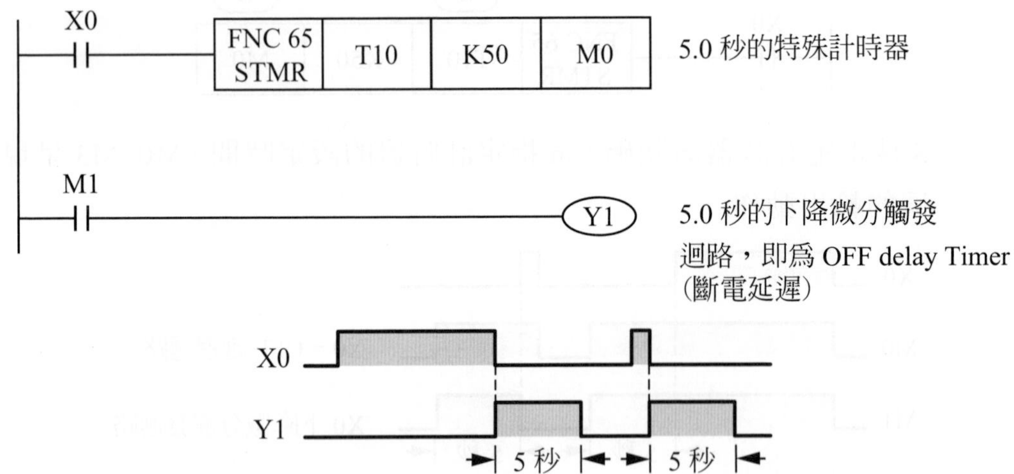

(iii) M2、M3：雙輸出點的閃爍回路

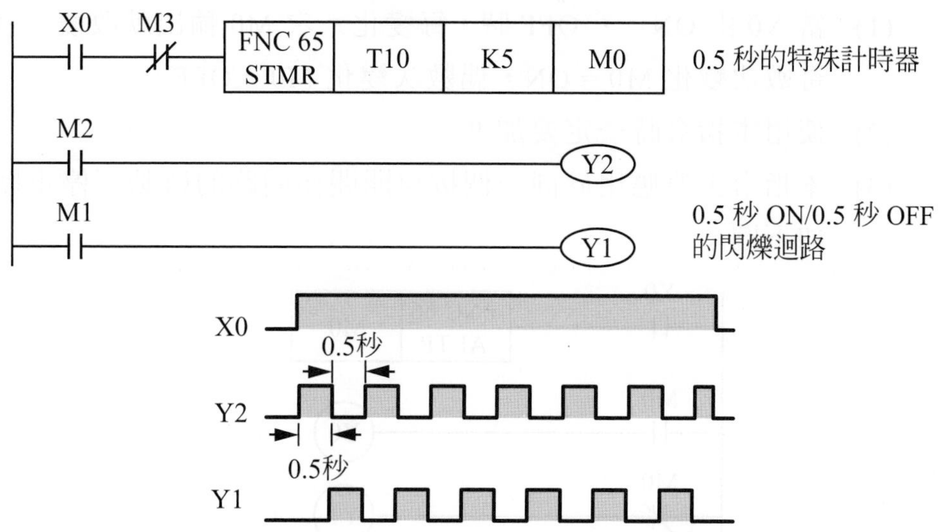

(2) m 可設的範圍爲 1~32,767，以 0.1 秒爲單位。

(3) S 爲計時器的編號(T0~T199)，不可重複使用；D 爲內部輔助繼電器的帶頭編號。

(4) 此指令爲 OFF delay timer 及閃爍交替迴路之用。

三、FNC 66：ALT(單 ON / 雙 OFF 指令)

1. 階梯圖

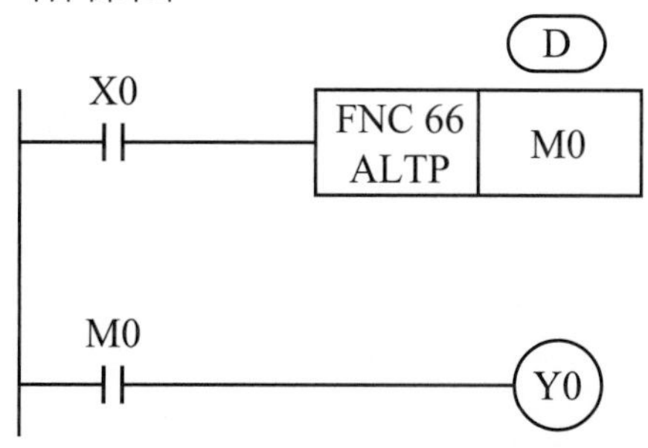

每按一次，Y0 輸出就變化一次(X0 = 1、3、5…次，Y0 = ON；X0 = 2、4、6…次，Y0 = OFF)

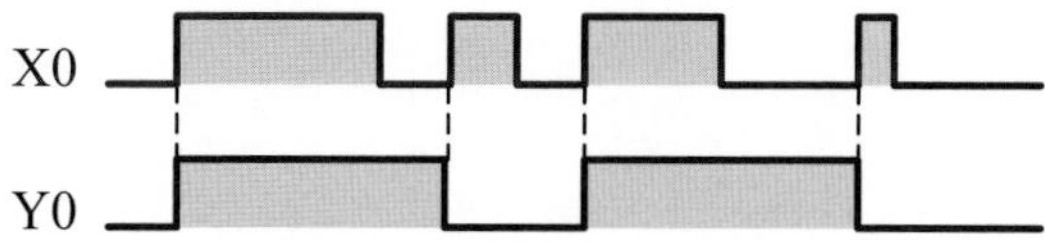

2. 指令說明

(1) 當 X0 由 ON → OFF 時，每變化一次 M0 輸出就改變一次；即奇數次變化 M0 = ON，偶數次變化 M0 = OFF。

(2) 使用本指令時一定要加 P。

(3) 本指令主要應用於同一個按鈕開關作回路的啓動／停止控制，如下圖：

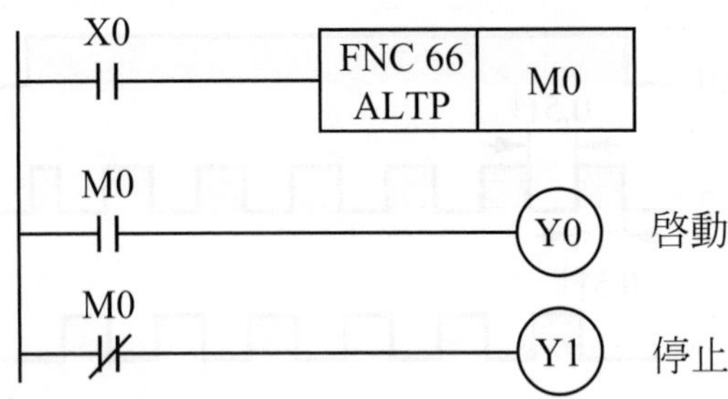

Chapter 5

交流馬達變頻器控制(含 AD、DA 模組)應用指令介紹

5-1 單相馬達(單相感應電動機)

在機電整合系統中，單相交流馬達主要使用之電壓有 110V 和 220V 兩種。因功率(P)爲電壓(V)與電流(I)之乘值，交流系統需再乘以功率因素(cos θ)及效率(η)。以相同功率而言，220V 馬達所需要的電流較 110V 馬達小(P = V I cos θ η)；以相同 1HP 來說，額定電壓 110V 馬達所需的滿載(額定)電流約 15A，220V 馬達所需的滿載(額定)電流約 7.5A。

1. 極性測試：

   單相感應電動機有兩組運轉繞組(線圈)及一組啓動繞組(線圈)，如圖 5-1 所示。啓動繞組是決定馬達的轉向，故無需做極性測試；而運轉繞組是決定磁場有沒有在同一方向，故需做運轉繞組的極性測試，因爲運轉繞組極性接錯，除了馬達轉動不起來之外，將會使馬達運轉電流增加，繞組發熱燒毀。

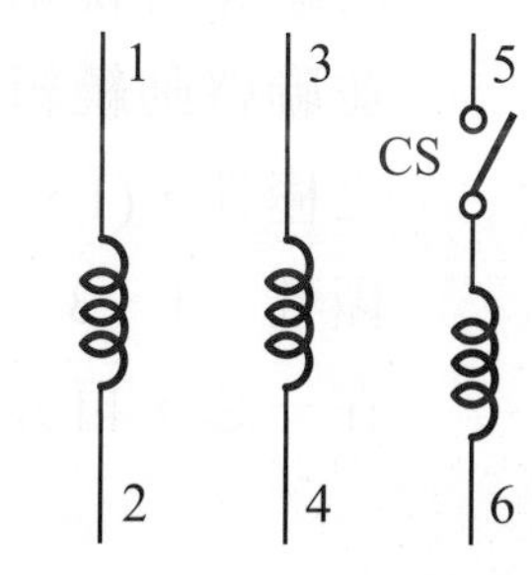

圖 5-1 單相馬達繞組出線頭符號

首先使用三用電表之歐姆檔(R×1)先確認這三組繞組，通常啓動繞組會串連一顆啓動電容，且啓動繞組的電阻值會大於運轉繞組；若啓動繞組已串啓動電容時，用三用電表之歐姆檔(R×1K)量測時，指針是先向右偏轉，之後再慢慢地向左邊偏轉。

極性試驗如圖 5-2 所示：E 爲 9V 的電池即可，三用電表轉至 mV 或 mA 之檔位。

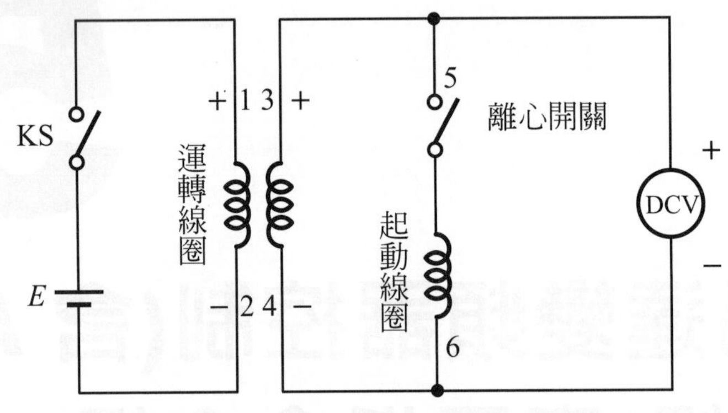

圖 5-2　單相馬達極性試驗接線

當切下 KS 開關時，若三用電表指針向右偏轉，則電池的正極(＋)與三用電表的測試棒-紅棒，爲同極性；反過來說，電池的負極(－)與三用電表的測試棒-黑棒，爲同極性。當切下 KS 開關時，若三用電表指針向左偏轉(向左指針會撞針)，此時，只要把三用電表的測試棒-紅棒與黑棒交換，使三用電表指針向右偏轉即可。

2. 接線方式：

(1) 單相 110V 接線如圖 5-3 所示，因每個繞組能承受的額定電壓是 110V，所以，兩組運轉繞組需並聯在一起，之後要再並聯啓動繞組。並聯時需注意運轉繞組之極性，(1、3)爲同極性；(2、4)也爲同極性。1、3、5 接在一起，2、4、6 接在一起，再分別接去電源 L、N。

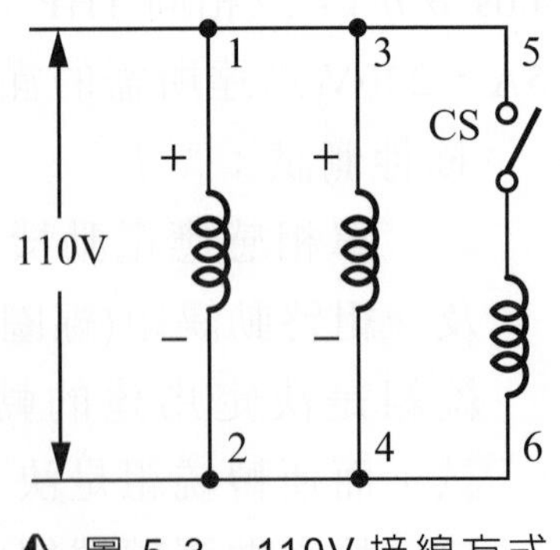

圖 5-3　110V 接線方式

(2) 單相 220V 接線如圖 5-4 所示，因每個繞組能承受的額定電壓是 110V，所以，兩組運轉繞組先串聯在一起，之後要再從(2 與 3 中間)接啓動繞組(5)。串聯時需注意運轉繞組之極性，(1、3)爲同極性；(2、4)也爲同極性。1、2 串聯 3、4，5、6 並聯 3、4 或並聯 1、2 皆可。

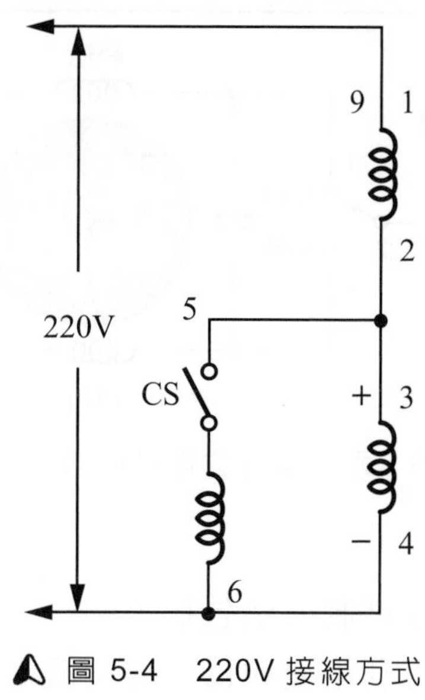

圖 5-4　220V 接線方式

3. 轉向控制：

單相感應電動機是由起動繞組與運轉繞組生成的旋轉磁場決定轉向，在電動機起動前，若是將起動繞組(或是運轉繞組)兩端反接，如圖 5-5 所示，會產生反向的旋轉磁場，即可改變馬達轉向，所以改變啓動繞組的電流方向即可改變馬達的旋轉方向。

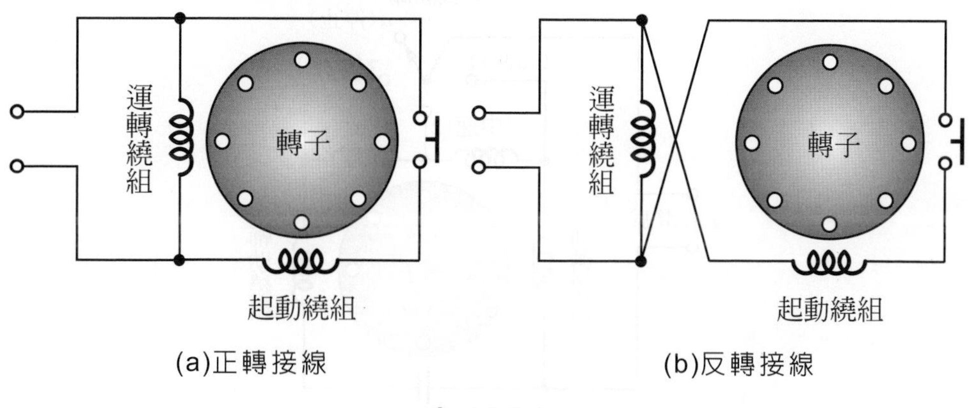

圖 5-5

圖 5-6 為永久電容式電動機正反轉控制電路，切換開關在 1 與 2 位置切換，切換開關切換到位置 1 時，繞組 A 為主繞組，繞組 B 串聯電容器成為輔助繞組，電動機正轉；當切換開關切換到位置 2 時，繞組 B 為主繞組，繞組 A 串聯電容器成為輔助繞組，電動機反轉。

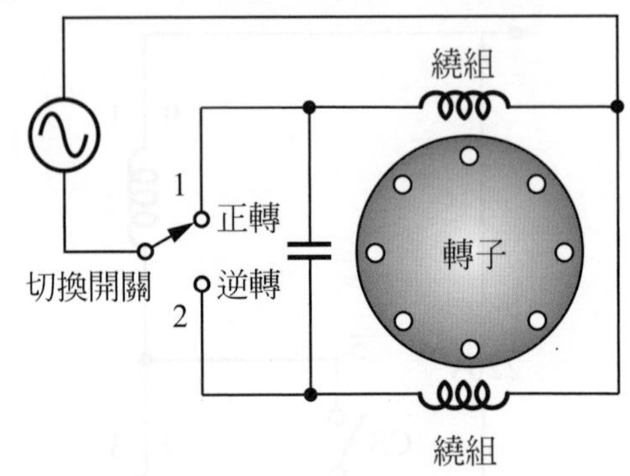

圖 5-6　永久電容式電動機的正逆轉接線

4. 轉速控制：

單相感應電動機之轉速控制方法包括：

(1) 改變電源頻率：可利用變頻器改變交流電源之頻率。
(2) 改變極數：電動機的轉速(N)與極數(P)成反比，改變極數將可改變轉速，但，轉速不是倍數增加不然就是倍數減少，無法微調。
(3) 改變電源電壓：家用電扇是以改變電源電壓控制轉速，如圖 5-7 所示，當切換開關切換位置由 1 逐次到 3，運轉繞組的端電壓越小，轉速將會越慢。

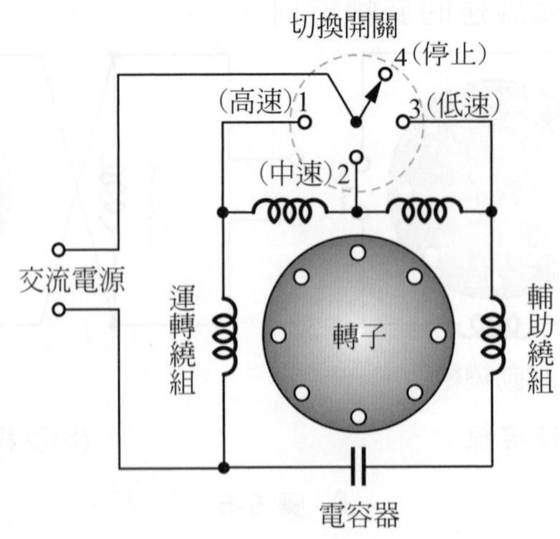

圖 5-7　電風扇之接線圖

5-2 三相馬達

在機電整合系統中，三相交流馬達主要使用的電壓爲 220V/380V。因三相電源的關係，功率(P)爲 $\sqrt{3}$ 電倍的電壓(V)與電流(I)之乘值，交流系統需再乘以功率因素($\cos\theta$)及效率(η)。以相同功率而言，三相 220V 馬達所需要的電流較單相 220V 馬達小($P = \sqrt{3}\ V\ I\cos\theta\ \eta$)；以相同 1HP 而言，額定三相電壓 220V 馬達所需的滿載(額定)電流約 3A，單相 220V 馬達所需的滿載(額定)電流約 7.5A。

1. 極性測試：

三相感應電動機有三組運轉繞組(線圈)，如圖 5-8 所示。運轉繞組的出線頭之極性若是接錯，除了馬達轉動不起來之外，將會使馬達運轉電流增加繞組發熱燒毀。故，馬達出線頭必須標記，一般同極性的標註爲(1、3、5)及(2、4、6)或同極性爲(U、V、W)及(X、Y、Z)。若標註損毀或不清楚時，就必須做極性試驗。

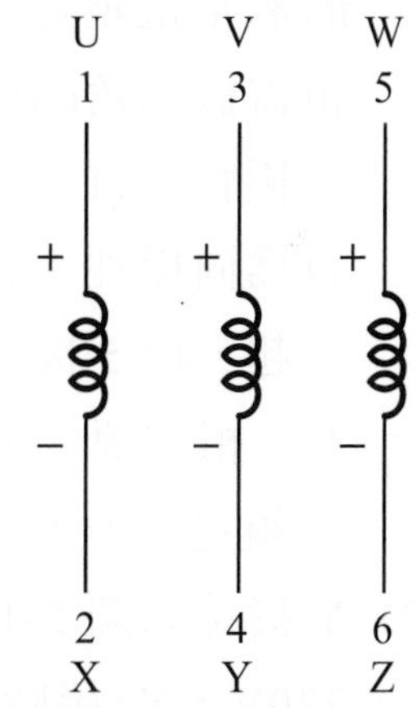

圖 5-8　三相馬達繞組出線頭符號

首先使用三用電表之歐姆檔(R×1)先確認這三組繞組，分別作 A、B、C 記號；因共有三組繞組，故，共需做兩次的極性試驗，方能確認這三個繞組的極性。極性試驗如圖 5-9 所示：使用 9V 的乾電池即可，三用電表轉至 mV 或 mA 之檔位。

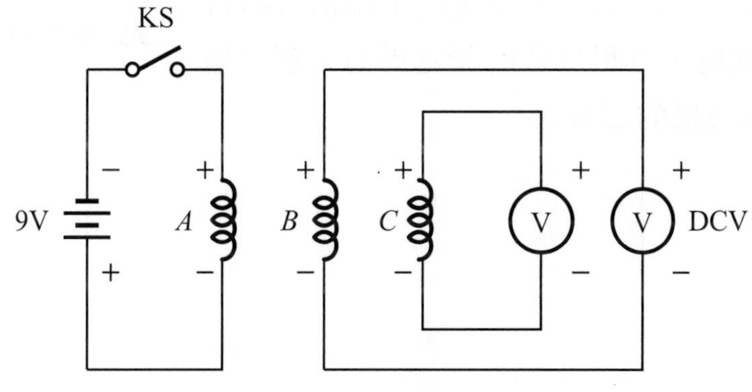

圖 5-9　三相馬達極性試驗接線

當切下 KS 開關時，若三用電表指針向右偏轉，則電池的正極(＋)與三用電表的測試棒-黑棒，爲同極性；反過來說，電池的負極(－)與三用電表的測試棒-紅棒，爲同極性。當切下 KS 開關時，若三用電表指針向左偏轉(向左指針會撞針)，此時，只要把三用電表的測試棒-紅棒與黑棒交換，使三用電表指針向右偏轉即可。三相馬達的極性測試結果正好與單相馬達相反。故，口訣爲：單正三反。

2. 接線方式：

(1) Δ接線如圖 5-10 所示，因每個繞組能承受的額定電壓是 220V，所以，三組運轉繞組需做三角(Δ)接線。此時需注意運轉繞組之極性，(1、3、5)爲同極性；(2、4、6)也爲同極性。1、6 接在一起，2、3 接在一起，4、5 接在一起，再分別接去 R、S、T 三相電源。通常三角(Δ)接爲全壓啓動，爲額定馬力，額定輸出。

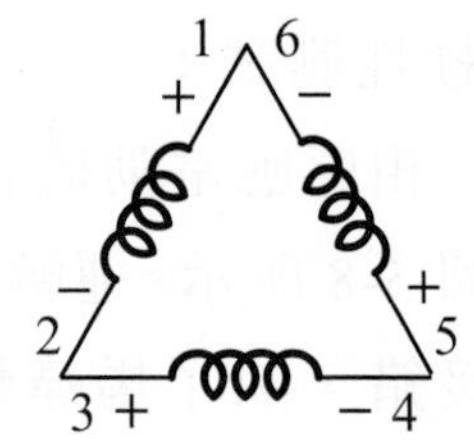

圖 5-10 Δ接線方式

(2) Y 接線如圖 5-11 所示，若外加電源爲三相 220V，Y 接時每個繞組所承受的電壓爲 127V $(220/\sqrt{3})$。此時需注意運轉繞組之極性，(1、3、5)爲同極性；(2、4、6)也爲同極性。2、4、6 接在一起，1、3、5 分別接去 R、S、T 三相電源。Y 接爲降壓啓動的接線方式，主要是爲了降低啓動電流，此時，三相馬達的額定馬力、額定輸出，爲Δ接的三分之一。

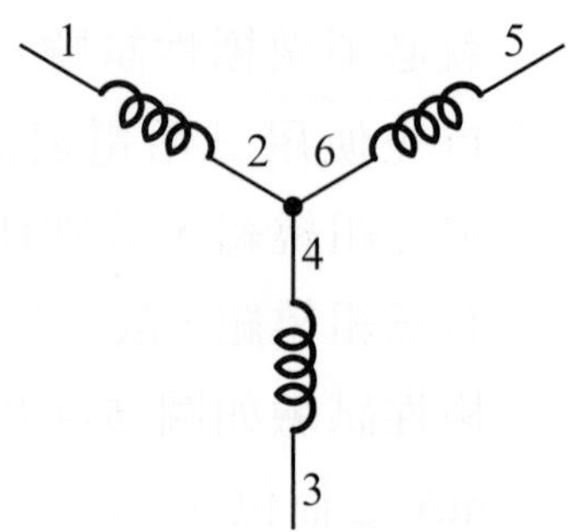

圖 5-11 Y 接線方式

3. 轉向控制：

三相感應電動機欲改變旋轉方向，只需將 R、S、T 三條電源線的任意二條線對調即可，如圖 5-12 所示。

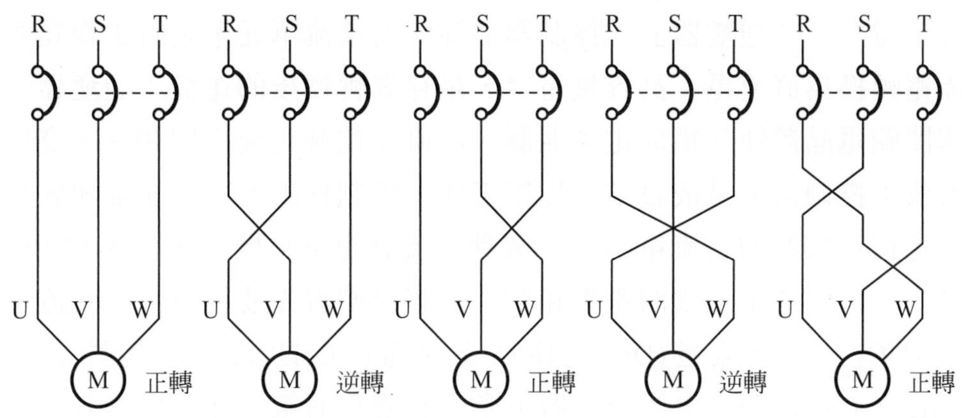

圖 5-12

4. 轉速控制：

三相感應電動機之轉速控制方法包括：

(1) 改變電源頻率：可利用變頻器改變交流電源之頻率。

(2) 改變極數：電動機的轉速(N)與極數(P)成反比，改變極數將可改變轉速，但轉速不是倍數增加就是倍數減少，所以無法微調。

5-3 變頻器控制

變頻器結合了高壓大功率電晶體技術和電子控制技術，得到廣泛應用；變頻器的作用是改變交流電機供電的工作頻率及工作電壓，因而改變其運動磁場的周期，達到平滑控制交流感應馬達轉速的目的。也就是說，變頻器是把工作的電源頻率(50Hz 或 60Hz)轉換成各種頻率的交流電源，以實現在電機的變速控制之設備(例如：感應馬達)，而變頻調速是改變馬達定子繞組所供電的頻率來達到調速之目的。變頻器的工作原理被廣泛應用於各個領域。例如，使用變頻器的家電產品中不僅有電機馬達(例如：空調、冷氣、洗衣機、電冰箱等)；另外，還有螢光燈等產品，但用於螢光燈的變頻器主要用於調節電源供電的頻率；而汽車上所使用 DC12V 的電池轉成 AC110V 的交流電之設備，也以「inverter」註明稱呼。

交流供電電源無論是用於家庭或工廠，其電壓和頻率爲 110V/60Hz、220V/60Hz 等，通常把電壓和頻率固定不變的交流電，變換爲電壓或頻率可變的交流電之裝置，我們稱爲「變頻器」。變頻器的組成單元有:「整流單元」、「高容量電容」、「逆變器」、「控制器」等。而整流單元，是將工作頻率固定的交流電轉換爲直流電；高容量電容，是存儲轉換後的電能；逆變器，是由大功率開關電晶體陣列組成電子開關，將直流電轉化成不同頻率、寬度、振幅的方波；控制器，是按設定的程序工作，控制輸出方波的振幅與脈寬，使疊加爲近似正弦波的交流電(AC)，驅動交流感應電動機，如圖 5-13 所示。

其中，爲了產生可變的電壓和頻率，該設備首先要把電源的交流電轉成直流電(DC)。把直流電(DC)變換爲交流電(AC)的裝置，其科學術語爲「inverter」(逆變器)。由於變頻器可產生有變化的電壓或頻率，其主要裝置爲變頻驅動器，英文爲「Variable-frequency Drive，VFD」，因變頻器的主要核心爲 DC→AC，故亦可稱爲「inverter」，所以 inverter 就是變頻器。而電機控制所使用的變頻器，就是一種既可改變電壓，又可改變頻率的裝置。

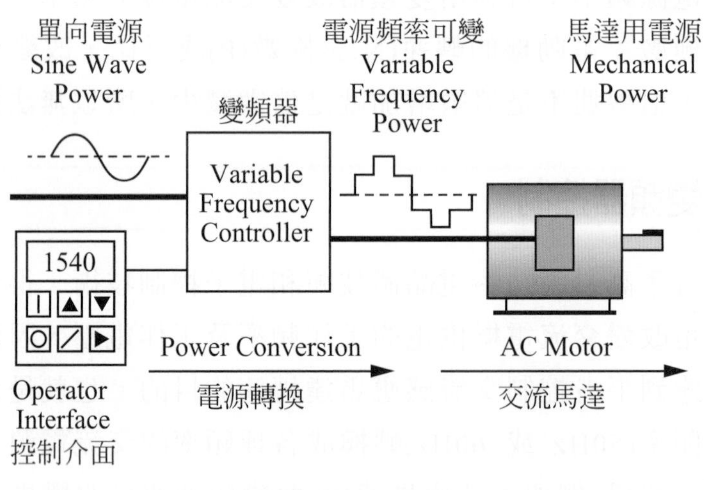

圖 5-13

以交流感應電動機來說，RPM(Rev/min)是電機旋轉速度單位：每分鐘旋轉幾圈。例如：4 極電機 60Hz，1,800 RPM；4 極電機 50Hz，1,500 RPM。馬達轉速公式如下圖所示，(N：同步轉速，f：電源頻率，p：馬達極數，S：轉差率)。故馬達旋轉的速度與電源頻率成正比，與馬達極數成反比。由於馬

達的極數是固定不變的，且該極數為 2 的倍數，如 2、4、6 極，所以非常不適合用極數來改變速度。如果可以直接從頻率下手的話，那改變電源頻率就可自由的控制轉速了。因此以控制頻率為目的的變頻器，是感應馬達控速設備的首選。也就是說，變頻器的出現，使得複雜的調速控制簡單化，用變頻器加交流鼠籠式感應電動機的方式組合，解決很多馬達控速上的問題。

$$N = \frac{120f}{P}(1-S)$$

改變頻率和電壓是最優的電機控制方法，如果只改變頻率將導致感應馬達燒壞，尤其是當頻率降低時，該問題就凸顯出來了。為解決該問題的發生，故變頻器在改變頻率的同時必需也要改變電壓。例如：為了使馬達的旋轉速度減半，變頻器的輸出頻率必須從 60Hz 改變到 30Hz，此時變頻器的輸出電壓也必需從 200V 降至 100V 左右。如果要正確的使用變頻器，還必須把散熱問題考慮進去。變頻器的故障率也會隨溫度升高而成指數型的上升，使用壽命將會隨溫度升高而成指數型的下降，若周圍溫度升高 10 度，變頻器使用壽命將減半。因此，我們要重視變頻器散熱的問題！因變頻器在工作時，流過變頻器的電流是很大的，所以變頻器所產生的熱量也是很大的，絕不能忽略它。一般來說，變頻器的出容量 KVA(馬力數 HP)要選用相對應的感應馬達之額定輸出馬力，安裝時應注意散熱問題，可延長使用壽命。

茲將介紹台達電 S1 系列之變頻器如下：可參考台達電 S1 使用說明書。

1.　變頻器外觀如下：

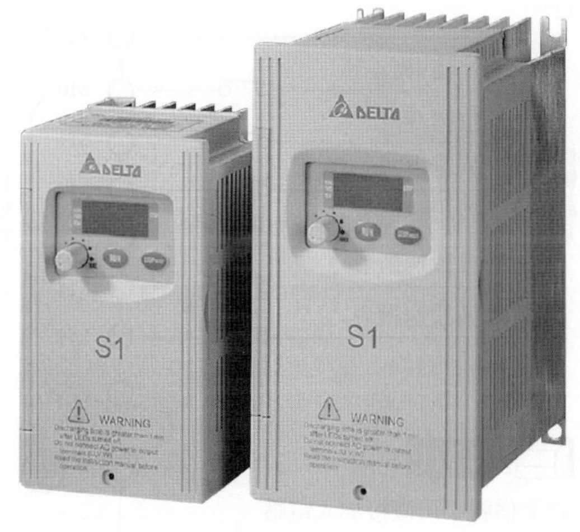

2. 名牌說明如下：

以 1HP/0.75kW 230V 3-Phase 為例

型號
輸入電源規格
輸出電源規格
輸出頻率
條碼
生產管制序號
MODE : VFD007S23A
INPUT : 3HP 200-240V 50/60Hz
OUTPUT : 3HP 0-240V 4.2A 1.6kVA 1HP
Freq. Pange : 1~400Hz
007S23A0T701001

3. 型號說明如下：

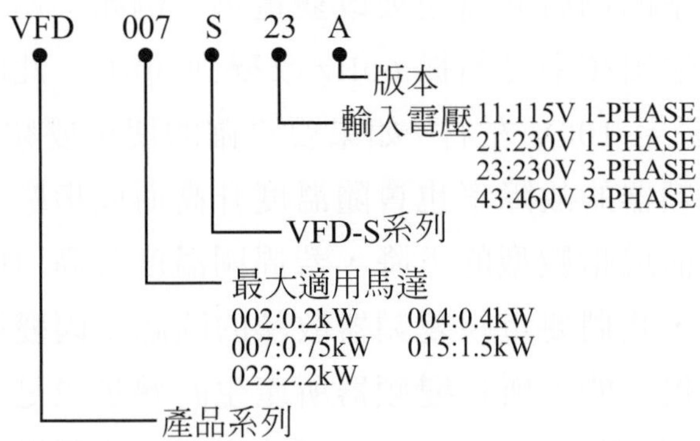
VFD 007 S 23 A
版本
輸入電壓 11:115V 1-PHASE
21:230V 1-PHASE
23:230V 3-PHASE
43:460V 3-PHASE
VFD-S系列
最大適用馬達
002:0.2kW 004:0.4kW
007:0.75kW 015:1.5kW
022:2.2kW
產品系列

4. 接線說明如下：

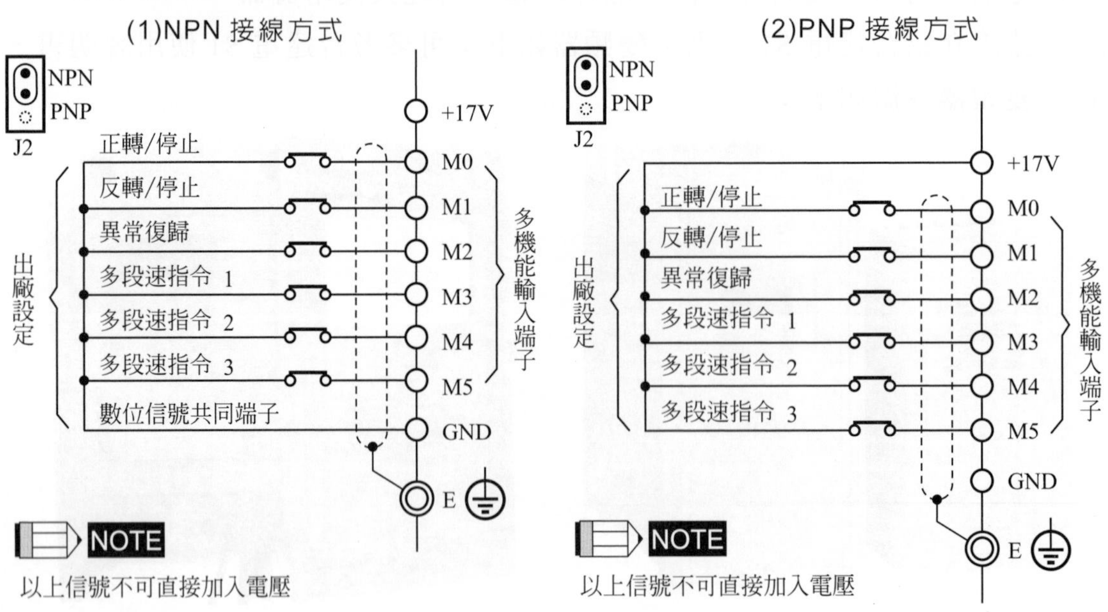
(1)NPN 接線方式
NPN
PNP
J2
+17V
正轉/停止
M0
反轉/停止
M1
異常復歸
M2
多段速指令 1
M3
多段速指令 2
M4
多段速指令 3
M5
數位信號共同端子
GND
E
出廠設定
多機能輸入端子
NOTE
以上信號不可直接加入電壓
(2)PNP 接線方式
NPN
PNP
J2
+17V
正轉/停止
M0
反轉/停止
M1
異常復歸
M2
多段速指令 1
M3
多段速指令 2
M4
多段速指令 3
M5
GND
E
出廠設定
多機能輸入端子
NOTE
以上信號不可直接加入電壓

5.　主回路端子說明如下：

端子記號	內容說明
R/L1,S/L2,T/L3	商用電源輸入端 (單 / 3 相)
U/T1,V/T2,W/T3	交流馬達驅動器輸出，連接 3 相感應 Motor
+1,+2/B1	功率改善 DC 電抗器接續端，安裝時請將短路片拆除
+2/B1,B2	煞車電阻連接端子，請依選用表選購
⏚	接地端子，請依電工法規 230V 系列第三種接地，460V 系列特種接地。

6.　電源輸入端子(R/L1、S/L2、T/L3)說明如下：

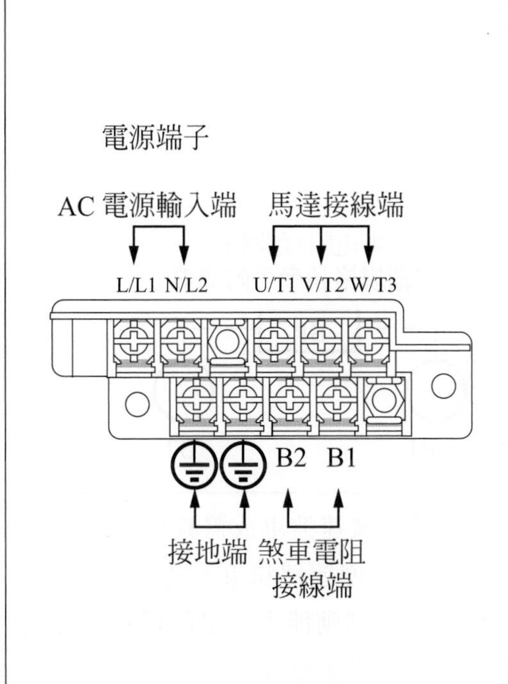

- 主迴路電源端子 R/L1,S/L2,T/L3，通過回路(配線)保護用斷路器或漏電保護斷路器連接至 3 相交流電源,不需考慮連接相序。
- 爲了使交流馬達驅動器保護功能動作時,能切除電源和防止故障擴大，建議在電源電路中連接電磁接觸器。(電磁接觸器兩端需加裝 R-C 突波吸收器)
- 不要採用主回路電源 ON/OFF 方法控制交流馬達驅動器的運轉和停止。應使用控制回路端子 FWD(M0),REV(M1)或是箭牌面板上的 RUN 和 STOP 鍵控制交流馬達驅動器的運轉和停止。如一定要用主電源 ON/OFF 方法控制交流馬達驅動器的運轉，則每小時約只能進行一次。
- 三相電源機種不要連接於單相電源，以免發生電源欠相保護(PHL)。

7. 電源輸出端子說明(U、V、W)說明如下：

<table>
<tr>
<td>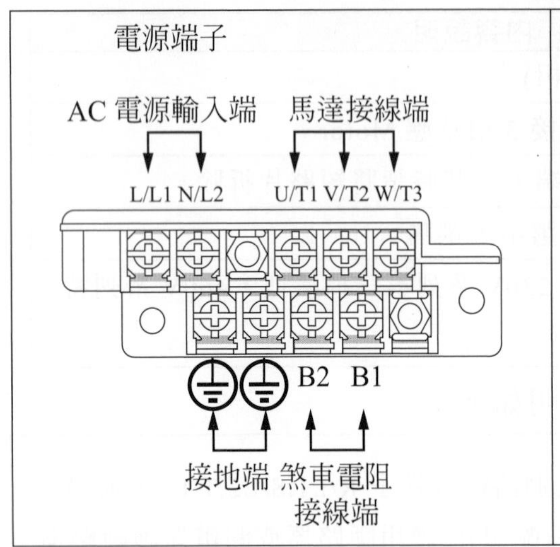
</td>
<td>

- 交流馬達驅動器輸出端子按正確相序連接至 3 相馬達。如馬達旋轉方向不對，則可交換 U.V.W 中任意兩相的接線。
- 交流馬達驅動器輸出側不能連接進相電容器和突波吸收器。
- 交流馬達驅動器和馬達之間配線很長時，由於線間分布電容產生較大的高頻電流，可能造成交流馬達驅動器過電流跳機。另外，漏電流增加時，電流值指示精度變差。因此，對≦3.7kW 交流馬達驅動器至馬達的配線長度應約小於 20m。更大容量約小於 50m 爲好；如配線很長時，則要連接輸出側交流電抗器。
- 使用強化絕緣的馬達。

</td>
</tr>
</table>

8. 外部制動電阻連接端子(+2/B1,B2)說明如下：

<table>
<tr>
<td rowspan="2">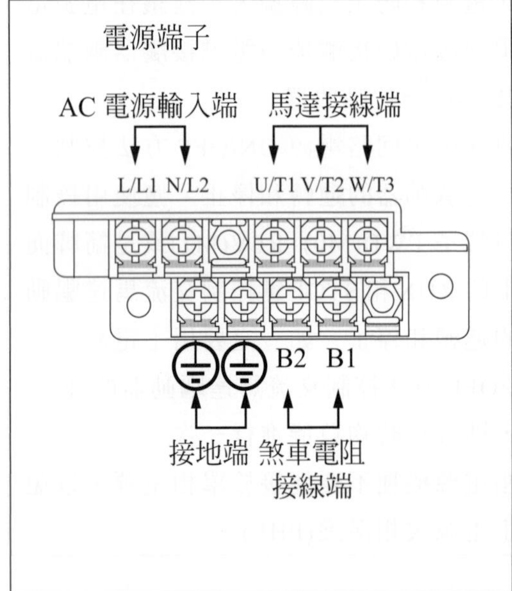
</td>
<td>煞車電阻(選購品)
詳細規格請參考附錄 B
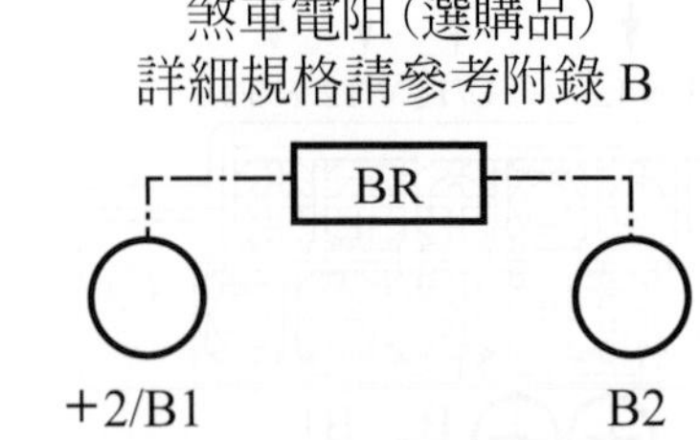
</td>
</tr>
<tr>
<td>

- 如應用於頻繁減速煞車或需較短的減速時間的場所(高頻度運轉和重力負載運轉等)，變頻器的制動能力不足時或爲了提高至動力矩等，則必要外接制動電阻。
- 外部制動電阻連接於變頻器的(+2/B1，B2)上。

</td>
</tr>
</table>

9. 控制回路端子連接說明如下：

(1) 端子迴路：

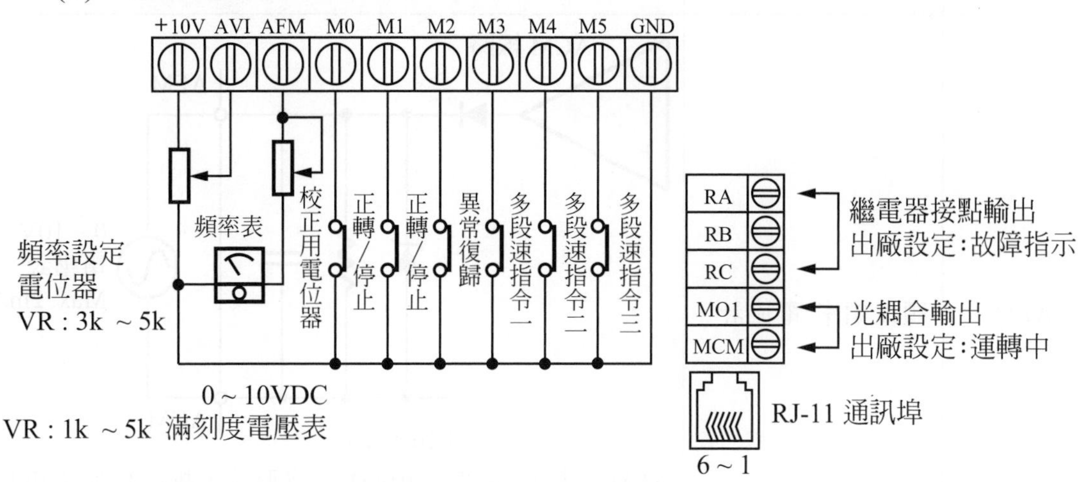

(2) 控制端子：

端子記號	端子功能說明	出廠設定
M0	多功能輸入輔助端子	參考參數 4-04～4-08 說明 ON：動作電流 16mA OFF：漏電流容許範圍 10μA
M1	多功能輸入選擇 1	
M2	多功能輸入選擇 2	
M3	多功能輸入選擇 3	
M4	多功能輸入選擇 4	
M5	多功能輸入選擇 5	
+17V	直流電壓來源	+17VDC, 20mA 使用在 PNP 模式
GND	數位訊號共同端	在 NPN 模式下，數位輸入共同端

(3) 控制端子：

端子記號	端子功能說明	出廠設定
AFM	類比頻率/電流計	ACM 線路 AFM 0 ~ 10V 電壓表 Max. 2mA 內部線路 ACM AFM 的輸出電壓為 PWM 脈波形式，故此類比電壓只適合外接可動線圈式表頭，不適合接至數位表頭或作為 A/D 轉換訊號至 PLC 及控制器使用。
RA	多功能指示信號輸出接點(N.O.) a	阻抗負載： 5A(N.O.)/3A(N.C.)240VAC 5A(N.O.)/3A(N.C.)240VDC 電感負載： 1.5A(N.O.)/0.5A(N.C.)240VAC 1.5A(N.O.)/0.5A(N.C.)240VDC 請參考參數 3-06 說明
RB	多功能指示信號輸出接點(N.C.) b	
RC	多功能指示信號輸出接點共同端	

(4) 控制端子：

MO1	多功能輸出端子一(光耦合)	交流馬達驅動器以電晶體開集極方式輸出各種監視訊號。如運轉中，頻率到達，過載指示等等信號。詳細請參考參數 03-01 多功能輸出端子選擇。 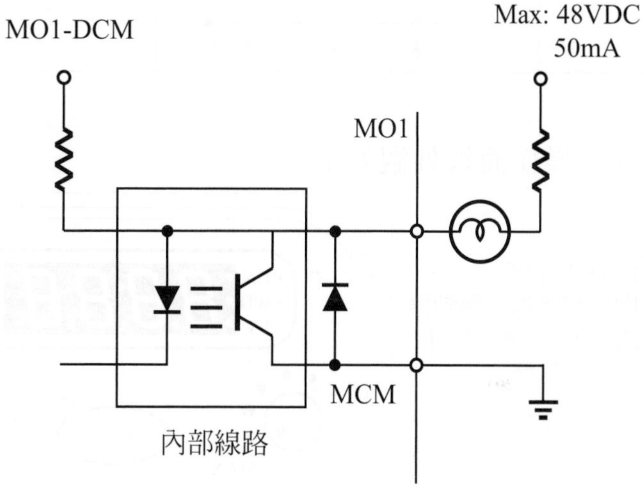 MO1-DCM Max: 48VDC 50mA MO1 MCM 內部線路
MCM	多功能輸出端子共同端(光耦合)	Max 48VDC 50mA
+10V	速度設定用電源	類比頻率設定用電源 +10Vdc 20mA (可變電阻 3～5kΩ)

(5) 控制端子：

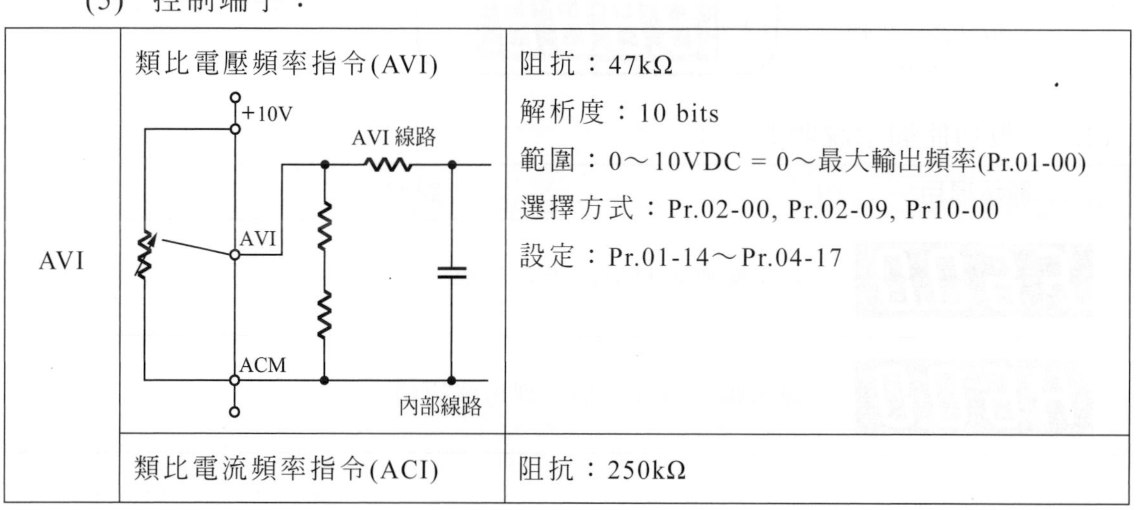

AVI	類比電壓頻率指令(AVI) +10V AVI 線路 AVI ACM 內部線路	阻抗：47kΩ 解析度：10 bits 範圍：0～10VDC = 0～最大輸出頻率(Pr.01-00) 選擇方式：Pr.02-00, Pr.02-09, Pr10-00 設定：Pr.01-14～Pr.04-17
	類比電流頻率指令(ACI)	阻抗：250kΩ

	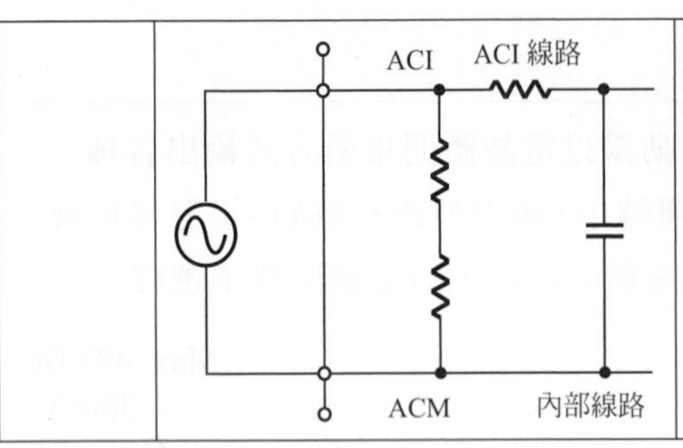	解析度：10 bits 範圍：4～20mA = 0 ~最大輸出頻率(Pr.01-00) 選擇方式：Pr.02-00, Pr.02-09, Pr10-00 設定：Pr.04-18～Pr.04-21

10. 操作面板外觀如下：

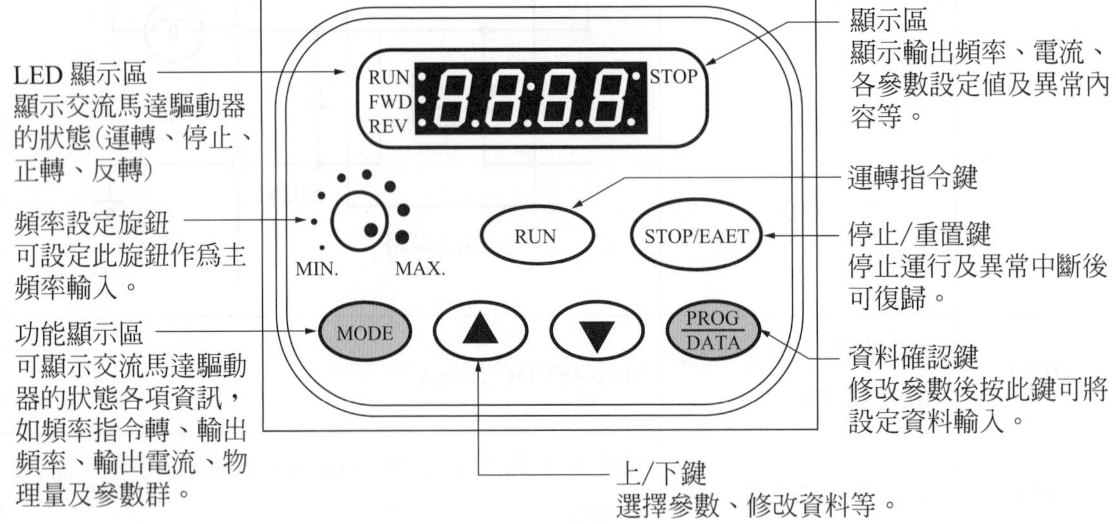

11. LED 指示說明如下：

12. 面板功能顯示說明如下：

顯示項目	說明
F60.0	顯示驅動器目前的設定頻率。
H60.0	顯示驅動器實際輸出到馬達的頻率。

顯示項目	說明
u60.0	顯示用戶定義之物理量(U = Fx 00-05)。
A 5.0	顯示變頻器輸出側 U、V 及 W 的輸出電流。
1=5.0	顯示變頻器目前正在執行自動運行程序。
U310	顯示 DC-BUS 電壓。
E220	顯示輸出電壓。
Frd	顯示交流馬達驅動器運轉方向爲正轉。
rEu	顯示交流馬達驅動器運轉方向爲反轉。
C999	顯示計數值。
0-	顯示參數群組名稱。
0-00	顯示參數群下各項參數項目。
d 0	顯示參數內容值。
End	若由顯示區讀到 End 的訊息(如左圖所示)大約一秒鐘，表示資料已被接受並自動存入內部存貯器
Err	若設定的資料不被接受或數值超出時即會顯示。

13. 鍵盤面板操作流程如下圖：

重點：在畫面選擇模式中 PROG DATA 進入參數設定

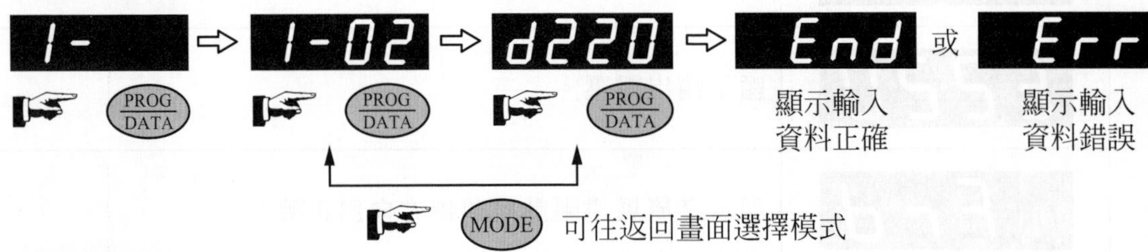

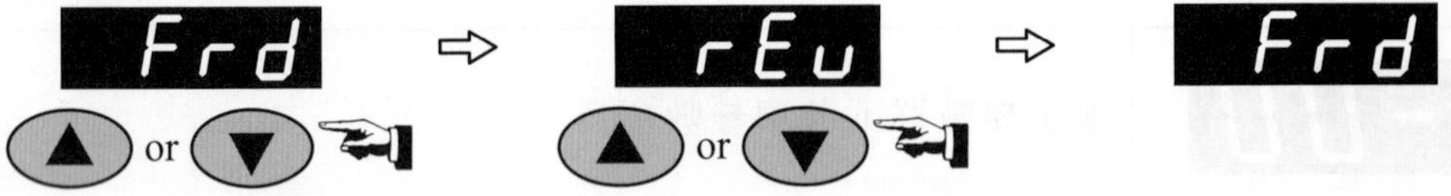

14. 參數說明如下：

(1) 代號 0(用戶參數)

參數代號	參數功能	設定範圍	出廠值	客戶
0-00	驅動器機種代碼識別	僅供讀取	唯讀	
0-01	驅動器額定電流顯示	僅供讀取	唯讀	
0-02	參數重置設定	d9：所有參數的設定值重置為出廠值(50Hz, 115V/220V/380V)	d0	
		d10：所有參數的設定值重置為出廠值(60Hz, 115V/220V/440V)		
ϟ0-03	開機預設顯示畫面	d0：F (頻率指令)	d0	
		d1：H (輸出頻率)		
		d2：多功能顯示 U (使用者定義)		
		d3：A (輸出電流)		
		d4：顯示正、反轉(Frd、rEv)指令		
ϟ0-04	多功能顯示選擇	d0：顯示使用者定義(u)	d0	
		d1：顯示計數值(C)		
		d2：顯示程序運轉內容(1=tt)		
		d3：顯示 DC-BUS 電壓(U)		
		d4：顯示輸出電壓(E)		
		d5：顯示 PID 之頻率命令(P)		
		d6：顯示 PID 回授之命令(乘以增益之後)(b)		
		d7：顯示輸出電壓命令(G)		
ϟ0-05	使用者定義比例設定	d0.1～d160	d1.0	
0-06	軟體版本	僅供讀取	d#.#	
0-07	參數保護解碼輸入	d0～d999	d0	
0-08	參數保護密碼設定	d0～d999	d0	
0-09	記憶模式選擇	d0～d63	d8	

(2) 代號 1(基本參數)

參數代號	參數功能	設定範圍	出廠值	客戶
1-07	輸出頻率上限設定	d1～d110%	d100	
1-08	輸出頻率下限設定	d0～d100%	d0	
1-09	第一加速時間選擇	d0.1～d600s	d10.0	
1-10	第一減速時間選擇	d0.1～d600s	d10.0	
1-11	第二加速時間選擇	d0.1～d600s	d10.0	
1-12	第二減速時間選擇	d0.1～d600s	d10.0	
1-13	寸動加減速時間設定	d0.1～d600s	d10.0	
1-14	寸動頻率設定	d1.0Hz～d400Hz	d6.0	
1-15	自動加 / 減速設定	0：直線加 / 減速 1：自動加速；直線減速 2：直線加速；自動減速 3：自動加 / 減速 4：直線加 / 減速時，減速中失速防止 5：自動加速 / 減速時，減速中失速防止	d0	
1-16	S 曲線加速設定	d0～d7	d0	
1-17	S 曲線減速設定	d0～d7	d0	
1-18	寸動減速時間設定	d0.1～d600s	d0	

(3) 代號 2(操作方式參數)

參數代號	參數功能	設定範圍	出廠值	客戶
2-00	頻率指令輸入來源設定	d0：由操作面板控制，紀錄斷電頻率，可做類比疊加	d0	
		d1：由外部端子(AVI)輸入 DC0～+10V，不紀錄斷電頻率，不做類比疊加		
		d2：由外部端子(AVI)輸入 DC4～20mA，不紀錄斷電頻率，不做類比疊加		
		d3：由面板上 V.R 控制，不紀錄斷電頻率，可做類比疊加		
		d4：由 RS-485 通信界面操作(RJ-11)，紀錄斷電頻率，可做類比疊加		
		d5：由 RS-485 通信界面操作(RJ-11)，不紀錄斷電頻率，可做類比疊加		
2-01	運轉指令來源設定	d0：由鍵盤操作	d0	
		d1：由外部端子操作，鍵盤 STOP 有效		
		d2：由外部端子操作，鍵盤 STOP 無效		
		d3：由 RS-485 通信界面操作，鍵盤 STOP 有效		
		d4：由 RS-485 通信界面操作，鍵盤 STOP 無效		
2-02	馬達停車方式設定	d0：以減速煞車方式停止	d0	
		d1：以自由運轉方式停止		
2-03	PWM 載波頻率選擇	d3：3kHz d4：4kHz d5：5kHz d6：6kHz d7：7kHz d8：8kHz	d10	

參數代號	參數功能	設定範圍	出廠值	客戶
		d9：9kHz d10：10kHz		
2-04	禁止反轉設定	d0：可反轉 d1：禁止反轉	d0	
2-05	ACI(4～20mA)斷線處理	d0：減速至 0Hz d1：立即停止顯示 EF d2：以最後頻率運轉	d0	
2-06	類比輔助頻率致能	d0：不動作 d1：動作＋AVI d2：動作＋ACI	d0	

(4) 代號 3(輸出功能參數)

參數代號	參數功能	設定範圍	出廠值	客戶
3-00	類比輸出信號選擇	d0：輸出頻率計(0 至『最高操作頻率』) d1：輸出電流計(0 至 250%交流馬達驅動器額定電流)	d0	
↯3-01	類比輸出增益選擇	d1～d200%	d100	
3-02	任意頻率到達設定	d1.0～d400Hz	d1.0	
3-03	計數值到達設定	d0～d999	d0	
3-04	指定計數值到達設定	d0～d999	d0	
3-05	多機能輸出(光耦合)	d0：無功能	d1	
3-06	多機能輸出(繼電器)	d1：運轉中指示 d2：設定到達頻率指示 d3：零速中指示 d4：過轉矩檢出指示	d8	

參數代號	參數功能	設定範圍	出廠值	客戶
		d5：外部中斷(B.B.)指示 d6：低電壓檢出指示 d7：變頻器操作模式指示 d8：故障指示 d9：任意頻率到達指示 d10：自動運轉指令指示 d11：一個階段運轉完成指示 d12：程式運轉完成指示 d13：程式運轉暫停指示 d14：設定計數值到達指示 d15：指定計數值到達指示 d16：驅動器準備完成 d17：正轉方向指示 d18：反轉方向指示		

(5) 代號 4(輸入功能參數)

參數代號	參數功能	設定範圍	出廠值	客戶
ϟ4-00	外部輸入頻率偏壓調整	d0.0～d100%	d0.0	
ϟ4-01	外部輸入頻率偏壓方向調整	d0：正方向	d0.0	
		d1：負方向		
ϟ4-02	外部輸入頻率增壓調整	d1～d200%	d100	
4-03	負偏壓方向時反轉設定	d0：負偏壓不可反轉	d0	
		d1：負偏壓可反轉		
4-04	多功能輸入選擇一(M1)	d0：無功能	d1	

參數代號	參數功能	設定範圍	出廠值	客戶
4-05	多功能輸入選擇二(M2)	d1：M0：正轉 / 停止，M1：正轉 / 停止	d6	
4-06	多功能輸入選擇三(M3)	d2：M0：運轉 / 停止，M1：反轉 / 正轉	d7	
4-07	多功能輸入選擇四(M4)	d3：M0～M2：三線式運轉控制	d8	
4-09	電源起動運轉鎖定	d0：可運轉	d0	
		d1：不可運轉		
4-10	上下頻率指令模式(外部端子 UP / DOWN)	d0：上下頻率依加減速時間	d3	
		d1：上頻率依定速，下頻率依減速時間		
		d2：上頻率依加速時間，下頻率依定速		
		d3：上下頻率依定速		
4-11	定速上下頻率指令加減速速率	0～100(unit：5Hz/s)	d1	

* 4-08 多功能輸入選五(M5)

d4：E.F 外部異常，常開接點輸入(N.O)
d5：E.F 外部異常，常閉接點輸入(N.C)
d6：RESET 清除指令
d7：多段速指令一
d8：多段速指令二
d9：多段速指令三
d10：寸動指令
d11：加 / 減速禁止指令
d12：第一、二加速時間切換
d13：B.B.外部中斷，常開接點(N.O)輸入

d14：B.B.外部中斷，常閉接點(N.C)輸入
d15：上頻率遞增指令(Up command)
d16：下頻率遞增指令(Down command)
d17：自動程序運轉執行
d18：自動程序運轉暫停
d19：計數器觸發信號輸入
d20：清除計數值
d21：選擇 ACI / 取消 ACI (優先權大於參數 2-00 設定)
d22：取消 PID 功能
d23：寸動正轉
d24：寸動反轉
d25：主頻來源強制爲 AVI (優先權大於參數 2-00 及 d26 設定)
d26：主頻來源強制爲 ACI (優先權大於參數 2-00 設定)
d27：上鍵功能切換成 Fwd，下鍵功能切換成 Rev(N.O)
d28：上鍵功能切換成 Fwd，下鍵功能切換成 Rev(N.C)
d29：M0：運轉 / 停止；M1：無功能，方向由鍵盤控制

(6) 代號 5(多段速及自動程序運轉功能參數)

參數代號	參數功能	設定範圍	出廠值	客戶
5-00	第一段速頻率設定	d0.0～d400Hz	d0.0	
5-01	第二段速頻率設定	d0.0～d400Hz	d0.0	
5-02	第三段速頻率設定	d0.0～d400Hz	d0.0	
5-03	第四段速頻率設定	d0.0～d400Hz	d0.0	
5-04	第五段速頻率設定	d0.0～d400Hz	d0.0	
5-05	第六段速頻率設定	d0.0～d400Hz	d0.0	
5-06	第七段速頻率設定	d0.0～d400Hz	d0.0	

參數代號	參數功能	設定範圍	出廠值	客戶
5-07	自動程序運轉模式選擇	d0：無自動運行 d1：自動運行一周期後停止 d2：自動運行循環運轉 d3：自動運行一周期後停止(STOP 間隔) d4：自動運行循環運轉(STOP 間隔) d5：自動運行模式取消，但方向設定有對第一至第七段速有效	d0	
5-08	PLC 轉向設定	d0～d255 (0：正轉　1：反轉)	d0	
5-09	主速運行時間設定	d0～d65500s	d0	
5-10	第一段速運行時間設定	d0～d65500s	d0	
5-11	第二段速運行時間設定	d0～d65500s	d0	
5-12	第三段速運行時間設定	d0～d65500s	d0	
5-13	第四段速運行時間設定	d0～d65500s	d0	
5-14	第五段速運行時間設定	d0～d65500s	d0	
5-15	第六段速運行時間設定	d0～d65500s	d0	
5-16	第七段速運行時間設定	d0～d65500s	d0	

(7) 代號 6(保護功能參數)

參數代號	參數功能	設定範圍	出廠值	客戶
6-00	過電壓失速防止功能設定	d0：無效 d1：有效	d1	
6-01	過電壓失速防止準位設定	115V / 230V 系列：d350V～d410V	d390	
		460V 系列：d700V～d820V	d780	
6-02	運轉中過電流失速防止準位設定	d20～d150%	d130	
6-03	過轉矩檢出功能選擇	d0：不檢測 d1：定速運轉中過轉矩偵測，(oL2)繼續運轉(至 OL1 或 OL) d2：定速運轉中過轉矩偵測，(oL2)停止運轉(至 OL1 或 OL) d3：運轉中過轉矩偵測，(oL2)繼續運轉 d4：運轉中過轉矩偵測，(oL2)停止運轉	d0	
6-04	過轉矩檢出準位設定	d30～d200%	d150	
6-05	過轉矩檢出時間設定	d0.1～d10.0s	d0.1	
6-06	電子熱電驛選擇	d0：以標準型馬達動作 d1：以特殊馬達動作 d2：不動作	d2	
6-07	熱電驛作用時間	d30～d600s	d60	
6-08	最近第一異常記錄	d0：無異常記錄	d0	
6-09	最近第二異常記錄	d1：oc	0	

(8) 代號 7(電機參數)

參數代號	參數功能	設定範圍	出廠值	客戶
ϟ 7-00	馬達額定電流設定	d30～d120%	d85	
ϟ 7-01	馬達無載電流設定	d0 ~d90%	d50	
ϟ 7-02	轉矩補償設定	d0～d10	d1	
ϟ 7-03	轉差補償設定	d0.0～d10.0	d0.0	

(9) 代號 8(特殊參數)

參數代號	參數功能	設定範圍	出廠值	客戶
8-00	直流制動電壓準位設定	d0～d30%	d0	
8-01	啓動時直流制動時間設定	d0.0～d60.0s	d0.0	
8-02	停止時直流制動時間設定	d0.0～d60.0s	d0.0	
8-03	停止時直流制動的起始頻率	d0.0～400Hz	d0.0	
8-04	瞬時停電再運轉選擇	d0：無效	d0	
		d1：由上往下追蹤		
		d2：由下往上追蹤		
8-05	允許停電最長時間設定	d0.3～d5.0s	d2.0	
8-06	速度追蹤 B.B.時間設定	d0.3～d5.0s	d0.5	
8-07	速度追蹤最大電流定	d30～d200%	d150	
8-08	禁止設定頻率 1 上限	d0.0～d400Hz	d0.0	

參數代號	參數功能	設定範圍	出廠值	客戶
8-09	禁止設定頻率 1 下限	d0.0～d400Hz	d0.0	
8-10	禁止設定頻率 2 上限	d0.0～d400Hz	d0.0	
8-11	禁止設定頻率 2 下限	d0.0～d400Hz	d0.0	
8-12	禁止設定頻率 3 上限	d0.0～d400Hz	d0.0	
8-13	禁止設定頻率 3 下限	d0.0～d400Hz	d0.0	
8-14	異常再啓動下次選擇	d0～d10	d0	
8-15	自動穩壓輸出調節 AVR 功能選擇	d0：有 AVR 功能	d2	
		d1：無 AVR 功能		
		d2：減速時，AVR 功能取消		
8-16	DC-BUS 煞車準位	115V / 230V 系列：d350～d450V 460V 系列：d700～d900V	d380 d760	
8-17	直流制動的起始下限頻率	d0.0～d400Hz	d0.0	

(10) 代號 9(通訊參數)

參數代號	參數功能	設定範圍	出廠值	客戶
↯9-00	通訊位址	d1～d254	d1	
↯9-01	通訊傳送速度	d0：Baud rate 4800	d1	
		d1：Baud rate 9600		
		d2：Baud rate 19200		
		d3：Baud rate 38400		

參數代號	參數功能	設定範圍	出廠值	客戶
9-02	傳輸錯誤處理	d0：警告並繼續運轉	d0	
		d1：警告且減速停車		
		d2：警告且自由停車		
		d3：不警告繼續運轉		
9-03	傳輸超時 Over time 檢出	d0：無檢出	d0	
		d1：1～20 秒		
9-04	通訊資料格式	d0：7,N,2 (Modbus, ASCII)	d0	
		d1：7,E,1 (Modbus, ASCII)		
		d2：7,O,1 (Modbus, ASCII)		
		d3：8,N,2 (Modbus, ASCII)		
		d4：8,E,1 (Modbus, ASCII)		
		d5：8,O,1 (Modbus, ASCII)		
		d6：8,N,2 (Modbus, RTU)		
		d7：8,E,1 (Modbus, RTU)		
		d8：8,O,1 (Modbus, RTU)		

(11) 代號 A(回授控制參數)

參數代號	參數功能	設定範圍	出廠值	客戶
A-00	PID 回授端子選擇 (外部端子 AVI)	d0：無 PID 功能	d0	
		d1：負回授 0～10V (AVI)		
		d2：負回授 4～20mA (ACI)		
		d3：正回授 0～10V (AVI)		
		d4：正回授 4～20mA (ACI)		
A-01	回授訊號檢出增益	d0～d999	d100	
A-02	比例值(P)增益	d0～d999	d100	

參數代號	參數功能	設定範圍	出廠值	客戶
A-03	積分時間(I)	d0～d999(單位：0.01s)	d100	
A-04	微分時間(D)	d0～d999(單位：0.01s)	d0	
A-05	積分上限值	d0～d100%	d100	
A-06	PID 一次延遲	d0～d999(單位：2ms)	d0	
A-07	PID 控制，輸出頻率限制	d0～d110%	d100	
A-08	回授訊號異常偵測時間	d0.0～d650s	d0	
A-09	回授訊號錯誤處理方式	d0：警告並減速停車	d0	
		d1：警告並自由停車		
A-10	睡眠頻率	d0.0～d400Hz	d0.0	
A-11	甦醒頻率	d0.0～d400Hz	d0.0	
A-12	睡眠時間	d0.0～d650s	d0.0	
A-13	PID 顯示使用者定義	d0.0～d400	d0.0	

5-4 變頻器操作及設定

由於電路結構的不同，一般常見變頻器的控制大概有二種型式，一是可變電壓源控制 (Variable Voltage Input Control)，二是電流源控制(Current Source Input Control)。

一般大多以可變電壓源來控制馬達的轉速，也就是說由外部輸入 0～10V 的直流電壓(DCV)給變頻器，來控制馬達的轉速。舉例來說，如果變頻器參數設定最大頻率爲 100Hz，那 0～10V 就是控制頻率 0～100Hz，由頻率的變化控制馬達的轉速，以四極馬達來說就是控制 0～3000RPM 的轉速，亦即由 DC 0～10V 控制馬達轉速 0～3000RPM，故，直流電壓(DCV)與頻率(f)及轉速(RPM)成正比，爲變頻器 V/F 控制。

由上述可知，送直流電壓 0～10V 給變頻器，有二種方法可以處理。第一種方法是：直接用 2k～3kΩ的可變電阻來調整 0～10V 的電壓直接給變頻器。第二種方法：用 PLC 的外掛 DA 模組，由 PLC 下命令給 DA 模組，使 DA 模組送出 0～10V 的直流電壓給變頻器，達成控制轉速的目的，5-5 章節會介紹 DA 模組的使用方法。

將以電壓源控制轉速相關軟硬體實習操作，設定配線如下：

1. 外接控制元件(含 PLC)：

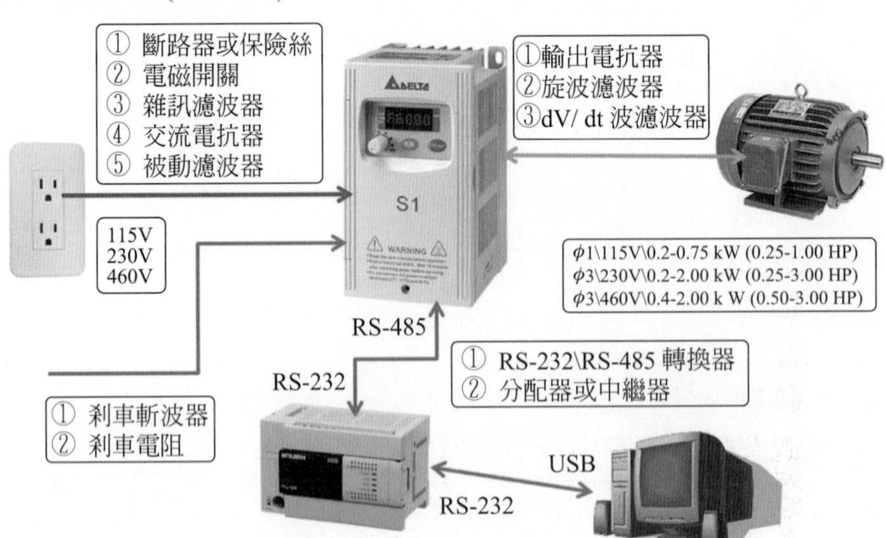

2.　面板與端子：

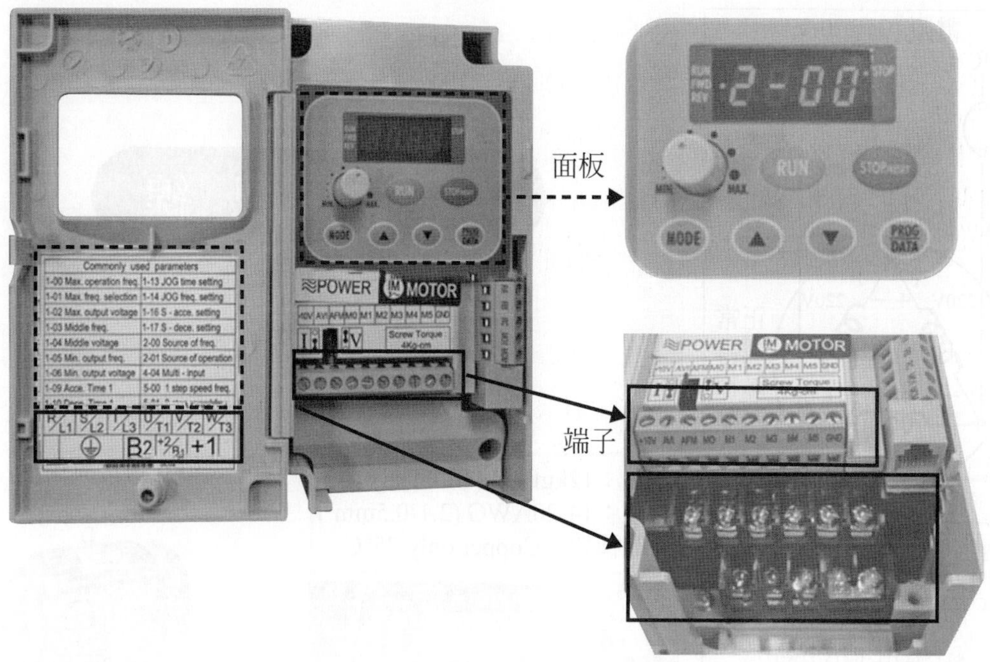

面板
端子
Commonly used parameters
1-00 Max. operation freq.
1-13 JOG time setting
1-01 Max. freq. selection
1-14 JOG freq. setting
1-02 Max. output voltage
1-16 S - acce. setting
1-03 Middle freq.
1-17 S - dece. setting
1-04 Middle voltage
2-00 Source of freq.
1-05 Min. output freq.
2-01 Source of operation
1-06 Min. output voltage
4-04 Multi - input
1-09 Acce. Time 1
5-00 1 step speed freq.
R/L1
S/L2
T/L3
U/T1
V/T2
W/T3
B2
+2/B1
+1
POWER
MOTOR
+10V AVI AFM MO M1 M2 M3 M4 M5 GND
Screw Torque
4Kg-cm
2-00
RUN
FWD
REV
STOP
MIN
MAX
RUN
STOP/RESET
MODE
PROG DATA

3.　線路圖：

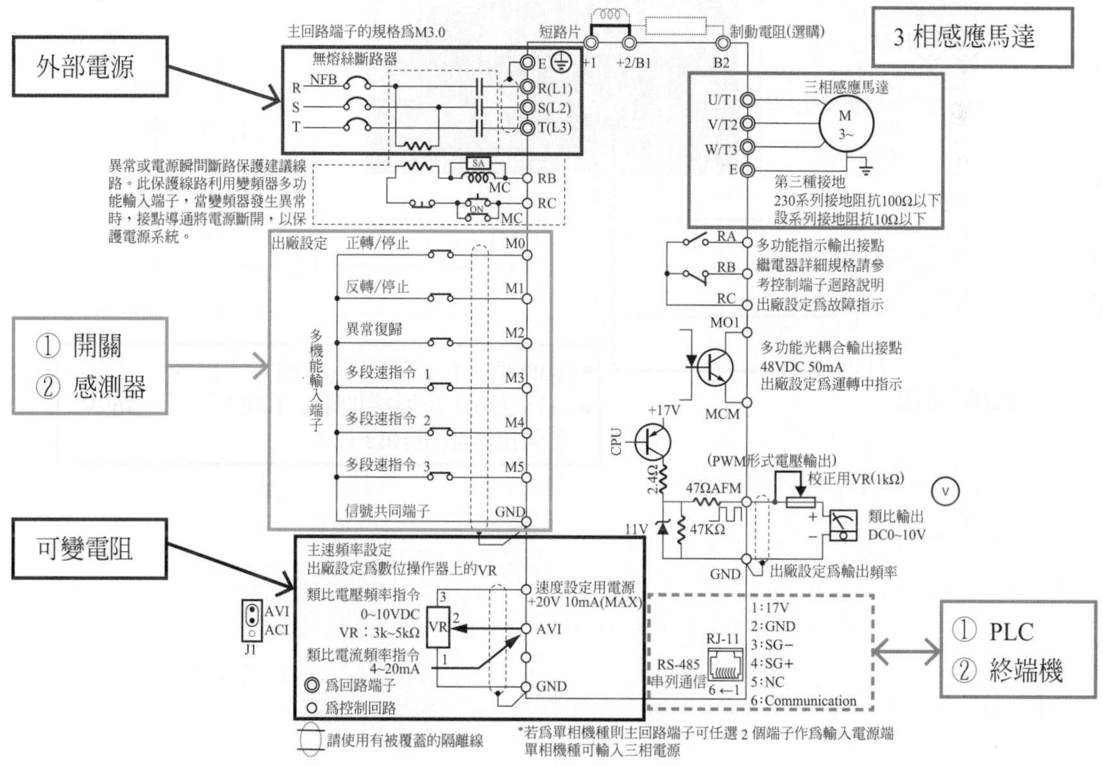

外部電源
① 開關
② 感測器
可變電阻
3 相感應馬達
① PLC
② 終端機
主回路端子的規格爲M3.0
短路片
制動電阻(選購)
無熔絲斷路器
NFB
R
S
T
E
R(L1)
S(L2)
T(L3)
+1
+2/B1
B2
三相感應馬達
U/T1
V/T2
W/T3
E
M
3~
第三種接地
230系列接地阻抗100Ω以下
設系列接地阻抗10Ω以下
異常或電源瞬間斷路保護建議線路。此保護線路利用變頻器多功能輸入端子，當變頻器發生異常時，接點導通將電源斷開，以保護電源系統。
SA
MC
ON
RB
RC
出廠設定
正轉/停止
反轉/停止
異常復歸
多段速指令 1
多段速指令 2
多段速指令 3
信號共同端子
多機能輸入端子
M0
M1
M2
M3
M4
M5
GND
RA
RB
RC
多功能指示輸出接點
繼電器詳細規格請參考控制端子迴路說明
出廠設定爲故障指示
MO1
多功能光耦合輸出接點
48VDC 50mA
出廠設定爲運轉中指示
MCM
+17V
CPU
2.4Ω
(PWM形式電壓輸出)
47ΩAFM
校正用VR(1kΩ)
類比輸出
DC0~10V
11V
47KΩ
GND
出廠設定爲輸出頻率
主速頻率設定
出廠設定爲數位操作器上的VR
類比電壓頻率指令
0~10VDC
VR：3k~5kΩ
VR
類比電流頻率指令
4~20mA
速度設定用電源
+20V 10mA(MAX)
AVI
GND
AVI
ACI
J1
◎ 爲回路端子
○ 爲控制回路
請使用有被覆蓋的隔離線
RS-485
串列通信
RJ-11
6←1
1:17V
2:GND
3:SG−
4:SG+
5:NC
6:Communication
*若爲單相機種則主回路端子可任選 2 個端子作爲輸入電源端
單相機種可輸入三相電源

4. 基本配線：

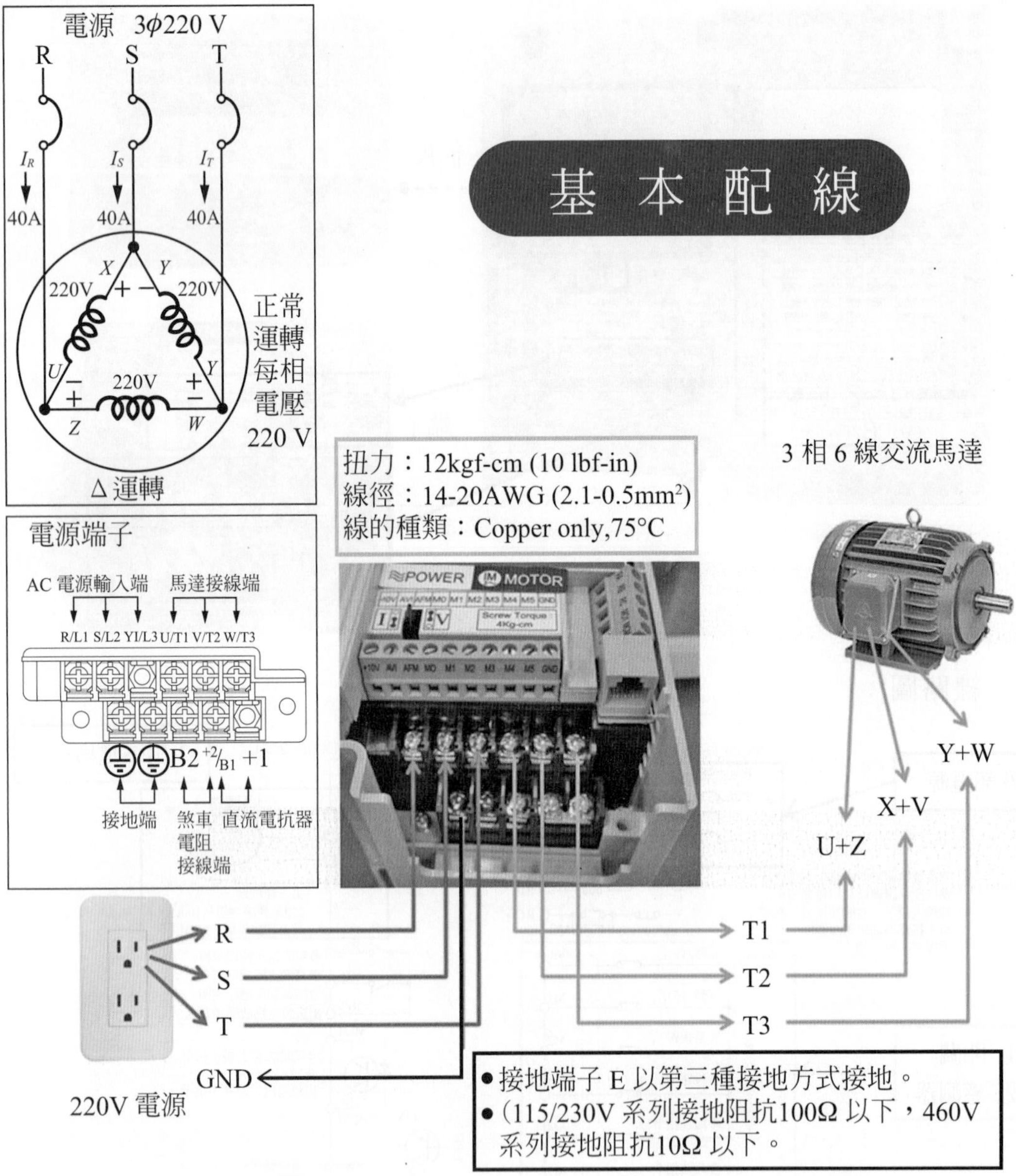
電源 3φ220 V
R
S
T
I_R
I_S
I_T
40A
40A
40A
X
Y
220V
220V
U
Y
220V
Z
W
正常運轉每相電壓220 V
Δ運轉
電源端子
AC 電源輸入端
馬達接線端
R/L1 S/L2 YI/L3 U/T1 V/T2 W/T3
B2 +2/B1 +1
接地端
煞車電阻接線端
直流電抗器
基 本 配 線
扭力：12kgf-cm (10 lbf-in)
線徑：14-20AWG (2.1-0.5mm²)
線的種類：Copper only,75°C
POWER
MOTOR
3 相 6 線交流馬達
R
S
T
GND
220V 電源
T1
T2
T3
U+Z
X+V
Y+W
●接地端子 E 以第三種接地方式接地。
●(115/230V 系列接地阻抗100Ω 以下，460V 系列接地阻抗10Ω 以下。

5. 面板操作：

(1) 畫面選擇／資料修改

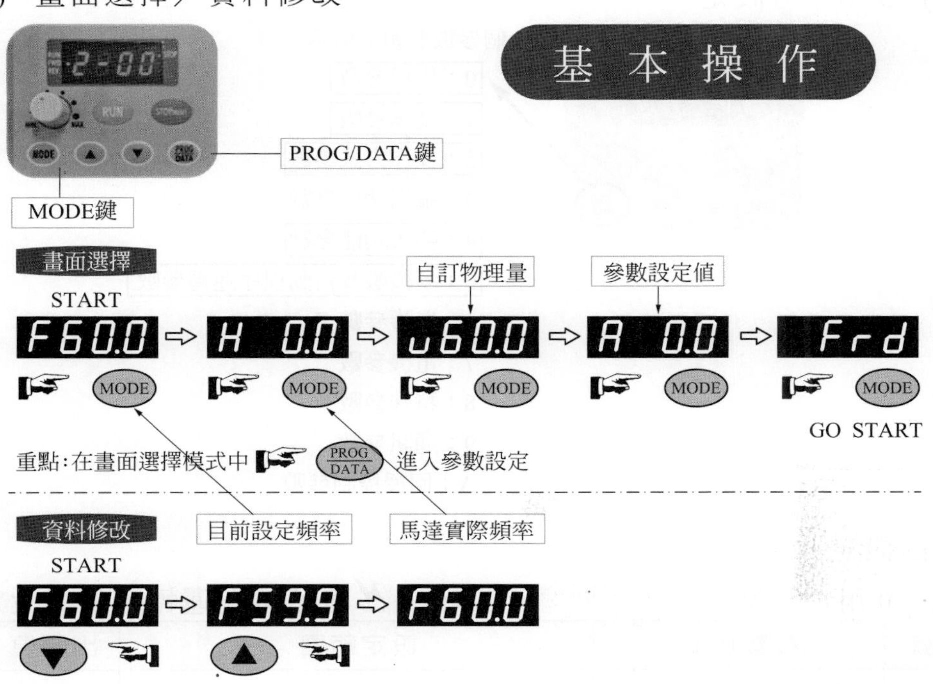

(2) 參數設定／資料修改

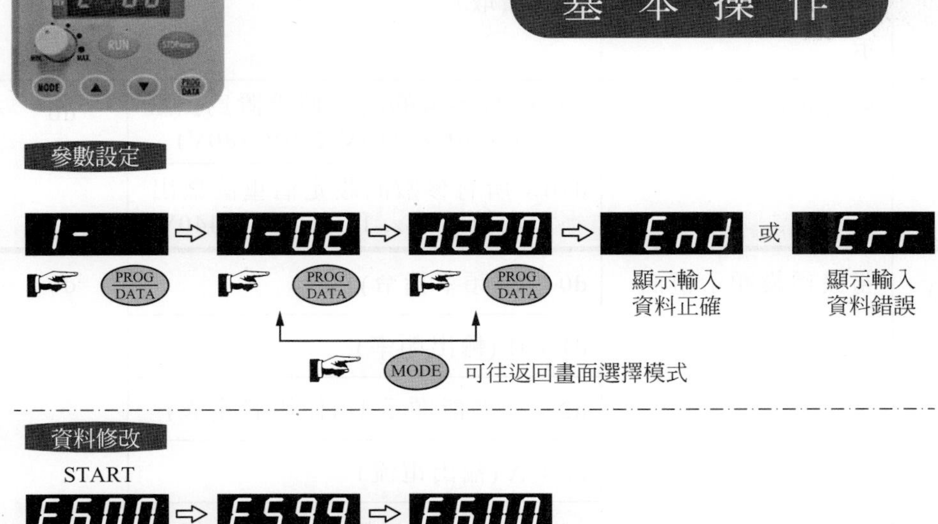

6. 功能設定操作：

(1) 5 項參考設定

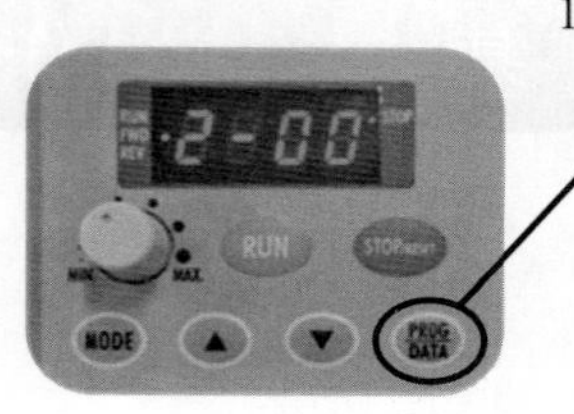

11 個參數群如下所示：

0：用戶參數
1：基本參數
2：操作方式參數
3：輸出功能參數
4：輸入功能參數
5：多段數及自動程序運轉參數
6：保護參數
7：電機參數
8：特殊參數
9：通訊參數
A：回授控制參數

(2) 設定 0 參數

0 用戶參數　　　　　　　　表示可在運轉中執行設定功能

參數代號	參數功能	設定範圍	出廠值	客戶
0-00	驅動器機種代碼識別	僅供讀取	唯讀	
0-01	驅動器額定電流顯示	僅供讀取	唯讀	
0-02	參數重置設定	d9：所有參數的設定值重置爲出廠值(50Hz, 115V/220V/380V) d10：所有參數的設定值重置爲出廠值(60Hz, 115V/220V/440V)	d0	
0-03	開機預設顯示畫面	d0：F (頻率指令) d1：H (輸出頻率) d2：多功能顯示 U (使用者定義) d3：A (輸出電流) d4：顯示正、反轉(Frd、rEv)指令	d0	

參數代號	參數功能	設定範圍	出廠值	客戶
ϟ0-04	多功能顯示選擇	d0：顯示使用者定義(u)	d0	
		d1：顯示計數值(C)		
		d2：顯示程序運轉內容(1=tt)		
		d3：顯示 DC-BUS 電壓(U)		
		d4：顯示輸出電壓(E)		
		d5：顯示 PID 之頻率命令(P)		
		d6：顯示 PID 回授之命令(乘以增益之後)(b)		
		d7：顯示輸出電壓命令(G)		
ϟ0-05	使用者定義比例設定	d0.1～d160	d1.0	
0-06	軟體版本	僅供讀取	d#.#	
0-07	參數保護解碼輸入	d0～d999	d0	
0-08	參數保護密碼設定	d0～d999	d0	
0-09	記憶模式選擇	d0～d63	d8	

(3) 設定 1 參數

1 基本參數

參數代號	參數功能	設定範圍	出廠值	客戶
1-07	輸出頻率上限設定	d1～d110%	d100	
1-08	輸出頻率下限設定	d0～d100%	d0	
ϟ1-09	第一加速時間選擇	d0.1～d600 s	d10.0	
ϟ1-10	第一減速時間選擇	d0.1～d600 s	d10.0	
ϟ1-11	第二加速時間選擇	d0.1～d600 s	d10.0	

參數代號	參數功能	設定範圍	出廠值	客戶
1-12	第二減速時間選擇	d0.1～d600 s	d10.0	
1-13	寸動加減速時間設定	d0.1～d600 s	d10.0	
1-14	寸動頻率設定	d1.0 Hz～d400 Hz	d6.0	
1-15	自動加 / 減速設定	0：直線加 / 減速	d0	
		1：自動加速；直線減速		
		2：直線加速；自動減速		
		3：自動加 / 減速		
		4：直線加 / 減速時，減速中失速防止		
		5：自動加速 / 減速時，減速中失速防止		
1-16	S 曲線加速設定	d0～d7	d0	
1-17	S 曲線減速設定	d0～d7	d0	
1-18	寸動減速時間設定	d0.1～d600 s	d0	

(4) 設定 2 參數

功 能 選 擇(4/6)

2 操作方式參數

參數代號	參數功能	設定範圍	出廠值	客戶
2-00	頻率指令輸入來源設定	d0：由操作面板控制，紀錄斷電頻率，可做類比疊加	d0	
		d1：由外部端子(AVI)輸入DC0～+10V，不紀錄斷電頻率，不做類比疊加		
		d2：由外部端子(AVI)輸入DC4～20mA，不紀錄斷電頻率，不做類比疊加		
		d3：由面板上V.R控制，不紀錄斷電頻率，可做類比疊加		
		d4：由RS-485通信界面操作(RJ-11)，紀錄斷電頻率，可做類比疊加		
		d5：由RS-485通信界面操作(RJ-11)，不紀錄斷電頻率，可做類比疊加		
2-01	運轉指令來源設定	d0：由鍵盤操作	d0	
		d1：由外部端子操作，鍵盤STOP有效		
		d2：由外部端子操作，鍵盤STOP無效		
		d3：由RS-485通信界面操作，鍵盤STOP有效		
		d4：由RS-485通信界面操作，鍵盤STOP無效		
2-02	馬達停車方式設定	d0：以減速煞車方式停止	d0	
		d1：以自由運轉方式停止		
2-03	PWM載波頻率選擇	d3：3kHZ	d0	
		d4：4kHZ		
		d5：5kHZ		
		d6：6kHZ		
		d7：7kHZ		
		d8：8kHZ		
		d9：9kHZ		
		d10：10kHZ		
2-04	禁止反轉設定	d0：可反轉	d0	
		d1：禁止反轉		
2-05	ACI(4～20mA)斷線處理	d0：減速至0Hz	d0	
		d1：立即停止顯示EF		
		d2：以最後頻率運轉		
2-06	類比輔助頻率致能	d0：不動作	d0	
		d1：動作＋AVI		
		d2：動作＋ACI		

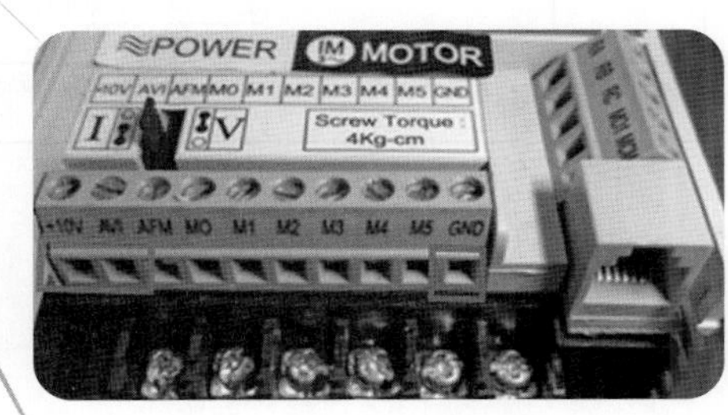

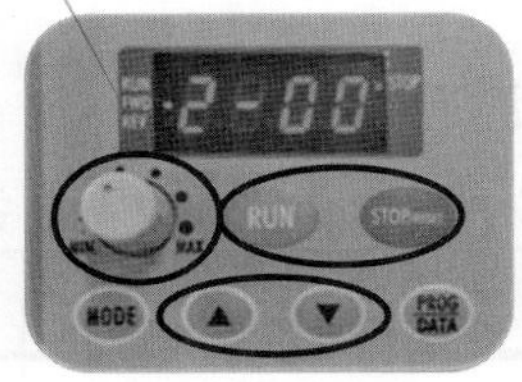

(5) 設定 4 參數

4 輸入功能參數

參數代號	參數功能	設定範圍	出廠值	客戶
~ 4-00	外部輸入頻率偏壓調整	d0.0～d100%	d0.0	
~ 4-01	外部輸入頻率偏壓方向調整	d0：正方向 d1：負方向	d0	
~ 4-02	外部輸入頻率增壓調整	d1～d200%	d100	
~ 4-03	負偏壓方向時反轉設定	d0：負偏壓不可反轉 d1：負偏壓可反轉	d0	
~ 4-04	多功能輸入選擇一(M1)			
~ 4-05	多功能輸入選擇二(M2)			
~ 4-06	多功能輸入選擇三(M3)			
~ 4-07	多功能輸入選擇四(M4)			
~ 4-08	多功能輸入選擇四(M5)			
~ 4-09	電源起動運轉鎖定	d0：可運轉 d1：不可運轉	d0	
~ 4-10	上下頻率指令模式 (外部端子UP / DOWN)	d0：上下頻率依加減速時間 d1：上頻率依定速，下頻率依減速時間 d2：上頻率依加速時間，下頻率依定速 d3：上下頻率依定速	d3	
~ 4-11	定速上下頻率指令加減速速率	d0：0～100(unit：5Hz/s)	d1	

設定範圍	出廠值
d0：無功能	d1
d1：M0：正轉 / 停止，M1：正轉 / 停止	d6
d2：M0：運轉 / 停止，M1：反轉 / 正轉	d7
d3：M0～M2：三線式運轉控制	d8
d4：E.F外部異常，常開接點輸入(N.O)	d8
d5：E.F外部異常，常閉接點輸入(N.C)	
d6：RESET清除指令	
d7：多段速指令一	
d8：多段速指令二	
d9：多段速指令三	
d10：寸動指令	
d11：加 / 減速禁止指令	
d12：第一、二加速時間切換	
d13：B.B.外部中斷，常開接點(N.O)輸入	
d14：B.B.外部中斷，常閉接點(N.C)輸入	
d15：上頻率遞增指令(Up command)	
d16：下頻率遞增指令(Down command)	
d17：自動程序運轉執行	
d18：自動程序運轉暫停	
d19：計數器觸發信號輸入	
d20：清除計數值	
d21：選擇ACI / 取消ACI (優先權大於參數2-00設定)	
d22：取消PID功能	
d23：寸動正轉	
d24：寸動反轉	
d25：主頻來源強制爲AVI (優先權大於參數2-00及d26設定)	
d26：主頻來源強制爲ACI (優先權大於參數2-00設定)	
d27：上鍵功能切換成Fwd，下鍵功能切換成Rev(N.O)	
d28：上鍵功能切換成Fwd，下鍵功能切換成Rev(N.C)	
d29：M0：運轉 / 停止；M1：無功能，方向由鍵盤控制	

(6) 設定 5 參數

5 多段速及自動程序運轉功能參數

參數代號	參數功能	設定範圍	出廠值	客戶
5-00	第一段速頻率設定	d0.0～d400 Hz	d0.0	
5-01	第二段速頻率設定	d0.0～d400 Hz	d0.0	
5-02	第三段速頻率設定	d0.0～d400 Hz	d0.0	
5-03	第四段速頻率設定	d0.0～d400 Hz	d0.0	
5-04	第五段速頻率設定	d0.0～d400 Hz	d0.0	
5-05	第六段速頻率設定	d0.0～d400 Hz	d0.0	
5-06	第七段速頻率設定	d0.0～d400 Hz	d0.0	

參數代號	參數功能	設定範圍	出廠值	客戶
5-07	自動程序運轉模式選擇	d0：無自動運行 d1：自動運行一周期後停止 d2：自動運行循環運轉 d3：自動運行一周期後停止(STOP 間隔) d4：自動運行循環運轉(STOP 間隔) d5：自動運行模式取消，但方向設定有對第一至第七段速有效	d0	
5-08	PLC 轉向設定	d0～d255 (0：正轉　1：反轉)	d0	
5-09	主速運行時間設定	d0～d65500 s	d0	
5-10	第一段速運行時間設定	d0～d65500 s	d0	
5-11	第二段速運行時間設定	d0～d65500 s	d0	
5-12	第三段速運行時間設定	d0～d65500 s	d0	
5-13	第四段速運行時間設定	d0～d65500 s	d0	
5-14	第五段速運行時間設定	d0～d65500 s	d0	
5-15	第六段速運行時間設定	d0～d65500 s	d0	
5-16	第七段速運行時間設定	d0～d65500 s	d0	

7. 多段速設定

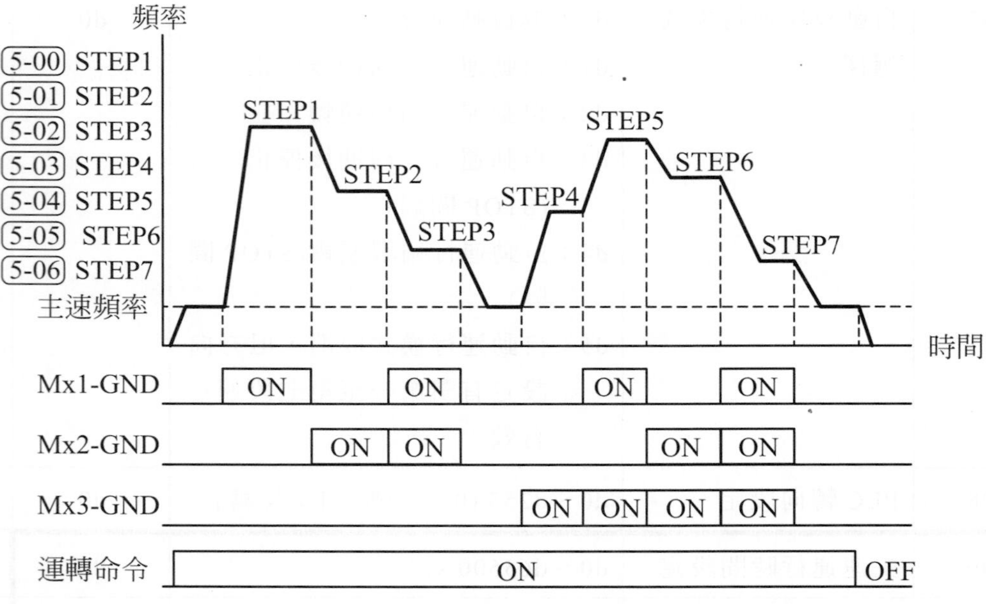

8. 應用(乙級機電整合第 5 題：倉儲系統)

(1) 倉儲系統設備

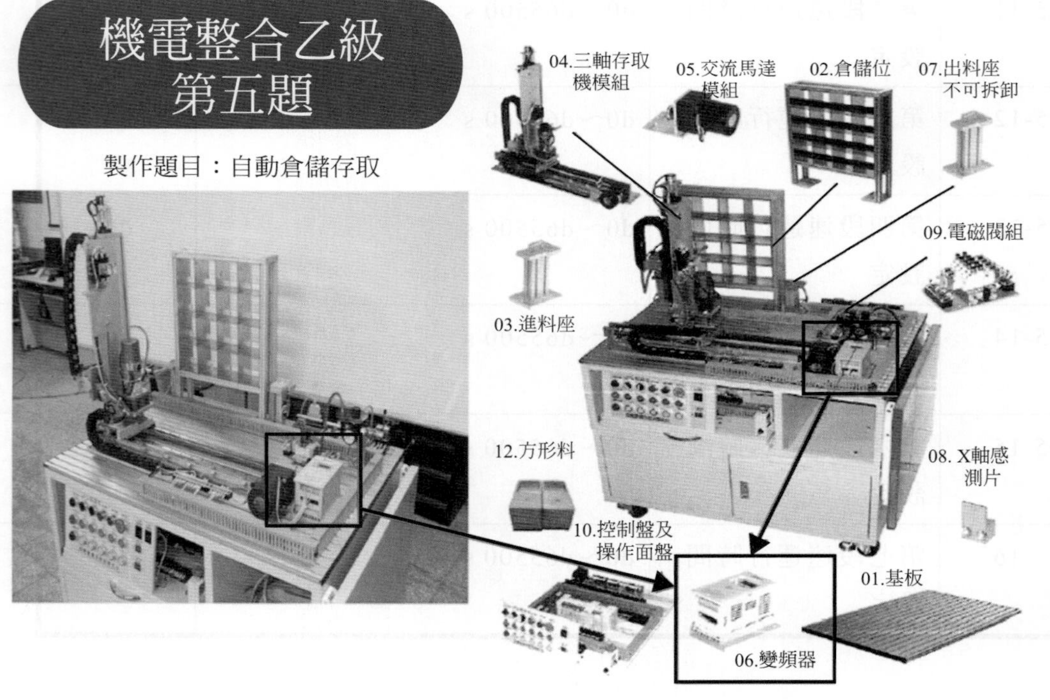

機構大部介紹

(2) 變頻器外部配線圖

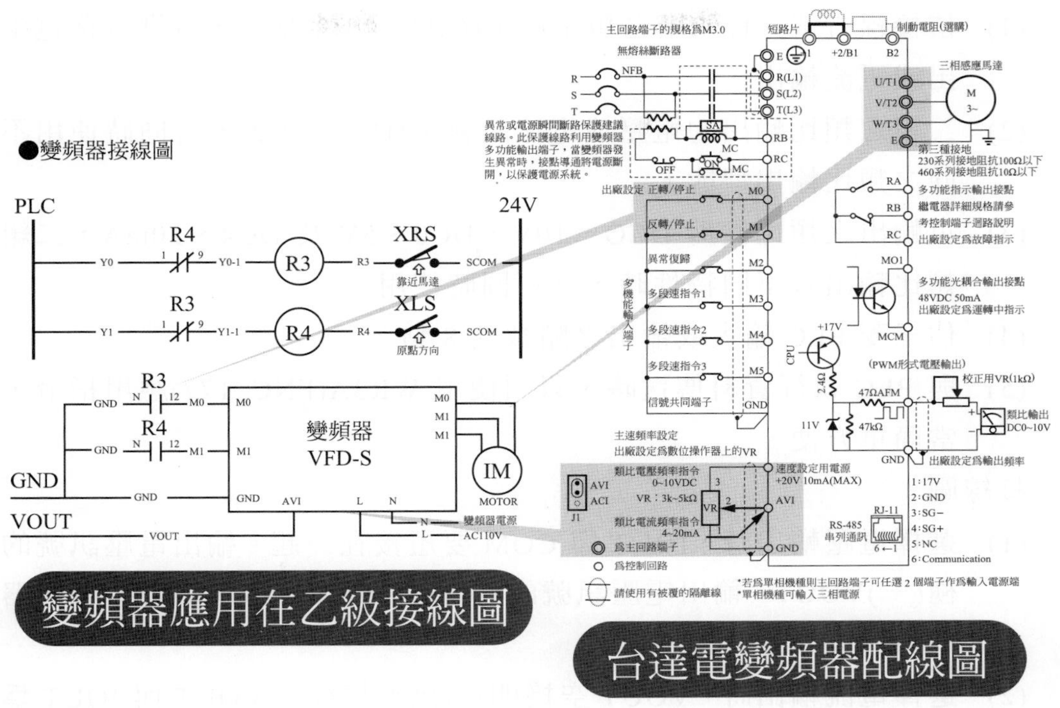

5-5 PLC 2DA(12bit 類比輸出模組)

FX2N-2DA 類比輸入模組，除了用在 FX2N 的 PLC 外，FX3U 的 PLC 也可以使用。可將 12bit 之數位值(0～4095)，經由光絕緣方式轉換成 2 點之類比輸出的電壓或電流訊號(CH1 與 CH2)，如圖 5-14 所示。

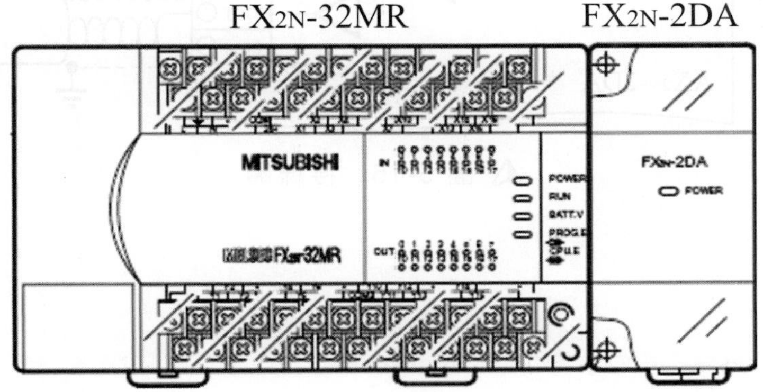

圖 5-14　FX2N-2DA 類比輸入模組

1. 功能及指令說明：
   (1) 依接線方式，有二組之類比輸出(CH1、CH2)型態，可供選擇電壓輸出或電流輸出。
   (2) 二組之類比輸出的電壓或電流訊號(CH1 與 CH2)，可同時使用不相同之類比輸出型態。
   (3) 可輸出之類比值為 DCO～10V、DC0～5V 及 DC4～20mA，二組之類比輸出有不同特性時，均可同時使用。
   (4) 佔三菱 PLC 輸入或輸出之點數共 8 點。
   (5) 與 PLC 執行資料傳送時，只須使用 WR3A(FNC 177)應用指令，相當簡單方便。
2. 接線圖：
   (1) 選擇電壓輸出時，IOUT 與 COM 要短接在一起。輸出電壓訊號的正極(＋)VOUT、輸出電壓訊號的負極(－)COM，這兩端可接電容器來消除過大的漣波電壓。
   (2) 選擇電流輸出時，VOUT 空接即可(無須接線)，VOUT 與 IOUT 為電壓或電流訊號的正極(＋)，COM 為負極(－)，如圖 5-15 所示。

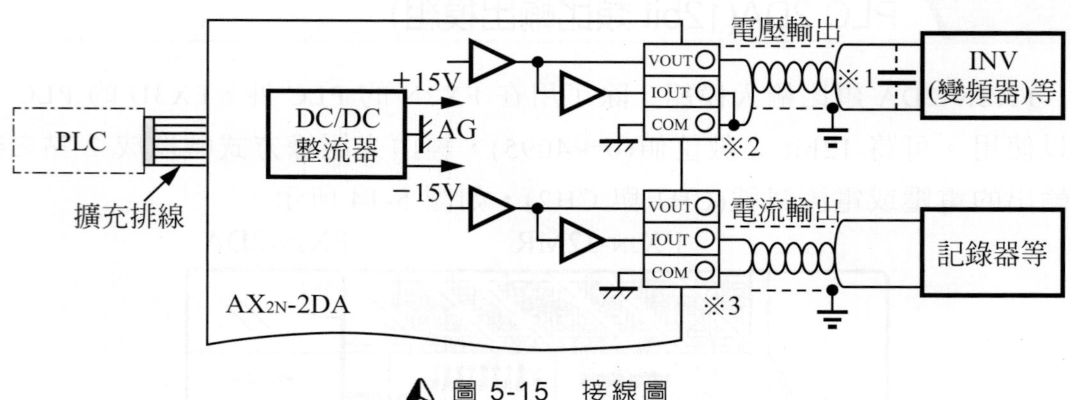

圖 5-15　接線圖

3. 輸出 / 輸入特性：

(1) 數位值爲 12 位元(0～4095)。

(2) 解析度爲 2.5mV(電壓訊號)、4μA(電流訊號)。

(3) 數位/類比之關係：數位(0～4000)/類比(0～10V)、數位(0～4000)/類比(4～20mA)。

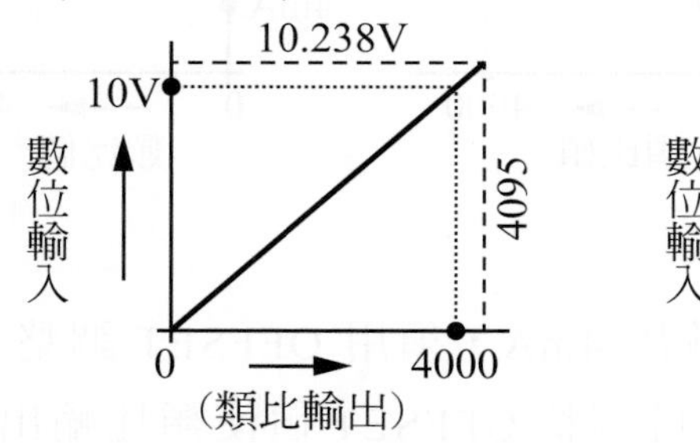

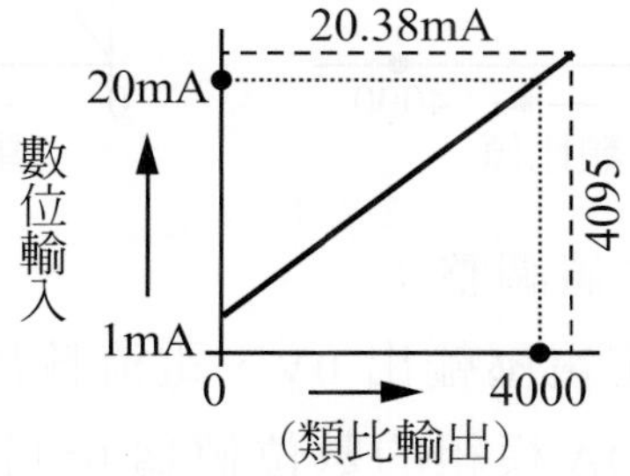

圖 5-16　輸出 / 輸出特性圖

4. GAIN 值調整：

OFFSET 與 GAIN 值的調整，是經由電壓表或電流表，針對實際輸出類比值之相對數位值，來進行設定之用。若選擇使用電流輸出或與原廠(電壓為 0V～10V/數位值 0～4000)設定不同時，則需進行調整。

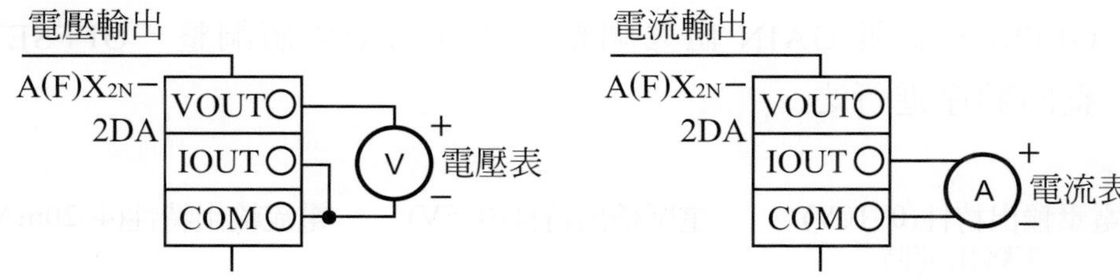

(1) 設 DA 模組的數位值爲 4000，可調整 GAIN 值使類比輸出電壓爲 10V。

(2) 設 DA 模組的數位值爲 4000，可調整 GAIN 值使類比輸出電壓爲 5V。

(3) 設 DA 模組的數位值爲 4000，可調整 GAIN 值使類比輸出電流爲 20mA。

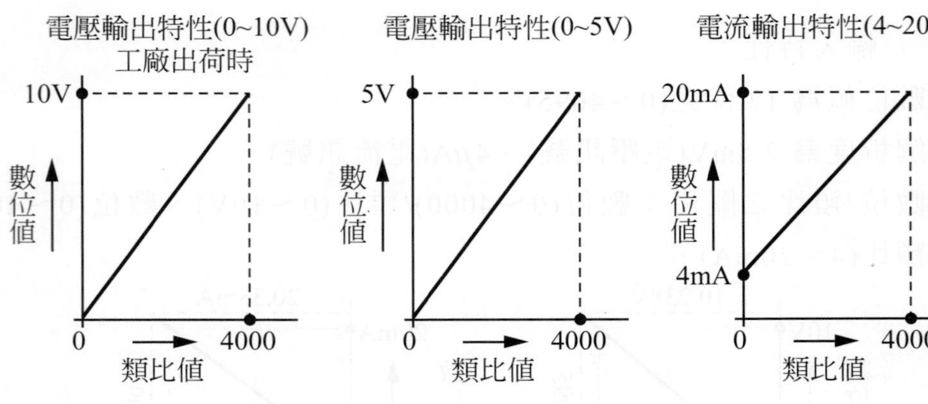

5. OFFSET 值調整：

若要固定電壓輸出 0V、電流輸出 4mA，須用 OFFSET 調整。

(1) 設 DA 模組的數位值爲 0，可調整 OFFSET 值使類比輸出電壓爲 0V。

(2) 設 DA 模組的數位值爲 0，可調整 OFFSET 值使類比輸出電壓爲 0V。

(3) 設 DA 模組的數位值爲 0，可調整 OFFSET 值使類比輸出電流爲 0～4mA。

(4) OFFSET 與 GAIN 值之調整，二組類比輸出(CH1 與 CH2)請分別調整。

(5) OFFSET 值與 GAIN 值之調整，請以 GAIN 值調整，OFFSET 值調整的順序進行之。

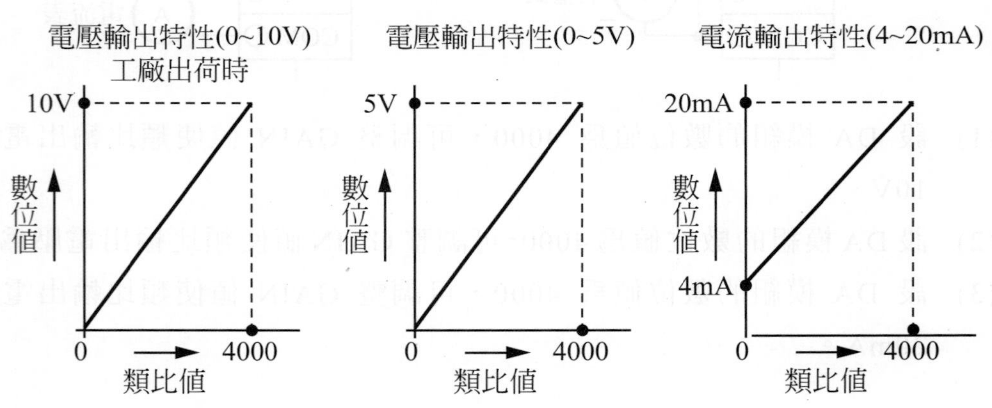

6. 使用指令：

(1) WR3A(FNC177)類比寫入指令，此指令快速、方便無須使用 TO 與 FROM 指令即可完成。

元件識別	內容	資料格式
m1•	特殊模組編號	BIN 16/32位元
m2•	類比輸出CH 編號	BIN 16/32位元
(S•)	數位寫入值	BIN 16/32位元

元件類別	位元元件							字元元件												其他				
	使用者							指定位數				使用者				特殊模組	間接指定			常數		實數	文字	指標
	X	Y	M	T	C	S	D□b	KnX	KnY	KnM	KnS	T	C	D	R	U□VG□	V	Z	修飾	K	H	E	"□"	P
m1•								●	●	●	●	●	●	●	●		●	●	●	●	●			
m2•								●	●	●	●	●	●	●	●		●	●	●	●	●			
(S•)									●	●	●	●	●	●	●		●	●	●					

功能及動作

16 位元運算(WR3A)

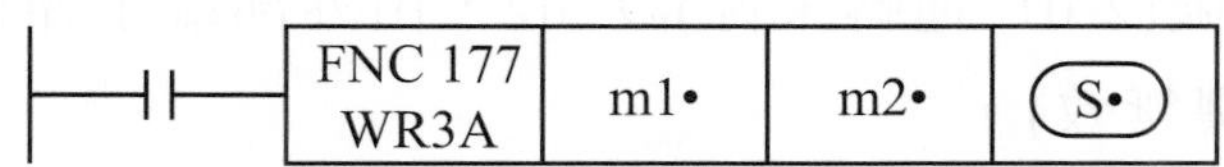

m1•：　特殊模組編號 K1~K7(K0 爲內建 CC-Link/LT 專用)

m2•：　類比輸入CH 編號

FX0N-3A　：K1(ch1)

FX2N-2AD　：K21~K7(ch1), K22(ch2)

S•　讀出的資料存放寫入至類比模組的數位值

FX0N-3A　：0~255(8位元)

FX2N-2DA　：0~4095(12位元)

(2) 使用應用指令 WR3A 爲例

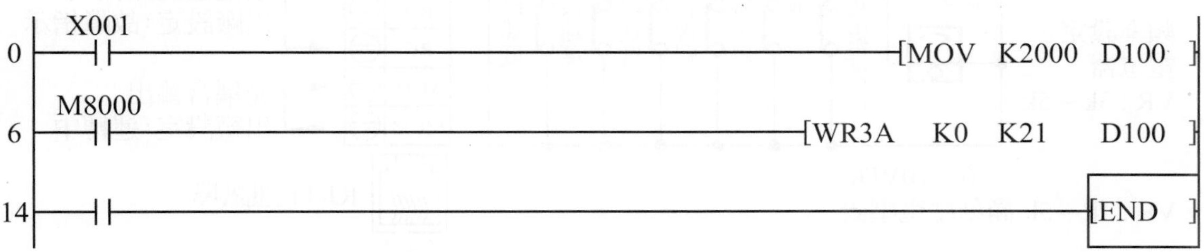

#1 當 PLC 外掛右側模組為 FX2N 2DA 時，使用 WR3A 指令可快速將數位訊號轉成類比訊號(0～4000→0～10V)，使用方法可參閱 FX3U 中文使用手冊(雙象)。

#2 當 X1=ON 時，將值 K2000 傳送到 D100(16 位元暫存器)。

#3 WR3A 指令，K0 代表 PLC 的第 1 個右側模組，K21 代表 CH1(VOUT1、COM1)的類比輸出訊號，當 D100 為 2000 的數位值時，其輸出類比電壓為 5V。

7. 與變頻器連接：

(1) 變頻器參數設定(以台達電 S1 變頻器為例)

#1 參數代號(1-00 最高頻率選擇)設 d120，其操作頻率為 120Hz。

#2 參數代號(1-01 最大電壓頻率)設 d120，其最大電壓頻率為 120Hz。

#3 參數代號(2-00 頻率來源)設 d1，由外部端子(AVI)輸入 0～10V 的類比訊號。

#4 參數代號(2-01 運轉來源)設 d2，由外部端子操作(變頻器上的 STOP 鍵無效)。

(2) FX2N 2DA 與變頻器的外部配線

#1 將 2DA 的 CH1(VOUT1、COM1)，連接至變頻器的(AVI 與 GND)即可控制變頻器的頻率，如下圖所示。

#2 配合 PLC RD3A 的指令，改變 D100 的值，來控制馬達的轉速。

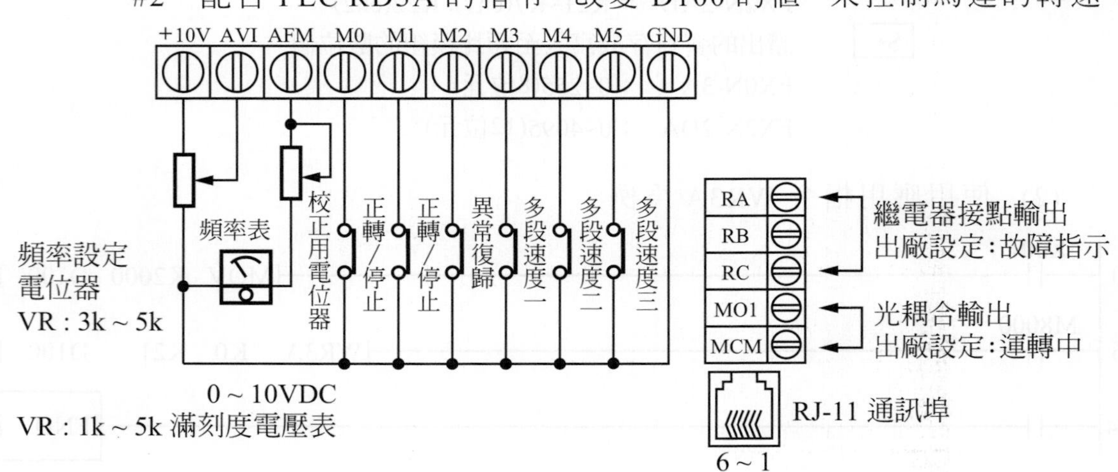

(3) PLC 與變頻器的外部配線

#1　將 PLC 的 Y0 接至 M0、Y1 接至 M1、COM1 接至 GND，如下圖所示。

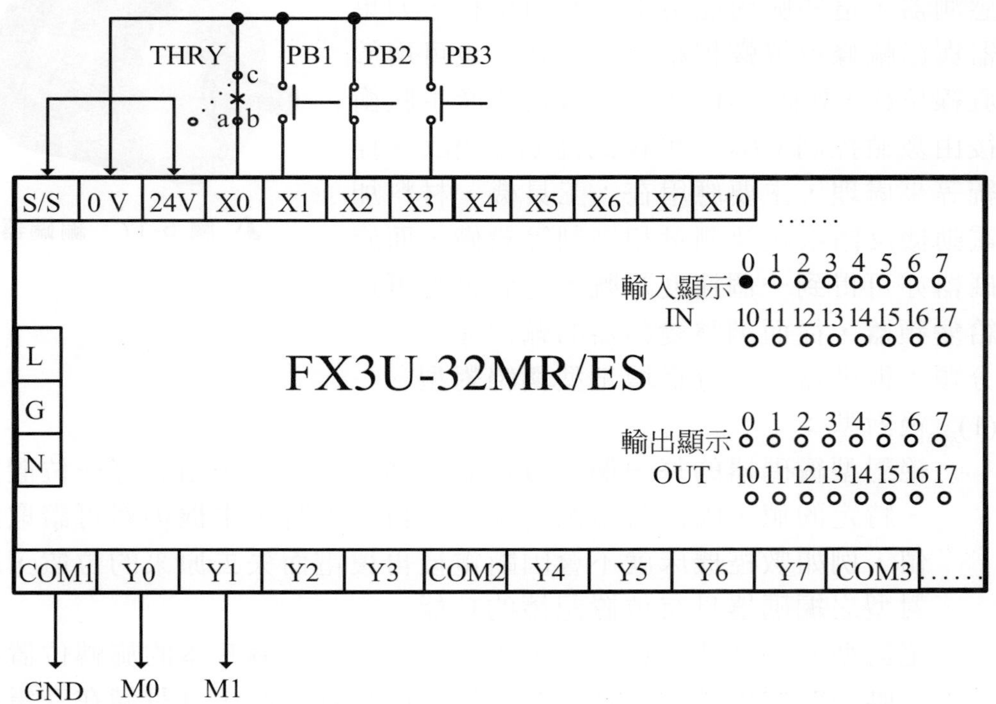

#2　讓 PLC 的 Y0 或 Y1 輸出，即可完成馬達正反轉控制，當 X1=ON 時馬達正轉，當 X2=ON 時馬達反轉，如下圖所示。

```
     X001
0  ──┤├──────────────────────────────( Y000 )
     X002
6  ──┤├──────────────────────────────( Y001 )

14 ──────────────────────────────────[ END  ]
```

5-6 編碼器(Encoder)

編碼器是將旋轉位移量轉換成脈衝信號的旋轉式感測器，這些脈衝能用來控制角位移，如果編碼器與齒輪條或導螺桿結合在一起，也可用於測量直線位移，如圖 5-17 所示。編碼器產生脈衝訊號後由數值控制 CNC、可程式控制器 PLC、控制系統等來處理，主要應用在：工具機、材料加工、電動機反饋系統及測量和控制等設備，而旋轉編碼器亦可得到一個速度訊號，這個訊號可以回饋給變頻器，從而調整變頻器的輸出頻率。

圖 5-17　編碼器

1. 分類：編碼器一般分為增量型與絕對型。

(1) 絕對型：

絕對型編碼器的每一個位置代表一個特定的值，由於每一位置對應一特定的值，因此當電源切斷之後再供電時，主機仍然可讀取這個值，例如數控機床就不會因斷電後再復電而失去原來的位置，故絕對型之編碼器具有位置記憶的功能。

絕對型的編碼器不會產生脈衝，而是為每一個基本的旋轉位置提供了唯一的編碼值，並且在測量範圍內是唯一的，且設備在受電氣干擾或斷電後，其記錄的位置值不會發生變化，這樣就無需頻繁的對零點進行校正，也能夠保持位置值的準確性及可靠性。

(2) 增量型：

增量型編碼器，它只能逐一讀取輸入訊號的遞增或遞減做累加值的運算，是一種連續開關的概念，開關產生的是 0 和 1(也就是 ON 和 OFF)的值，而增量型編碼器則可連續產生許多個 0 和 1，由於這是一種累加器或計數器的型態，每一位置並不對應特定的值，因此電源切斷之後再供電時，主機無法記憶斷電前的位置，故增量型之編碼器不具有位置記憶的功能。

增量型編碼器主要用於測速，也就是做速度控制，亦可用於要求不高的定位控制。而一般增量型編碼器的控制方式，通常會裝設一個感測器用來設定零點參考位置，然後計算其運轉時累加的脈衝數量即可，但由於電氣干擾或周遭環境及機器設備等原因，通常會導致脈衝數量產生誤差，故經常須對零點位置進行校正。

2. 解析度：

(1) 增量型：

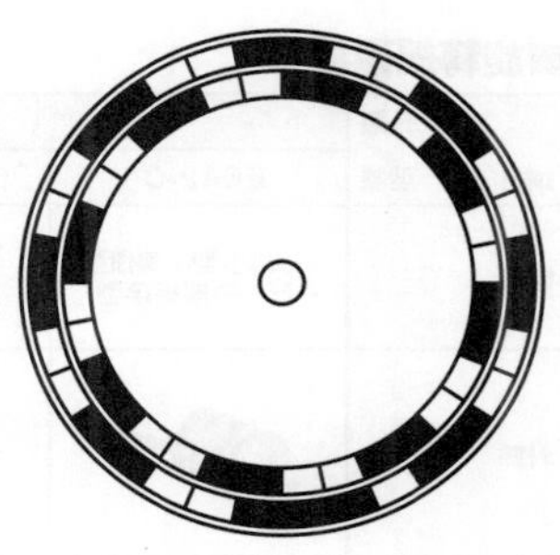

圖 5-18

解析度是選用編碼器最重要的參數之一，對於增量型旋轉編碼器而言，光柵盤爲具有透明或不透明的區域，當光源照射時，不透明和透明部分決定了旋轉一圈的脈衝(方波)數量，也就是旋轉一圈能產生幾個脈衝數(方波)，也稱爲每轉的脈衝(方波)數(PPR)；數字越大代表解析度愈佳。對於光電編碼器來說，光學編碼器每轉一圈約有 100～6000 脈衝波(方波)，亦即一個脈衝(方波)可旋轉 3.6～0.06 度，如圖 5-18 所示。

增量型編碼器會產生兩種脈衝波(方波)，當只產生一種脈衝時，編碼器就可以檢測位置，但爲了檢測方向(正轉或反轉/前進或後退)，編碼器使用正交輸出，將會產生兩個相位相差 90 度的脈衝波，一個爲 A 相，另一個爲 B 相，方向取決於那個方波是超前的。然而，一些增量型的編碼器也會產生第三種脈衝的方波，通常稱爲 Z 相或 C 相，表示旋轉(正轉或反轉)一圈，會產生一個脈衝波(方波)，即可知道目前旋轉的圈數。

(2) 絕對型：

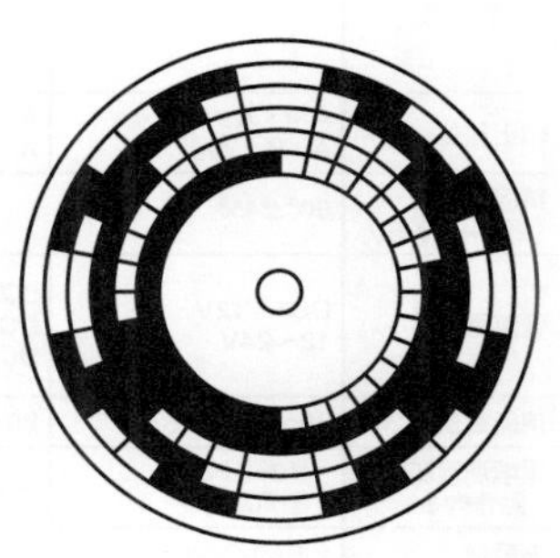

圖 5-19

對於絕對型旋轉編碼器而言，在編碼器的盤上會有很多不透明和透明段的同心圓或軌道，這些軌到從磁碟中間開始，當它們向外擴展時，每個軌道的段數比前一個軌道增加了一倍。如第一個軌道有一個透明和一個不透明的環，第二個軌道有兩個，第三個軌道有四個，依此類推，而軌道的數量決定編碼器的解析度。若爲 12 個軌道即爲 12 位元的絕對型編碼器，其解析度爲 4096(2 的 12 次方)。其每個旋轉的位置都有其相對應的數字(位置值)，如圖 5-19 所示。

3. 規格一覽表：

(1) 增量型：

■旋轉編碼器

分類 / 項目 / 型號	增量型						
	E6A2-C	E6B2-C	E6H-C	E6C2-C	E6C3-C	E6D-C	E6F-C
優勢	．φ25小型、廉價型 ．低、中解析度型	．φ40泛用型 ．低、中解析度型 ．線性驅動器輸出	．不需要聯軸器的空心軸型 ．厚度26mm的薄型 ．線性驅動器輸出	．防油規格 ．線性驅動器輸出		．最高6,000P/R的高解析度型	．可確保軸強度的堅固型 ．防油規格
外觀							
本體尺寸	φ25x29mm	φ40x39mm	φ40x26mm	φ50x40mm	φ50x38mm	φ55x50mm	φ60x60mm
軸徑	φ4mm	φ6mm	內徑φ8mm	φ6mm	φ8mm	φ6mm	φ10mm
解析度（脈衝/旋轉）	10～500	10～2,000 PNP開路集極輸出為100～2,000	300～3,600	10～2,000	100～3,600	1,000～6,000	100～1,000
最大軸負載 半徑方向	10N	30N	29.4N	50N	80N	50N （精度保證時20N）	120N
最大軸負載 推力方向	5N	20N	4.9N	30N	50N	30N （精度保證時10N）	50N
最大允許轉速	5,000r/min	6,000r/min	10,000r/min	6,000r/min	5,000r/min	12,000r/min	5,000r/min
最高響應頻率	30kHz	50kHz、100kHz	100kHz	50kHz、100kHz	125kHz	200kHz	83kHz
保護構造	IEC規格 IP50			IEC規格 IP64、公司內部規格 防油	IEC規格 IP65、公司內部規格 防油	IEC規格 IP50	IEC規格 IP65、公司內部規格 防油
啟動扭力	1mN·m以下	0.98mN·m以下	1.5mN·m以下	10mN·m以下（常溫時）		9.8mN·m以下	10mN·m以下（常溫時）
輸出能力	20mA（電壓輸出） 30mA（開路集極輸出）	20mA（電壓輸出） 35mA（NPN/PNP開路集極輸出） 依據RS-422A（線性驅動器輸出）	30mA（電壓輸出） 35mA（開路集極輸出） 依據RS-422A（線性驅動器輸出）	20mA（電壓輸出） 35mA（NPN、PNP開路集極輸出） 依據RS-422A（線性驅動器輸出）	30mA（補償輸出） 35mA（電壓輸出） 依據RS-422A（線性驅動器輸出）	35mA（電壓輸出開路集極輸出）	30mA（補償輸出） 35mA（NPN開路集極輸出）
輸出相位	A相、A，B相、A，B，Z相	A，B，Z相 A，$\overline{A}$，B，$\overline{B}$，Z，$\overline{Z}$相				A，B，Z相	
精度（輸出相位差）	90°±45°					90°±25°	90°±45°
電源電壓	DC5～12V、12～24V	DC5V、DC5～12V、DC5～24V、DC12～24V	DC5～12V、5～24V	DC5～24V、DC12～24V DC5～12V、DC5V	DC12～24V、DC5～12V	DC5V、DC12V	DC12～24V
消耗電流	20～50mA以下	80～160mA以下	100～150mA以下	80～160mA以下		150mA以下	100mA以下
環境溫度範圍（動作時）	−10～+55℃（不可結冰）	−10～+70℃（不可結冰）					
聯軸器	附E69-C04B型	附E69-C06B型	—	另售		附E69-C06B型	另售
規格 CE	●	●	●	●		—	●

(2) 絕對型：

分類 項目　型號	絕對型 E6CP-A	 E6C3-A	 E6F-A
優勢	・256解析度、格雷碼2進位輸出型 ・塑膠低成本型	・防油規格 ・NPN/PNP輸出	・可確保軸強度的堅固型 ・防油規格
外觀			
本體尺寸	φ50×50mm	φ50×38mm	φ60×60mm
軸徑	φ6mm	φ8mm	φ10mm
軸徑	φ6mm	φ8mm	φ10mm
解析度（脈衝/旋轉）	256（8 bit）	6～1,024	256、360、720、1,024
最大軸負重 半徑方向	30N	80N	120N
最大軸負重 推力方向	20N	50N	50N
最大允許轉速	1,000r/min	5,000r/min	5,000r/min
最高響應頻率	5kHz	10kHz、20kHz	10kHz、20kHz
保護構造	IEC規格 IP50	IEC規格 IP65、公司內部規格 防油	IEC規格 IP65、公司內部規格 防油
啟動扭力	0.98mN·m以下	10mN·m以下	9.8mN·m以下（常溫時）
輸出能力	16mA（開路集極輸出）	輸出電流：35mA以下 外加電壓：DC30V以下 （開路集極輸出）	35mA（開路集極輸出）
輸出代碼	格雷碼2進位	格雷碼2進位、BCD、二進制	格雷碼2進位、BCD
測量精度	±1°以下	—	—
電源電壓	DC5～12V、12～24V	DC12～24V、DC5V、DC12V	DC5～12V、12～24V
消耗電流	70/90mA以下	70mA以下	60mA以下
環境溫度範圍（動作時）	−10～+55℃（不可結冰）	−10～+70℃（不可結冰）	−10～+70℃（不可結冰）
聯軸器	E6CP-AG3C/-AG5C型附屬於E69-C06B型。 E6CP-AG5C-C型為另售	另售	出線型附有E69-C10B型，其他為另售
規格 CE	—	●	●

4. 接線方式：

(1) 實體接線圖：

通常有五條線，分別為：0V、24V、A 相、B 相、Z 相，其中包含隔離線(屏蔽線)，使用時可將隔離線接地。

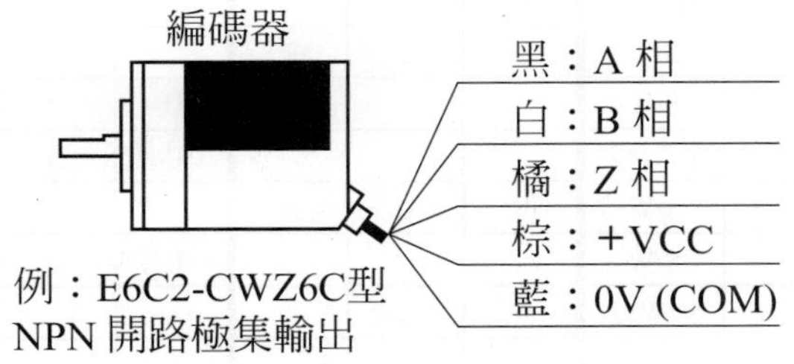

(2) 與 PLC 接線方式：

編碼器的輸出爲脈衝訊號(方波)，是 0 與 1 的數位訊號，因此可將編碼器的輸出脈衝信號直接給 PLC 的輸入，再利用 PLC 內部的高速計數功能對其訊號進行計數，可應用於馬達旋轉載台的定位功能。依據三菱 PLC 之高速計數器的編號及相對應之輸入端的編號(X0～X7)來配線，如下表所示。當高速輸入端(X0～X7)不被佔用時，亦可當做一般的輸入端來使用。以 C251 及 NPN 增量型編碼器爲例，配線方式如下圖所示：編碼器的 A 相接 X0、B 相接 X1，以直流電源 24V 供應(0V、24V)。

H/W：硬體計數器　S/W：軟體計數器　U：加算計數輸入端　D：減算計數輸入端

A：A 相輸入端　B：B 相輸入端　R：外部復歸輸入端　S：外部啓動輸入端

計數器種類	計數器編號	區分	相對應的輸入端							
			X000	X001	X002	X003	X004	X005	X006	X007
1相 1計數	C235*1	H/W*2	U/D							
	C236*1	H/W*2		U/D						
	C237*1	H/W*2			U/D					
	C238*1	H/W*2				U/D				
	C239*1	H/W*2					U/D			
	C240*1	H/W*2						U/D		
	C241	S/W	U/D	R						
	C242	S/W			U/D	R				
	C243	S/W					U/D	R		
	C244	S/W	U/D	R					S	
	C244(0P)*3	H/W*2							U/D	
	C245	S/W			U/D	R				S
	C245(0P)*3	H/W*2								U/D
1相 2計數	C246*1	H/W*2	U	D						
	C247	S/W	U	D	R					
	C248	S/W				U	D	R		
	C248(0P)*1*3	H/W*2				U	D			
	C249	S/W	U	D	R				S	
	C250	S/W				U	D	R		S
2相 2計數*4	C251*1	H/W*2	A	B						
	C252	S/W	A	B	R					
	C253*1	H/W*2				A	B	R		
	C253(0P)*3	S/W				A	B			
	C254	S/W	A	B	R				S	
	C255	S/W				A	B	R		S

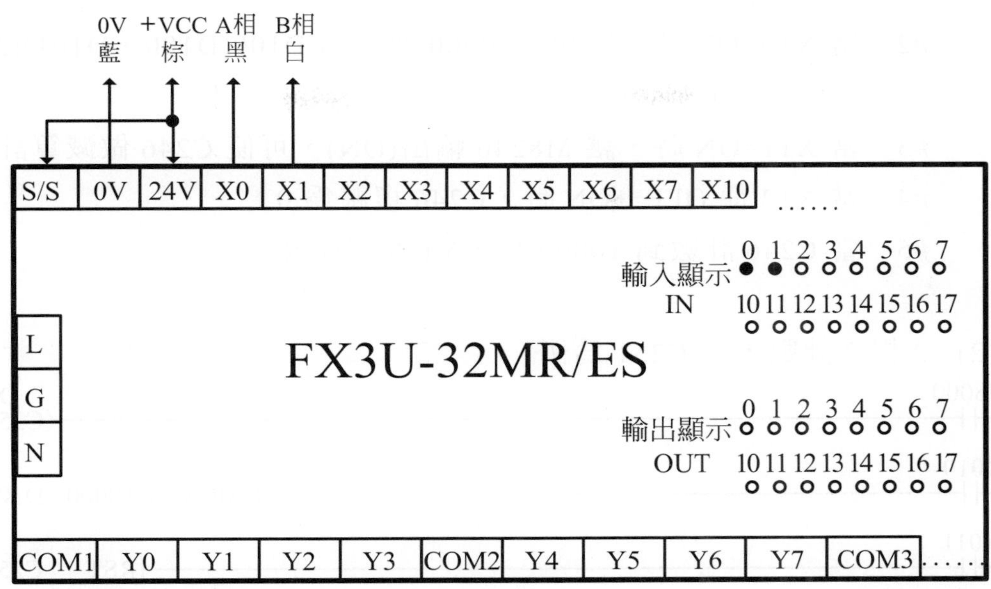

註：有的編碼器會有一條隔離線(屏蔽線)，直接拉去 PLC 的接地(G)即可。

5. PLC 程式範例：

(1) 1 相 2 計數，以 C246 為例

```
       M8000                                              D100
 0 ----| |----------------------------------------------(C246    )

       X010
 6 ----| |--------------------------------[DMOV  K10000  D100    ]

       X011
16 ----| |----------------------------------------------(M8246   )

       X012
19 ----| |------------------------------------------[RST   C246  ]

       C246
22 ----| |----------------------------------------------(Y001    )

24 -----------------------------------------------------[END     ]
```

#1　當指定高速計數器為 C246 時，X0 輸入端自動變成加算計數、X1 輸入端自動變成減算計數，依據三菱 PLC 之高速計數器編號及相對應之輸入端編號。

#2　當 X10=ON 時，將值 K10000 傳送到 D100(D100、D101)(32 位元暫存器)。

#3　當 X11=ON 時，讓 M8246 輸出(ON)，可使 C246 做減算計數。

#4　當 X12 從 OFF→ON 時，C246 復歸為 0。

#5　當 C246 計數到 10000 時，Y1 輸出(ON)。

(2)　2 相 2 計數，以 C251 為例

```
      M8000                                                   D100
 0 ──┤├──────────────────────────────────────────────────(C251     )
      X010
 6 ──┤├─────────────────────────────────────[DMOV  K10000  D100    ]
      X011
16 ──┤├─────────────────────────────────────────────[RST    C251   ]
      C251
19 ──┤├──────────────────────────────────────────────────(Y001     )

21 ─────────────────────────────────────────────────────[END       ]
```

#1　當指定高速計數器為 C251 時，X0 輸入端自動變成加算計數、X1 輸入端自動變成減算計數，依據三菱 PLC 之高速計數器編號及相對應之輸入端編號。

#2　當 X10=ON 時，將值 K10000 傳送到 D100(D100、D101)32 位元暫存器。

#3　當 X11 從 OFF→ON 時，C251 復歸為 0。

#4　當 C251 計數到 10000 時，Y1 輸出(ON)。

#5　2 相 2 計數專用在有 A、B 相的編碼器，所使用內部的計數器 C251～C255，其加減算計數狀態可由 M8251～M8255 的 ON/OFF 輸出狀態得知。

Chapter 6

電位計與荷重元(含 AD 模組)

6-1 電位計

電位計(potentiometer)是利用可變電阻連接滑動器(slider)，將滑動的位移量(位移量可為直線或角度)，轉換成相對應的電阻值，再依據電阻與電壓之間相互變化的特性(分壓定理)，即可得知其滑行器之位移量，常應用於線性位移計、角度計及定點控制等，實體如圖 6-1 所示。

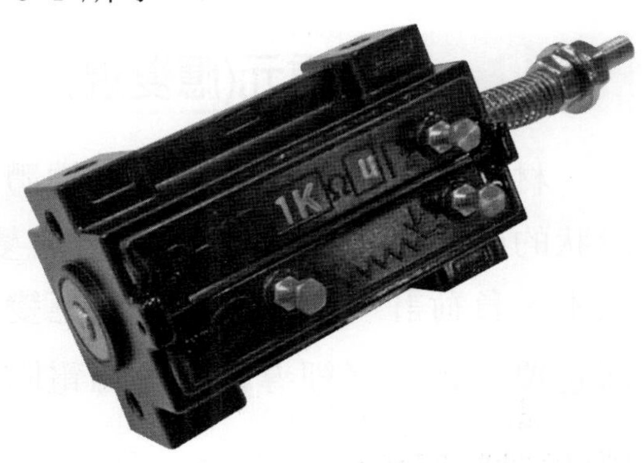

圖 6-1 電位計

實際應用上可把電位計看作可變電阻器(Variable Resistor，VR)做分壓器使用，具有三個端子的接點，分別為 1、2、3。因可以調整改變電阻值的大小，故使用時會產生不同的電壓(類比電壓)。在許多自動化有 PLC 的機台中，需搭配 AD 模組來使用；從電位計(可變電阻)的類比電壓輸出兩端，接至 PLC 的外掛 AD 模組，透過 AD 模組將類比訊號轉換成數位信號，達成 PLC 位移量的控制，如圖 6-2 所示。

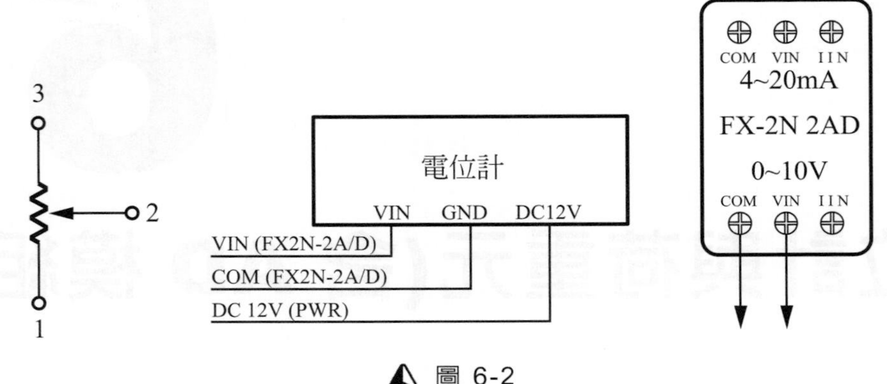

圖 6-2

由上述可知，在 1、3 兩端加入 10V 的直流電(1 接負極、3 接正極)，1、2 之間將產生 0～10V 的可變電壓，將 1 接至 2AD 模組的 COM1，2 接至 2AD 模組的 VIN1，由 PLC 下命令給 AD 模組，使 AD 模組讀出 0～4000 的數位值，利用此數位值去做判斷，即可測出材料的高低或長度，下面的章節會介紹 DA 模組的使用方法。

6-2 荷重元(應變規)

材料受力後會產生變形，物體受到應力或剪應力作用，所引起的大小或形狀的改變量，即所謂的應變。應變規用以檢測材料變形，廣範應用在結構、土木、負荷計、秤重器等。而應變規檢出材料應變之原理，主要是應變規內部包覆一組金屬細導線，根據電阻公式的定義($R=\rho\dfrac{L}{A}$)，得知此導線之電阻值(R)與截面積(A)成反比、與長度(L)成正比，利用導線之變形所產生電阻值的改變來檢測應變，亦為電阻性應變計，有非接著型金屬細線、接著型壓阻或半導體應變計，如圖 6-3 所示。

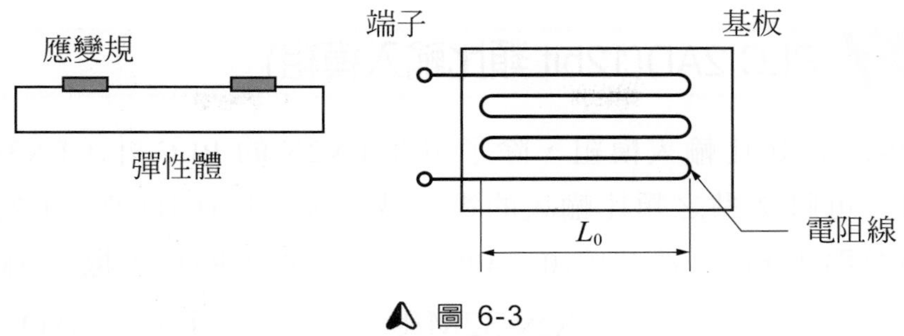

圖 6-3

圖 6-4 為荷重元於電子磅秤之應用，將應變規貼在鋁合金製的彈性體上以組成荷重元，施力後彈性體變形會牽動應變規伸長或縮短。因材料受壓力時電阻係數(ρ)增加，受張力(拉力)時電阻係數(ρ)減小，稱為壓阻效應(piezoresistance effect)。

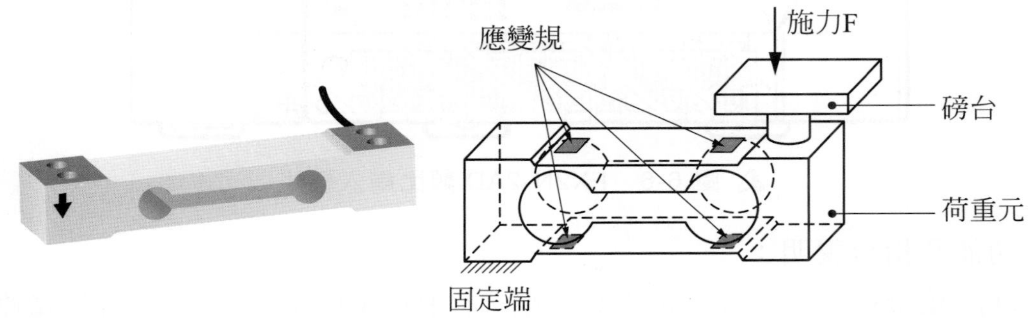

圖 6-4　荷重元於電子磅秤之應用

利用此一原理，再配合惠斯登電橋電路(Wheaston bridge)，因應變造成細微的電阻變化，此電阻變化轉換成可量測之電壓變化，即可量測材料之應變。當 $\frac{R_1}{R_2}=\frac{R_3}{R_4}$ 時，V_{out} = 0，此時電橋為平衡狀態(balance bridge)，如圖 6-5 所示。

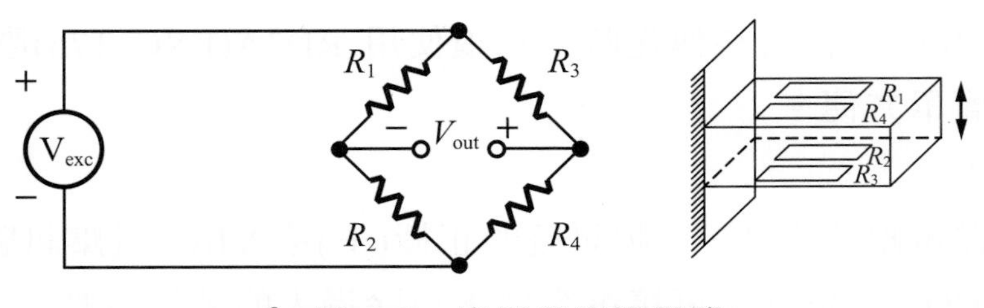

圖 6-5　惠斯登電橋電路

6-3 PLC 2AD(12bit 類比輸入模組)

FX2N-2AD 類比輸入模組，除了用在 FX2N 的 PLC 外，FX3U 的 PLC 也可以使用。可將 2 點之類比輸入的電壓或電流訊號(CH1 與 CH2)，經由光絕緣方式轉換爲 12bit 之數位值(0～4095)，並傳送至 PLC 主機，如圖 6-6 所示。

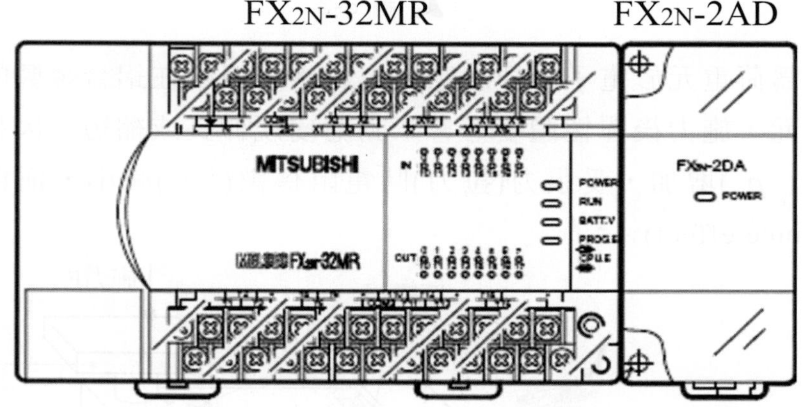

圖 6-6　FX2N-2AD 類比輸入模組

1. 功能及指令說明：
   (1) 依接線方式，有二組之類比輸入(CH1、CH2)型態，可供選擇電壓輸入或電流輸入。
   (2) 二組之類比輸入的電壓或電流訊號(CH1 與 CH2)，需同時使用相同之類比輸入型態。
   (3) 可輸入之類比值爲 DCO～10V、DC0～5V 及 DC4～20mA，二組之類比輸入特性均相同。
   (4) 佔三菱 PLC 輸入或輸出之點數共 8 點。
   (5) 與 PLC 執行資料傳送時，只須使用 RD3A(FNC 176)應用指令，相當簡單方便。
2. 接線圖：
   (1) 選擇電壓輸入時，電壓訊號的正極(＋)接 VIN、電壓訊號的負極(－)接 COM，這兩端可接電容器來消除過大的漣波電壓。

(2) 選擇電流輸入時，電流訊號的正極(＋)接 VIN 與 IIN，亦即 VIN、IIN 這兩端可先用短路線接在一起，再去接電流訊號的正極(＋)、電流訊號的負極(－)接 COM，如圖 6-7 所示。

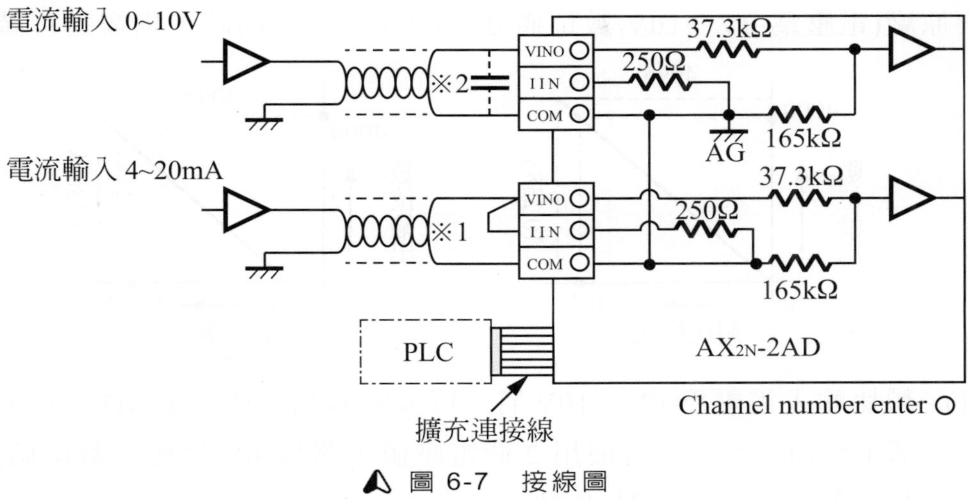

圖 6-7　接線圖

3. 輸入 / 輸出特性：

(1) 數位值為 12 位元(0～4095)。

(2) 解析度為 2.5mV(電壓訊號)、4μA(電流訊號)。

(3) 類比/數位之關係：類比(0～10V)/數位(0～4000)、類比(4～20mA)/數位(0～4000)。

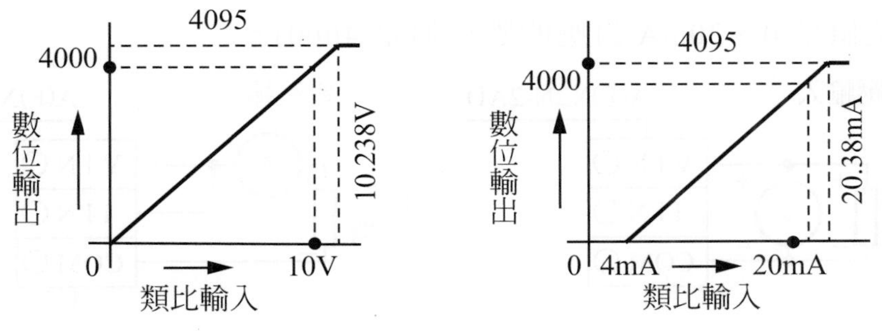

圖 6-8　輸出 / 輸出特性圖

4. GAIN 值調整：

OFFSET 與 GAIN 值的調整，是經由電壓產生器或電流產生器，針對實際輸入類比值之相對數位值，來進行設定之用。若選擇使用電流輸入或與原廠(電壓爲 0V～10V/數位值 0～4000)設定不同時，則需進行調整。

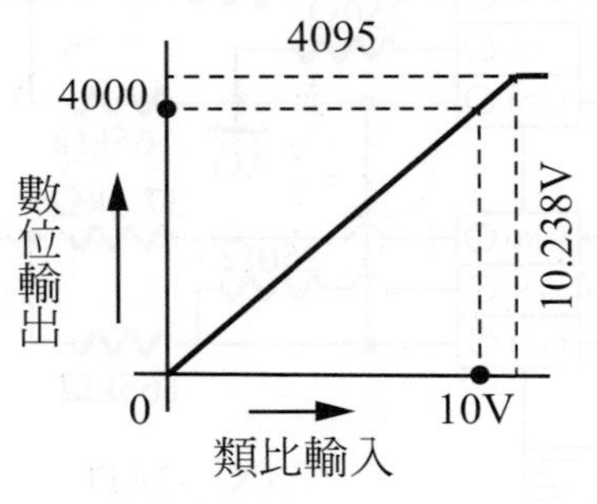

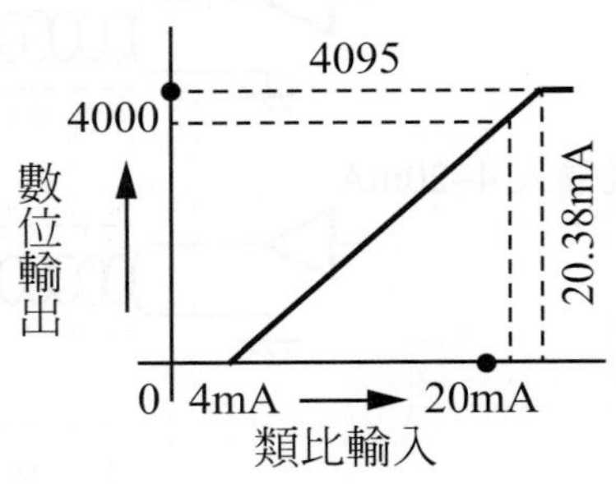

(1) 類比輸入電壓爲 0V～10V 時：可調整 GAIN 值，使 AD 模組的數位值 0～4000 變化。可使用 2 個電壓值來測試(0V 對應的數位值是 0、10V 對應的數位值是 4000)。

(2) 類比輸入電壓爲 0V～5V 時：可調整 GAIN 值，使 AD 模組的數位值 0～4000 變化。可使用 2 個電壓值來測試(0V 對應的數位值是 0、5V 對應的數位值是 4000)。

(3) 類比輸入電流爲 4mA～20mA 時：可調整 GAIN 值，使 AD 模組的數位值 0～4000 變化。可使用 2 個電流值來測試(0～4mA 對應的數位值是 0、20mA 對應的數位值是 4000)。

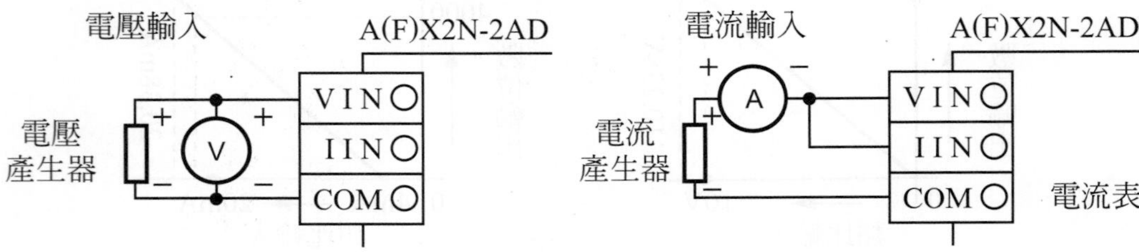

5. OFFSET 値調整：

(1) 0～10V 使用全刻度之類比値欲調整到 0～4000 的數位値時，此時類比値為 100mV(40×10/4000)，這時可調整 OFFSET 値，使 AD 模組的數位値為 40(0～5V 的數位値為 80)。

(2) OFFSET 與 GAIN 値之調整，二組類比輸入(CH1 與 CH2)是一併調整的，亦即調整時只需調整一組即可。

(3) OFFSET 値與 GAIN 値之調整，請以 GAIN 値調整，OFFSET 値調整的順序進行之。

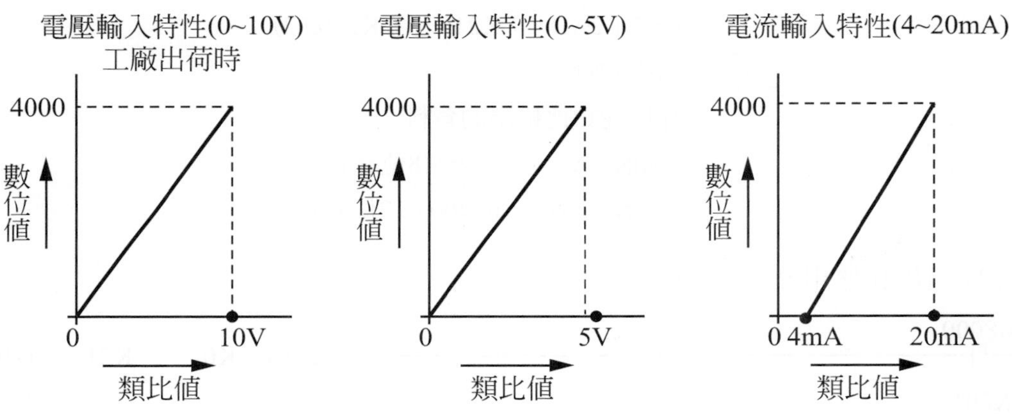

6. 使用指令：

(1) RD3A(FNC176)類比讀出指令，此指令快速、方便無須使用 TO 與 FROM 指令即可完成。

元件識別	內容	資料格式
m1•	特殊模組編號	BIN 16位元
m2•	類比輸出CH 編號	BIN 16位元
D•	數位變換值	BIN 16位元

元件識別	位元元件							字元元件												其他				
	使用者							指定數位				使用者				特殊模組	間接指定			常數		實數	文字	指標
	X	Y	M	T	C	S	D□ b	KnX	KnY	KnM	KnS	T	C	D	R	U□VG□	V	Z	修飾	K	H	E	"□"	P
m1•								●	●	●	●	●	●	●	●		●	●	●	●	●			
m2•								●	●	●	●	●	●	●	●		●	●	●	●	●			
D•									●	●	●	●	●	●	●		●	●	●					

功能及動作

16 位元運算(RD3A)

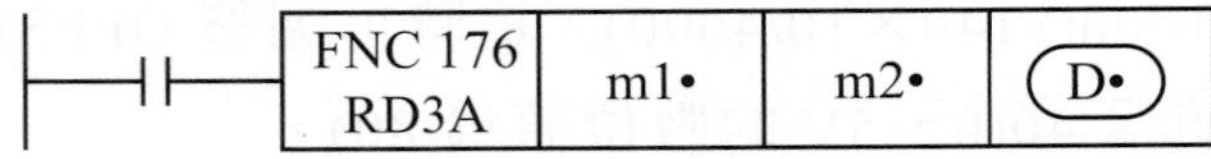

m1•: 特殊模組編號
K1~K7(K0 爲內建的 CC-Link/LT 專用)

m2•: 類比輸入CH 編號
FX0N-3A ：K1(ch1), K2(ch2)
FX2N-2AD ：K21(ch1), K22(ch2)

S•: 讀出的資料
存放從類比輸出的資料
FX0N-3A ：0~255(8位元)
FX2N-2AD ：0~4095(12位元)

(2) 使用應用指令 RD3A 爲例

```
0   M8000
    ─┤├──────────────────────[R3DA   K0     K21    D100  ]
8   X001
    ─┤├──────────────────────[ZCP  K1950  K2050  D100  M100 ]
18  ─┤├──────────────────────[END  ]
```

#1 當 PLC 外掛右側模組爲 FX2N 2AD 時，使用 RD3A 指令可快速將類比訊號轉成數位訊號(0～10V→0～4000)，使用方法可參閱 FX3U 中文使用手冊(雙象)。

#2 當 X1=ON 時，D100 內容與 K1950、K2050 做區域範圍的比較，即 K1950≤D100≤K2050 時，M101= ON

#3 RD3A 指令，K0 代表 PLC 的第 1 個右側模組，K21 代表 CH1(VIN1、COM1)的類比輸入訊號，當輸入電壓爲 5V 時，其輸入的數位值爲 D100=2000。

Chapter 7

步進馬達控制

7-1 步進馬達介紹

步進馬達(Stepping motor)是相當常見的馬達種類，相較於尺寸相近的伺服馬達，步進馬達較爲便宜，而且通常更容易使用，且步進馬達在今日工業控制中，所扮演的角色日趨重要，其中若以動力輸出的觀點而言，一般直流或交流馬達有較佳的動力輸出，但若以控制精度的方向來看，則步進馬達及伺服馬達應該是最佳的選擇。就步進馬達而言，步進馬達按照離散的節距轉動，因此稱爲步進馬達。

步進馬達需要一個驅動器(Driver)和一個控制器(PLC 或其他晶片)，方能控制步進馬達；透過驅動器提供步進角度和方向訊號，控制器是提供工作頻率(速度)，即可控制步進馬達。若將脈波產生器(PLC 亦可產生方波)所產生出來的方波，輸入至步進馬的達驅動器，步進馬達便會根據脈波數而動作出相對應的步級角，轉速根據脈波頻率(Hz)而定，只要變更輸入到驅動器的脈波數或頻率就可以自由改變步進馬達的速度，步進馬達因有此特性，故一般均採採開迴路(Open Loop)控制(無須反饋)運作，不只可當成定位馬達，也可當成同步性高的速度控制馬達，適用於低成本應用。

步進馬達依轉子的形式，分為可變磁阻型(Variable Reluctance Type：VR型)、永久磁鐵型(Permanent Magnet Type：PM 型)及混合型(Hybrid Type)三種，如圖 7-1 所示。

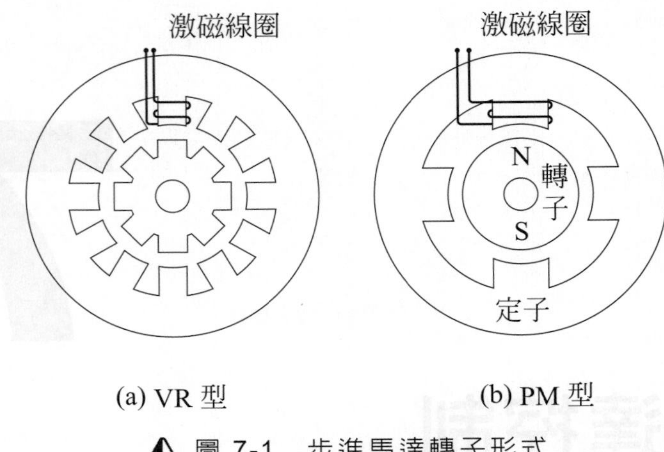

(a) VR 型　　(b) PM 型

圖 7-1　步進馬達轉子形式

而一般 5 相步進馬達之基本步進角為 0.72°，2 相步進馬達則是 1.8°。步進馬達之特性說明如下：

1. 步進馬達必須加驅動電路才能轉動，驅動電路的信號輸出端，必須輸入脈波(方波)信號，若無脈波輸入時，則轉子保持一定的位置，維持靜止狀態；反之，若加入適當的脈波(方波)信號時，則轉子是以一定的角度(稱為步進角)轉動。故，若加入連續脈波(方波)時，則轉子旋轉的角度與脈波頻率成正比。
2. 步進馬達一般的步進角度為 1.8°，而馬達轉一圈為 360°，故需要 200 步方能完成一轉，亦即步進馬達轉一圈需要 200 個脈波(方波)。
3. 步進馬達具有瞬間啓動與急速停止之優越特性。
4. 改變步進馬達線圈激磁的順序，即可改變馬達的旋轉方向。
5. 步進馬達控制繞組的激磁方式有：一相激磁、二相激磁及一、二相激磁。
6. 可開迴路穩定控制，只要將轉矩-轉速特性規格妥當選擇，即可獲得精密定位控制。

一般步進馬達爲四相六線式，四相爲(A、B、$\overline{A}$、$\overline{B}$)，六線爲有二組線圈分別爲(A、$\overline{A}$、Com)及(B、$\overline{B}$、Com)，如圖 7-2 所示。

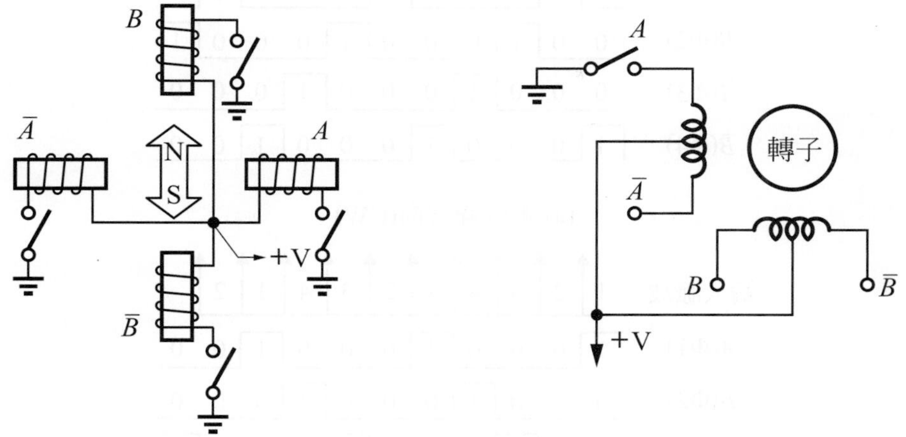

圖 7-2　四相六線式步進馬達

7-2　步進馬達激磁控制

1.　1 相激磁

在時間軸上每次只激磁一組定子線圈，因此稱爲 1 相激磁，此法目前較不常使用。

1 相的激磁脈衝信號順序爲：$A(\phi1)$、$B(\phi2)$、$\overline{A}(\phi3)$、$\overline{B}(\phi4)$，如圖 7-3(a)所示，步進馬達爲順時鐘(CW)運轉。若要使步進馬達反轉，只要將激磁脈衝信號順序反過來即可，如圖 7-3(b)所示，激磁脈衝信號順序爲：$\overline{B}(\phi4)$、$\overline{A}(\phi3)$、$B(\phi2)$、$A(\phi1)$，則步進馬達爲逆時鐘(CCW)運轉。

因每次只會使一組線圈通過電流，因此轉矩小、振動較大，消耗電力小，故使用 1 相激磁方式所驅動的步進馬達其輸出扭力(Torque)較小。

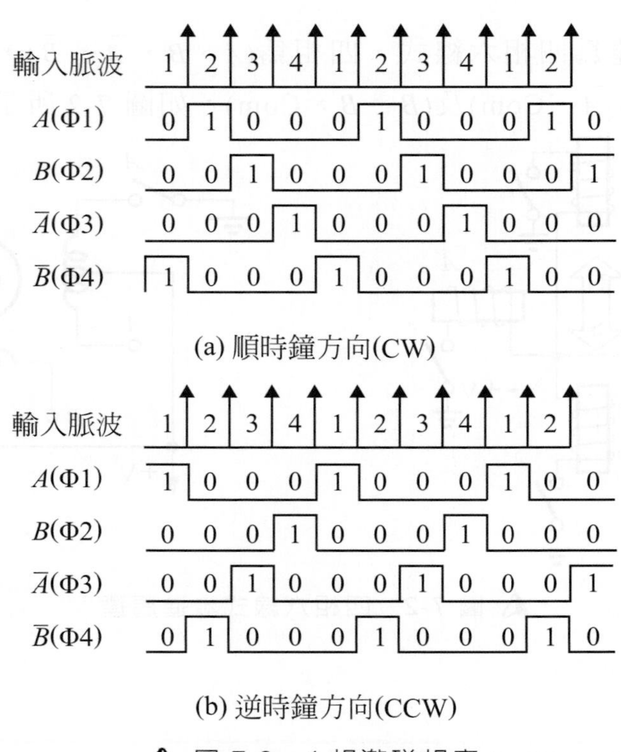

(a) 順時鐘方向(CW)

(b) 逆時鐘方向(CCW)

圖 7-3　1 相激磁相序

2.　2 相激磁

在時間軸上每次均使二組定子線圈激磁，因此稱爲 2 相激磁；亦即步進馬達每走一步都有二組定子線圈同時激磁，因此所產生的轉矩比 1 相激磁還要大。

2 相的激磁脈衝信號順序爲：$(A, B)(\phi1, \phi2)$、$(B, \overline{A})(\phi2, \phi3)$、$(\overline{A}, \overline{B})(\phi3, \phi4)$、$(\overline{B}, A)(\phi4, \phi1)$，如圖 7-4(a)所示，步進馬達爲順時鐘(CW)運轉。若要使步進馬達反轉，只要將激磁脈衝信號順序反過來即可，如圖 7-4(b)所示，激磁脈衝信號順序爲：$(\overline{B}, \overline{A})(\phi4, \phi3)$、$(\overline{A}, B)(\phi3, \phi2)$、$(B, A)(\phi2, \phi1)$、$(A, \overline{B})(\phi1, \phi4)$，則步進馬達爲逆時鐘(CCW)運轉。

使用 2 相激磁方式驅動，步進馬達的輸出扭力(Torque)比一相激磁大，4 相六線式的步進馬達通常使用此種方式驅動。

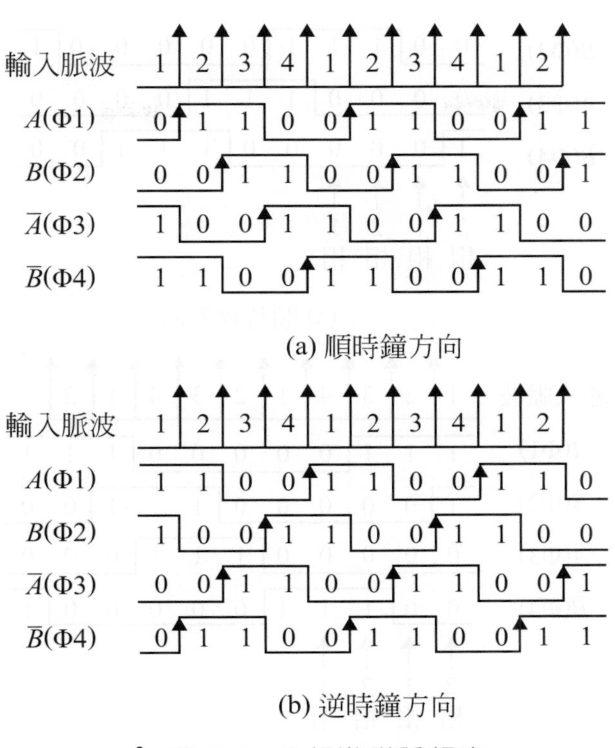

(a) 順時鐘方向

(b) 逆時鐘方向

圖 7-4 2 相激磁脈相序

3. 1-2 相激磁

在時間軸上激磁的順序是先激磁一組定子線圈，再激磁二組定子線圈，因此稱為 1-2 相激磁；此種方法是 1 相激磁與 2 相激磁的混合使用，而最大優點在於步進馬達每走一步的步進角為前兩種激磁方式的一半，因而可得到更小的步進角度。

1-2 相的激磁脈衝信號順序為：$(\overline{B}, A)(\phi4, \phi1)$、$A(\phi1)$、$(A, B)(\phi1, \phi2)$、$B(\phi2)$、$(B, \overline{A})(\phi2, \phi3)$、$\overline{A}(\phi3)$、$(\overline{A}, \overline{B})(\phi3, \phi4)$、$\overline{B}(\phi4)$，如圖 7-5(a)所示，步進馬達為順時鐘(CW)運轉。若要使步進馬達反轉，只要將激磁脈衝信號順序反過來即可，如圖 7-5(b)所示，激磁脈衝信號順序為：$(A, B)(\phi1, \phi2)$、$A(\phi1)$、$(A, \overline{B})(\phi1, \phi4)$、$\overline{B}(\phi4)$、$(\overline{A}, \overline{B})(\phi3, \phi4)$、$\overline{A}(\phi3)$、$(B, \overline{A})(\phi2, \phi3)$、$B(\phi2)$，則步進馬達為逆時鐘(CCW)運轉。

1-2 相激磁，是採用 1 相激磁與 2 相激磁相互交替使用，此種激磁方式使步進馬達可達到半步控制，以增加步進馬達的定位解析度。若每轉一圈為 200 步(步進角 = 1.8°)的步進馬達，若採用 1-2 相激磁方式，則旋轉一圈變成 400 步，則步進角度變為 0.9°。

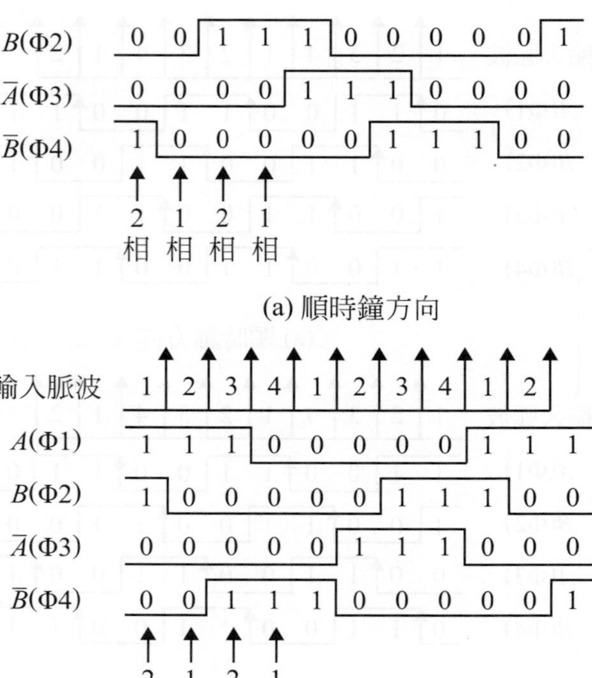

圖 7-5　1-2 相激磁脈相序

7-3 步進馬達轉矩-轉速特性曲線

步進馬達是以每秒幾個脈波數(Pulse Per Second,PPS)來表示轉速，而一般步進馬達轉矩-轉速特性曲線，如圖 7-6 所示。圖中可看出，轉矩與轉速的關係均具垂下現象，亦即轉速增加轉矩下降之特性，轉速與轉矩成反比。而一般情況下，步進馬達在低速運轉時會有高扭力(Torque)，高速運轉下扭力則會降低；除非驅動器具有微步進(Micro Stepping)功能，否則低速運轉時，步進馬達會有斷電情況，較高速度運轉時，步進馬達較爲穩定且扭力較高。空轉時，由於電流在步進馬達繞組中連續流動，步進馬達比尺寸相近的伺服馬達具有更高保持轉矩。

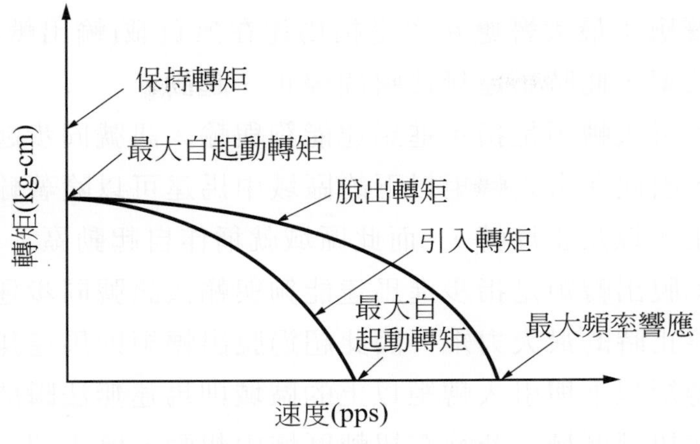

圖 7-6　步進馬達轉矩-轉速特性曲線

因開迴路控制無需回饋訊號，爲步進馬達控制系統中的優勢，因此步進馬達若發生失步的情況時，無法立即利用感測器將位置誤差傳回系統做修正補償，若要解決此問題，需從了解步進馬達的運轉特性來著手。所謂失步是指當馬達轉子的旋轉速度無法跟上定子激磁的速度時，造成馬達轉子停止轉動，不過步進馬達發生失步時只會造成馬達靜止，線圈雖然仍在激磁中，但由於是脈波訊號，因此線圈不會燒毀。

要防止步進馬達失步現象的發生，可以依照步進馬達的轉速與轉矩之特性曲線圖，來調配馬達的加速度控制程式。如圖 7-6 爲步進馬達之特性曲線，橫座標的速度爲每秒的脈波數目(Pulses Per Second)，而步進馬達有兩條特性曲線，步進馬達可以正常操作的範圍介於引入轉矩與脫出轉矩之間，圖 7-6 中所示之各個動態特性將分別說明如下：

1. 保持轉矩：2 相步進馬達採用 2 相激磁，或 5 相步進馬達採用 5 相激磁，各相都通過額定電流而轉子靜止不動所產生的最大轉矩，稱爲保持轉矩。
2. 最大自起動轉矩：最大自起動轉矩是指當起動脈波率低於 10pps 時，步進馬達能夠與輸入訊號同步起動、停止的最大轉矩。
3. 最大自起動頻率：最大自起動頻率是指馬達在無負載(輸出轉矩爲零)時最大的輸入脈波率，此時馬達可以瞬間停止、起動。

4. 最大頻率響應：最大響應頻率是指馬達在無負載(輸出轉矩為零)時最大的輸入脈波率，此時馬達無法瞬間停止、起動。
5. 引入轉矩：引入轉矩是指步進馬達能夠與輸入訊號同步起動、停止時的最大力矩，因此在引入轉矩以下的區域中馬達可以隨著輸入訊號做同步起動、停止、以及正反轉， 而此區域就稱作自起動區。
6. 脫出轉矩：脫出轉矩是指步進馬達能夠與輸入訊號同步運轉，但無法瞬間起動、停止時的最大力矩，因此超過脫出轉矩則馬達無法運轉，同時介於脫出轉矩以下與引入轉矩以上的區域則馬達無法瞬間起動、停止，此區域稱作扭轉區域，若欲在扭轉區域中起動、停止則必須先將馬達回復到自起動區，否則會有失步現象的發生。

7-4 PLC 控制步進馬達(專用指令)

使用 PLC FX3U 來控制步進馬達，主機需使用電晶體輸出型，示意及接線圖如圖 7-7 所示，需先完成外部配件，方能使用 PLC 高速脈波輸出之應用指令驅動步進馬達。

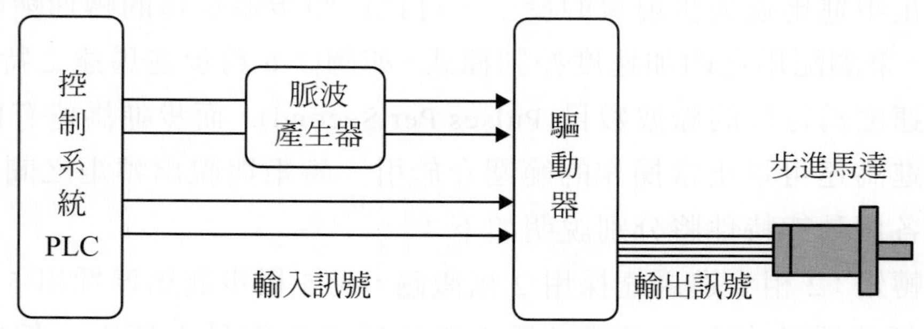

圖 7-7 PLC 與步進馬達接線圖

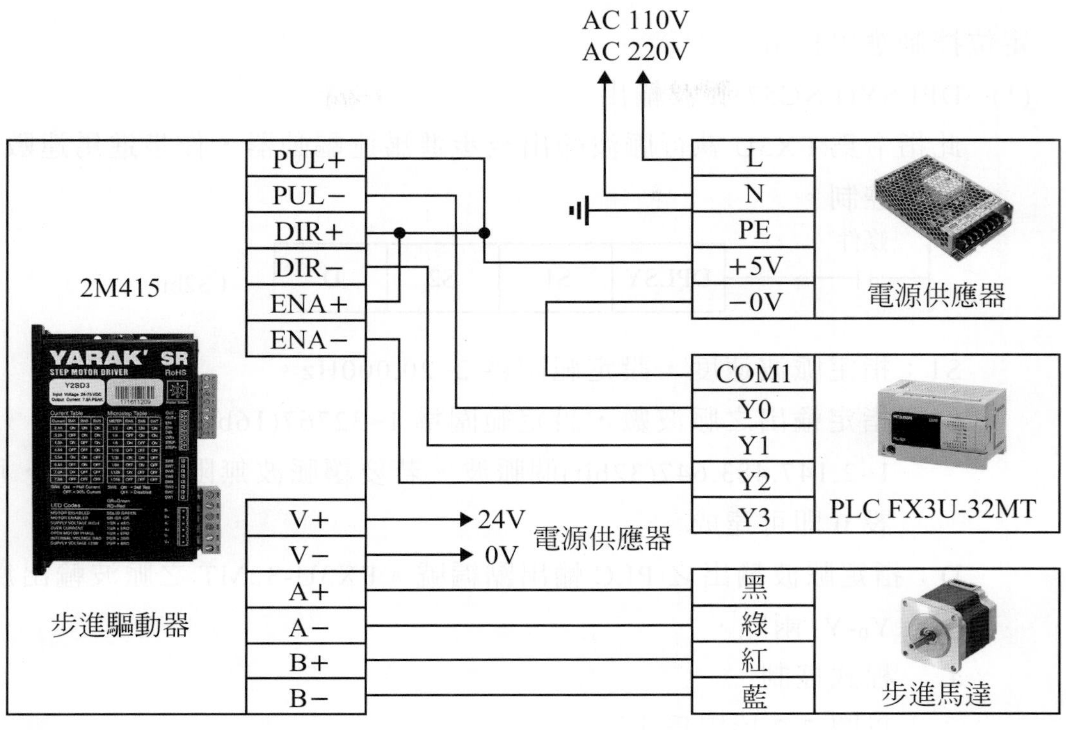

1. 外部配線接腳拉線：
   (1) 步進驅動器之接腳 V+、V－→直流電源供應器 24V、0V
   (2) 步進驅動器之接腳 A+、A－、B+、B－→步進馬達(1-2 相激磁)
   (3) 步進驅動器之接腳 PUL+、DIR+、ENA+→直流電源供應器的 5V
   (4) 步進驅動器之接腳 PUL－、DIR－、ENA－ → Y_0、Y_1、Y_2 (PLC FX3U-32MT)
   (5) PLC FX3U-32MT5 com1→直流電源供應器的 0V

   註：1. 步進驅動器之 PUL：脈衝波輸入、DIR：控制步進馬達運轉方向、ENA：控制步進馬達之啓動或停止。
   2. 步進馬達之 A、B 相接線方式與步進驅動器之相關設定，需參考所購買之使用說明書。

2. 定位控制應用指令

(1) DPLSY(FNC57)脈波輸出

此指令為 FX3U 執行脈波輸出至步進馬達驅動器，作步進馬達數值定位控制。

條件 ─┤├─ | DPLSY | S1 | S2 | D | (32bit)

S1：指定脈波速度，設定範圍為 2~20,000Hz。

S2：指定輸出之脈波數，設定範圍為 1~32767(16bit) 1~2,147,483,647(32bit)個脈波。若要讓脈波無限制的輸出，可設 0 即可達成。

D：指定脈波輸出之 PLC 輸出點編號。FX3U-32MT 之脈波輸出為 Y_0-Y_1 兩點。

a. 程式控制

以圖 7-7 接線為主

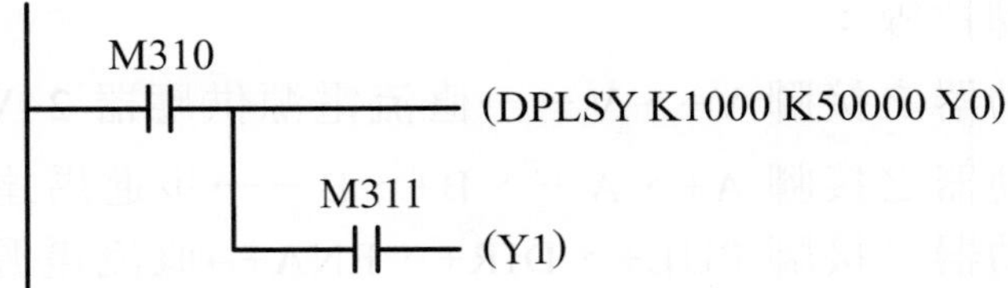

當 M310=ON 時，Y0 以 1kHz 的速度送出 50000 個脈波給步進馬達，M311=ON 時，可使步進馬達反轉。

註：
1. Yo 所輸出的脈波寬度為：ON-50%、OFF-50%即工作週期(duty cycle) 50%
2. ENA 及 Y2 可先不接，待步進馬達完成運轉控制後，再做 Y_2 之控制(啓動或停止)

b. 特殊輔助繼電器

當指定脈波數發送完畢時，M8029=ON。

c.　特殊輔助暫存器

Y0 及 Y1 的脈波輸出值會被存放在暫存器中，如下所示：

D8140(下位) D8141(上位)	Y0 脈波輸出之現在值
D8142(下位) D8143(上位)	Y1 脈波輸出之現在值
D8136(下位) D8137(上位)	Y0 及 Y1 脈波輸出之合計總數值

(2) DPLSR(FNC59)附加減速脈波輸出

此指令為 FX3U 執行脈波輸出至步進馬達驅動器，從靜止開始，作加速動作至目標速度後，當快到達定位距離時做減速動作，直到定位完成時脈波停止輸出。與 DPLSY 指令二擇一即可。

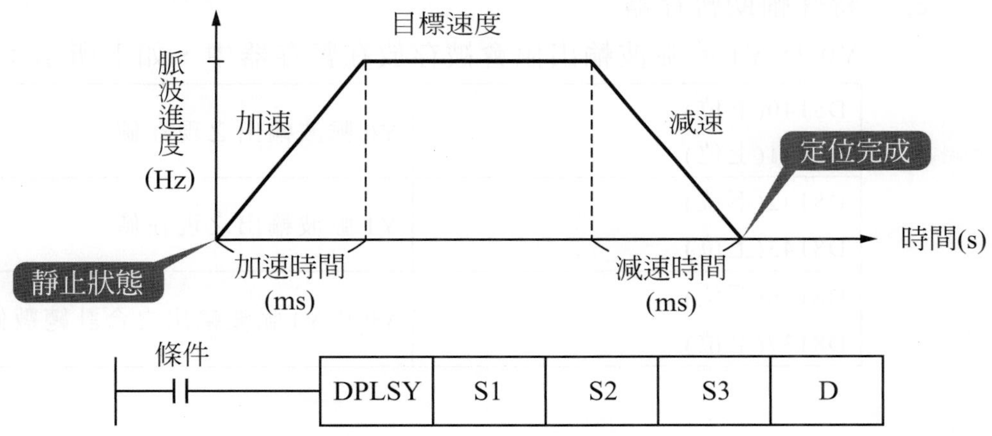

S1：指定脈波速度，設定範圍為 10~20,000Hz，需以 10 的倍數來設定。

S2：指定輸出之脈波數，設定範圍為 110~32767(16bit)、110~2,147,483,647(32bit)個脈波。

S3：指定加減速時間，設定範圍為 5000 以下，單位為 ms，無法單獨設定，即加速時間=減速時間。

D：指定脈波輸出之 PLC 輸出點編號。FX3U-32MT 脈波輸出為 Y0、Y1 兩點。

a. 程式控制

以圖 7-7 接線為主。

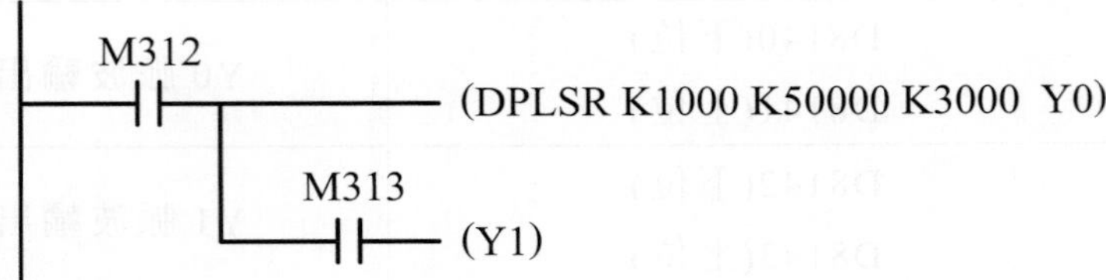

當 M312 = ON 時，Y0 以 1kHz 的速度送出 50000 個脈波給步進馬達，並以加速與減速各 3 秒的時間，完成加減速動作之步進定位控制。M313 = ON 時，可使步進馬達反轉。

b. 特殊輔助繼電器

當指定脈波數發送完畢時，M8029 = ON。

c. 特殊輔助暫存器

Y0 及 Y1 的脈波輸出值會被存放在暫存器中，如下所示：

D8140(下位) D8141(上位)	Y0 脈波輸出之現在值
D8142(下位) D8143(上位)	Y1 脈波輸出之現在值
D8136(下位) D8137(上位)	Y0 及 Y1 脈波輸出之合計總數值

Chapter 8

伺服馬達控制

8-1 伺服馬達基本介紹

伺服馬達可分爲 AC(AC servo motor)伺服與 DC(DC servo motor)伺服，又可分爲有刷式及無刷式，無刷式主要分兩大類：交流伺服(感應式)與直流伺服(永磁式同步、永磁式交流)，如圖 8-1 所示。有刷式多了一個碳刷會有維護上的問題，而無刷式沒有碳刷，所以沒有碳刷維護上的問題，故一般會以伺服無刷馬達爲主要之選項。

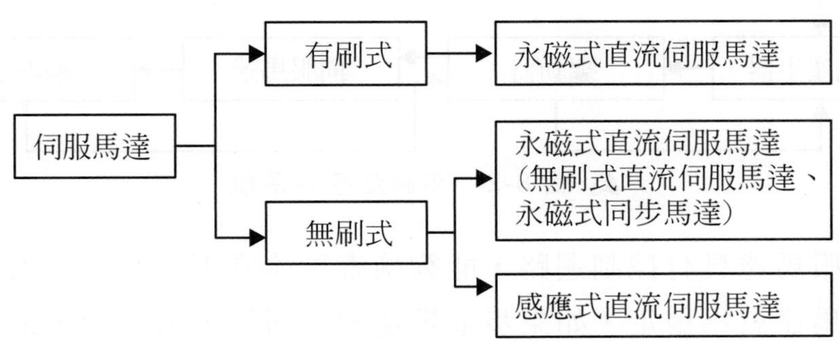

圖 8-1 伺服馬達分類

永磁式直流伺服馬達，其永久磁鐵在外，而會發熱之電樞線圈在內，有散熱的困難，因此降低了輸出功率(功率體積比)，在應用於直接驅動系統時，亦會因熱傳導而造成傳動軸的熱變形，故有其缺點。而交流馬達無論是永磁式或感應式，其造成旋轉磁場之電樞線圈均在馬達的外層，所以散熱較佳，較高的輸出功率(功率體積比)，適合用於直接驅動系統，亦是目前伺服馬達的主流選項。

此篇以主流交流(AC)伺服馬達爲主要說明，一般交流(AC)伺服馬達多使用感應馬達與直流無刷馬達，爲了使感應馬達有旋轉速度上的變化，就必須改變電源頻率，故伺服馬達驅動器(driver)需有類似變頻器(Inverter)的功能，通常包含速度迴路控制與位置迴路控制。其中以頻率響應來說，可在短時間內達到高速(2000rpm 以上)，如 CNC 加工機、研磨機。以速度轉矩來說，可使用的速度範圍比較寬廣，最高轉速可達到 3000～5000rpm；此外，伺服馬達因具備定轉矩的特性，在瞬間轉矩能達到額定轉矩的 3～5 倍，故在速度調整時，不會因速度的提高而導致轉矩的下降。以定位來說，因採閉迴路之迴授系統，如圖 8-2 所示，可由編碼器檢知及確保目前的位置、速度等資訊準確。以傳動機構的剛性來說，伺服馬達內部參數可調整，適合高中低剛性的場合，在停止時是完全靜止的，不會有晃動的情況產生，因上述等優勢，若需要做定位及速度控制，則以伺服馬達爲最佳選擇。

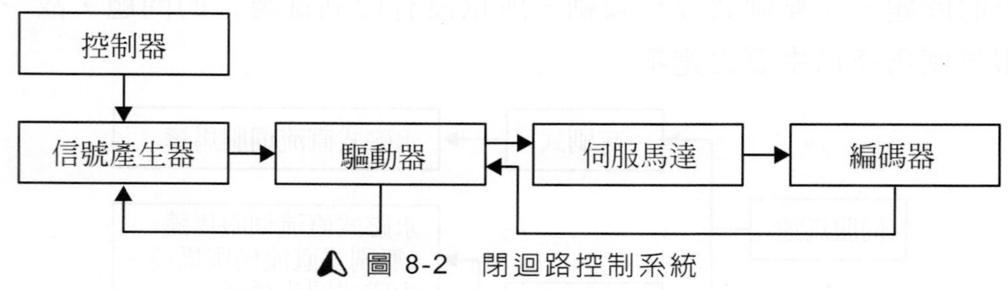

圖 8-2　閉迴路控制系統

由於伺服馬達具有控制迴路，能夠檢查馬達當下的狀態，因此伺服馬達通常比步進馬達更爲穩定，如果步進馬達因任何原因失步時，則沒有控制迴路來補償；伺服馬達的控制迴路會不斷檢查馬達是否在正確的路徑上，如果不是，則會進行必要的調整。

1. 伺服馬達系統：

伺服馬達系統由馬達本體、驅動部及編碼器等三部份組成，最大的特徵是採閉回路控制，驅動器的作用是接受脈波輸入，進行運算、訊號轉換後，驅動控制馬達運轉；並由編碼器檢知馬達的位置、速度等資訊，回授給驅動器進行比較，以確保控制準確，如圖 8-3 所示。

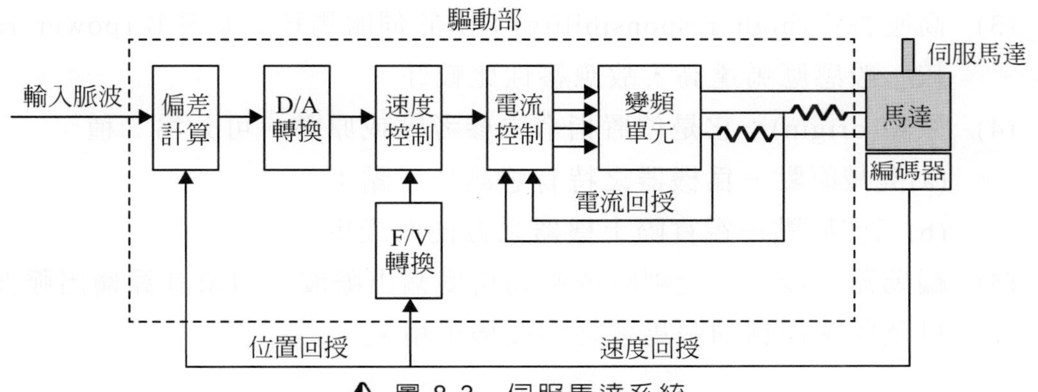

圖 8-3　伺服馬達系統

2. 伺服馬達控制模式：

伺服馬達具有各式運動控制模式／參數設定、控制介面 I/O、監控狀態、接收控制器脈波輸入指令等功能。通常搭配驅動器與控制器(PLC、DSP)，應用範圍：如 CNC 加工機、多關節機器人、恆速控制、追蹤系統、XY(Z)平台、機構訂位(定速)控制及轉矩控制等自動化控制。體積小、效率高可應用機械精密定位、使用半閉迴路系統及全閉路系統、絕對位置檢知、自我過負荷保護及一般產業機械精密定位應用。

(1) 速度控制：伺服馬達的轉速與輸入之脈波速度成比例關係，脈波速度快，馬達的運轉速度也跟著快，其關係如下：

馬達速度(r/min) = 解析度/360 度 × 脈波速度(HZ) × 60

(2) 位置控制：伺服馬達不需要位置感測器(SENSOR)，及能夠依照輸入的脈波數決定移動量，其移動量之大小，是依其解析度的大小及輸入脈波數決定，其關係如下：

移動量 = 解析度 × 脈波數

(3) 轉矩控制：當伺服馬達與驅動控制器連線時，馬達會以相對的設定轉矩，保持在固定狀態。

3. 伺服馬達特性說明：

(1) PWM 控制：相當於一種脈波寬度調頻控制，此頻率愈接近正弦波，伺服馬達之運轉效果愈好。

(2) 高定位精度(high accuracy)：伺服馬達可達到高定位精度及高穩定轉速，主要原因是其爲閉迴路之迴授系統。

(3) 高應答性(high responsibility)：由於伺服馬達之功率比(power rate)較一般感應馬達高，故應答性比較好。

(4) 原點(origin)：它是位置指令之參考點或原點。可分爲二種：

(a)機械原點－爲機器之特有感測參考點；

(b)工作原點－視實際上機器之方便而設定。

(5) 編碼器回授：當旋轉時依轉動角度輸出脈波，用來計算輸出脈波數目及頻率作爲伺服馬達之回授檢出用。

8-2 三菱伺服馬達控制(PLC 以電晶體輸出為主)

1. 位置與速度控制：位置指令輸入方式分爲 CCW/CW 脈衝、A/B 相位脈衝、Pulse+Dir(脈衝+方向)方式，依據輸入的脈波數目，達到控制馬達定位的目的，如圖 8-4 所示。本書外部接法及 PLC 應用指令以(脈衝+方向)定位爲主。

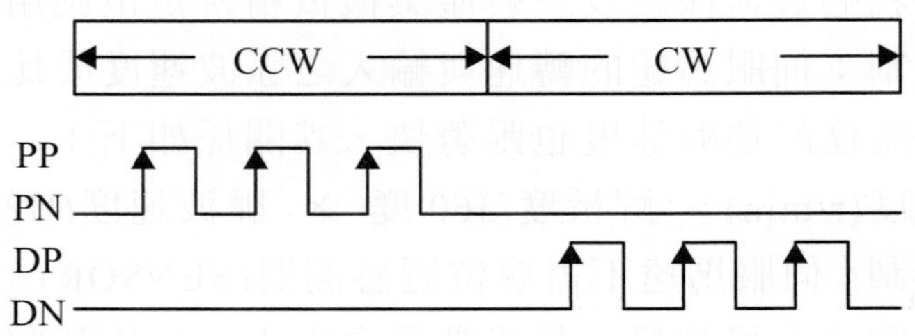

(a) CCW/CW 脈衝

圖 8-4 位置指令的輸入方式

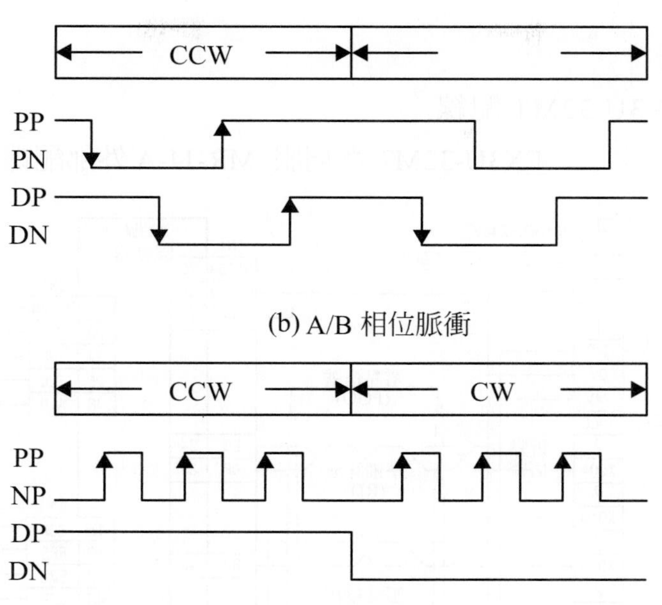

(b) A/B 相位脈衝

CCW CW PP NP DP DN

(c) Pulse + Dir

圖 8-4 位置指令的輸入方式(續)

2. 絕對型定位：

絕 對 型 定 位 指 令 控 制

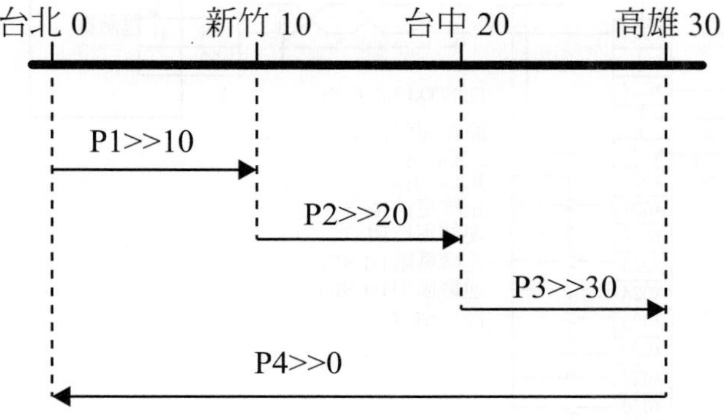

3. 外部配線圖

(1) PLC FX3U 32MT 配線

FX3U-32MT 與伺服 MR-J4-A 外部配線

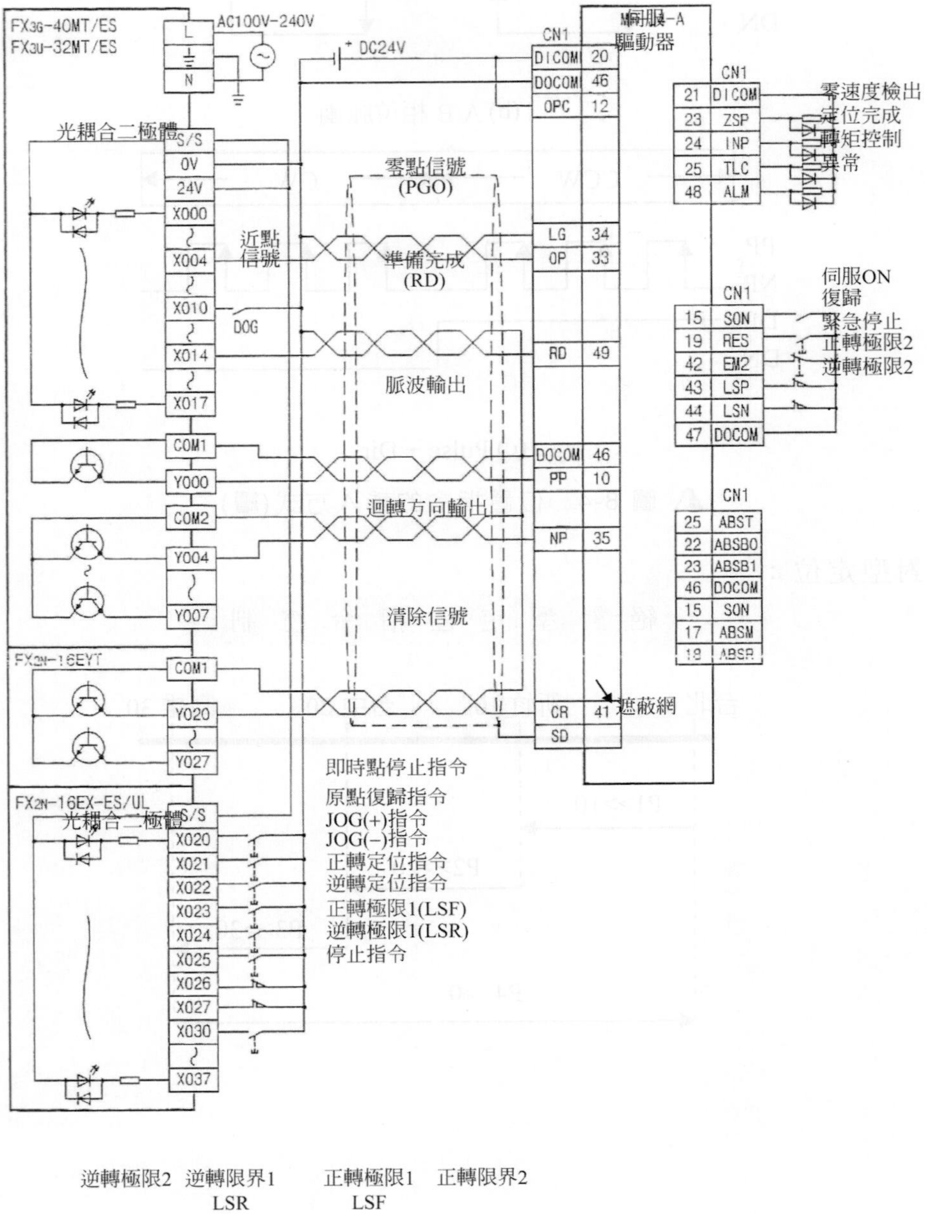

FX3G-40MT/ES
FX3U-32MT/ES
L
⏚
N
AC100V-240V
DC24V
光耦合二極體
S/S
0V
24V
X000
X004
X010
X014
X017
近點信號
DOG
COM1
Y000
COM2
Y004
Y007
FX2N-16EYT
COM1
Y020
Y027
FX2N-16EX-ES/UL
光耦合二極體
S/S
X020
X021
X022
X023
X024
X025
X026
X027
X030
X037
零點信號 (PGO)
準備完成 (RD)
脈波輸出
迴轉方向輸出
清除信號
即時點停止指令
原點復歸指令
JOG(+)指令
JOG(−)指令
正轉定位指令
逆轉定位指令
正轉極限1(LSF)
逆轉極限1(LSR)
停止指令
MR-J4-A 伺服驅動器
CN1
DICOM 20
DOCOM 46
OPC 12
LG 34
OP 33
RD 49
DOCOM 46
PP 10
NP 35
CR 41
SD
遮蔽網
CN1
21 DICOM
23 ZSP
24 INP
25 TLC
48 ALM
零速度檢出
定位完成
轉矩控制
異常
CN1
15 SON
19 RES
42 EM2
43 LSP
44 LSN
47 DOCOM
伺服ON
復歸
緊急停止
正轉極限2
逆轉極限2
CN1
25 ABST
22 ABSB0
23 ABSB1
46 DOCOM
15 SON
17 ABSM
18 ABSR

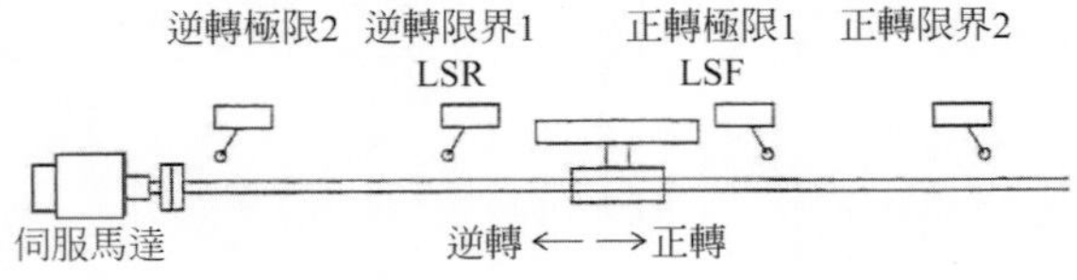

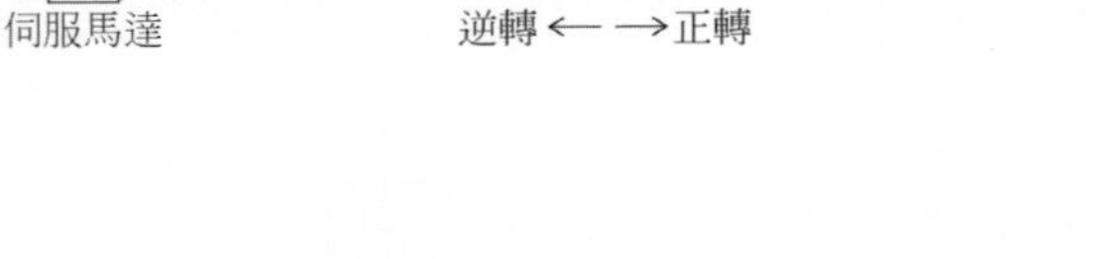

(2) 信號名稱：

簡稱	信號名稱	簡稱	信號名稱
SON	伺服 ON	RES	RESET
LSP	正轉極限	EM2	緊急停止 2
LSN	反轉極限	LOP	控制模式切換
CR	CLEAR	TLC	轉矩限制中
SP1	速度選擇 1	VLC	速度限制中
SP2	速度選擇 2	RD	準備完了
PC	比例控制	ZSP	零速度
ST1	正轉起動	INP	定位到達
ST2	反轉起動	SA	速度到達
RS1	正轉選擇	ALM	故障
RS2	反轉選擇	OP	編碼器 Z 相脈波(開集極方式)
TL	外部扭力限制選擇		

4. 速度控制模式

交流伺服馬達與其它一般可變速馬達(如變頻器、直流無刷馬達等)之運轉特性一樣，具有以下特性，如下圖所示。

(1) 緩起動、停止機能：加減速時產生的衝擊，加速及減速的變動率。

(2) 廣大的速度控制範圍：從低速至高速之間的控制範圍(1：1000 ~ 5000RPM)速度控制範圍內，有定轉矩之特性。

(3) 速度變動率小：即使負載變動，速度依然不會有太大的改變產生。

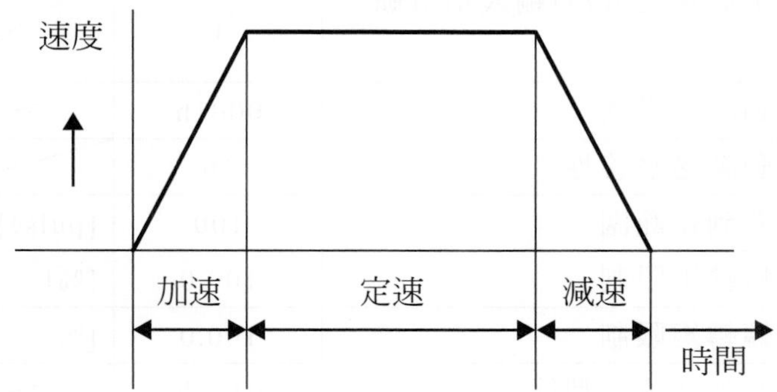

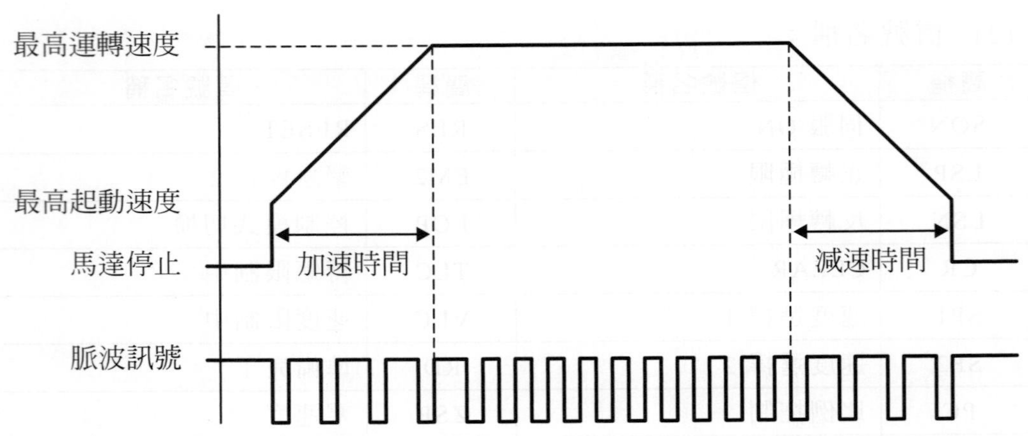

8-3 伺服馬達(三菱 J4)驅動器參數設定

1. PA 參數：

編號	簡稱	名稱	初始值	單位	控制模式		
					P	S	T
PA01	*STY	控制模式	1000h		○	○	○
PA02	*REG	回升選配	0000h		○	○	○
PA03	*ABS	絕對位置系統	0000h		○		
PA04	*AOP1	機能選擇 A-1	2000h		○	○	
PA05	*FBP	輸入指令一回轉脈波數	10000		○		
PA06	CMX	電子齒輪比分子(輸入指令脈波倍率分子)	1		○		
PA07	CDV	電子齒輪比分母(輸入指令脈波倍率分母)	1		○		
PA08	ATU	自動調諧模式	0001h		○	○	
PA09	RSP	自動調諧應答性	16		○	○	
PA10	INP	位置到達範圍	100	[pulse]	○		
PA11	TLP	正轉轉矩限制	100.0	[%]	○	○	○
PA12	TLN	逆轉轉矩限制	100.0	[%]	○	○	○
PA13	*PLSS	指令脈波輸入型態	0100h		○		
PA14	*POL	回轉方式選擇	0		○		
PA15	*ENR	編碼器輸出脈波	4000	[pulse/rev]	○	○	○

編號	簡稱	名稱	初始值	單位	控制模式		
					P	S	T
PA16	*ENR2	編碼器輸出脈波 2	1		○	○	○
PA17		廠商設定用	0000h				
PA18			0000h				
PA19	*BLK	參數禁止寫入	00A4h		○	○	○
PA20	*TDS	強韌驅動設定	0000h		○	○	○
PA21	*AOP3	機能選擇 A-3	0001h		○	○	
PA22		廠商設定用	0000h				
PA23	DRAT	強韌驅動任意異常起動設定	0000h		○	○	○
PA24	AOP4	機能選擇 A-4	0000h		○	○	
PA25		廠商設定用	0				
PA26			0000h				
PA27			0000h				
PA28			0000h				
PA29			0000h				
PA30			0000h				
PA31			0000h				
PA32			0000h				

2. PA 參數說明

(1) J3 伺服馬達解析度：262144 P/rev

J4 伺服馬達解析度：4194304 P/rev

(2) PA01 運轉模式設定，可設爲：1001

0：位置設定

1：位置與速度設定

2：速度設定

3：速度與轉矩設定

4：轉矩設定

5：轉矩與位置設定

(3) PA03 絕對位置檢出選擇，可設為：0000
0000→0 使用增量型系統(無電池記憶)
0001→1 使用絕對值系統

(4) PA05 快速電子齒輪化，通常可設 1 個導螺桿之螺距的長度，若 P = 4250mm = 4250μm，則值可設為 4250。亦即伺服馬達轉 1 圈所需的脈波數。

(5) PA06 電子齒輪比(分子)CMX，可設伺服馬達之解析度(4194304)

(6) PA07 電子齒輪比(分母)CDX，可設機構導螺桿上的螺距(4250)

$$電子齒輪比=\frac{CMX}{CDV}=\frac{PA06}{PA07}=\frac{4194304}{4250}$$

(7) PA09 調整機械轉軸鋼性，可設 20(1~40 範圍)

(8) PA13 脈波指令輸入型態設定，一般設 0001

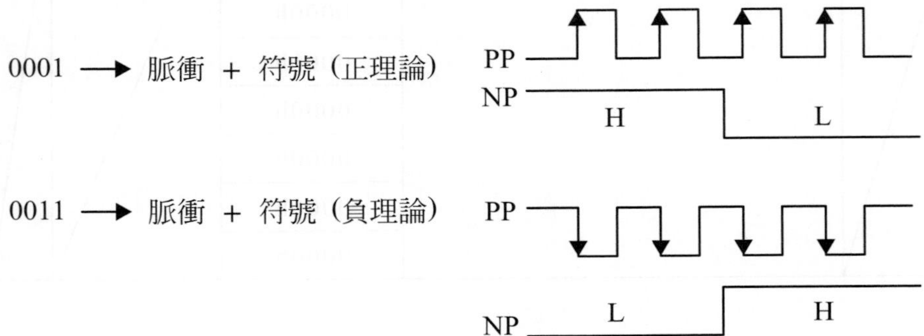

(9) PA14 迴轉方向設定，一般設 1
1→正轉脈波輸入(cw)，反轉脈波輸入(ccw)
0→正轉脈波輸入(ccw)，反轉脈波輸入(cw)

※1. 伺服驅動器設定完成之後，需重新開啓電源方能有效。

※2. 恢復原廠設定值，首先將 PA19 設 ABCD，斷電後再送電，再將 PH17 設 5012，斷電後再送電即可恢復原廠設定。

8-4 PLC 控制伺服馬達(專用指令)

使用 PLC FX3U 來控制步進馬達，主機需使用電晶體輸出型，示意及接線圖如下所示，需先完成外部配件，方能使用 PLC 伺服定位控制之應用指令驅動伺服馬達。

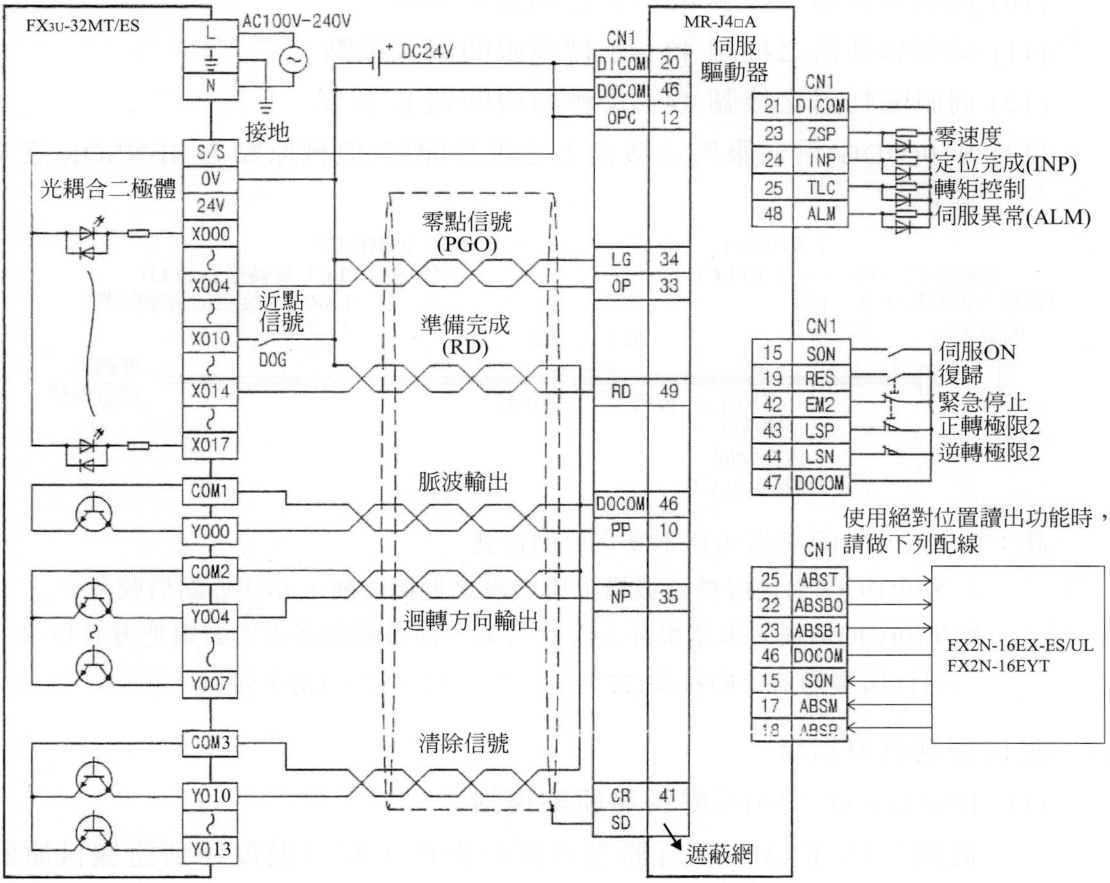

圖 8-4　PLC 電晶體輸入，輸出 NPN 型接線圖

1. 外部配線接腳拉線：

   (1) 伺服驅動器之接腳 12、20→＋24V(電線供應器)

   (2) 伺服驅動器之接腳 34、46→0V(電源供應器)

   (3) 伺服驅動器之接腳 33→X4(PLC FX3U-32MT)

   (4) 伺服驅動器之接腳 49→X14(PLC FX3U-32MT)

(5) 伺服驅動器之接腳 46→com1、com2、com3(PLC FX3U-32MT)

(6) 伺服驅動器之接腳 10→Y0(PLC FX3U-32MT)

(7) 伺服驅動器之接腳 35→Y4(PLC FX3U-32MT)

(8) 伺服驅動器之接腳 41→Y10(PLC FX3U-32MT)可不接

(9) 伺服驅動器之接腳 15→開關 a 接點

(10) 伺服驅動器之接腳 42→急停開關 b 接點

(11) 伺服驅動器之接腳 43→正轉極限開關 b 接點

(12) 伺服驅動器之接腳 44→反轉極限開關 b 接點

(13) X10(DOG)為伺服馬達機構上之近接開關(機械原點之 SENSOR 感測器)

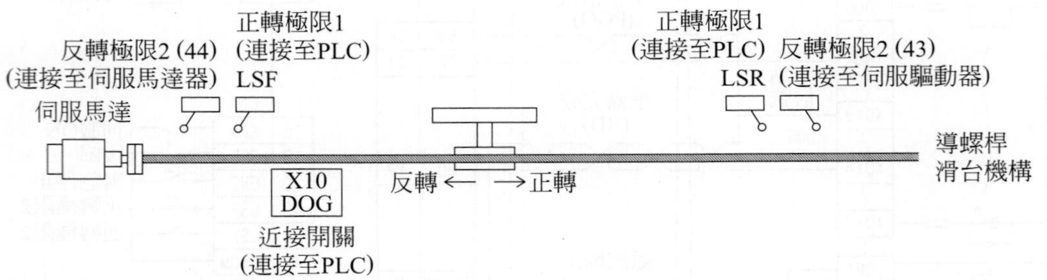

註：1. X4(PGO)為伺服馬達本身之原點信號

2. X10(DOG)為伺服馬達機構上所裝設之近接開關，亦即近點信號。

3. Y10(CR)為伺服馬達本身之清除信號，伺服驅動器需安裝電池方有作用，另伺服驅動器上的接腳(25、22、23、15、17、18)亦同。

2. 定位控制應用指令

(1) DSZR(FNC 150)近點搜尋原點復歸

此指令為 FX3U 執行原點復歸的動作，當原點復歸到達機械原點時，現在值會被當成機械原點的位置。說如如下：

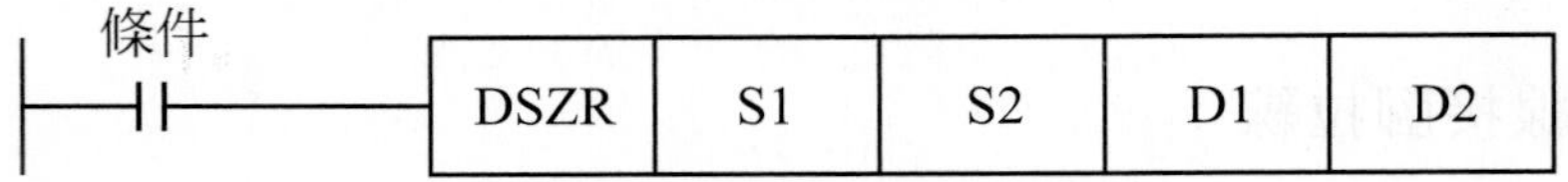

S1：近點信號(DOG)，機構上之近接開關所連接 PLC 的輸入點編號。

S2：原點信號(PGO)，伺服驅動器上之 OP(33)，所連接 PLC 的輸入點編號。

D1：脈波輸出之 PLC 輸出點編號。FX3U-32MT 高速脈波輸出為 Y0、Y1、Y2 三點。

D2：迴轉方向之 PLC 輸出點編號。(Y4→NP(35))

(a) 程式控制

以圖 8-4 接線為主。

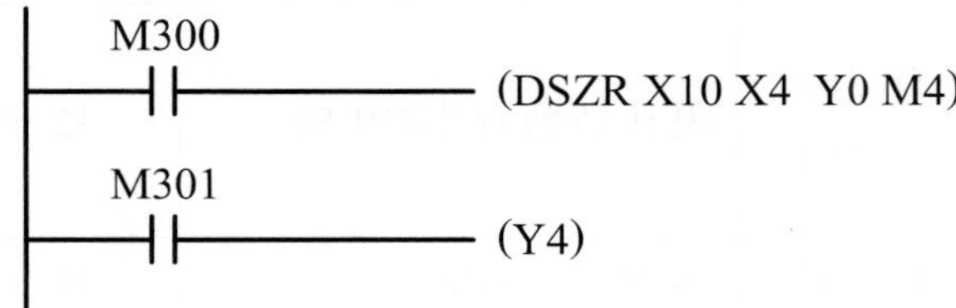

當 M300 = ON 時，執行伺服馬達原點復歸之動作，且具有近點(DOG)及原點搜尋功能。

PS.此指令執行中，應避免 PLC 在 RUN 中將程式寫入之動作。

(b) 特殊輔助繼電器

與脈波輸出端 Y0、Y1、Y2 有相對應關係的特殊輔助繼電器如下表所示。

元件編號			功能	R/W
Y0	Y1	Y2		
M8029			"指令執行完畢"旗標	R
M8329			"指令執行異常結束"旗標	R
M8340	M8350	M8360	"脈波輸出監視"旗標(BUSY/READY)	R
M8341	M8351	M8361	"CLEAR 信號輸出允許"旗標*	R/W
M8342	M8352	M8362	"原點復歸方向"*	R/W
M8343	M8353	M8363	正轉極限	R/W
M8344	M8354	M8364	反轉極限	R/W
M8345	M8355	M8365	DOG 信號邏輯反相*	R/W
M8346	M8356	M8366	機械原點信號邏輯反相*	R/W
M8348	M8358	M8368	定位指令執行中	R
M8349	M8359	M8369	脈波輸出停止*	R/W
M8464	M8465	M8466	啓動"清除信號功能"*	R/W

R：只可讀出，R/W：讀出/寫入均可

PLC 運轉模態從 RUN 切換成 STOP 時，此信號被復歸成 OFF。

(c) 特殊輔助暫存器

與脈波輸出端 Y0、Y1、Y2 有相對應關係的特殊輔助暫存器如下表所示。

元件編號			功能	資料長度	起始值
Y0	Y1	Y2			
D8340 D8341	D8350 D8351	D8360 D8361	現在值暫存器(PLS)	32 位元	0
D8342	D8352	D8362	起動速度(Hz)	16 位元	0
D8343 D8344	D8353 D8354	D8363 D8364	最高速度(Hz)	32 位元	100,000
D8345	D8355	D8365	原點減速速度(Hz)	16 位元	100
D8346 D8347	D8356 D8357	D8366 D8367	原點復歸速度(Hz)	32 位元	50,000
D8348	D8358	D8368	加速時間(ms)	16 位元	100
D8349	D8359	D8369	減速時間(ms)	16 位元	100
D8464	D8465	D8466	CLEAR 信號輸出	16 位元	-

(2) DZRN(FNC 156)原點復歸

此指令為 FX3U 執行原點復歸的動作，當原點復歸到達機械原點時，現在值會被當成機械原點的位置，但無伺服驅動器上的原點信號(PGO)作比對。

若伺服馬達欲作機械原點復歸之動作時，DSZR 與 DZRN 指令二擇一即可，但一般會使用 DZRN，因原點復歸速度可直接調整(設定)。

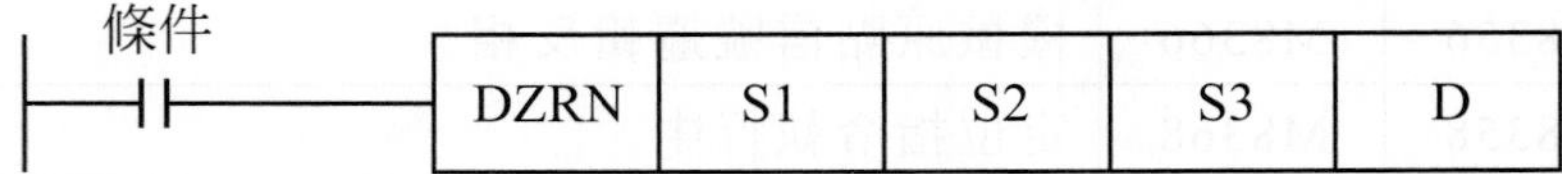

S1： 原點復歸速度，設定範圍為 10~100,000Hz。

S2： 原點復歸減速速度，初始值為 1000。

S3： 近點信號(DOG)，機構上之近接開關所連接 PLC 的輸入點編號。

D： 脈波輸出之 PLC 輸出點編號。FX3U-32MT 高速脈波輸出爲 Y0、Y1、Y2 三點。(Y0→PP(10))

(a) 程式控制

以圖 8-4 接線爲主。

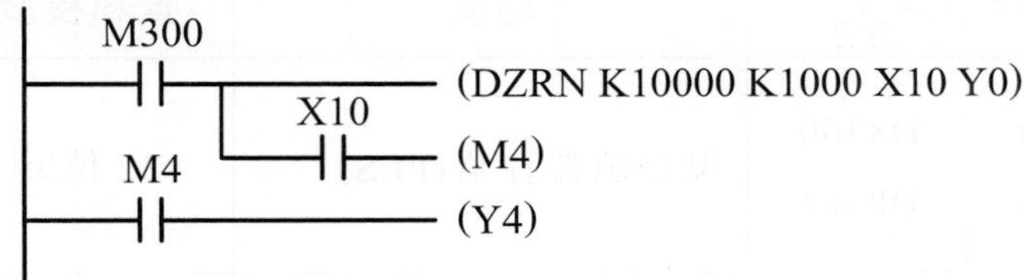

當 M302 = ON 時，執行伺服馬達原點復歸之動作，有具近點(DOG)搜尋功能。

註：1. 此指令執行中，應避免 PLC 在 RUN 中將程式寫入之動作。
2. 若原點復歸之旋轉方向相反，亦改設伺服驅動器之 PA14 內容即可。(1→0 或 0→1)。

(b) 特殊輔助繼電器

與脈波輸出端 Y0、Y1、Y2 有相對應關係的特殊輔助繼電器如下表所示。

元件編號			功能	R/W
Y0	Y1	Y2		
M8029			“指令執行完畢”旗標	R
M8329			“指令執行異常結束”旗標	R
M8340	M8350	M8360	“脈波輸出監視”旗標(BUSY/READY)	R
M8341	M8351	M8361	“CLEAR 信號輸出允許”旗標*	R/W
M8343	M8353	M8363	正轉極限	R/W
M8344	M8354	M8364	反轉極限	R/W
M8348	M8358	M8368	定位指令執行中	R
M8349	M8359	M8369	脈波輸出停止*	R/W
M8464	M8465	M8466	啓動”清除信號功能”*/	R/W

R：只可讀出，R/W：讀出/寫入均可

*PLC 運轉模態從 RUN 切換成 STOP 時，此信號被復歸成 OFF。

(c) 特殊輔助暫存器

與脈波輸出端 Y0、Y1、Y2 有相對應關係的特殊輔助暫存器如下表所示。

元件編號			功能	資料長度	起始值
Y0	Y1	Y2			
D8340 D8341	D8350 D8351	D8360 D8361	現在值暫存器(PLS)	32 位元	0
D8342	D8352	D8362	起動速度(Hz)	16 位元	0
D8343 D8344	D8353 D8354	D8363 D8364	最高速度(Hz)	32 位元	100,000
D8348	D8358	D8368	加速時間(ms)	16 位元	100
D8349	D8359	D8369	減速時間(ms)	16 位元	100
D8464	D8465	D8466	CLEAR 信號輸出	16 位元	-

(3) DPLSV(FNC157)變速輸出

此指令可執行兼具加減速的變速輸出，類似 JOG 寸動之功能，正轉 JOG(+)或反轉 JOG(－)。

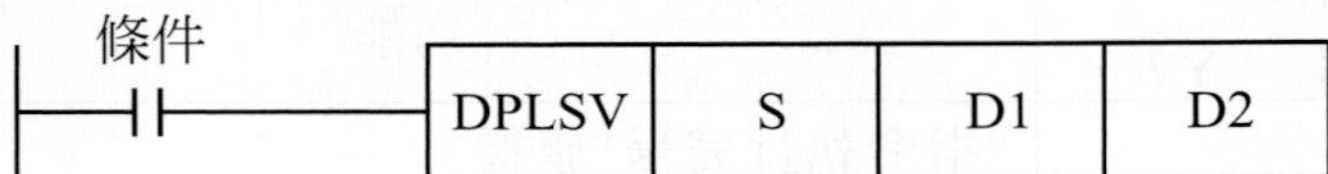

S：脈波輸出之速度值，設定範圍爲－100,000~100,000Hz

D1：脈波輸出之 PLC 輸出點編號。FX3U-32MT 高速。脈波輸出爲 Y0、Y1、Y2 三點。(Y0→PP(10))。

D2：迴轉方向之 PLC 輸出點編號(Y4→NP(35))。

(a) 程式控制

以圖 8-4 接線爲主。

```
 |    M303
 |----| |--------------(DPLSV K10000  Y0 M4)
 |    M304
 |----| |--------------(DPLSV K10000  Y0 M4)
 |     M4
 |----| |--------------(Y4)
 |
```

當 M303 = ON 時，伺服馬達正轉，M303 = OFF，伺服馬達停止旋轉。

當 M304 = ON 時，伺服馬達反轉，M304 = OFF，伺服馬達停止旋轉。

註：此指令執行中，應避免 PLC 在 RUN 中將程式入及動作。

元件編號			功能	R/W
Y0	Y1	Y2		
M8029			"指令執行完畢"旗標	R
M8329			"指令執行異常結束"旗標	R
M8338			啓動"中斷插入功能"	R/W
M8340	M8350	M8360	"脈波輸出監視"旗標 (BUSY/READY)	R
M8342	M8352	M8362	指定原點復歸的方向*	R/W
M8343	M8353	M8363	正轉極限	R/W
M8344	M8354	M8364	反轉極限	R/W
M8348	M8358	M8368	定位指令執行中	R

(b) 特殊輔助繼電器

與脈波輸出端 Y0、Y1、Y2 有相對應關係的特殊輔助繼電器如下表所示。

R：只可讀出，R/W：讀出/寫入均可

*PLC 運轉模態從 RUN 切換成 STOP 時，此信號被復歸成 OFF。

(c) 特殊輔助暫存器

與脈波輸出端 Y0、Y1、Y2 有相對應關係的特殊輔助暫存器如下表所示。

元件編號			功能	資料長度	起始值
Y0	Y1	Y2			
D8340 D8341	D8350 D8351	D8360 D8361	現在值暫存器(PLS)	32 位元	0
D8342	D8352	D8362	起動速度(Hz)	16 位元	0
D8343 D8344	D8353 D8354	D8363 D8364	最高速度(Hz)	32 位元	100,000
D8348	D8358	D8368	加速時間(ms)	16 位元	100
D8349	D8359	D8369	減速時間(ms)	16 位元	100

(4) DDRVA(FNC 159)絕對位置定位控制

此指令被執行時，FX3U 以所指定的脈波速度值去執行所指定的絕對位置值，定位完後立即停止。

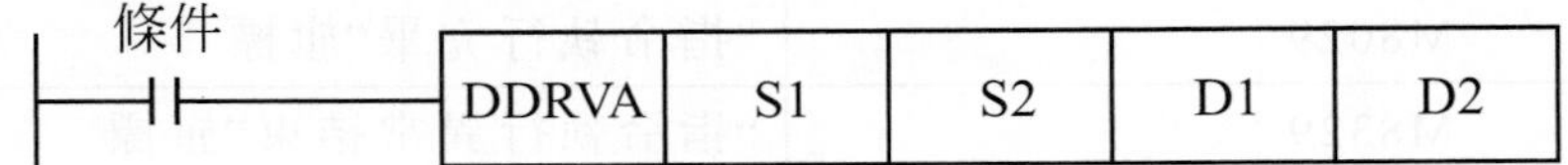

S1：絕對位置之設定值，其設定範圍爲-999,999~999,999。

S2：脈波輸出之速度值，其設定範圍爲 10~100,000Hz。

D1：脈波輸出之 PLC 輸出點編號。(Y0→PP(10))。

D2：迴轉方向之 PLC 輸出點編號。(Y4→NP(35))。

(a) 程式控制

以圖 8-4 接線爲主。

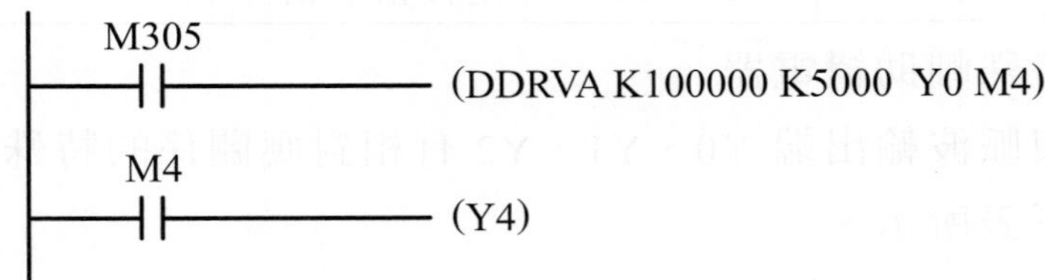

當 M305 = ON 時，伺服馬達去 100000 的位置，以 5000Hz 的速度前進，定位完成後立即停止運轉。

註：此指令執行中，應避免 PLC 在 RUN 中將程式寫入之動作。

(b) 特殊輔助繼電器

與脈波輸出端 Y0、Y1、Y2 有相對應關係的特殊輔助繼電器如下表所示。

元件編號			功能	R/W
Y0	Y1	Y2		
M8029			"指令執行完畢"旗標	R
M8329			"指令執行異常結束"旗標	R
M8340	M8350	M8360	"脈波輸出監視"旗標(BUSY/READY)	R
M8343	M8353	M8363	正轉極限	R/W
M8344	M8354	M8364	反轉極限	R/W
M8348	M8358	M8368	定位指令執行中	R
M8349	M8359	M8369	脈波輸出停止*	R/W

R：只可讀出 R/W：讀出/寫入均可

*1.PLC 運轉模態從 RUN 切換成 STOP 時，此信號被復歸成 OFF。

(c) 特殊輔助暫存器

與脈波輸出端 Y0、Y1、Y2 有相對應關係的特殊輔助暫存器如下表所示。

元件編號			功能	資料長度	起始值
Y0	Y1	Y2			
D8340 D8341	D8350 D8351	D8360 D8361	現在值暫存器(PLS)	32 位元	0
D8342	D8352	D8362	起動速度	16 位元	0
D8343 D8344	D8353 D8354	D8363 D8364	最高速度(Hz)	32 位元	100,000
D8345	D8355	D8365	原點減速速度(Hz)	16 位元	1000
D8346 D8347	D8356 D8357	D8366 D8367	原點復歸速度(Hz)	32 位元	50,000
D8348	D8358	D8368	加速時間(ms)	16 位元	100
D8349	D8359	D8369	減速時間(ms)	16 位元	100

Chapter 9

機電整合乙級術科解析

機電整合乙級檢定除了術科動作流程要符合題意要求之外，尚需書寫術科測試試題答案(A3 用紙)，共有四部分要書寫；第一部分：氣壓迴路圖、第二部分：計算與元件選用、第三部分：I/O 規劃表及馬達控制迴路圖、第四部分：標準 SFC 順序功能流程圖，如下圖所示，檢定時間共六小時。

肆、機電整合乙級技術士技能檢定術科測試試題答案紙

(A3 紙印)

試　題		姓　名		准考證號碼		技術文件扣分總數		評審簽名	

<table>
<tr><td>一、氣壓迴路圖</td><td rowspan="2">三、I/O 規劃表及馬達控制迴路圖</td><td rowspan="2">四、標準 SFC 順序功能流程圖(IEC 61131-3)</td></tr>
<tr><td>二、計算與元件選用(項次　)</td></tr>
<tr><td colspan="3">本表由辦理檢定單位自行設計成 A3 橫式尺寸，辦理單位不得在空白區加入任何圖形或文字，評分表請印刷在本答案紙背面右半部，可以對摺，以利評分。</td></tr>
</table>

本書依檢定題目及答案紙做答順序，將相關參考答案書寫於後。

9-1 震動送料與品質檢驗

1. 機構分解圖 

震動送料與品質檢驗

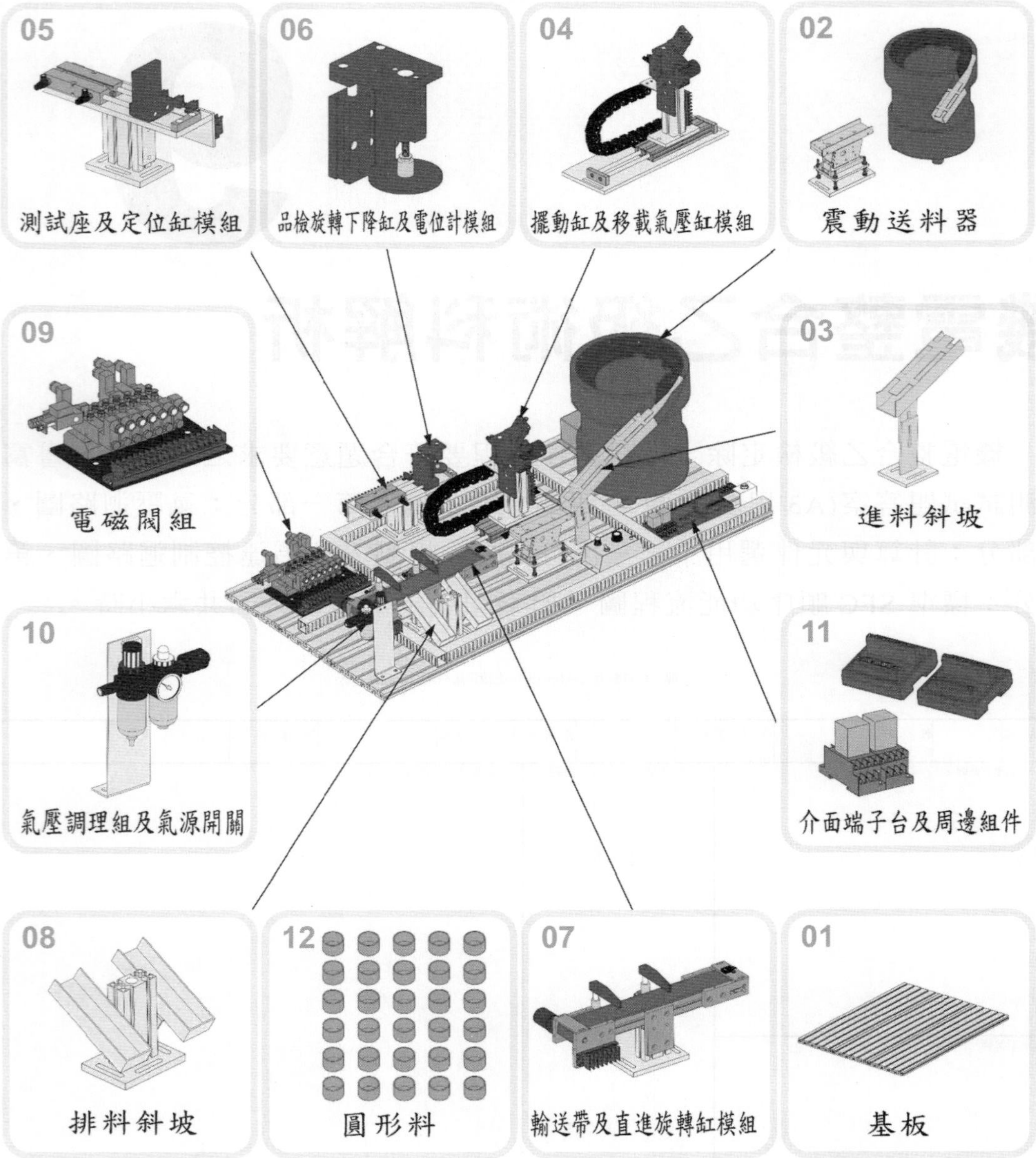

05 測試座及定位缸模組

06 品檢旋轉下降缸及電位計模組

04 擺動缸及移載氣壓缸模組

02 震動送料器

09 電磁閥組

03 進料斜坡

10 氣壓調理組及氣源開關

11 介面端子台及周邊組件

08 排料斜坡

12 圓形料

07 輸送帶及直進旋轉缸模組

01 基板

2.　試題說明

一、試題編號：17000-1010201

二、試題名稱：震動送料與品質檢驗

三、檢定時間：360 分鐘(六小時)

四、系統架構示意圖：

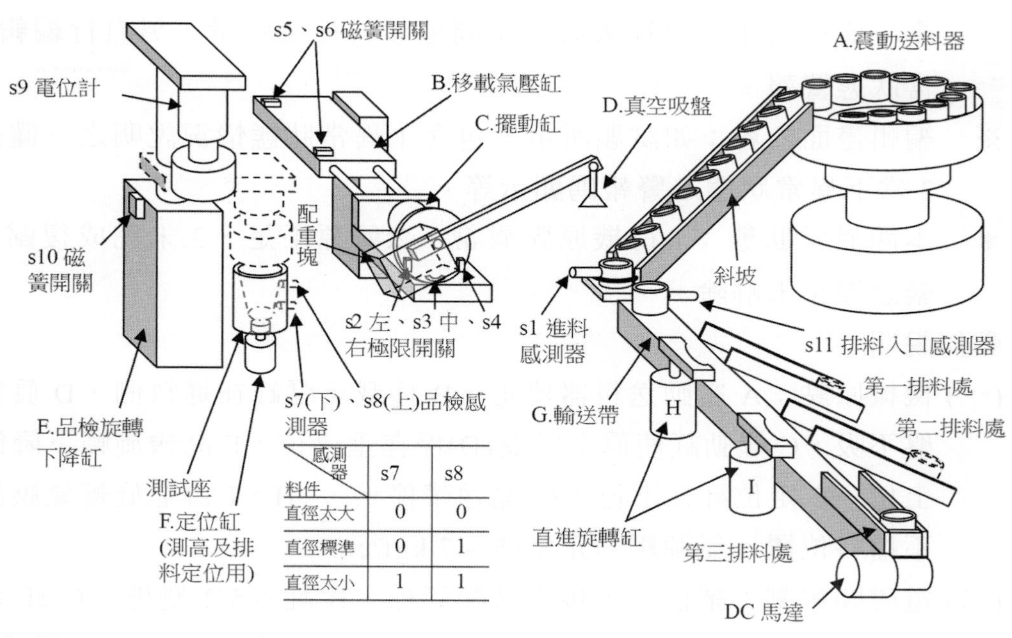

感測器 / 料件	s7	s8
直徑太大	0	0
直徑標準	0	1
直徑太小	1	1

本系統架構示意圖不能做為組裝依據，實際機構以檢定設備為準。

五、機構組成：

編號	模組名稱	數量	編號	模組名稱	數量
01	基板	1	07	輸送帶(含端點擋料板)及直進旋轉缸模組	1
02	震動送料器(含震動圓盤上姿勢調整機構)	1	08	排料斜坡	2
03	進料斜坡	1	09※	電磁閥組	1
04	擺動缸及移載氣壓缸模組	1	10※	氣壓調理組及氣源開關	1
05	測試座及定位缸模組	1	11※	介面端子台及周邊組件	1 式
06	品檢旋轉下降缸及電位計模組	1	12	圓形料： D+、D−、H+、H−各 5 個，N*10	

註記※者機構拆卸時不需離開基板。

六、緊急停止按鈕及人機介面說明：

(一) 押扣式按鈕開關：做爲機械緊急停止(EMS)之用。

(二) 人機介面：須依題意需求設置輸出入介面及※編輯異常狀態碼畫面之內容。如：自動/手動切換、啓動、停止、手動操作試車、燈號，及監視各指定 I/O 點、欲檢驗料件品質、合格、高度太低、高度太高、直徑太小、直徑太大等不同種類料件之數量，另自行編輯*異常狀態警報。

※ 編輯畫面內容：如試題所示，包含 1.異常狀態情況說明之一欄表、2.當下異常狀態之警報碼顯示等。

* 本題異常狀態：1.待機原點異常、2.氣源不足、3.未完成復歸、4.緊急停止未解除。

七、動作說明：

(一) 機械原點：A 震動送料器停止，B 移載氣壓缸在進料側，D 眞空吸盤不吸，C 擺動缸使眞空吸盤(D)停在垂直位，E 品檢旋轉下降缸在上位，F 定位缸在下位，G 輸送帶停止， H、I 直進旋轉氣壓缸在不擋料位置，氣源壓力正常(5 ~ 7 kgf/cm^2)。

(二) 電磁閥規劃：請依下列規定裝配管線，B 缸：5/2 雙邊、C 缸：5/3 中位進氣、D 吸盤：5/2 雙邊、E 缸：5/2 雙邊、F 缸：5/2 單邊、H 缸：5/2 單邊、I 缸：5/2 單邊。

(三) 手動操作功能：(手動操作功能時自動循環功能無法操作)

1. 操控 A 震動送料盤進料。(以 1 個按鈕操控，按下執行動作、放開停止。)
2. 操控 B 移載氣壓缸(C 擺動缸中位時操作)前進、後退。(以 2 個按鈕操控，1 個執行前進、另 1 個執行後退。)
3. 操控 C 擺動缸順轉、逆轉(品檢旋轉缸在上位)。(以 2 個按鈕操控，1 個執行順轉、另 1 個執行逆轉，放開停止。)
4. 操控 D 眞空吸盤吸、放。(有料時要先準備承接，以 2 個按鈕操控，1 個執行吸料、另 1 個執行放料。)

5. 操控 E 品檢旋轉缸上、下。(以 2 個按鈕操控，1 個執行下降、另 1 個執行上升。)
6. 操控 F 定位缸上、下。(以 1 個按鈕操控，按下執行上升、放開下降。)
7. 操控 G 輸送帶運轉。(以 1 個按鈕操控，按下執行動作、放開停止。)
8. 操控 H、I 直進旋轉氣缸動作。(以 1 個按鈕操控，按下執行擋料、放開解除。)

(四) 自動循環功能：(自動循環功能時，手動操作功能無法操作)

1. 在正常操作時，選擇開關切換至「自動循環功能」，當設定好欲進料料件數量後，按下啓動按鈕 (st)，運轉紅燈亮，綠燈滅，將料件標示：正(N)、正大(D＋)、正小(D－)、正高(H＋)、正低(H－)圓形料件，以任意姿勢放入震動送料器中，震動送料器將圓形料件迴旋推上，缺口朝上料件會通過檢驗至斜坡，其餘姿勢必須落回震動送料器重來。自動循環開始時，進料斜坡不得有料件，震動送料器在需要進料時才啓動，並且待進料完成即停止；當料件被移走就立即進料，完成後停止。
2. 料件標示及數量說明：

料件標示	說明	料件數量
正(N)	料件尺寸合格(良品、ϕ 39×高 25 mm)	10
大(D＋)	料件外徑太大(ϕ 41)	5
小(D－)	料件外徑太小(ϕ 37)	5
高(H＋)	料件高度太高(27 mm)	5
低(H－)	料件高度太低(23 mm)	5

3. 當料件進料完成時，C 擺動缸轉至進料斜坡，D 眞空吸盤吸取料件後，C 擺動缸轉至測試座，D 眞空吸盤放下料件，C 擺動缸轉回到垂直位。
4. 在測試座用品檢感測器感應外徑是否合格，E 品檢旋轉下降缸下降(或伸出)，F 定位缸上升(或伸出)，電位計量測料件高度之電壓值，經 A/D 轉換，由控制器判定圓形料件高度是否合格，E 品檢旋轉下降缸上升。

5. C 擺動缸轉至測試座，D 真空吸盤吸取料件後，C 擺動缸轉回到垂直位，F 定位缸下降，B 移載氣壓缸移動至排料處，C 擺動缸轉到 G 輸送帶處，D 真空吸盤放下料件，C 擺動缸逆轉回到垂直位，B 移載氣壓缸回到機械原點位置，完成一個料件的循環動作。接著繼續再至進料處進行下一個料件的進料動作。
6. 當料件放入 G 輸送帶後，G 輸送帶開始運轉，H、I 直進旋轉氣缸要如下表料件品質分類。

《由應檢人代表抽定本場次所有試題統一之項次，評分及複評時項次不更換》

項次	第一排料處	第二排料處	第三排料處
1	合格品(正)	外徑不合格	高度不合格
2	高度不合格	合格品(正)	外徑不合格
3	外徑不合格	高度不合格	合格品(正)

7. 每一個料件從進料開始至品檢完成，搬運至排料端，完成一個循環動作，不超過 30 秒，運轉中吸住料件不得掉落。
8. 擺臂移載模組從開始進料、完成品檢、搬運至排料輸送帶，每完成一個料件的動作後，繼續至進料處(已進妥料件)進行下一個料件的循環動作。
   - ▼ 如壓按停止(STOP)鈕時，則系統在完成一個完整循環後停止運轉，紅燈滅，綠燈亮。待重新按下啓動按鈕(st)，系統重新啓動。
9. 品檢結果之料件數量由人機介面顯示。

(五) 緊急停止與復歸功能：

1. 在按下緊急停止鈕(EMS)時，系統停止運轉(電磁閥、馬達皆斷電)；<u>若吸盤有吸住料件，必須繼續吸住不可掉落</u>。
2. (EMS)後，切換至「手動操作功能」，操作人機介面復歸開關，執行自動復歸動作，黃色指示燈 0.5 秒亮/0.5 秒滅閃爍，將機構復歸回機械原點，品檢測試座上或吸盤吸住之料件由人工排除。

(六) 人機介面操作功能(辦理單位已完成畫面編輯及 I/O 配置)：位元開關除「自動/手動」外，其餘都爲復歸型。

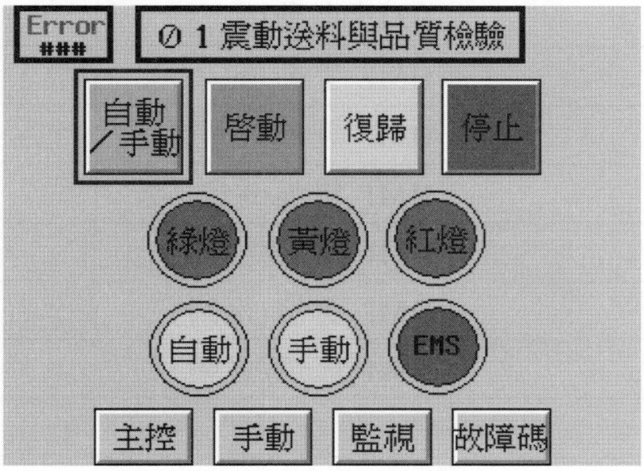

Error ###
Ø 1 震動送料與品質檢驗
自動/手動　啓動　復歸　停止
綠燈　黃燈　紅燈
自動　手動　EMS
主控　手動　監視　故障碼

主控制畫面

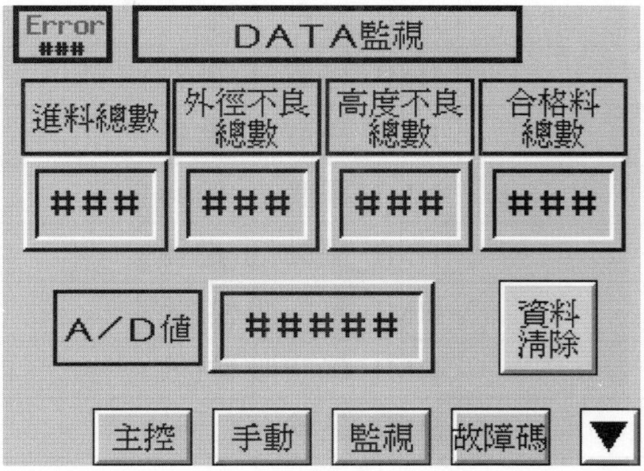

Error ###
DATA監視
進料總數　外徑不良總數　高度不良總數　合格料總數
###　###　###　###
A/D值　#####　資料清除
主控　手動　監視　故障碼

監視畫面(一)

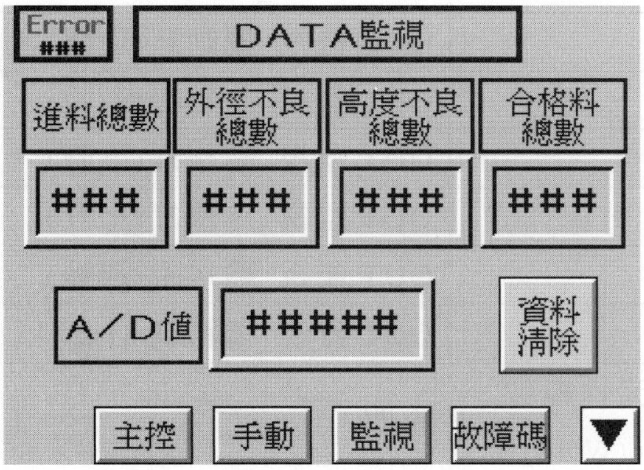

Error ###
DATA監視
進料總數　外徑不良總數　高度不良總數　合格料總數
###　###　###　###
A/D值　#####　資料清除
主控　手動　監視　故障碼

監視畫面(二)

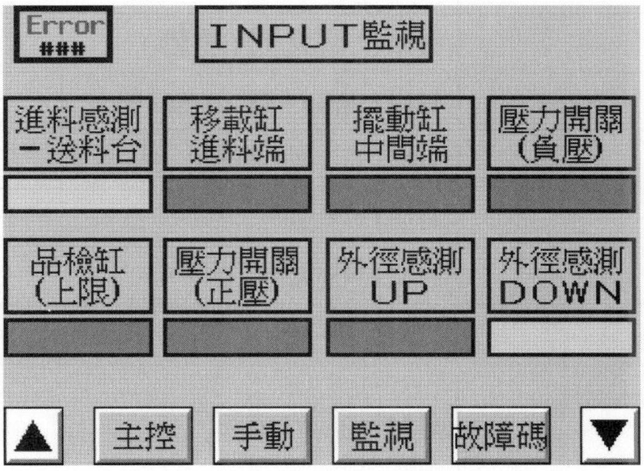

Error ###
INPUT監視
進料感測－送料台　移載缸進料端　擺動缸中間端　壓力開關(負壓)
品檢缸(上限)　壓力開關(正壓)　外徑感測UP　外徑感測DOWN
主控　手動　監視　故障碼

監視畫面(三)

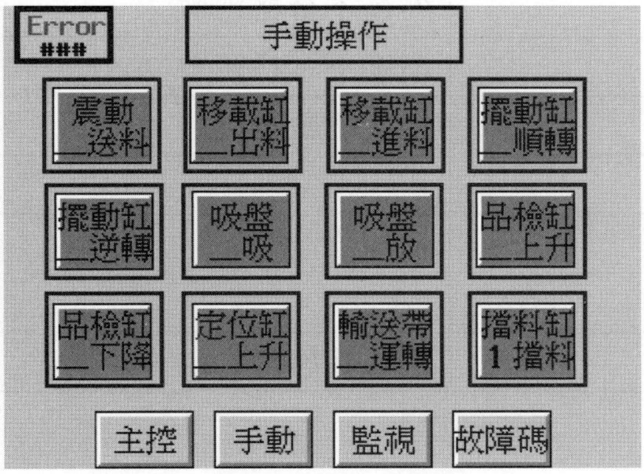

Error ###
手動操作
震動_送料　移載缸_出料　移載缸_進料　擺動缸_順轉
擺動缸_逆轉　吸盤_吸　吸盤_放　品檢缸_上升
品檢缸_下降　定位缸_上升　輸送帶_運轉　擋料缸1擋料
主控　手動　監視　故障碼

手動操作畫面

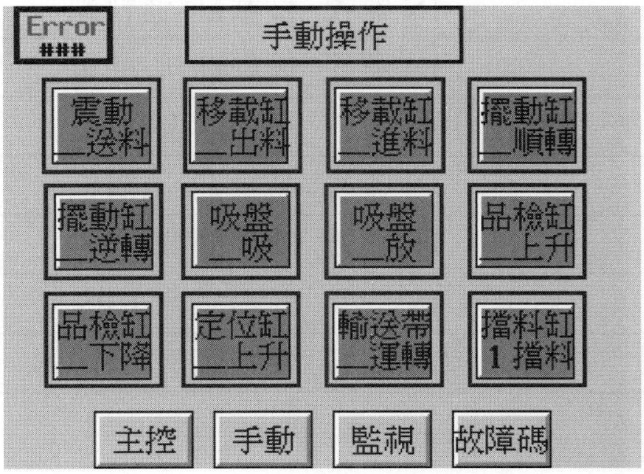

Error ###
手動操作
震動_送料　移載缸_出料　移載缸_進料　擺動缸_順轉
擺動缸_逆轉　吸盤_吸　吸盤_放　品檢缸_上升
品檢缸_下降　定位缸_上升　輸送帶_運轉　擋料缸1擋料
主控　手動　監視　故障碼

故障碼畫面

(七) PLC 與人機通訊元件配置 (術科辦理單位依使用之控制器規劃其元件編號，並提供給檢定人員編寫程式使用。)：

元件編號 (bit)	說明	元件編號 (bit)	說明
	HMI_震動送料		HMI_自動燈
	HMI_移載缸(排料)		HMI_手動燈
	HMI_移載缸(進料)		HMI_急停燈
	HMI_擺動缸(順轉)		HMI_錯誤碼燈
	HMI_擺動缸(逆轉)		HMI_綠燈(待機)
	HMI_眞空吸盤(吸)		HMI_黃燈(復歸)
	HMI_眞空吸盤(放)		HMI_紅燈(運轉)
	HMI_品檢缸(上升)		
	HMI_品檢缸(下降)		OUT 監視_震動送料(運轉)
	HMI_定位缸(上升)		OUT 監視_移載缸(排料)
	HMI_輸送帶(運轉)		OUT 監視_擺動缸(逆轉)
	HMI_擋料缸 1(擋料)		OUT 監視_眞空吸盤(吸)
	HMI_自動/手動		OUT 監視_品檢缸(下降)
	HMI_啓動		OUT 監視_定位缸(上升)
	HMI_復歸		OUT 監視_輸送帶(運轉)
	HMI_停止		OUT 監視_擋料缸 1(擋料)
	HMI_資料清除	元件編號 (Word)	說明
	IN 監視_進料感測-送料台		進料總數
	IN 監視_移載缸-進料端		外徑不合格總數
	IN 監視_擺動缸-中間端		高度不合格總數
	IN 監視_壓力開關(負壓)		合格總數
	IN 監視_品檢缸-上限		
	IN 監視_壓力開關(正壓)		A/D 值
	IN 監視_外徑感測 UP		
	IN 監視_外徑感測 DOWN		異常狀態碼

八、檢定步驟及內容：(※檢定時，需按此項各步驟順序逐一進行)

檢定開始前：

(一) 動態試車及機構、程式初始化：以 20 分鐘時間，依動作說明進行自動(單一循環)動態試車，同時快速檢查感測器、致動器、機械零組件與裝配附件是否有異常，電氣配線、氣壓管線及電源、氣源供應是否正常，接著機構回到機械原點，請確實檢查 (如有零組件故障得請求更換)；於試車完成後，應檢人必須在評分表上之動態試車格內簽名確認；接下來切斷氣源(不可斷電)，由監評人員清除控制器內之程式**及確認人機介面故障碼空白**，再切斷電源。

(二) 在電線作業區集合：每人發給 1 條電線(約 50～60 公分)、2 個 Y 端子、2 個歐規端子及 4 個號環，桌上備有剪線、剝線、壓接工具。

檢定開始後：

(三) 每位應檢人先行剪線 2 條，依電線工作專業規範之規定完成二端撥線、套號環及壓接端子，必須壓牢、金屬線不可外露，交由監評人員檢視，若不確實，在評分表扣分並重新壓接。通過後才可回到崗位繼續後續拆機作業。

(四) 管線拆除：束線帶全部剪開，各機構模組中感測器至中繼集納端子台之電氣控制線不必拆除外，其餘所有的：1.氣壓管線拆除後需全部回收，依長度分類可以再使用，2.從中繼集納端子台至 I/O 接線盒及各繼電器的電氣接線，全部拆除並離開線槽；控制盤部分只需拔除與機構盤相連之快速接頭連接電纜線，其餘皆不必拆除。

(五) 機構拆卸：在管線拆除完成後開始機構拆卸，將所有機構模組單元拆卸離開基板，各模組單元不需再細拆；附著於機構上之感測器必須放鬆且偏移原來位置 10mm 以上或最大極限，所有流量控制閥件開度調至最小，調壓閥壓力降至 3bar 以下。

應檢人	檢查項目 (請每項逐一檢查)	監評人員
□	束線帶全部剪開	□
□	氣壓管線全部拆除(若氣壓接頭牢固，經監評人員同意者除外)	□
□	所有機構模組單元拆卸離開基板	□
□	感測器必須放鬆且偏移原來位置 10mm 以上或最大極限	□
□	流量控制閥件開度調至最小	□
□	調壓閥壓力降至 3bar 以下	□

(六) 完成上述的步驟之後，需經監評人員檢查無誤並在評分表上確認格內簽名後，才可繼續進行後續步驟。

(七) 機構組裝：依照系統架構示意圖將所有模組組裝在基板上，各感測器裝配在正確位置。

(八) 氣壓管線及電氣配線裝配：

1. 氣壓管線：依氣壓迴路圖裁剪適當長度之新管線或重裁長度之舊管線；在裝配氣壓管線時，如連接於移動機件上，應由上往下裝配，若管線要往上爬升，需循支撐柱子固定而上；從電磁閥組出口處起，離 10~20 cm 就需依規定每間隔 10 cm 用束線帶綑綁，20 cm 需有固定座固定之，且不得放置於線槽內；管線在適當的部位需有分歧點，分歧後之管線不可有嚴重摺痕影響氣體流動量，運轉時也不可有拉扯現象。
2. 電氣配線：使用剛拆下的電線(不足的或損壞的可以至電線作業區裁剪新線，並進行端子壓接)，在 I/O 接線盒處與 PLC 的 I/O 點依規定裝配電氣線路及各繼電器、安全極限開關的電氣接線；每一電氣端子點配線不可並接超過 2 條，電線需整理整齊盡量置於線槽內；若僅能置於線槽外之電線，需用束線帶以 10 cm 爲間隔進行束綁，20 cm 需有固定座固定之，整理完整。

※ **裝配時，不可超出基板面積，氣壓管線及電線不得直接穿越動態工作區。**

(九) 程式編輯及修改：依功能要求，編寫控制程式。

(十)運轉試車：調整至功能正確、動作順暢後，可以請監評人員檢查。若檢查結果不正確，在檢定時間之內得繼續修正。

(十一)計算及元件選用：依所給條件及參考數據，在答案紙上<u>列出計算過程</u>，選用適當元件，回答空格問題。

(十二)評分操作步驟：

1. 是否完成答案卷各項目
2. 目視檢查各機構組裝螺絲是否 2 支以上及管線未穿越工作區
3. 人機介面自行編輯畫面是否完整
4. 人機介面手動操控(記錄操作失效或錯誤點，需回機械原點)
5. 自動循環功能(圓形料： D+、D-、H+、H-各 2 個，N4 個，不足再補)檢視主畫面及監視畫面(I/O)燈號是否正確、A/D 值是否依不同高度顯示，每件是否在 30 秒內完工。當出料良品、高度、外徑不良等 3 類各 2 個以上時，壓按「停止」鈕停止，依本場次試題統一之項次檢視出料各類坡道及類別標示是否正確，人機數量顯示是否正確
6. 自動循環功能後急停(工件仍吸住，不可掉落)
7. 自動復歸
8. **自動循環功能時測**試各故障碼是否正確顯示(至少 2 故障碼，111 氣源不足必要)
9. 手動測試機構組裝是否牢固
10. 自動循環功能再啓動，完成任一料後壓按「停止」鈕**執行**停止**功能**
11. 目視檢查配管配線專業規範
12. 答案卷批改計分

(十三)復原：檢定完成或時間終了，經監評人員提示，機構回機械原點，壓力源歸零，切斷電源氣源，整理工作崗位，並整齊擺設，才可離席。

九、《由監評長指定試題之項次，項次記載於答案紙上□，評分及複評時項次不更換》

請依指定之數據，在答案紙上作答，否則不予計分)

勾選項次	工件長度 (L)	斜坡動摩擦係數(μ)	斜坡油粘滯阻力(Fr)	輸送帶全行程費時(t)	輸送帶皮帶張力(Ft)
□ **1**	10 mm	0.3	80 gf	3 秒	10 kgf
□ **2**	30 mm	0.2	40 gf	6 秒	15 kgf
□ **3**	40 mm	0.1	10 gf	10 秒	20 kgf
□**4** □**5**	**mm**		**gf**	**秒**	**kgf**

因計算機無三角函數功能，提供參考數據如下：

度數	5	10	15	20	25	30	35	40	45
sin	0.0872	0.1736	0.2588	0.3420	0.4226	0.5000	0.5736	0.6428	0.7071
cos	0.9962	0.9848	0.9659	0.9397	0.9063	0.8660	0.8192	0.7660	0.7071

(一) 選用震動送料器圓盤直徑應大於 **(A)** mm。

(二) 工件重量 300gf 在斜坡滑下，有動摩擦力，中途有一油粘滯阻力，則斜坡傾斜的角度應大於 **(B)** 度(依提供數據選擇 5 的倍數)，才不至於停滯。

(三)若輸送帶長度 500mm，前後端轉軸直徑 80mm，則馬達轉速應為 **(C)** rpm。

(四) 上題中，輸送帶動摩擦係數 0.2，靜摩擦係數 0.3，工件重量 300gf，在此皮帶式輸送帶緊密整列，則馬達轉矩應大於 **(D)** kgf-cm，才能啓動。

(五) 若以一應用類比式線性電位計之高度(長度)感測模組，當長度為 20mm 時其 PLC 之 AD 輸入值為 1500，長度為 50mm 時 AD 輸入值為 3000，則長度為 L 時，AD 輸入值應為 **(E)** 。

3. 氣壓迴路圖

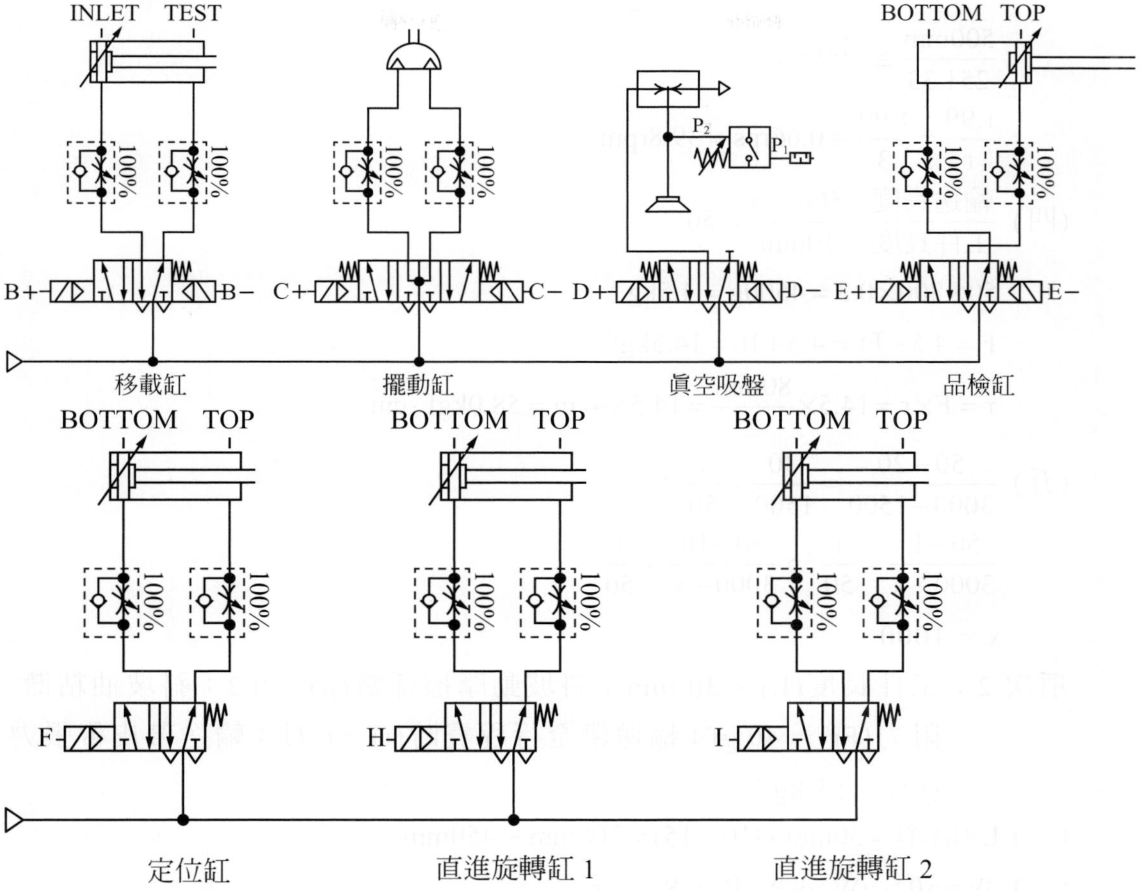

INLET TEST
BOTTOM TOP
100%
P_2 P_1
B+ B− C+ C− D+ D− E+ E−
移載缸　擺動缸　真空吸盤　品檢缸

BOTTOM TOP　BOTTOM TOP　BOTTOM TOP
100%
F H I
定位缸　直進旋轉缸 1　直進旋轉缸 2

4. 計算與元件選用

項次 1：工件長度(L) = 10 mm；斜坡動摩擦係數(μ) = 0.3；斜坡油粘滯阻力(Fr) = 80 gf；輸送帶全行程費時(t) = 3 秒；輸送帶皮帶張力(Ft) = 10 kgf。

(一) $L\times$倍率$=10\text{mm}\times(10\sim15)=100\text{mm}\sim150\text{mm}$

(二) $W\sin\theta>\mu W\cos\theta+R$，R = Fr

$\theta=45°$：$300\times0.7071>0.3\times300\times0.7071+80\Rightarrow212.13>143.64\Rightarrow$ 符合

$\theta=40°$：$300\times0.6428>0.3\times300\times0.7660+80\Rightarrow192.84>148.94\Rightarrow$ 符合

$\theta=35°$：$300\times0.5736<0.3\times300\times0.8192+80\Rightarrow172.08>153.73\Rightarrow$ 符合

$\theta=30°$：$300\times0.5<0.3\times300\times0.8660+80\Rightarrow150<157.94\Rightarrow$ 不符合

$\therefore\theta$ 應大於35°

(三) $L = 2\pi r = 2\pi(\frac{直徑}{2}) = 2\pi(\frac{80mm}{2}) \cong 251.33\ mm/rev$

$\frac{500mm}{251.33} \cong 1.99\ rev$

$\frac{1.99}{t} = \frac{1.99}{3} \cong 0.66rps = 39.8rpm$

(四) $\frac{輸送長度}{工件長度} = \frac{500mm}{10mm} = 50$

$50 \times 300 \times 0.3 = 4500g = 4.5kg$

$F = 4.5 + Ft = 4.5 + 10 = 14.5kgf$

$\tau = F \times r = 14.5 \times \frac{80mm}{2} = 14.5 \times 4cm = 58.0kgf \cdot cm$

(五) $\frac{50-20}{3000-1500} = \frac{30}{1500} = \frac{1}{50}$

$\frac{50-L}{3000-x} = \frac{1}{50} \Rightarrow \frac{50-10}{3000-x} = \frac{1}{50}$

$x = 1000$

項次 2：工件長度(L) = 30 mm；斜坡動摩擦係數(μ) = 0.2；斜坡油粘滯阻力(Fr) = 40 gf；輸送帶全行程費時(t) = 6 秒；輸送帶皮帶張力(Ft) = 15 kgf。

(一) $L \times 倍率 = 30mm \times (10 \sim 15) = 300mm \sim 450mm$

(二) $W\sin\theta > \mu W\cos\theta + R$，$R = Fr$

$\theta = 25°$：$300 \times 0.4226 > 0.2 \times 300 \times 0.9063 + 40 \Rightarrow 126.78 > 94.38 \Rightarrow$ 符合

$\theta = 20°$：$300 \times 0.342 > 0.2 \times 300 \times 0.9397 + 40 \Rightarrow 102.6 > 96.38 \Rightarrow$ 符合

$\theta = 15°$：$300 \times 0.2588 < 0.2 \times 300 \times 0.9659 + 40 \Rightarrow 77.64 < 97.954 \Rightarrow$ 不符合

$\therefore \theta$ 應大於20°

(三) $L = 2\pi r = 2\pi(\frac{直徑}{2}) = 2\pi(\frac{80mm}{2}) \cong 251.33\ mm/rev$

$\frac{500mm}{251.33} \cong 1.99\ rev$

$\frac{1.99}{t} = \frac{1.99}{6} \cong 0.33rps = 19.9rpm$

(四) $\frac{輸送長度}{工件長度}=\frac{500mm}{30mm}=16.6$

$16.6\times300\times0.3=1500g=1.5kg$

$F=1.5+Ft=1.5+15=16.5kgf$

$\tau=F\times r=16.5\times\frac{80mm}{2}=16.5\times4cm=66kgf\cdot cm$

(五) $\frac{50-20}{3000-1500}=\frac{30}{1500}=\frac{1}{50}$

$\frac{50-L}{3000-x}=\frac{1}{50}\Rightarrow\frac{50-30}{3000-x}=\frac{1}{50}$

$x = 2000$

項次 3：工件長度(L) = 40 mm；斜坡動摩擦係數(μ) = 0.1；斜坡油粘滯阻力(Fr) = 10 gf；輸送帶全行程費時(t) = 10 秒；輸送帶皮帶張力(Ft) = 20 kgf。

(一) $L\times倍率=40mm\times(10\sim15)=400mm\sim600mm$

(二) $W\sin\theta>\mu W\cos\theta+R$，$R = Fr$

$\theta = 15°$：$300\times0.2588>0.1\times300\times0.96359+10\Rightarrow77.64>38.98\Rightarrow$符合

$\theta = 10°$：$300\times0.1736>0.1\times300\times0.9848+10\Rightarrow52.08>39.54\Rightarrow$符合

$\theta = 5°$：$300\times0.0872<0.1\times300\times0.9962+10\Rightarrow26.16<39.886\Rightarrow$不符合

$\therefore\theta$ 應大於$10°$

(三) $L=2\pi r=2\pi(\frac{直徑}{2})=2\pi(\frac{80mm}{2})\cong251.33\ mm/rev$

$\frac{500mm}{251.33}\cong1.99\ rev$

$\frac{1.99}{t}=\frac{1.99}{10}\cong0.199rps=11.94rpm$

(四) $\frac{輸送長度}{工件長度}=\frac{500mm}{40mm}=12.5$

$12.5\times300\times0.3=1125g=1.125kg$

$F=1.125+Ft=1.125+20=21.125kgf$

$\tau=F\times r=21.125\times\frac{80mm}{2}=21.125\times4cm=84.5kgf\cdot cm$

(五) $\dfrac{50-20}{3000-1500}=\dfrac{30}{1500}=\dfrac{1}{50}$

$\dfrac{50-L}{3000-x}=\dfrac{1}{50}\Rightarrow\dfrac{50-40}{3000-x}=\dfrac{1}{50}$

$x = 2500$

5. I/O 規劃圖及馬達控制迴路圖

(1) I/O 規劃圖

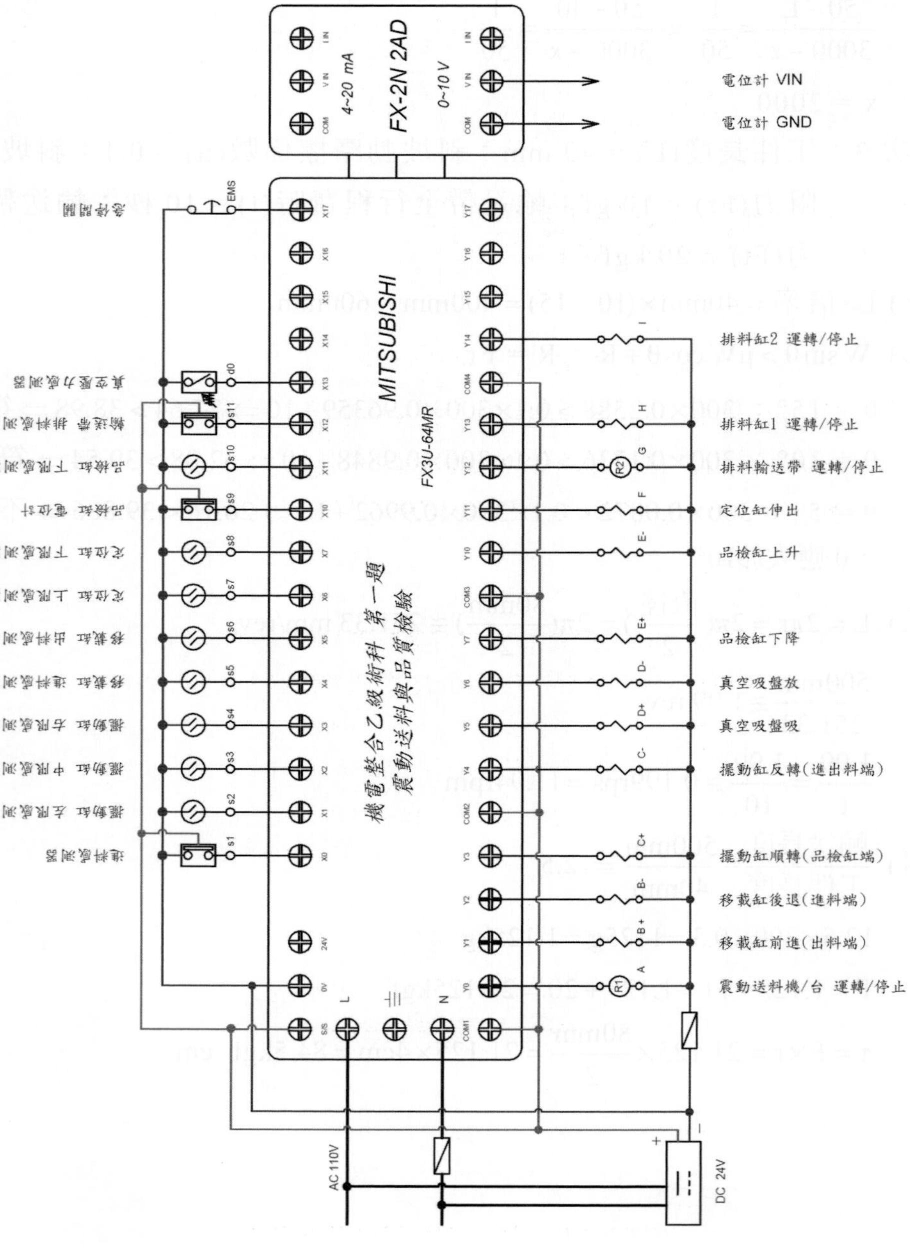

(2) 馬達控制迴路圖

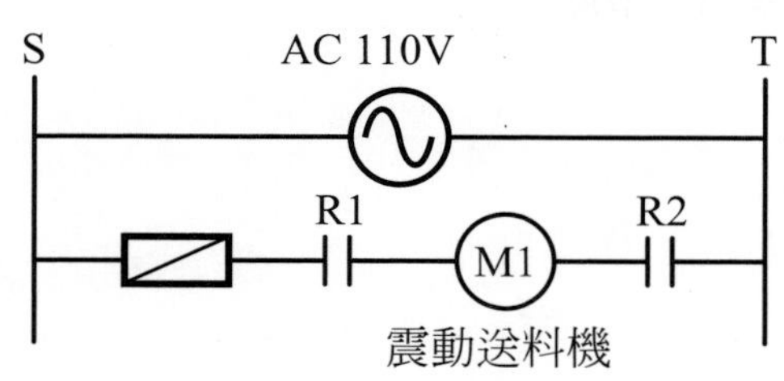
S
AC 110V
T
R1
M1
R2
震動送料機

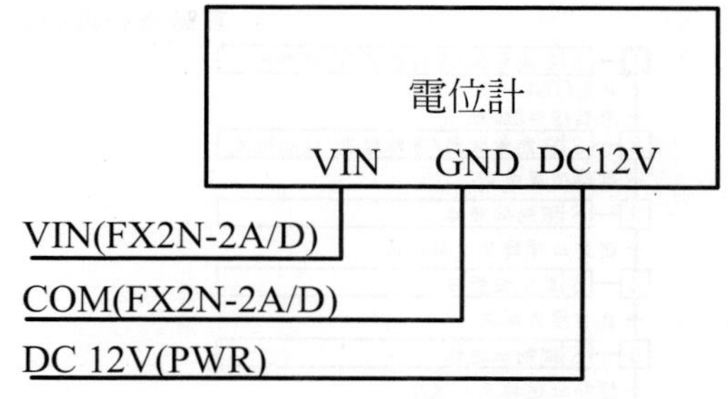
電位計
VIN
GND
DC12V
VIN(FX2N-2A/D)
COM(FX2N-2A/D)
DC 12V(PWR)

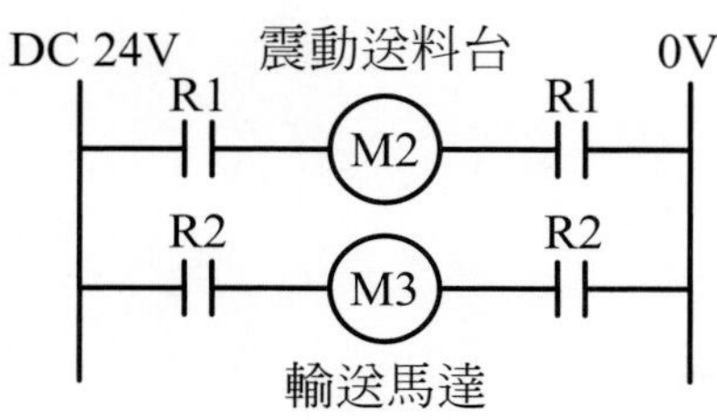
DC 24V
震動送料台
0V
R1
M2
R1
R2
M3
R2
輸送馬達

6. SFC 順序功能流程圖

震動送料與品質檢驗站動作流程圖

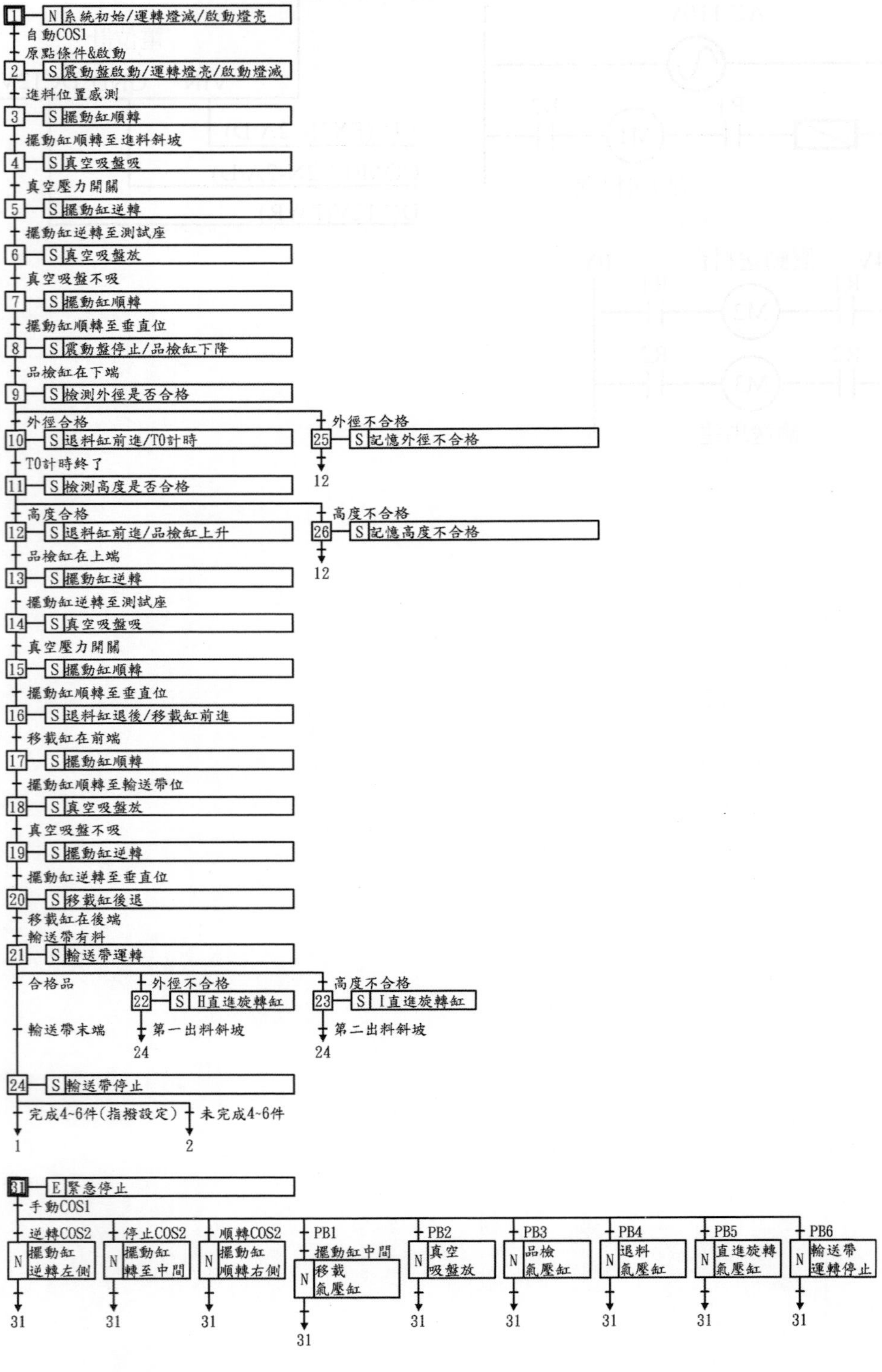

1 — N 系統初始/運轉燈滅/啟動燈亮
+ 自動COS1
+ 原點條件&啟動
2 — S 震動盤啟動/運轉燈亮/啟動燈滅
+ 進料位置感測
3 — S 擺動缸順轉
+ 擺動缸順轉至進料斜坡
4 — S 真空吸盤吸
+ 真空壓力開關
5 — S 擺動缸逆轉
+ 擺動缸逆轉至測試座
6 — S 真空吸盤放
+ 真空吸盤不吸
7 — S 擺動缸順轉
+ 擺動缸順轉至垂直位
8 — S 震動盤停止/品檢缸下降
+ 品檢缸在下端
9 — S 檢測外徑是否合格
+ 外徑合格 → 10 — S 退料缸前進/T0計時
+ 外徑不合格 → 25 — S 記憶外徑不合格 → 12
+ T0計時終了
11 — S 檢測高度是否合格
+ 高度合格 → 12 — S 退料缸前進/品檢缸上升
+ 高度不合格 → 26 — S 記憶高度不合格 → 12
+ 品檢缸在上端
13 — S 擺動缸逆轉
+ 擺動缸逆轉至測試座
14 — S 真空吸盤吸
+ 真空壓力開關
15 — S 擺動缸順轉
+ 擺動缸順轉至垂直位
16 — S 退料缸退後/移載缸前進
+ 移載缸在前端
17 — S 擺動缸順轉
+ 擺動缸順轉至輸送帶位
18 — S 真空吸盤放
+ 真空吸盤不吸
19 — S 擺動缸逆轉
+ 擺動缸逆轉至垂直位
20 — S 移載缸後退
+ 移載缸在後端
+ 輸送帶有料
21 — S 輸送帶運轉
+ 合格品 → + 輸送帶末端 → 24
+ 外徑不合格 → 22 — S H直進旋轉缸 → + 第一出料斜坡 → 24
+ 高度不合格 → 23 — S I直進旋轉缸 → + 第二出料斜坡 → 24
24 — S 輸送帶停止
+ 完成4~6件(指撥設定) → 1
+ 未完成4~6件 → 2

31 — E 緊急停止
+ 手動COS1
+ 逆轉COS2 → N 擺動缸逆轉左側 → 31
+ 停止COS2 → N 擺動缸轉至中間 → 31
+ 順轉COS2 → N 擺動缸順轉右側 → 31
+ PB1 + 擺動缸中間 → N 移載氣壓缸 → 31
+ PB2 → N 真空吸盤放 → 31
+ PB3 → N 品檢氣壓缸 → 31
+ PB4 → N 退料氣壓缸 → 31
+ PB5 → N 直進旋轉氣壓缸 → 31
+ PB6 → N 輸送帶運轉停止 → 31

7. 階梯與狀態流程圖

(1) 人機元件配置與 PLC I/O 表

元件編號(bit)		說明	元件編號(bit)		說明
X00	S01	進料感測器(震動送料台)	Y00	A	震動送料機(運轉)
X01	S02	擺動缸(進出料端)	Y01	B＋	移載缸(↓)(出料端)
X02	S03	擺動缸(中間端)	Y02	B－	移載缸(↑)(進料端)
X03	S04	擺動缸(品檢端)	Y03	C＋	擺動缸(擺向_品檢端)
X04	S05	移載缸(出料端)	Y04	C－	擺動缸(擺向_進出料端)
X05	S06	移載缸(進料端)	Y05	D＋	真空吸盤(吸)
X06	S07	外徑感測器(DOWN)	Y06	D－	真空吸盤(放)
X07	S08	外徑感測器(UP)	Y07	E＋	品檢缸(下降)
X10	S09	常壓+B9:D21 壓力開關(ON)	Y10	E－	品檢缸(上升)
X11	S10	定位缸(上限)	Y11	F	定位缸(伸出)
X12	S11	輸送帶進料感測	Y12	G	輸送帶(運轉)(M2)
X13			Y13	H	檔料缸(一)
X14	d01	真空壓力開關(ON)	Y14	I	檔料缸(二)
X15			Y15		
X16			Y16		
X17	EMS	緊急停止開關(EMS)_(b)	Y17		
HMI	X0	IN 監視_進料感測-送料台	HMI	M00	HMI_震動送料
	X5	IN 監視_移載缸-進料端		M01	HMI_移載缸(排料)
	X2	IN 監視_擺動缸-中間端		M02	HMI_移載缸(進料)
	X14	IN 監視_壓力開關(負壓)		M03	HMI_擺動缸(順轉)
	X11	IN 監視_品檢缸-上限		M04	HMI_擺動缸(逆轉)
	X10	IN 監視_壓力開關(正壓)		M05	HMI_真空吸盤(吸)
	X7	IN 監視_外徑感測 UP		M06	HMI_真空吸盤(放)
	X6	IN 監視_外徑感測 DOWN		M07	HMI_品檢缸(上升)
				M08	HMI_品檢缸(下降)

元件編號(bit)		說明	元件編號(bit)		說明
HMI	Y0	OUT 監視_震動送料(運轉)		M09	HMI_定位缸(上升)
	Y1	OUT 監視_移載缸(排料)		M10	HMI_輸送帶(運轉)
	Y3	OUT 監視_擺動缸(逆轉)		M11	HMI_擋料缸 1(擋料)
	Y5(Set)	OUT 監視_眞空吸盤(吸)			
	Y7	OUT 監視_品檢缸(下降)	HMI	M20	HMI_自動/手動
	Y11	OUT 監視_定位缸(上升)		M20	HMI_自動燈(N.O.)
	Y12	OUT 監視_輸送帶(運轉)		M20	HMI_手動燈(N.C.)
	Y13	OUT 監視_擋料缸 1(擋料)		M21	HMI_啓動
				M22	HMI_復歸
HMI	D50	進料總數		M23	HMI_停止
	D60	外徑不合格總數		**X17**	**HMI_EMS 燈**
	D70	高度不合格總數		M24	HMI_資料清除
	D80	合格總數		M25	HMI_錯誤碼燈
	D90	A/D 値		M30	HMI_綠燈(待機)
	D100	異常狀態碼		M31	HMI_黃燈(復歸)
HMI	M300	主控鍵		M32	HMI_紅燈(運轉)
附加	M350	手動鍵			
開啓	M400	監視鍵			
功能	M450	故障碼鍵			

(2) LD 與 SFC

LD0

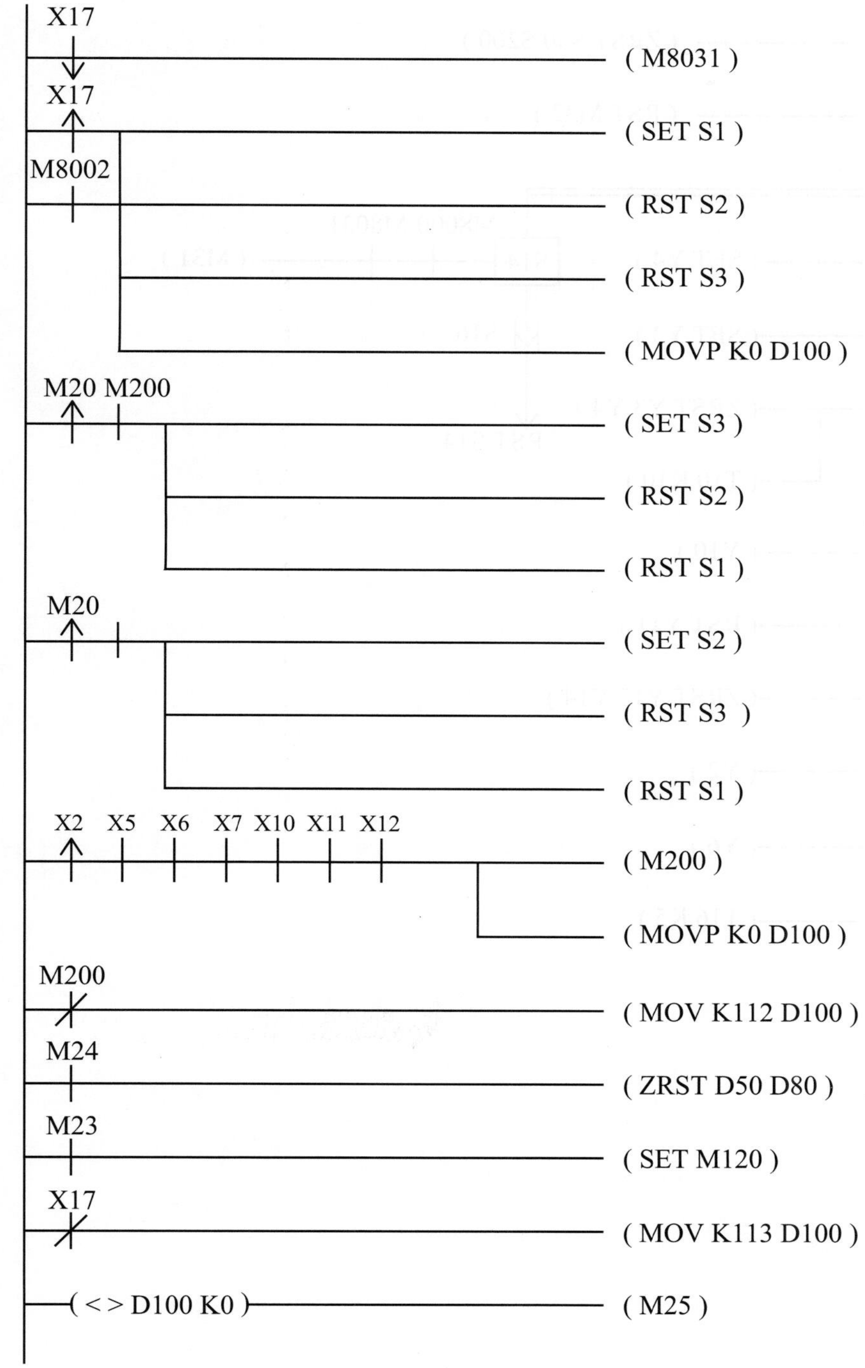

```
X17(↓)                                  ( M8031 )
X17(↑)                                  ( SET S1 )
M8002                                   ( RST S2 )
                                        ( RST S3 )
                                        ( MOVP K0 D100 )
M20(↑) M200                             ( SET S3 )
                                        ( RST S2 )
                                        ( RST S1 )
M20(↑)                                  ( SET S2 )
                                        ( RST S3 )
                                        ( RST S1 )
X2(↑) X5 X6 X7 X10 X11 X12              ( M200 )
                                        ( MOVP K0 D100 )
M200(/)                                 ( MOV K112 D100 )
M24                                     ( ZRST D50 D80 )
M23                                     ( SET M120 )
X17(/)                                  ( MOV K113 D100 )
( <> D100 K0 )                          ( M25 )
```

S1 復歸流程

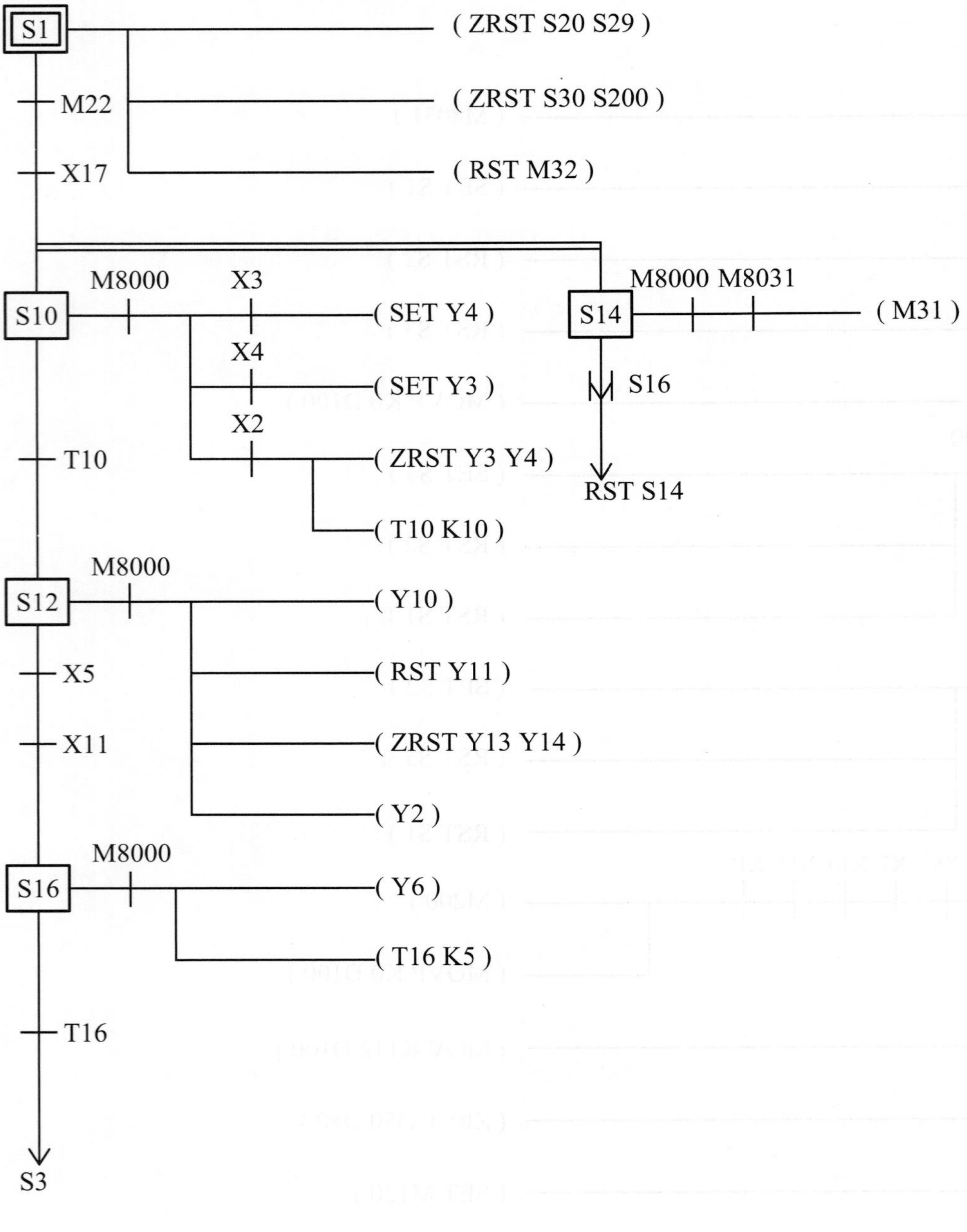

S1
M22
X17
(ZRST S20 S29)
(ZRST S30 S200)
(RST M32)
S10
M8000
X3
(SET Y4)
X4
(SET Y3)
X2
(ZRST Y3 Y4)
(T10 K10)
T10
S14
M8000 M8031
(M31)
S16
RST S14
S12
M8000
(Y10)
(RST Y11)
(ZRST Y13 Y14)
(Y2)
X5
X11
S16
M8000
(Y6)
(T16 K5)
T16
S3

S2 指定流程

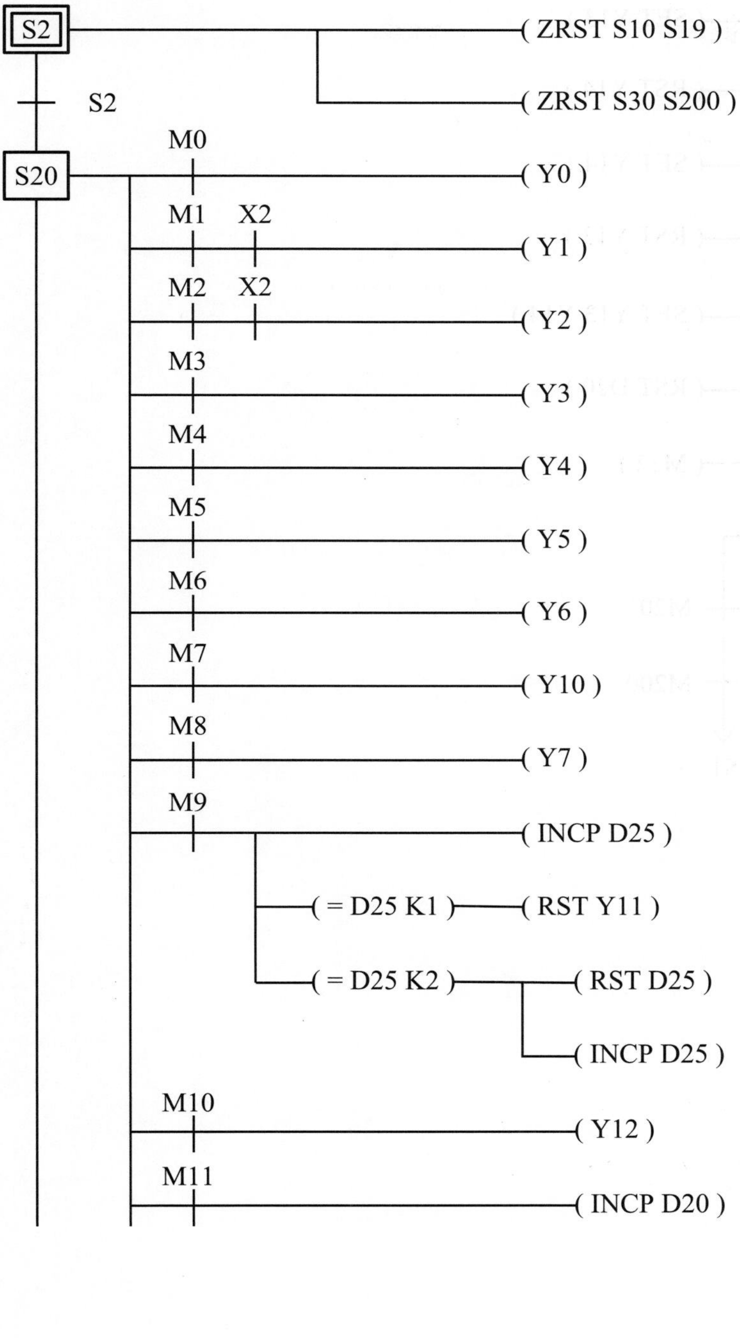

S2 —— (ZRST S10 S19)
—— (ZRST S30 S200)

S2

S20
M0 —— (Y0)
M1 X2 —— (Y1)
M2 X2 —— (Y2)
M3 —— (Y3)
M4 —— (Y4)
M5 —— (Y5)
M6 —— (Y6)
M7 —— (Y10)
M8 —— (Y7)
M9 —— (INCP D25)
(= D25 K1) —— (RST Y11)
(= D25 K2) —— (RST D25)
—— (INCP D25)
M10 —— (Y12)
M11 —— (INCP D20)

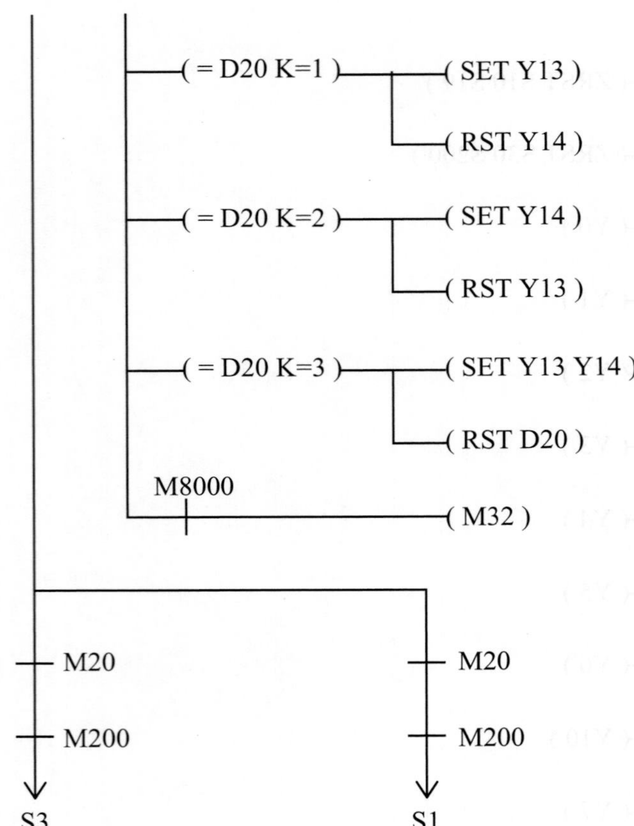
(= D20 K=1)
(SET Y13)
(RST Y14)
(= D20 K=2)
(SET Y14)
(RST Y13)
(= D20 K=3)
(SET Y13 Y14)
(RST D20)
M8000
(M32)
M20
M200
S3
M20
M200
S1

S3 主流程

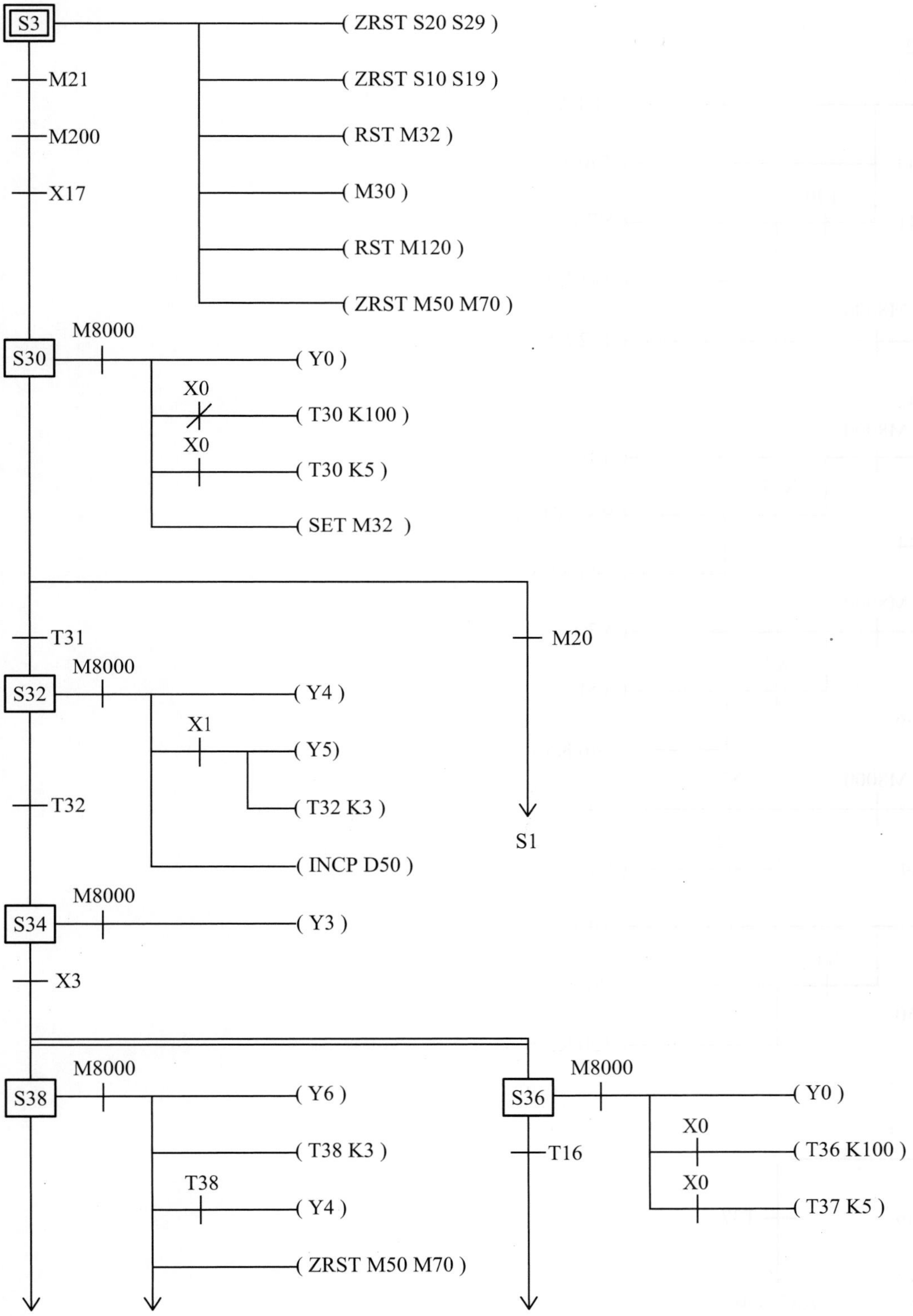

S3
ZRST S20 S29
M21
ZRST S10 S19
M200
RST M32
X17
M30
RST M120
ZRST M50 M70
M8000
S30
Y0
X0
T30 K100
X0
T30 K5
SET M32
T31
M20
M8000
S32
Y4
X1
Y5
T32
T32 K3
S1
INCP D50
M8000
S34
Y3
X3
M8000
S38
Y6
M8000
S36
Y0
X0
T38 K3
T16
T36 K100
T38
X0
Y4
T37 K5
ZRST M50 M70

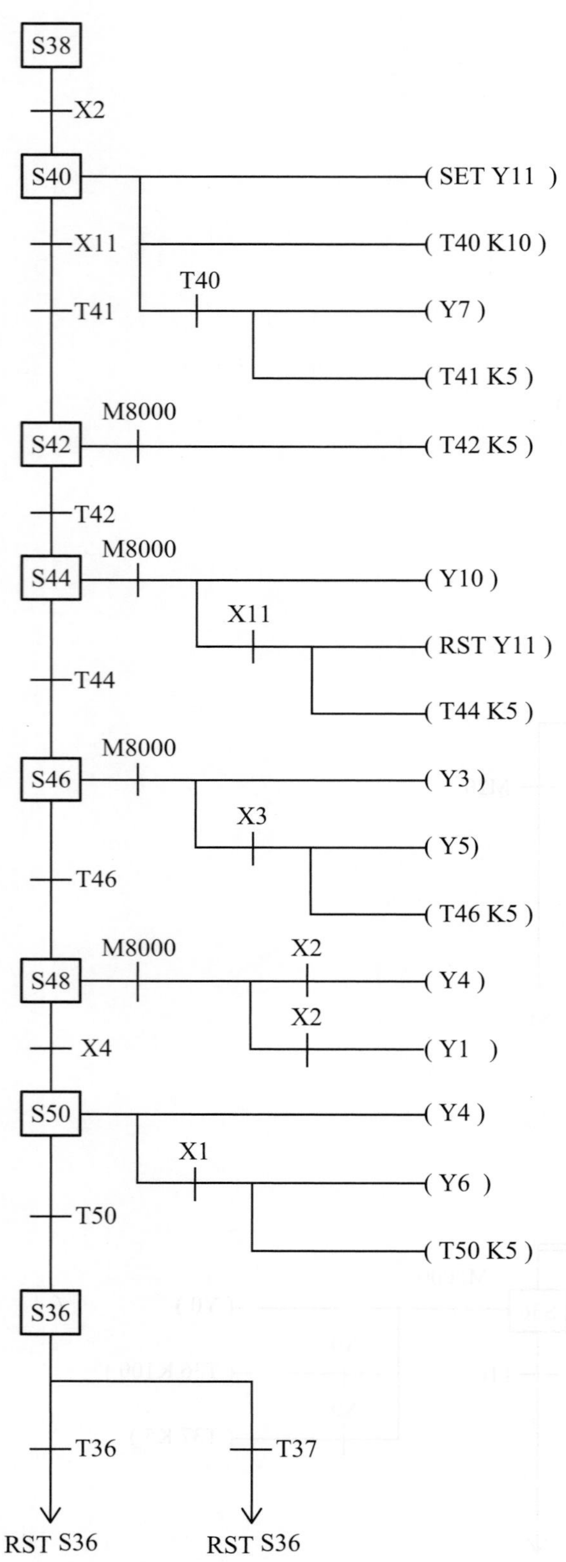
S38
X2
S40
SET Y11
X11
T40 K10
T40
T41
Y7
T41 K5
M8000
S42
T42 K5
T42
M8000
S44
Y10
X11
RST Y11
T44
T44 K5
M8000
S46
Y3
X3
Y5
T46
T46 K5
M8000
X2
S48
Y4
X2
X4
Y1
S50
Y4
X1
Y6
T50
T50 K5
S36
T36
T37
RST S36
RST S36

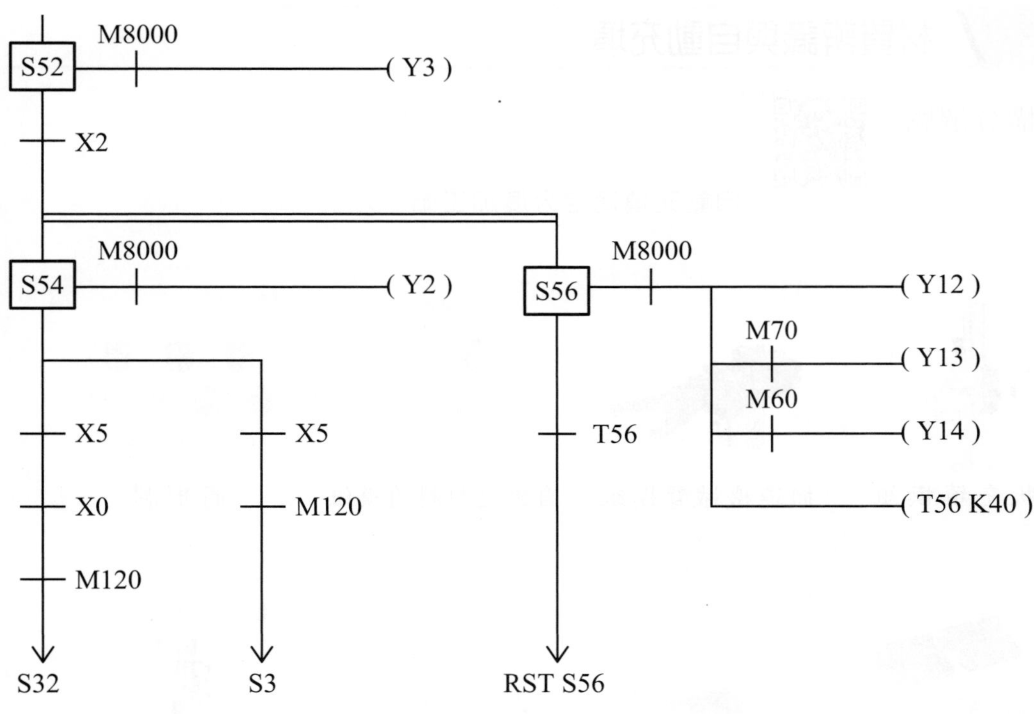
S52
M8000
Y3
X2
S54
M8000
Y2
S56
M8000
Y12
M70
Y13
M60
Y14
T56 K40
X5
X0
M120
X5
M120
T56
S32
S3
RST S56

LD1

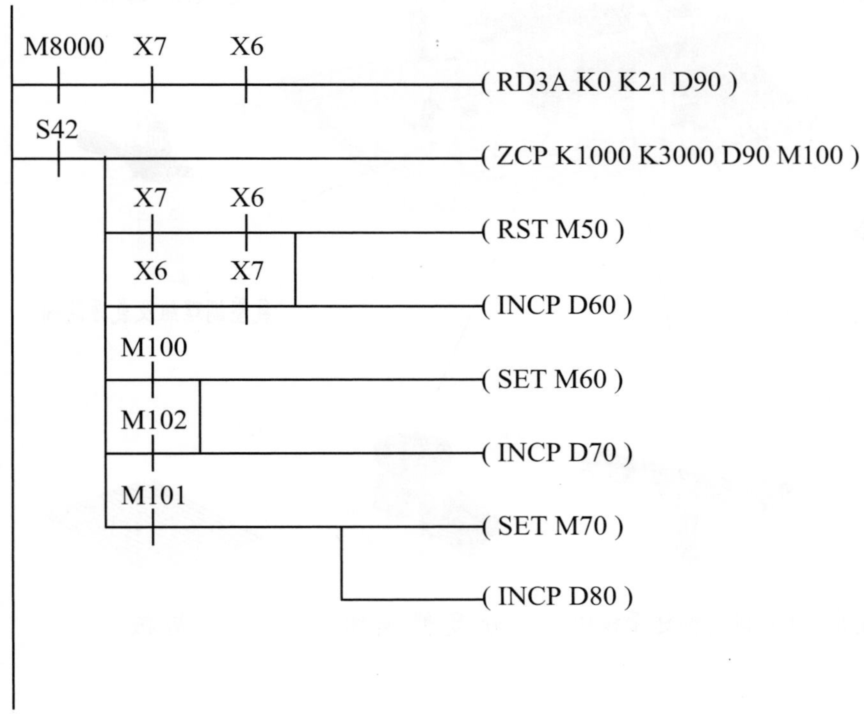
M8000 X7 X6
RD3A K0 K21 D90
S42
ZCP K1000 K3000 D90 M100
X7 X6
RST M50
X6 X7
INCP D60
M100
SET M60
M102
INCP D70
M101
SET M70
INCP D80

9-2 材質辨識與自動充填

1. 機構分解圖 

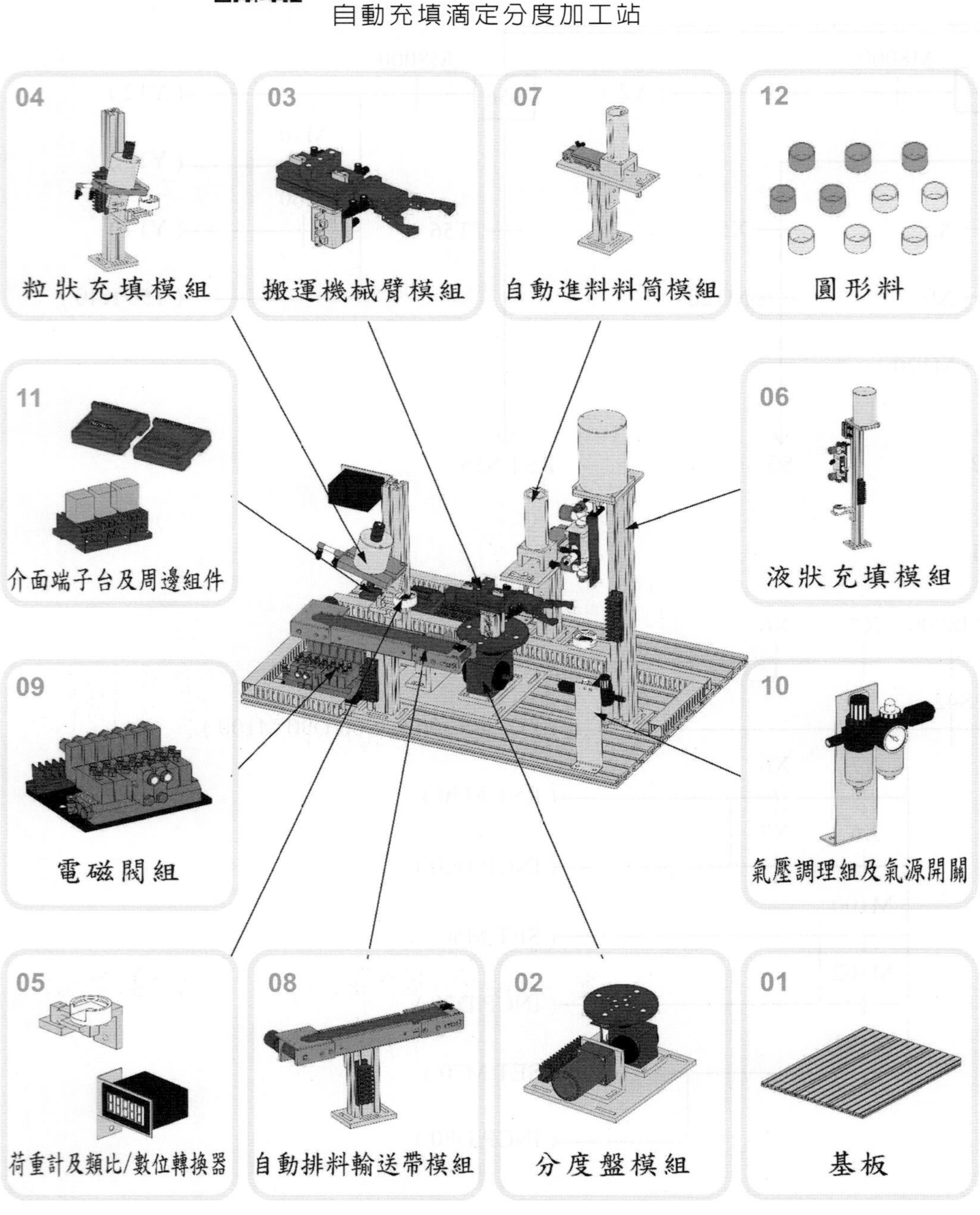

自動充填滴定分度加工站

04 粒狀充填模組

03 搬運機械臂模組

07 自動進料料筒模組

12 圓形料

11 介面端子台及周邊組件

06 液狀充填模組

09 電磁閥組

10 氣壓調理組及氣源開關

05 荷重計及類比/數位轉換器

08 自動排料輸送帶模組

02 分度盤模組

01 基板

2.　試題說明

一、試題編號：17000-1010202

二、試題名稱：材質辨識與自動充填

三、檢定時間：360 分鐘(六小時)

四、系統架構示意圖：

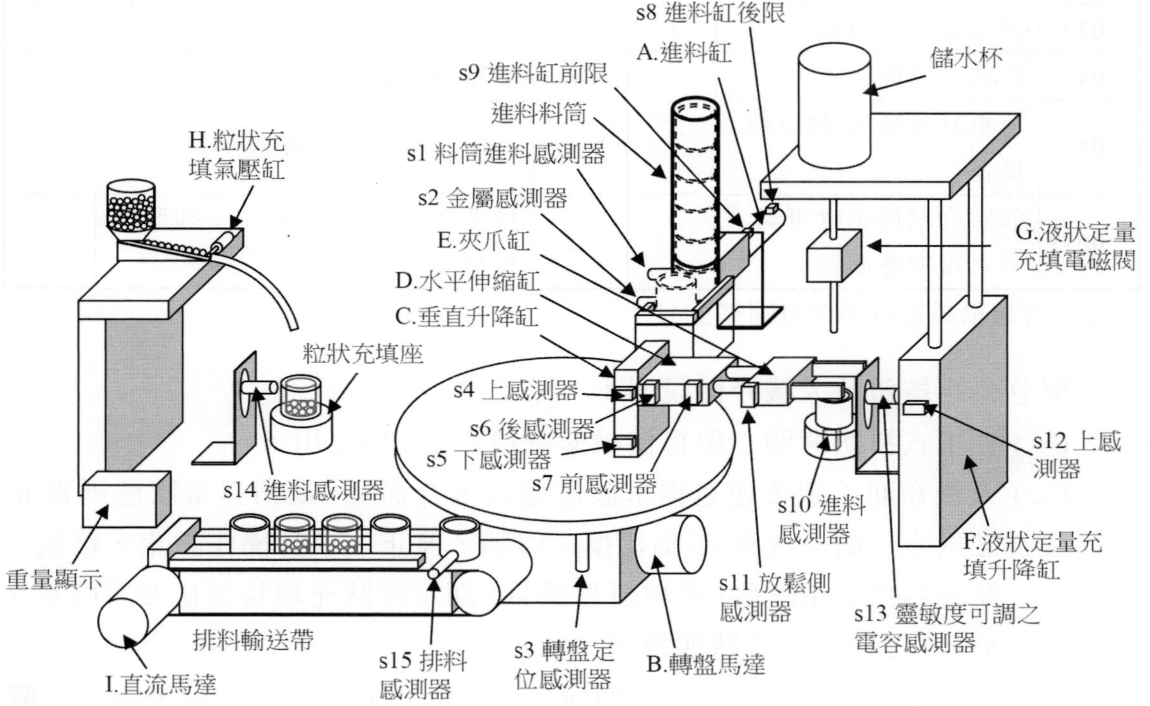

本系統架構示意圖不能做為組裝依據，實際機構以檢定設備為準。

五、機構組成：

編號	模組名稱	數量	編號	模組名稱	數量
01	基板	1	07	自動進料料筒模組	1
02	分度盤模組	1	08	自動排料輸送帶模組	1
03	搬運機械臂模組	1	09※	電磁閥組	1
04	粒狀充填模組	1	10※	氣壓調理組及氣源開關	1
05	荷重計及類比/數位轉換器	1	11※	介面端子台及周邊組件	1式
06	液狀充填模組含可調式之電容感測器	1	12	標準圓形金屬料*5，H＋圓形塑料*5	1式

註記※者機構拆卸時不需離開基板。

六、緊急停止按鈕及人機介面說明：

(一) 押扣式按鈕開關：做為機械緊急停止(EMS)之用。

(二) 人機介面：須依題意需求設置輸出入介面及※編輯異常狀態碼畫面之內容。如：自動/手動切換、啓動、停止、手動操作試車、燈號，監視各指定 I/O 點、充填料件數量、顯示粒狀充填目標值及實際值，另自行編輯*異常狀態警報。

※ 編輯畫面內容：如試題所示，包含 1.異常狀態情況說明之一欄表、2.當下異常狀態之警報碼顯示等。

＊ 本題異常狀態：1.待機原點異常、2.轉盤轉動異常、3.未完成復歸、4.緊急停止未解除。

七、動作說明：

(一) 機械原點：A 進料缸在後位，B 分度盤使氣壓臂停在進料座端，C 垂直缸升降機構在上位，D 水平缸在後位，E 夾爪張開，F 液狀充填升降缸在上位，G 液狀充填電磁閥關閉狀態，H 粒狀充填氣壓缸使粒狀料不充填。

(二) 電磁閥規劃：請依下列規定裝配管線，A 缸：5/2 單邊、C 缸：5/2 單邊、D 缸：5/2 雙邊、E 缸：5/2 雙邊、F 缸：5/2 單邊、H 缸：5/2 單邊。

(三)手動操作功能：(由人機介面控制，手動操作功能時自動循環功能無法操作)

1. 操控 A 進料缸伸出、縮回。(以 1 個按鈕操控，1 個執行進料、放開復歸。)
2. 操控 B 分度盤直流馬達順轉、逆轉(搬運機械臂在機械臂上升位置及水平氣壓臂縮回時)。(以 2 個按鈕操控，1 個每按一下執行順轉 90°、另 1 個每按一下執行逆轉 90°。)
3 操控 C 垂直缸上升、下降。(以 1 個按鈕操控，按下執行下降、放開上升。)
4 操控 D 水平缸伸出、縮回。(以 2 個按鈕操控，1 個執行伸出、另 1 個執行縮回。)
5 操控 E 閉合、打開。(有料時要先準備承接，以 2 個按鈕操控，1 個執行夾料、另 1 個執行放料。)
6 操控 F「液狀充填升降缸」進行下降、上升。(以 1 個按鈕操控，按下執行下降、放開上升。)
7 操控 G「液狀充填模組」進行充填、停止。(以 1 個按鈕操控，按下執行充填、放開停止。)
8 操控 H「粒狀充填模組」進行充填、停止。(以 1 個按鈕操控，按下執行充填、放開停止。)
9 操控 I 輸送帶運轉、停止。(以 1 個按鈕操控，按下執行運轉、放開停止。)
10. 重量顯示器歸零。(以 1 個按鈕操控，按下執行歸零。)

(四) 自動循環功能：(自動循環功能時，手動操作功能無法操作)

1. 在正常操作時，選擇開關切換至「自動循環功能」，按下啓動按鈕(st)，運轉紅燈亮，綠燈滅，將已置於進料筒內之不同材質 (金屬、非金屬料件至少各 2 個，合計 6 個)且不按順序的圓形標準料件，經由進料缸推送至進料處。

2. 在進料處以感測器判別出不同材質(金屬或非金屬)料件，再依下列所述處理。

《由應檢人代表抽定本場次所有試題統一之項次，評分及複評時項次不更換》

項次	粒狀充填		液狀充填	
1	金屬料	30.0g±3g	非金屬料	70%±5%高
2	金屬料	25.0g±3g	非金屬料	50%±5%高
3	金屬料	20.0g±3g	非金屬料	30%±5%高

(1) 若需「粒狀充填」，由搬運機械臂運送至粒狀充填站 (逆時針轉九十度)後，經定量自動充填粒狀料，以荷重計控制充填量並顯示重量，其粒狀充填情形說明如下：

《粒狀自動充填說明》

狀態	公差範圍內	料重太輕(料桶無料)且已達12秒以上	料重太重
指示燈	綠色指示燈亮	黃色指示燈亮	紅色指示燈閃爍
操作	2 秒後排料	按下自設按鈕強制排料	按下自設按鈕強制排料

充填完畢後，再由搬運機械臂運送至輸送帶排料位置排料後，輸送帶運轉 2 秒停止，系統回到機械原點。

(2) 若為「液狀充填」，由搬運機械臂運送至液狀充填站 (順時針轉九十度)後，經定量液狀自動充填，並以靜電容感測器感測出液面高度後，再由搬運機械臂運送至輸送帶排料位置，輸送帶運轉 2 秒停止，系統回到機械原點。

(3) 當前一個料件已離開進料處，正在進行分度充填，進料缸須自動供給下一個料件。前一個料件加工完成，進料處有料件，搬運機械臂自動進行下一料件工作，運轉中不得撞機，操作過程中料件不可掉落、粒狀物不得散落、液狀物不可噴出外溢。

(4) 如壓按停止(STOP)鈕時，則系統在完成一個完整循環後停止運轉，紅燈滅，綠燈亮。待重新按下啓動按鈕(st)，系統重新啓動。

(五) 緊急停止與復歸功能：

1. 在按下緊急停止鈕(EMS)時，系統停止運轉(電磁閥、馬達皆斷電)；<u>若夾爪有夾持料件，必須繼續夾持不可掉落</u>。
2. (EMS)後，將選擇開關切換至「手動操作功能」，操作人機介面復歸開關，執行自動復歸動作(但轉盤除外，得以手動方式復歸)，黃色指示燈 0.5 秒亮/0.5 秒滅閃爍，將機構復歸回機械原點，進料處上或夾爪夾持之料件由人工排除。

(六) 人機介面操作功能：位元開關除「自動/手動」外，其餘都爲復歸型。

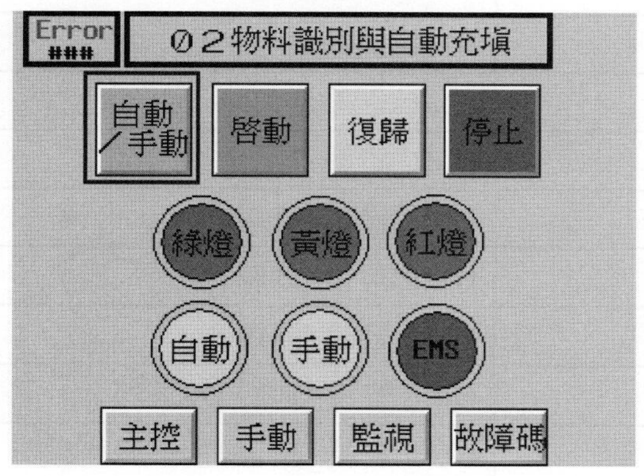

主控制畫面

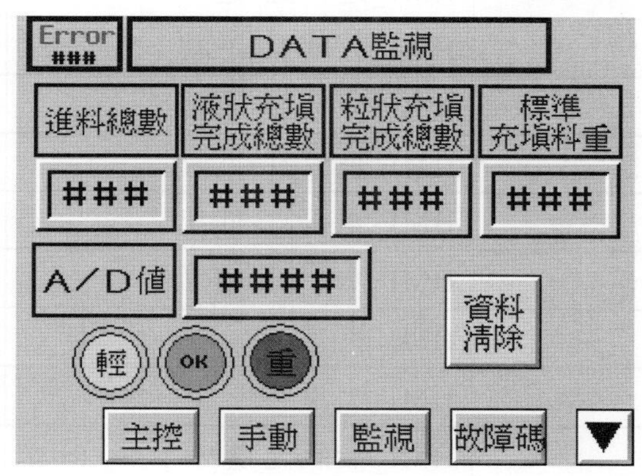

監視畫面(一)

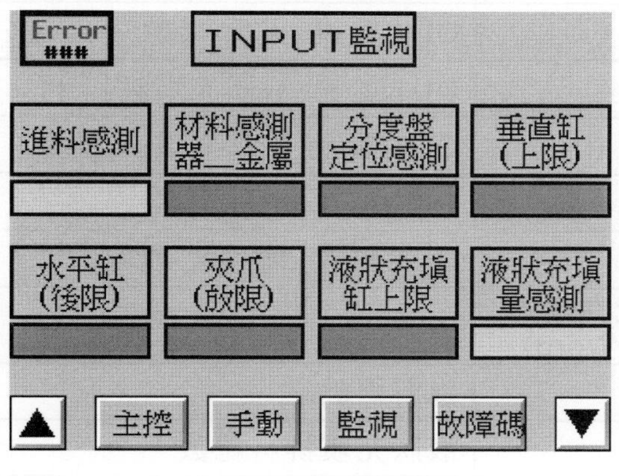

監視畫面(二)

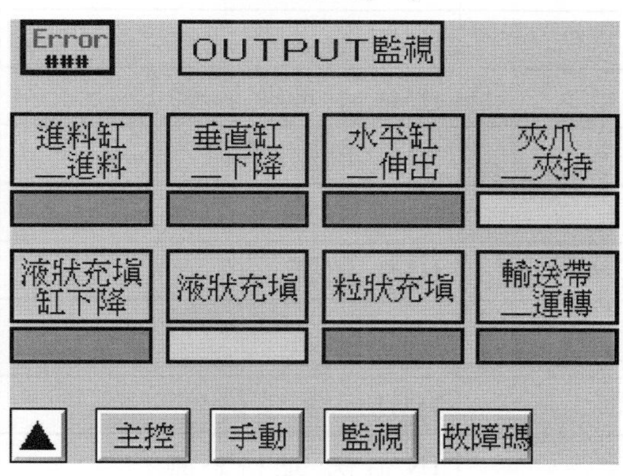

監視畫面(三)

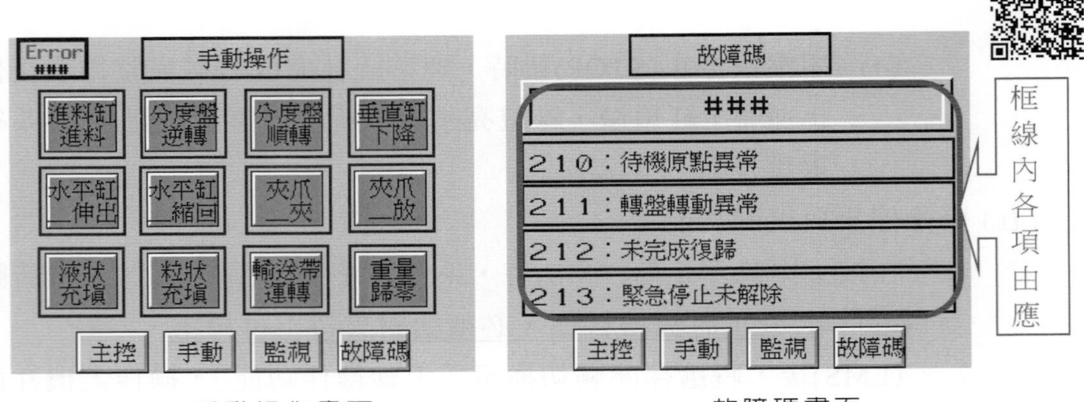

手動操作畫面　　故障碼畫面

(七) PLC 與人機通訊元件配置(術科辦理單位依使用之控制器規劃其元件編號，並提供給檢定人員編寫程式使用。)：

元件編號(bit)	說明	元件編號(bit)	說明
	HMI_進料缸-進料		HMI_自動燈
	HMI_分度盤-逆轉		HMI_手動燈
	HMI_分度盤-順轉		HMI_急停燈
	HMI_垂直缸-下降		HMI_錯誤碼燈
	HMI_水平缸-伸出		HMI_綠燈(待機)
	HMI_水平缸-縮回		HMI_黃燈(復歸)
	HMI_夾爪-夾		HMI_紅燈(運轉)
	HMI_夾爪-放		OUT 監視_進料缸-進料
	HMI_液狀充填		OUT 監視_垂直缸-下降
	HMI_粒狀充填		OUT 監視_水平缸-伸出
	HMI_輸送帶-運轉		OUT 監視_夾爪-夾持
	HMI_重量顯示-歸零		OUT 監視_液狀充填缸-下降
	HMI_自動/手動		OUT 監視_液狀充填
	HMI_啓動		OUT 監視_粒狀充填
	HMI_復歸		OUT 監視_輸送帶-運轉
	HMI_停止	元件編號(Word)	說明
	HMI_資料清除		進料總數
	IN 監視_進料感測		液狀充填排料總數

元件編號 (bit)	說明	元件編號 (bit)	說明
	IN 監視_材料感測器-金屬		粒狀充填排料總數
	IN 監視_分度盤-定位感測		標準充填料重
	IN 監視_垂直缸-上端		
	IN 監視_水平缸-後限		A/D 值
	IN 監視_夾爪-放限		異常狀態碼
	IN 監視_液狀充填缸-上限		
	IN 監視_液狀充填量感測		

八、檢定步驟及內容：(※檢定時，需按此項各步驟順序逐一進行)

檢定開始前：

(一) 動態試車及機構、程式初始化：以 20 分鐘時間，依動作說明進行自動 (單一循環)動態試車，同時快速檢查感測器、致動器、機械零組件與裝配附件是否有異常，電氣配線、氣壓管線及電源、氣源供應是否正常，接著機構回到機械原點，請確實檢查(如有零組件故障得請求更換)；於試車完成後，應檢人必須在評分表上之動態試車格內簽名確認；接下來切斷氣源(不可斷電)，由監評人員清除控制器內之程式**及確認人機介面故障碼空白**，再切斷電源。

(二) 在電線作業區集合：每人發給 1 條電線(約 50~60 公分)、2 個 Y 端子、2 個歐規端子及 4 個號環，桌上備有剪線、剝線、壓接工具。

檢定開始後：

(三) 每位應檢人先行剪線 2 條，依電線工作專業規範之規定完成二端撥線、套號環及壓接端子，必須壓牢、金屬線不可外露，交由監評人員檢視，若不確實，在評分表扣分並重新壓接。通過後才可回到崗位繼續後續拆機作業。

(四) 管線拆除：束線帶全部剪開，各機構模組中感測器至中繼集納端子台之電氣控制線不必拆除外，其餘所有的：1.氣壓管線拆除後需全部回收，依長度分類可以再使用，2.從中繼集納端子台至 I/O 接線盒及各繼電器的電氣接線，全部拆除並離開線槽；控制盤部分只需拔除與機構盤相連之快速接頭連接電纜線，其餘皆不必拆除。

(五) 機構拆卸：在管線拆除完成後開始機構拆卸，將所有機構模組單元拆卸離開基板，各模組單元不需再細拆；附著於機構上之感測器必須放鬆且偏移原來位置 10mm 以上或最大極限，所有流量控制閥件開度調至最小，調壓閥壓力降至 3bar 以下。

應檢人	檢查項目 (請每項逐一檢查)	監評人員
☐	束線帶全部剪開	☐
☐	氣壓管線全部拆除(若氣壓接頭牢固，經監評人員同意者除外)	☐
☐	所有機構模組單元拆卸離開基板	☐
☐	感測器必須放鬆且偏移原來位置 10mm 以上或最大極限	☐
☐	流量控制閥件開度調至最小	☐
☐	調壓閥壓力降至 3bar 以下	☐

(六) 完成上述的步驟之後，需經監評人員檢查無誤並在評分表上確認格內簽名後，才可繼續進行後續步驟。

(七) 機構組裝：依照系統架構示意圖將所有模組組裝在基板上，各感測器裝配在正確位置。

(八) 氣壓管線及電氣配線裝配：

1. 氣壓管線：依氣壓迴路圖裁剪適當長度之新管線或重裁長度之舊管線；在裝配氣壓管線時，如連接於移動機件上，應由上往下裝配，若管線要往上爬升，需循支撐柱子固定而上；從電磁閥組出口處起，離 10~20 cm 就需依規定每間隔 10 cm 用束線帶綑綁，20 cm 需有固定座固定之，且不得放置於線槽內；管線在適當的部位需有分歧點，分歧後之管線不可有嚴重摺痕影響氣體流動量，運轉時也不可有拉扯現象。
2. 電氣配線：使用剛拆下的電線(不足的或損壞的可以至電線作業區裁剪新線，並進行端子壓接)，在 I/O 接線盒處與 PLC 的 I/O 點依規定裝配電氣線路及各繼電器、安全極限開關的電氣接線；每一電氣端子點配線不可並接超過 2 條，電線需整理整齊盡量置於線槽內；若僅能置於線槽外之電線，需用束線帶以 10 cm 爲間隔進行束綁，20 cm 需有固定座固定之，整理完整。

※ **裝配時，不可超出基板面積，氣壓管線及電線不得直接穿越動態工作區。**

(九) 程式編輯及修改：依功能要求，編寫控制程式。

(十) 運轉試車：調整至功能正確、動作順暢後，可以請監評人員檢查。若檢查結果不正確，在檢定時間之內得繼續修正。

(十一) 評分操作步驟：

1. 是否完成答案卷各項目
2. 目視檢查各機構組裝螺絲是否 2 支以上及管線未穿越工作區
3. 人機介面自行編輯畫面是否完整
4. 人機介面手動操控(記錄操作失效或錯誤點，需回機械原點)
5. 自動循環功能：(金屬、非金屬圓料至少各 2 個，合計 6 個，不規則交錯)檢視主畫面及監視畫面(I/O)燈號是否正確、A/D 值是否依不同料重顯示。當出料金屬、非金屬料各 2 個以上時，壓按「停止」鈕停止，依本場次試題統一之項次檢視出料料重及液位是否正確，人機數量顯示是否正確
6. 自動循環功能粒狀充填時，得人工加料或檔料造成過重或過輕，檢試燈號及後續處理是否正確，下一個料執行自動循環功能後急停(工件仍夾住，不可掉落)
7. 自動復歸
8. **自動循環功能時**測試各故障碼是否正確顯示(至少 2 故障碼)
9. 手動測試機構組裝是否牢固
10. 自動循環功能再啓動，完成任一料後壓按「停止」鈕**執行**停止**功能**
11. 目視檢查配管配線專業規範
12. 答案卷批改計分

(十二) 計算及元件選用：依所給條件及參考數據，在答案紙上<u>列出計算過程</u>，選用適當元件，回答空格問題。

(十三) 復原：檢定完成或時間終了，經監評人員提示，機構回機械原點，壓力源歸零，切斷電源氣源，整理工作崗位，並整齊擺設，才可離席。

九、**《由監評長指定試題之項次，項次記載於答案紙上□，評分及複評時項次不更換》**請依指定之數據，在答案紙上作答，否則不予計分)

若有一控制器之 12bit 線性 ADC 模組，**對應之數位讀出值爲 0_H~FFF_H**，其輸入電壓範圍 Vi 可設爲－10.24V～＋10.24V、－5.12V～＋5.12V、0V～＋10.24V、0V～＋5.12V，且對應之數位讀出值爲 0_H~FFF_H，則

勾選項次	輸入電壓範圍(Vr)	A/D 讀出值(X)	待測物重(W)	精確度(Ra)
□1	**－5.12V～＋5.12V**	$F2B_H$	90g	0.01g
□2	**－10.24V～＋10.24V**	2500	40g	0.2g
□3	0V～＋5.12V	3400	60g	1.0g
□4□5	**V～ V**		**g**	**g**

(一) 輸入電壓範圍 Vr 時，此 A/D 最小可測得之電壓變化爲___(A)___mV(解析度)(小數點 2 位)。

(二) 續上題，當此 A/D 讀出值爲 X 時，其輸入電壓應爲___(B)___V(小數點 2 位)。

(三) 若有一類比式感重量感測模組之電壓輸出 0V～+5V 表示待測物之線性爲 0g～+500g。使用 12 bits A/D 時，其輸入電壓範圍設爲 Vr 時，則最小可測得之重量變化爲___(C)___g(小數 3 位)。

(四) 續上題，若 A/D 輸入電壓範圍設爲 0～+5V，如量測精確度至 Ra，則需選用___(D)___bit(偶數)之 A/D 模組。

(五) 續上題，若待測物爲 W 時**(量測範圍 0～500g)**，AD 讀入值應爲___(E)___。

3.　氣壓迴路圖

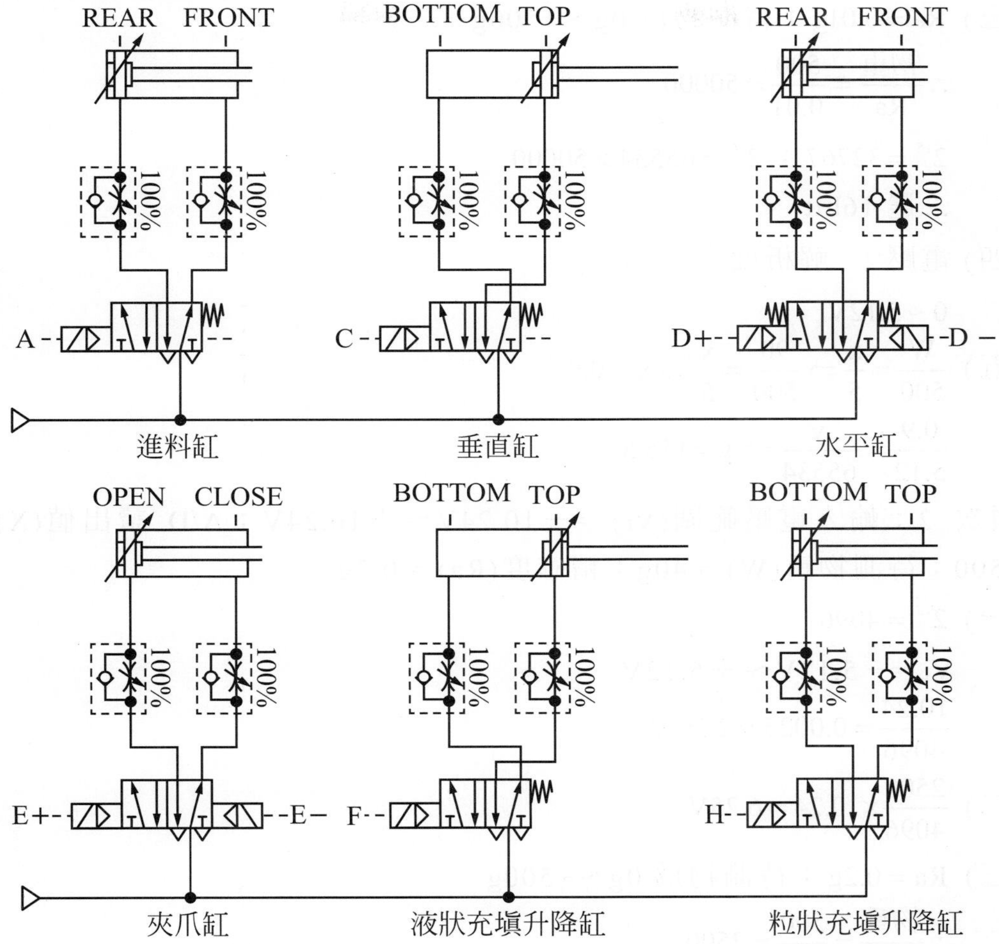

4.　計算與元件選用

項次 1：輸入電壓範圍(Vr) =－5.12V～＋5.12V；A/D 讀出值(X) = $F2B_H$；待測物重(W) = 90g；精確度(Ra) = 0.01g

(一) $2^{12} = 4096$

$$Vi = -10.24V \sim +10.24V$$

$$\frac{20.48}{4096} = 0.005 = 5mV$$

(二) $X = F2B_H = 15\times16^2 + 2\times16^1 + 11\times16^0 = 3883$

$$\frac{3883}{4096}\times20.48 = 19.415V$$

$Vi = 19.415 - 10.24 = 9.715V$

(三) $Ra = 0.01g$；待測物為 0g～+500g

$\therefore \frac{物重}{Ra} = \frac{500}{0.01} = 50000$

$2^{15} = 32767$；$2^{16} = 65534 > 50000$

∴選 16bit

(四) 電壓↓ 解析度↑

$0 \sim 5.12V$

(五) $\frac{W}{500} = \frac{x}{5} \Rightarrow \frac{90}{500} = \frac{x}{5} \Rightarrow x = 0.9$

$\frac{0.9}{5.12} = \frac{y}{65534} \Rightarrow y = 11520$

項次 2：輸入電壓範圍(Vr) =－10.24V～＋10.24V；A/D 讀出值(X) = 2500；待測物重(W) = 40g；精確度(Ra) = 0.2g

(一) $2^{12} = 4096$

$Vi =－5.12V～＋5.12V$

$\frac{10.24}{4096} = 0.0025 = 2.5mV$

(二) $\frac{2500}{4096} \times 10.24 = 6.25V$

(三) $Ra = 0.2g$；待測物為 0g～+500g

$\therefore \frac{物重}{Ra} = \frac{500}{0.2} = 2500$

$2^{11} = 2048$；$2^{12} = 4096 > 2500$

∴選 12bit

(四) 電壓↓ 解析度↑

$0 \sim 5.12V$

(五) $\frac{W}{500} = \frac{x}{5} \Rightarrow \frac{40}{500} = \frac{x}{5} \Rightarrow x = 0.4$

$\frac{0.4}{5.12} = \frac{y}{4096} \Rightarrow y = 320$

項次 3：輸入電壓範圍(Vr) = 0V～＋5.12VV；A/D 讀出值(X) = 3400；待測物重(W) = 60g；精確度(Ra) = 1.0g

(一) $2^{12} = 4096$

Vi = 0V～＋5.12V

$$\frac{5.12}{4096} = 1.25\text{mV}$$

(二) $\frac{749}{4096} = \frac{x}{5.12} \Rightarrow x = 0.94\text{V}$

(三) $Ra = 1.0g$ ；待測物為 0g～+500g

$$\therefore \frac{物重}{Ra} = \frac{500}{2} = 250$$

$2^7 = 128$ ； $2^8 = 256 > 250$

∴選 8bit

(四) 電壓↓　解析度↑

$0 \sim 5.12\text{V}$

(五) $\frac{W}{500} = \frac{x}{5} \Rightarrow \frac{25}{500} = \frac{x}{5} \Rightarrow x = 0.25$

$$\frac{0.25}{5.12} = \frac{y}{256} \Rightarrow y = 12.5 \cong 13$$

5. I/O 規劃圖及馬達控制迴路圖

(1) I/O 規劃圖

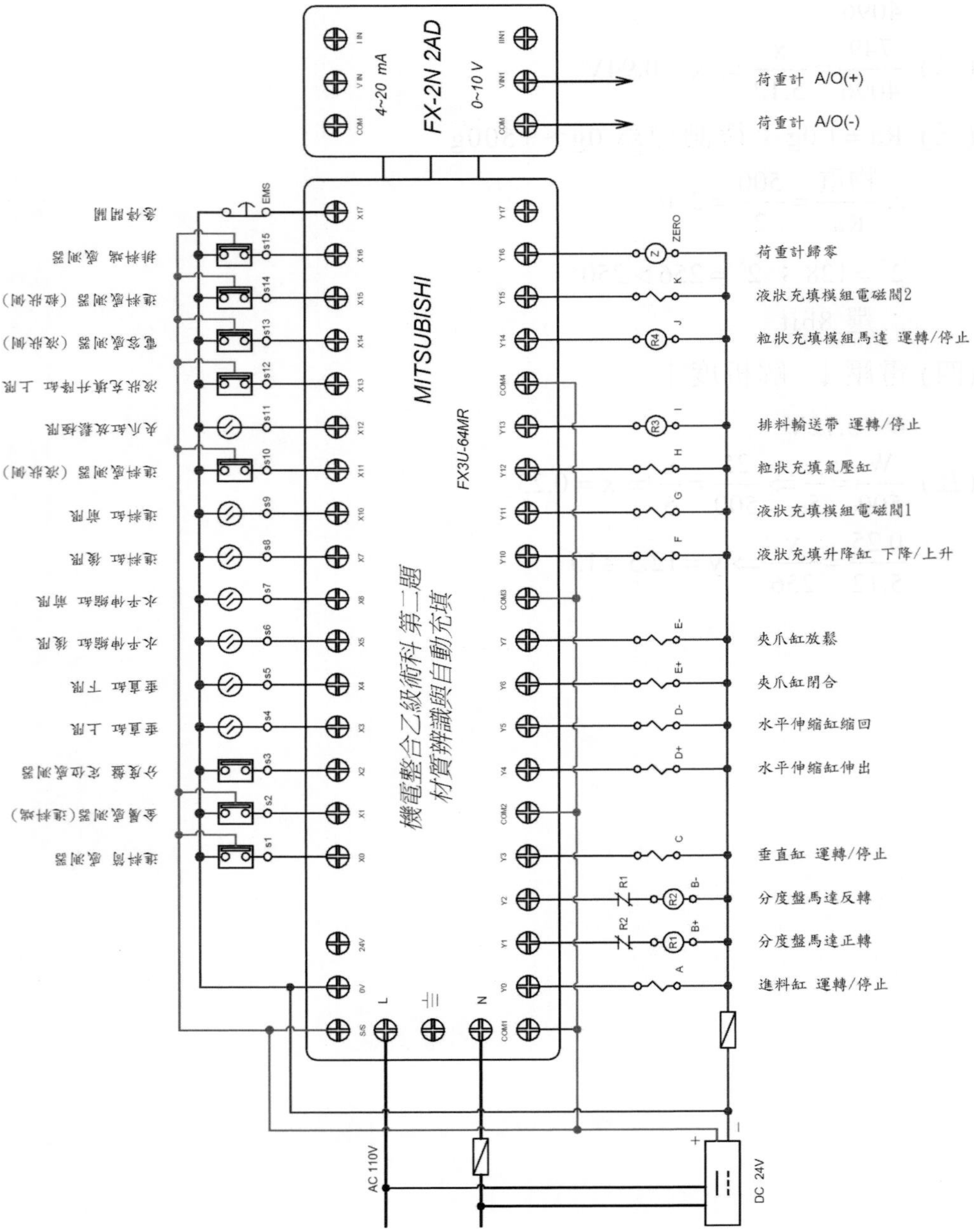

FX-2N 2AD
4~20 mA
0~10 V
I IN
V IN
COM
IIN1
VIN1
COM
荷重計 A/O(+)
荷重計 A/O(-)

MITSUBISHI
FX3U-64MR
機電整合乙級術科 第二題
材質辨識與自動充填

急停開關 EMS X17
排料端 感測器 s15 X16
進料感測器（粒狀區） s14 X15
電容感測器（液狀區） s13 X14
液狀充填升降缸 上限 s12 X13
夾爪缸放鬆極限 s11 X12
進料感測器（液狀區） s10 X11
進料缸 前限 s9 X10
進料缸 後限 s8 X7
水平伸縮缸 前限 s7 X6
水平伸縮缸 後限 s6 X5
垂直缸 下限 s5 X4
垂直缸 上限 s4 X3
分度盤 定位感測器 s3 X2
金屬感測器（進料區） s2 X1
進料區 感測器 s1 X0
24V
0V
S/S
L
N

Y17
Y16 Z ZERO 荷重計歸零
Y15 K 液狀充填模組電磁閥2
Y14 R4 J 粒狀充填模組馬達 運轉/停止
COM4
Y13 R3 I 排料輸送帶 運轉/停止
Y12 H 粒狀充填氣壓缸
Y11 G 液狀充填模組電磁閥1
Y10 F 液狀充填升降缸 下降/上升
COM3
Y7 E- 夾爪缸放鬆
Y6 E+ 夾爪缸閉合
Y5 D- 水平伸縮缸縮回
Y4 D+ 水平伸縮缸伸出
COM2
Y3 C 垂直缸 運轉/停止
Y2 R1 R2 B- 分度盤馬達反轉
Y1 R2 R1 B+ 分度盤馬達正轉
Y0 A 進料缸 運轉/停止
COM1

AC 110V
DC 24V
+
−

(2) 馬達控制迴路圖

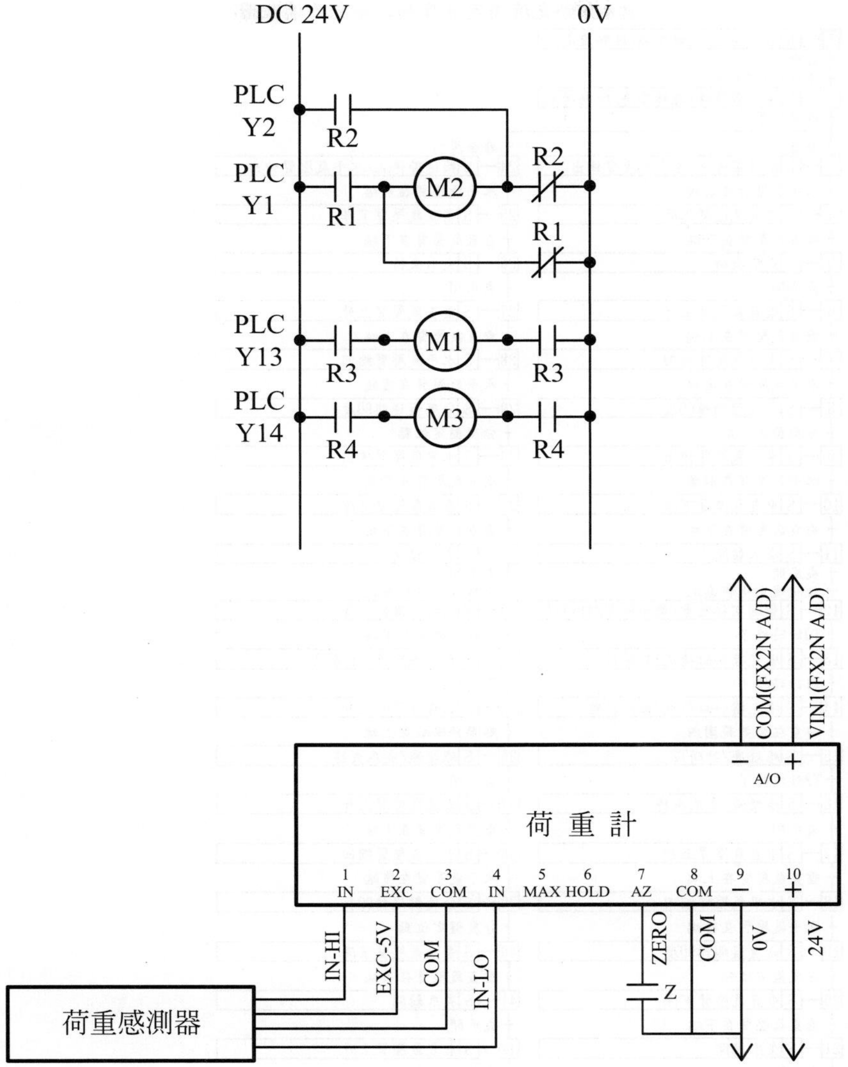

DC 24V
0V
PLC Y2
R2
PLC Y1
R1
M2
R2
R1
PLC Y13
R3
M1
R3
PLC Y14
R4
M3
R4
COM(FX2N A/D)
VIN1(FX2N A/D)
A/O
荷 重 計
1 IN
2 EXC
3 COM
4 IN
5 MAX
6 HOLD
7 AZ
8 COM
9
10
IN-HI
EXC-5V
COM
IN-LO
ZERO
COM
0V
24V
Z
荷重感測器

6. SFC 順序功能流程圖

自動充填滴定分度加工站動作流程圖

- 1 — N 系統初始/運轉燈滅/啟動燈亮
  - 自動COS1
  - 原點條件&啟動
- 2 — S 輸送帶運轉/運轉燈亮/啟動燈滅
  - 進料位置感測

金屬料

- 3 — S 輸送帶停止/水平氣壓臂伸出
  - 水平氣壓臂在前端
- 4 — S 垂直氣壓臂下降
  - 垂直氣壓臂在下端
- 5 — S 夾爪夾持
  - 夾爪閉
- 6 — S 垂直氣壓臂上升
  - 垂直氣壓臂在上端
- 7 — S 水平氣壓臂縮回
  - 水平氣壓臂在後端
- 8 — S 分度盤順轉90度
  - 分度盤定位點
- 9 — S 水平氣壓臂伸出
  - 水平氣壓臂在前端
- 10 — S 垂直氣壓臂下降
  - 垂直氣壓臂在下端
- 11 — S 夾爪鬆開
  - 夾爪開
  - 粒狀填充進料感測
- 12 — S 量測空杯重量/顯示歸零/計時T0
  - T0計時終了
- 13 — S 填充擋料缸後退/計時T1
  - T1計時終了
- 14 — S 填充擋料缸前進/顯示料重
  - 料重在公差範圍內
- 15 — S 綠燈亮/計時T2
  - T2計時終了
- 16 — S 綠燈滅/夾爪夾持
  - 夾爪閉
- 17 — S 垂直氣壓臂上升
  - 垂直氣壓臂在上端
- 18 — S 水平氣壓臂縮回
  - 水平氣壓臂在後端
- 19 — S 分度盤順轉90度
  - 分度盤定位點
- 20 — S 垂直氣壓臂下降
  - 垂直氣壓臂在下端
- 21 — S 夾爪鬆開
  - 夾爪開
- 22 — S 垂直氣壓臂上升
  - 垂直氣壓臂在上端
- 23 — S 分度盤逆轉180度
  - 分度盤定位點
  - → 2

非金屬料

- 24 — S 輸送帶停止/水平氣壓臂伸出
  - 水平氣壓臂在前端
- 25 — S 垂直氣壓臂下降
  - 垂直氣壓臂在下端
- 26 — S 夾爪夾持
  - 夾爪閉
- 27 — S 垂直氣壓臂上升
  - 垂直氣壓臂在上端
- 28 — S 水平氣壓臂縮回
  - 水平氣壓臂在後端
- 29 — S 分度盤逆轉90度
  - 分度盤定位點
- 30 — S 水平氣壓臂伸出
  - 水平氣壓臂在前端
- 31 — S 垂直氣壓臂下降
  - 垂直氣壓臂在下端
- 32 — S 夾爪鬆開
  - 夾爪開
  - 點膠滴定進料感測
- 33 — S 點膠升降缸下降
  - 點膠升降缸在下端
- 34 — S 點膠機點膠/計時T3
  - T3計時終了
- 35 — S 點膠升降缸上升
  - 點膠升降缸在上端
- 36 — S 綠燈滅/夾爪夾持
  - 夾爪閉
- 37 — S 垂直氣壓臂上升
  - 垂直氣壓臂在上端
- 38 — S 水平氣壓臂縮回
  - 水平氣壓臂在後端
- 39 — S 分度盤逆轉90度
  - 分度盤定位點
- 40 — S 垂直氣壓臂下降
  - 垂直氣壓臂在下端
- 41 — S 夾爪鬆開
  - 夾爪開
- 42 — S 垂直氣壓臂上升
  - 垂直氣壓臂在上端
- 43 — S 分度盤順轉180度
  - 分度盤定位點
  - → 2

緊急停止

- 51 — E 緊急停止
  - 手動COS1
  - PB1 → N 水平氣壓缸伸縮 → 51
  - PB2 + 水平缸在後端 → N 垂直氣壓缸上下 → 51
  - PB3 → N 氣壓夾爪開閉 → 51
  - PB4 + 垂直缸在上端 + 水平缸在後端
    - 順轉COS2 → N 分度盤順轉 → 51
    - 逆轉COS2 → N 分度盤逆轉 → 51
  - PB5 → N 滴定氣壓缸上下 → 51
  - PB6 → N 充填擋料缸進退 → 51

7. 階梯與狀態流程圖

(1) 人機元件配置與 PLC I/O 表

元件編號(bit)		說明	元件編號(bit)		說明
X00	S01	料筒進料感測器	Y00	A	進料缸(伸出)
X01	S02	金屬材質感測器	Y01	B+	轉盤(順轉)
X02	S03	轉盤定位感測	Y02	B－	轉盤(逆轉)
X03	S04	垂直缸(上位)	Y03	C	垂直缸(下降)
X04	S05	垂直缸(下位)	Y04	D＋	水平伸縮缸(伸出)
X05	S06	水平缸(後位)	Y05	D－	水平伸縮缸(縮回)
X06	S07	水平缸(前位)	Y06	E＋	夾爪(夾緊)
X07	S08	進料缸(後限)	Y07	E－	夾爪(放鬆)
X10	S09	進料缸(前限)	Y10	F	液狀定量充填升降缸(下降)
X11	S10	液狀進料座感測器	Y11	G	液狀定量充填電磁閥(ON)
X12	S11	夾爪極限(放鬆)	Y12	H	粒狀充填氣壓缸
X13	S12	液狀定量充填極限(上位)	Y13	I	輸送機運轉(M1)
X14	S13	靈敏度可調之電容感測器	Y14	J	粒狀充填旋轉馬達(M2)
X15	S14	粒狀充填座進料感測器	Y15	K	
X16	S15	輸送帶排料感測器	Y16	ZERO	荷重計歸零
X17	EMS	緊急停止開關(EMS)_(b)	Y17		
HMI	X0	IN 監視_進料感測	HMI	M00	HMI_進料缸-進料
	X1	IN 監視_材料感測器-金屬		M01	HMI_分度盤-逆轉

元件編號(bit)		說明	元件編號(bit)		說明
	X2	IN 監視_分度盤-定位感測		M02	HMI_分度盤-順轉
	X3	IN 監視_垂直缸-上端		M03	HMI_垂直缸-下降
	X5	IN 監視_水平缸-後限		M04	HMI_水平缸-伸出
	X12	IN 監視_夾爪-放限		M05	HMI_水平缸-縮回
	X13	IN 監視_液狀充填缸-上限		M06	HMI_夾爪-夾
	X14	IN 監視_液狀充填量感測		M07	HMI_夾爪-放
HMI	Y0	OUT 監視_進料缸-進料		M08	HMI_液狀充填
	Y3	OUT 監視_垂直缸-下降		M09	HMI_粒狀充填
	Y4	OUT 監視_水平缸-伸出		M10	HMI_輸送帶-運轉
	Y6(Set)	OUT 監視_夾爪-夾持		M11	HMI_重量顯示-歸零
	Y10	OUT 監視_液狀充填缸-下降	HMI	M20	HMI_自動(N.O)/手動(N.C)
	Y11	OUT 監視_液狀充填		M20	HMI_自動燈
	Y12	OUT 監視_粒狀充填		M20	HMI_手動燈
	Y13	OUT 監視_輸送帶-運轉		M21	HMI_啓動
				M22	HMI_復歸
HMI	D50	進料總數		M23	HMI_停止
	D60	液狀充填排料總數		**X17**	**HMI_EMS 燈**
	D70	粒狀充填排料總數		M24	HMI_資料清除
	D80	標準充填料重		M25	HMI_錯誤碼燈
	D90	A/D 值		M30	HMI_綠燈(待機)
	D100	異常狀態碼		M31	HMI_黃燈(復歸)
HMI	M300	主控鍵		M32	HMI_紅燈(運轉)
附加	M350	手動鍵		M33	HMI_料重 OK-綠燈

元件編號(bit)		說明	元件編號(bit)		說明
開啓	M400	監視鍵		M34	HMI_料重太輕-黃燈
功能	M450	故障碼鍵		M35	HMI_料重太重-紅燈

(2) LD 與 SFC

LD0

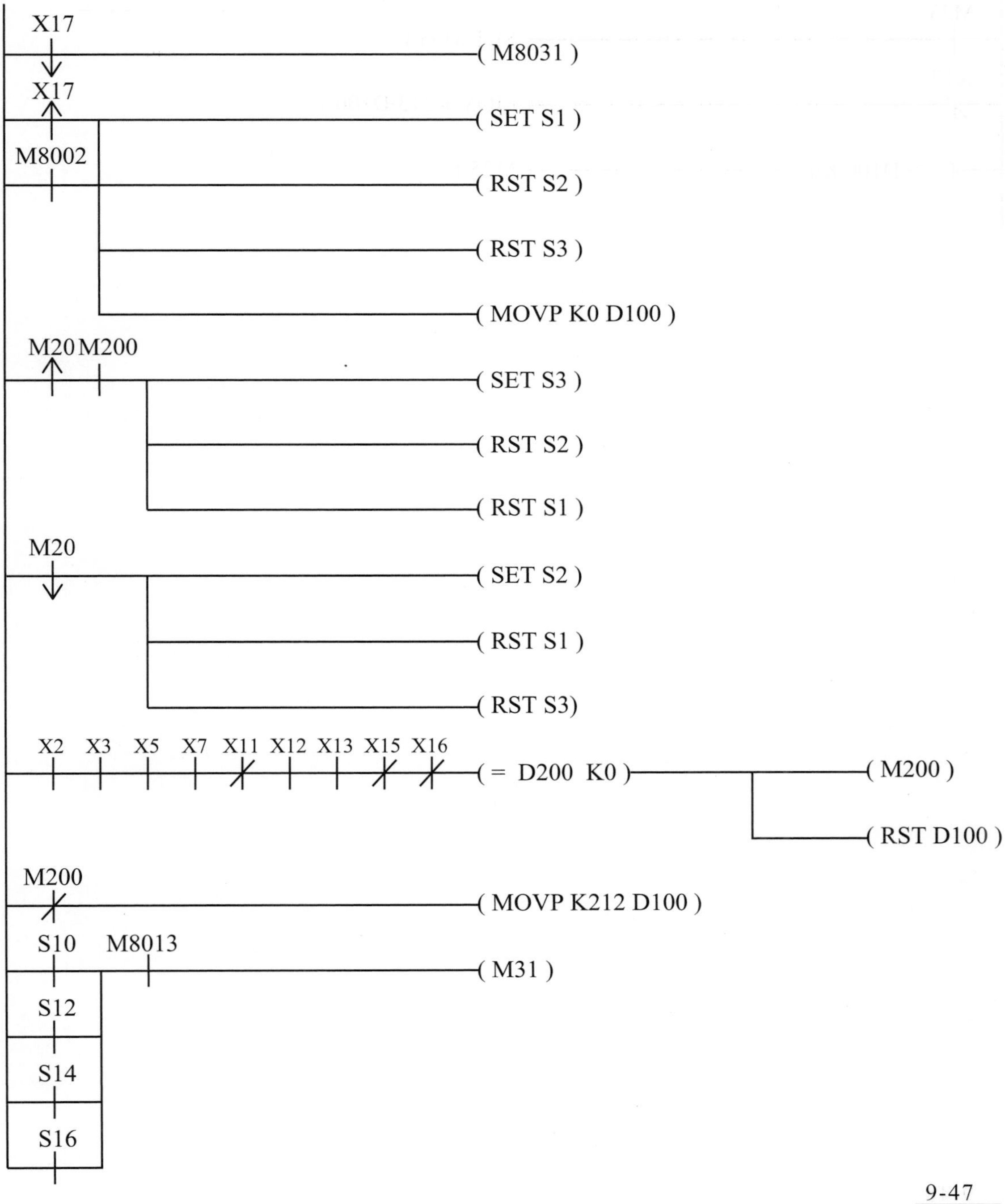

```
X17↓                                  —( M8031 )
X17↑ ─┬──────────────────────────────( SET S1 )
M8002 ┘├──────────────────────────────( RST S2 )
       ├──────────────────────────────( RST S3 )
       └──────────────────────────────( MOVP K0 D100 )
M20↑ M200 ─┬──────────────────────────( SET S3 )
           ├──────────────────────────( RST S2 )
           └──────────────────────────( RST S1 )
M20↓ ──────┬──────────────────────────( SET S2 )
           ├──────────────────────────( RST S1 )
           └──────────────────────────( RST S3)
X2 X3 X5 X7 X11(NC) X12 X13 X15(NC) X16(NC) ─( = D200 K0 )─┬─( M200 )
                                                            └─( RST D100 )
M200(NC) ─────────────────────────────( MOVP K212 D100 )
S10 ─┬─ M8013 ────────────────────────( M31 )
S12 ─┤
S14 ─┤
S16 ─┘
```

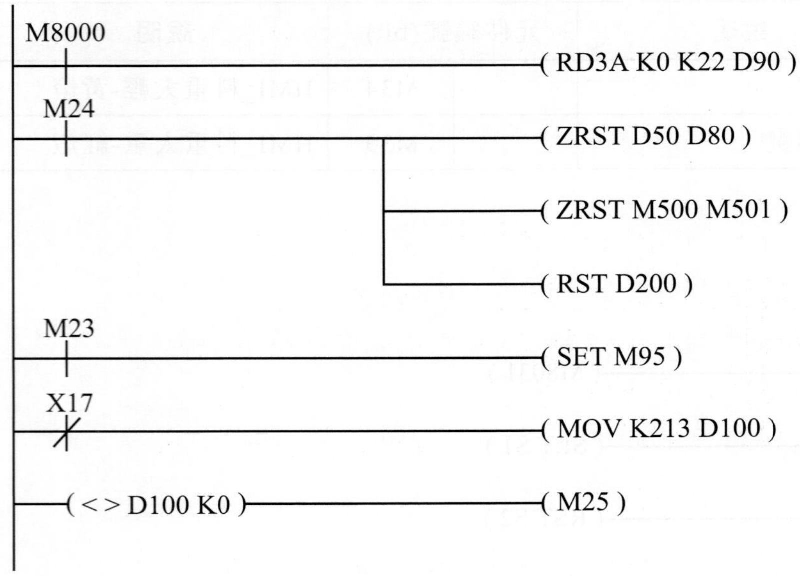
M8000
(RD3A K0 K22 D90)
M24
(ZRST D50 D80)
(ZRST M500 M501)
(RST D200)
M23
(SET M95)
X17
(MOV K213 D100)
(<> D100 K0)
(M25)

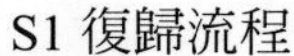

S1 復歸流程

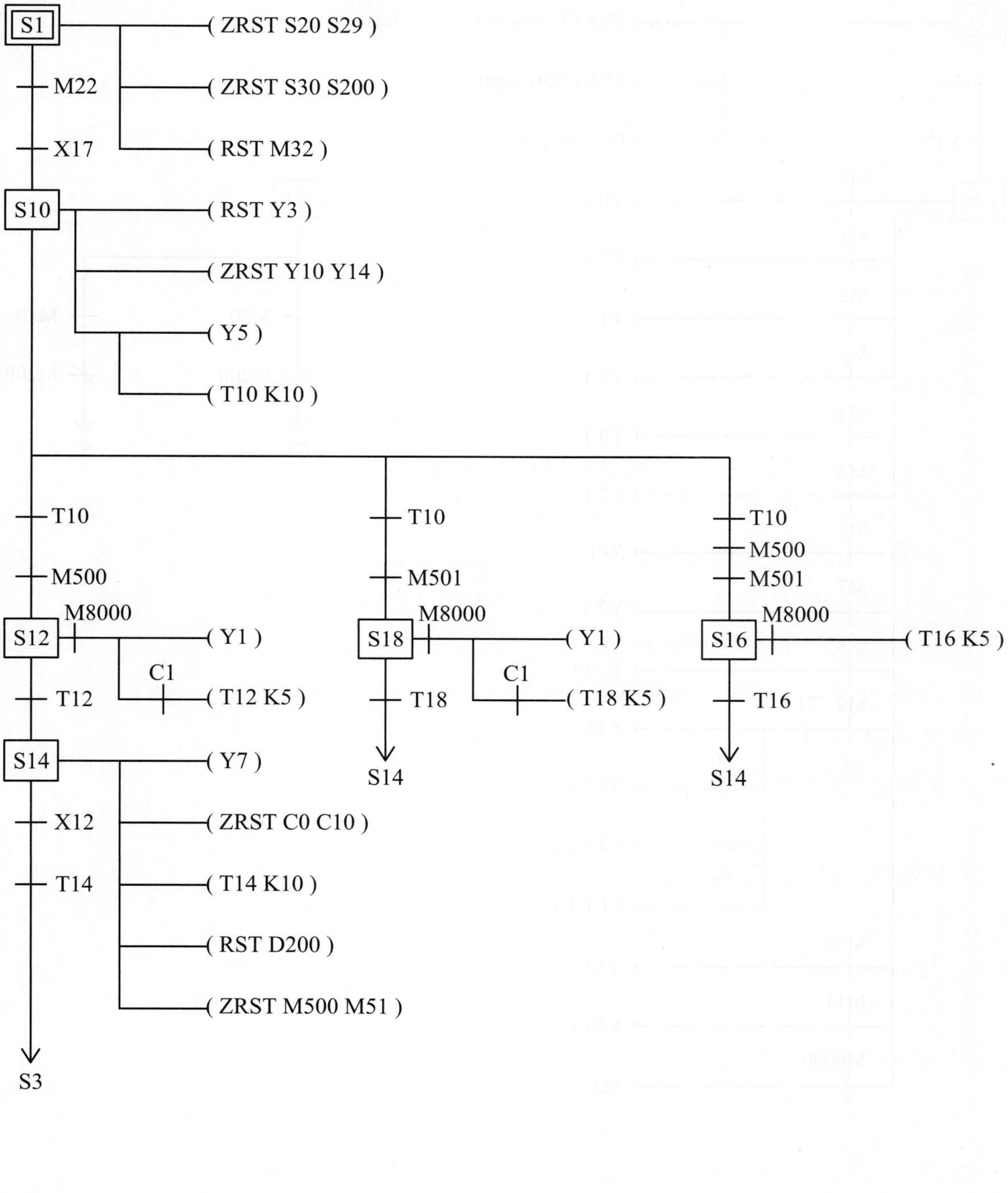

S1
(ZRST S20 S29)
(ZRST S30 S200)
(RST M32)
M22
X17

S10
(RST Y3)
(ZRST Y10 Y14)
(Y5)
(T10 K10)

T10
M500

T10
M501

T10
M500
M501

S12
M8000
(Y1)
C1
(T12 K5)
T12

S18
M8000
(Y1)
C1
(T18 K5)
T18
S14

S16
M8000
(T16 K5)
T16
S14

S14
(Y7)
(ZRST C0 C10)
(T14 K10)
(RST D200)
(ZRST M500 M51)
X12
T14
S3

S2 指定流程

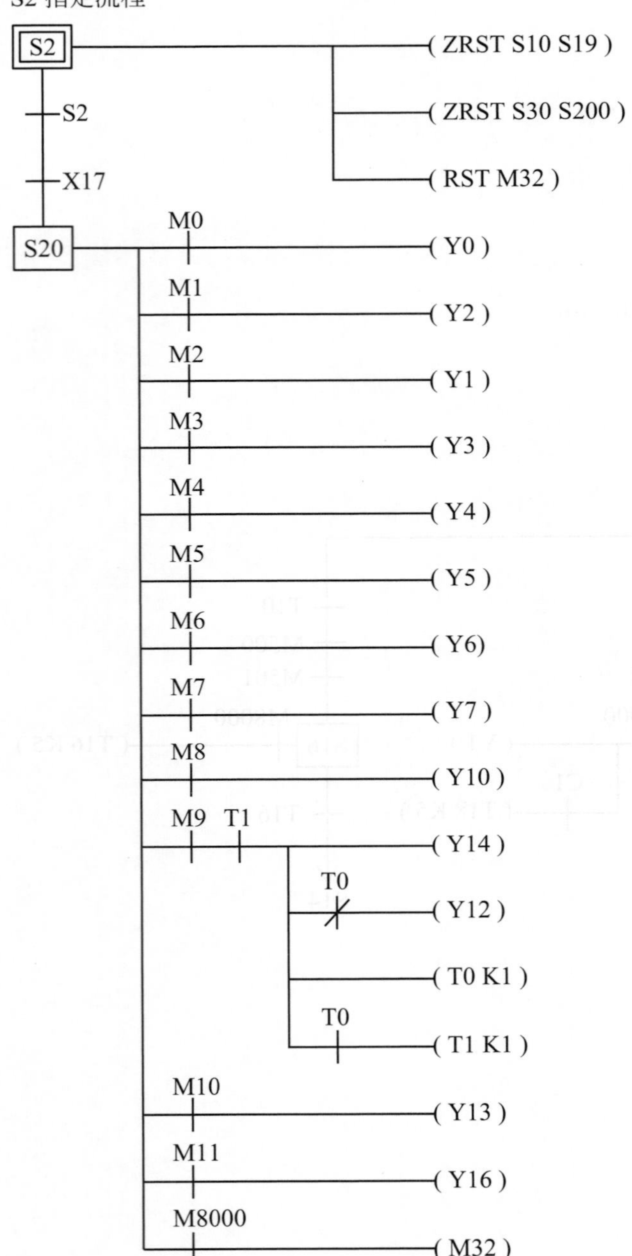
S2
ZRST S10 S19
ZRST S30 S200
RST M32
S2
X17
S20
M0
Y0
M1
Y2
M2
Y1
M3
Y3
M4
Y4
M5
Y5
M6
Y6
M7
Y7
M8
Y10
M9
T1
Y14
T0
Y12
T0 K1
T0
T1 K1
M10
Y13
M11
Y16
M8000
M32

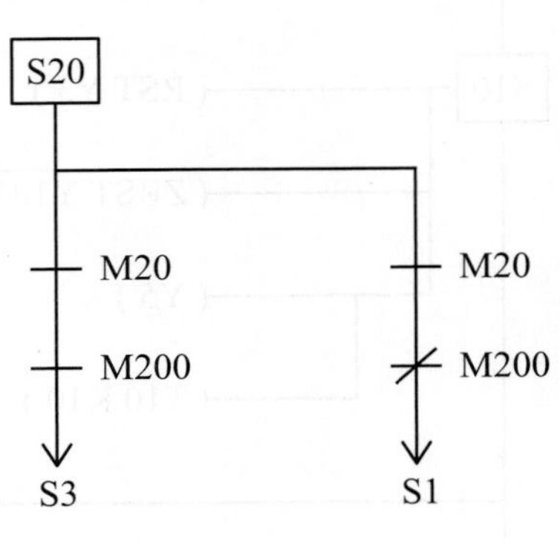
S20
M20
M200
S3
M20
M200
S1

S3 主流程

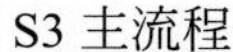

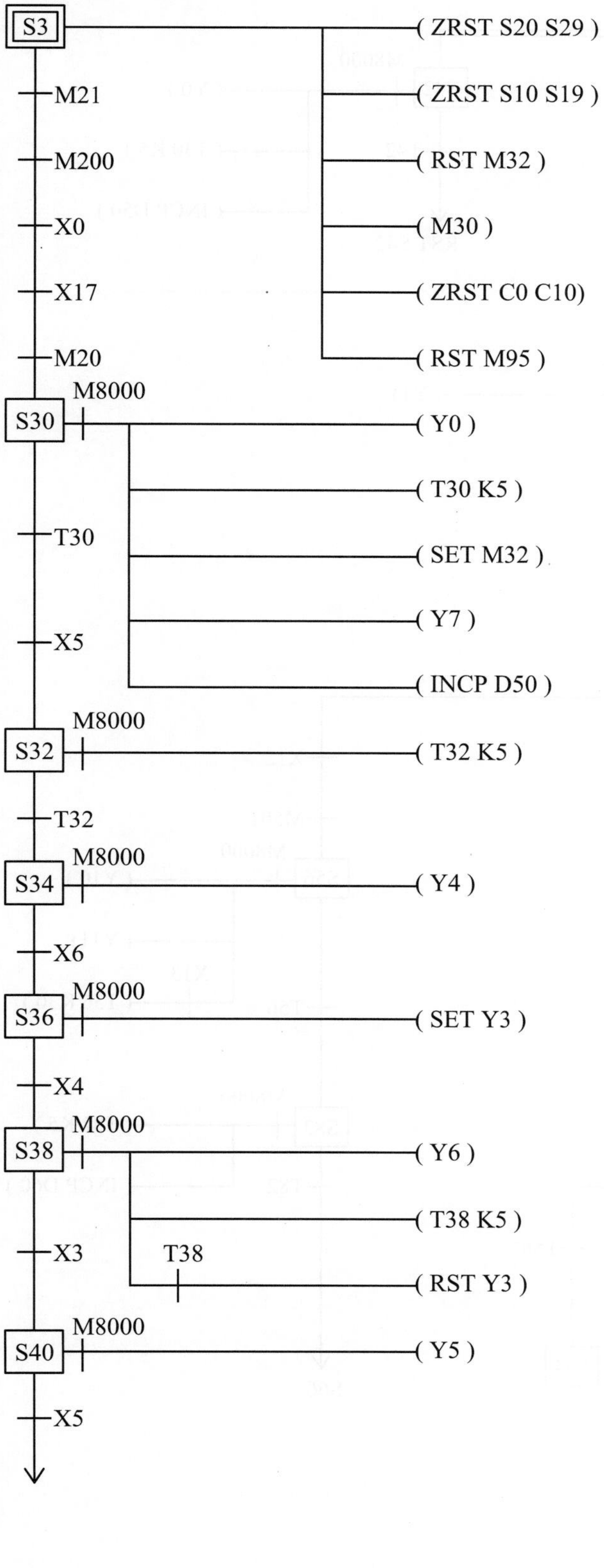

```
[S3]───┬──( ZRST S20 S29 )
       ├──( ZRST S10 S19 )
       ├──( RST M32 )
       ├──( M30 )
       ├──( ZRST C0 C10)
       └──( RST M95 )
 ┼ M21
 ┼ M200
 ┼ X0
 ┼ X17
 ┼ M20
       M8000
[S30]──┤├──┬──( Y0 )
           ├──( T30 K5 )
           ├──( SET M32 )
           ├──( Y7 )
           └──( INCP D50 )
 ┼ T30
 ┼ X5
       M8000
[S32]──┤├─────( T32 K5 )
 ┼ T32
       M8000
[S34]──┤├─────( Y4 )
 ┼ X6
       M8000
[S36]──┤├─────( SET Y3 )
 ┼ X4
       M8000
[S38]──┤├──┬──( Y6 )
           ├──( T38 K5 )
           │  T38
           └──┤├──( RST Y3 )
 ┼ X3
       M8000
[S40]──┤├─────( Y5 )
 ┼ X5
 ↓
```

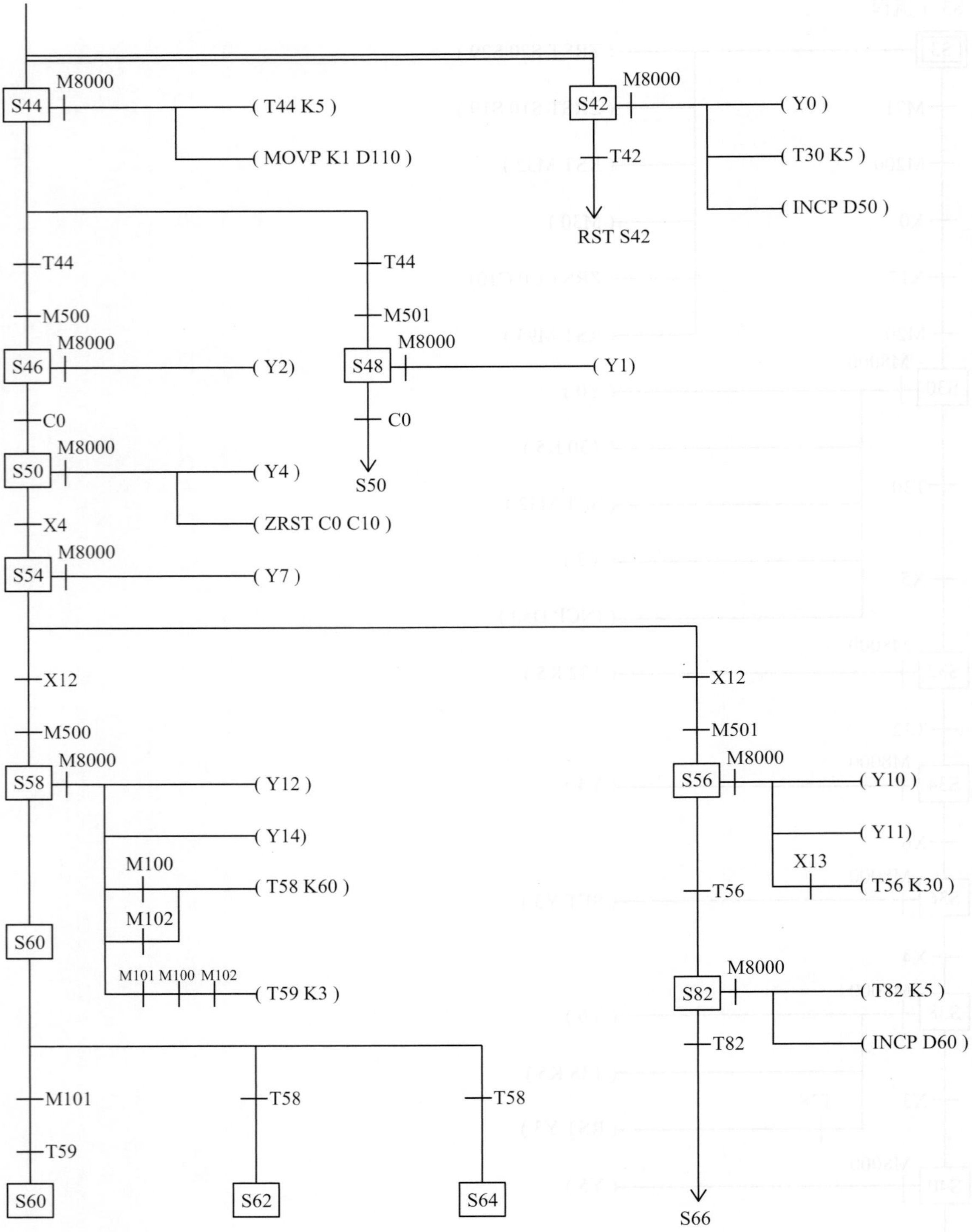

S44 M8000 (T44 K5)
(MOVP K1 D110)
S42 M8000 (Y0)
T42 (T30 K5)
RST S42 (INCP D50)
T44 T44
M500 M501
S46 M8000 (Y2)
S48 M8000 (Y1)
C0 C0
S50 M8000 (Y4)
S50
X4 (ZRST C0 C10)
S54 M8000 (Y7)
X12 X12
M500 M501
S58 M8000 (Y12)
S56 M8000 (Y10)
(Y14)
(Y11)
M100 (T58 K60)
X13 (T56 K30)
T56
M102
S60
M101 M100 M102 (T59 K3)
S82 M8000 (T82 K5)
T82 (INCP D60)
M101 T58 T58
T59
S60 S62 S64
S66

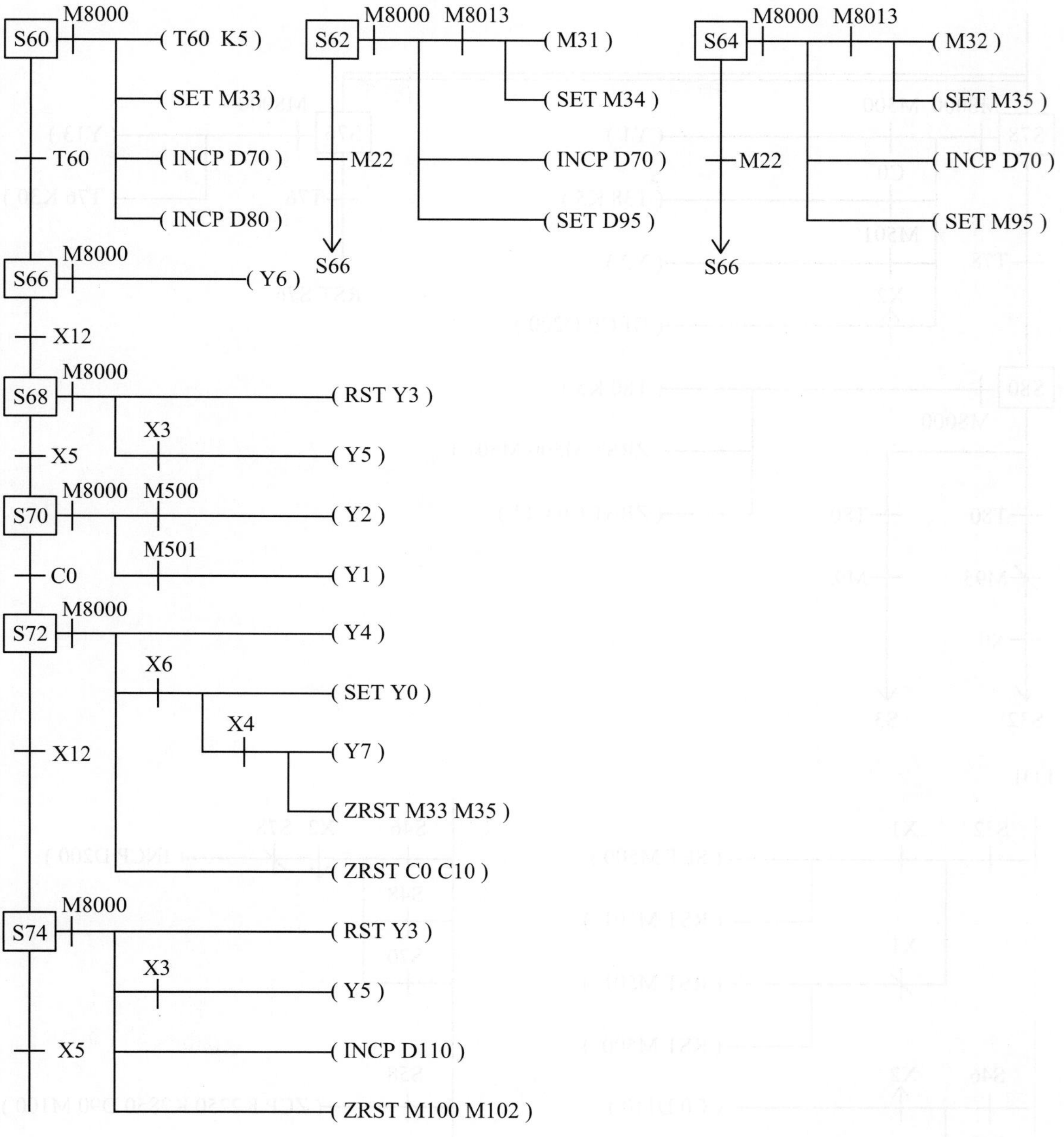

S60
M8000
(T60 K5)
(SET M33)
T60
(INCP D70)
(INCP D80)
S62
M8000
M8013
(M31)
(SET M34)
M22
(INCP D70)
(SET D95)
S66
S64
M8000
M8013
(M32)
(SET M35)
M22
(INCP D70)
(SET M95)
S66
S66
M8000
(Y6)
X12
S68
M8000
(RST Y3)
X3
X5
(Y5)
S70
M8000
M500
(Y2)
M501
C0
(Y1)
S72
M8000
(Y4)
X6
(SET Y0)
X4
X12
(Y7)
(ZRST M33 M35)
(ZRST C0 C10)
S74
M8000
(RST Y3)
X3
(Y5)
X5
(INCP D110)
(ZRST M100 M102)

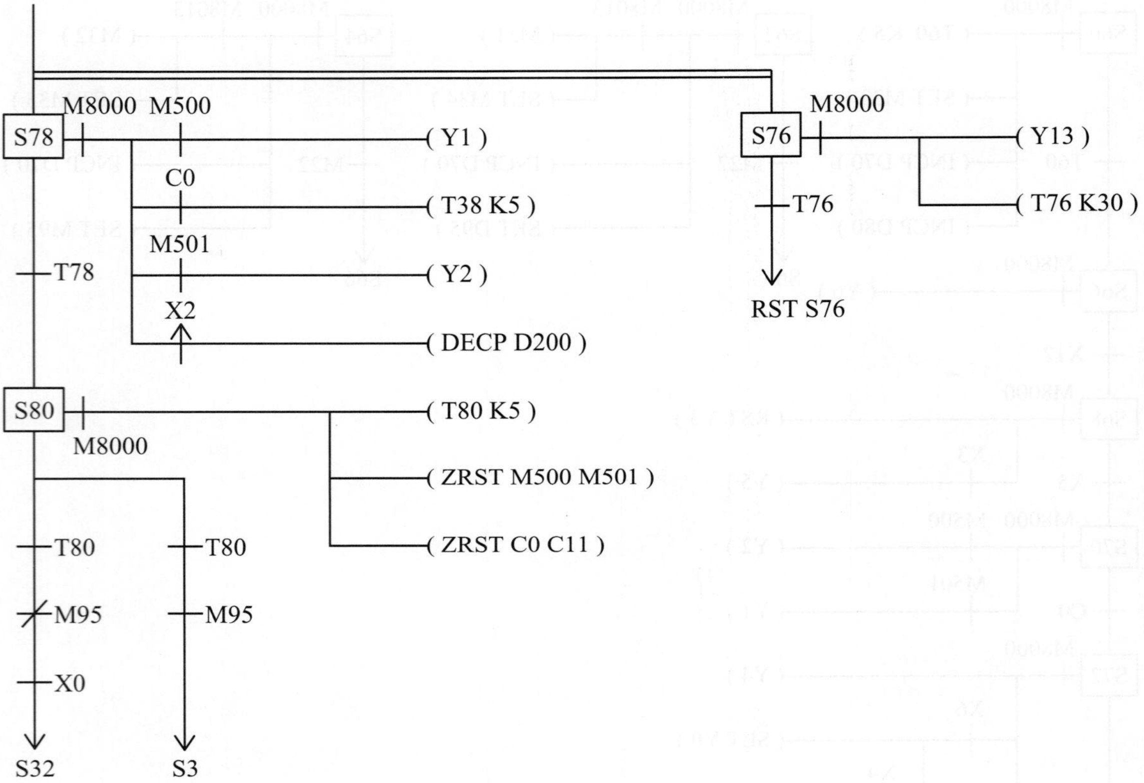

S78 M8000 M500 (Y1)
C0 (T38 K5)
M501 (Y2)
X2 (DECP D200)
T78
S76 M8000 (Y13)
(T76 K30)
T76
RST S76
S80 M8000 (T80 K5)
(ZRST M500 M501)
(ZRST C0 C11)
T80 M95 X0 → S32
T80 M95 → S3

LD1

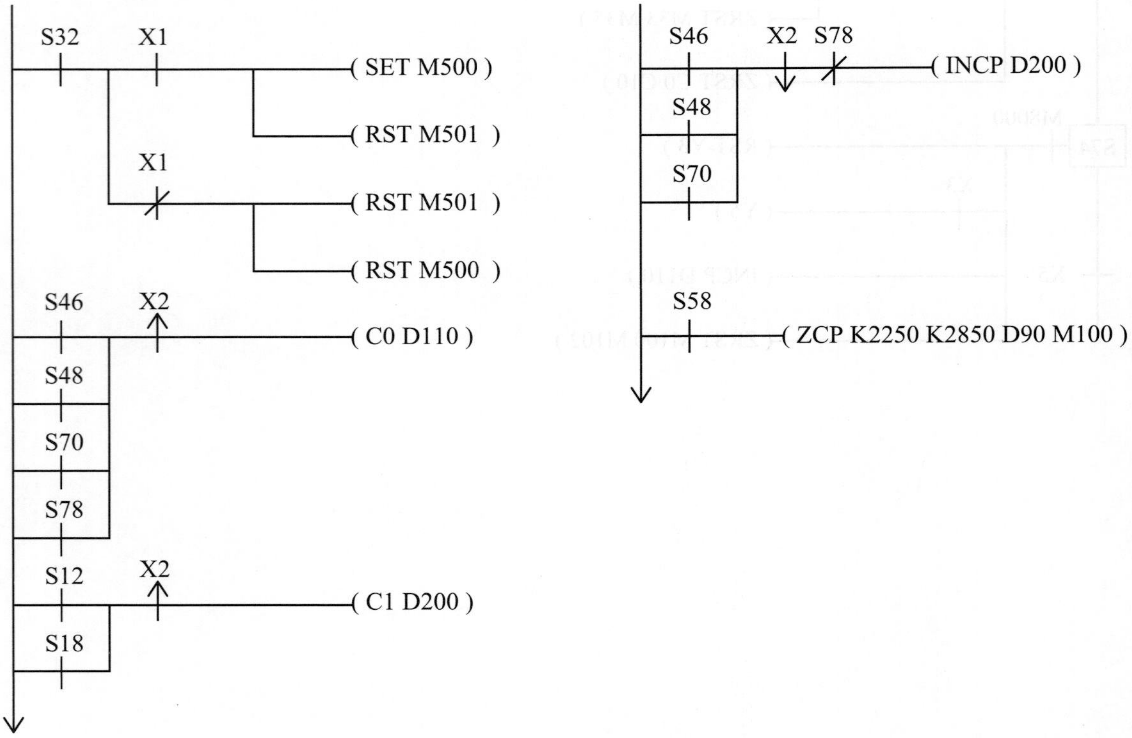

S32 X1 (SET M500)
(RST M501)
X1 (RST M501)
(RST M500)
S46 S48 S70 S78 X2 (C0 D110)
S12 S18 X2 (C1 D200)

S46 S48 S70 X2 S78 (INCP D200)
S58 (ZCP K2250 K2850 D90 M100)

9-3 方向判別與裝配

1. 機構分解圖 

方向判別與裝配站

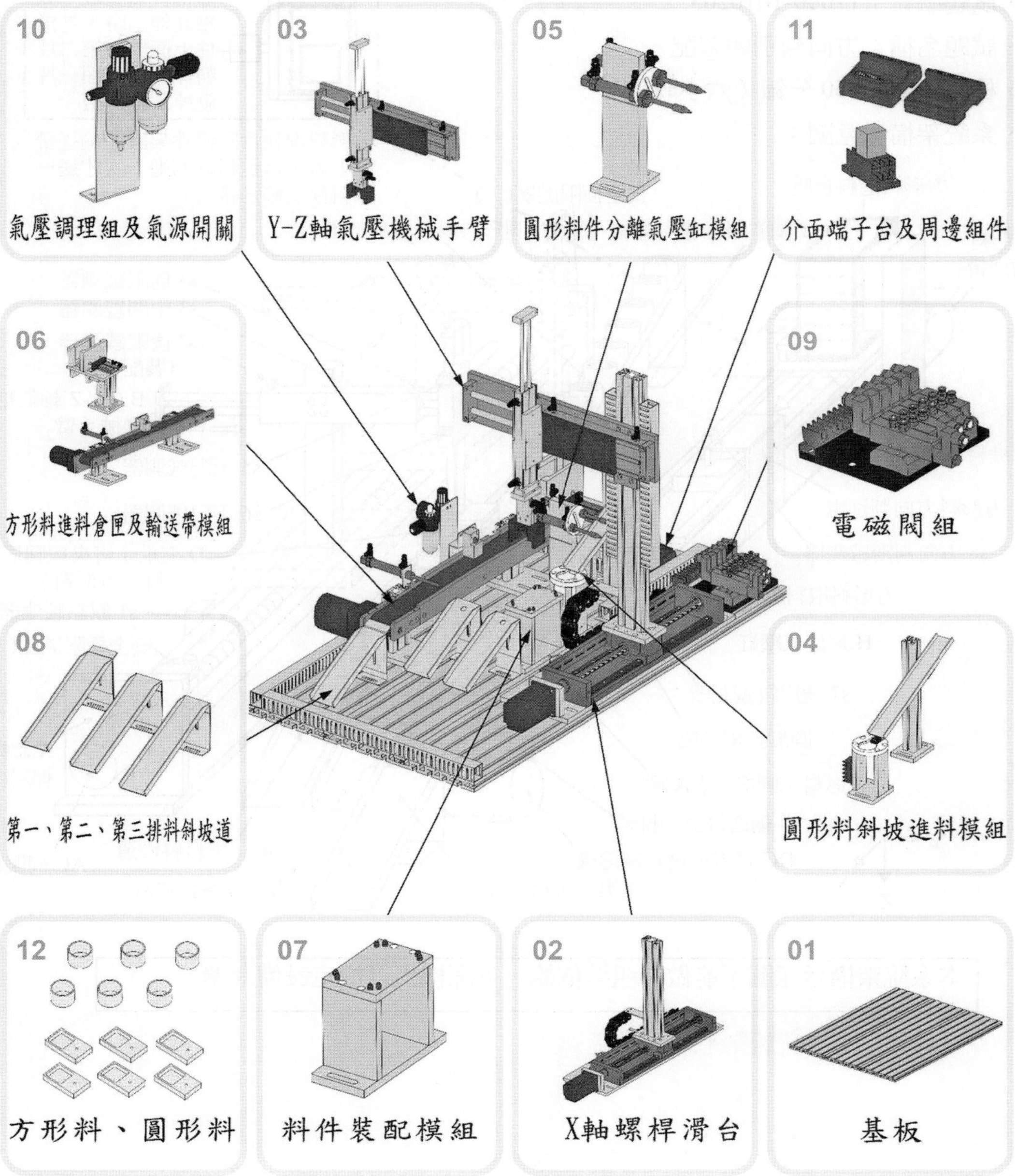

10 氣壓調理組及氣源開關

03 Y-Z軸氣壓機械手臂

05 圓形料件分離氣壓缸模組

11 介面端子台及周邊組件

06 方形料進料倉匣及輸送帶模組

09 電磁閥組

08 第一、第二、第三排料斜坡道

04 圓形料斜坡進料模組

12 方形料、圓形料

07 料件裝配模組

02 X軸螺桿滑台

01 基板

2. 試題說明

一、試題編號：17000-1010203

二、試題名稱：方向判別與裝配

三、檢定時間：360 分鐘（六小時）

四、系統架構示意圖：

一、試題編號：17000-1010203

二、試題名稱：方向判別與裝配

三、檢定時間：360 分鐘（六小時）

四、系統架構示意圖：

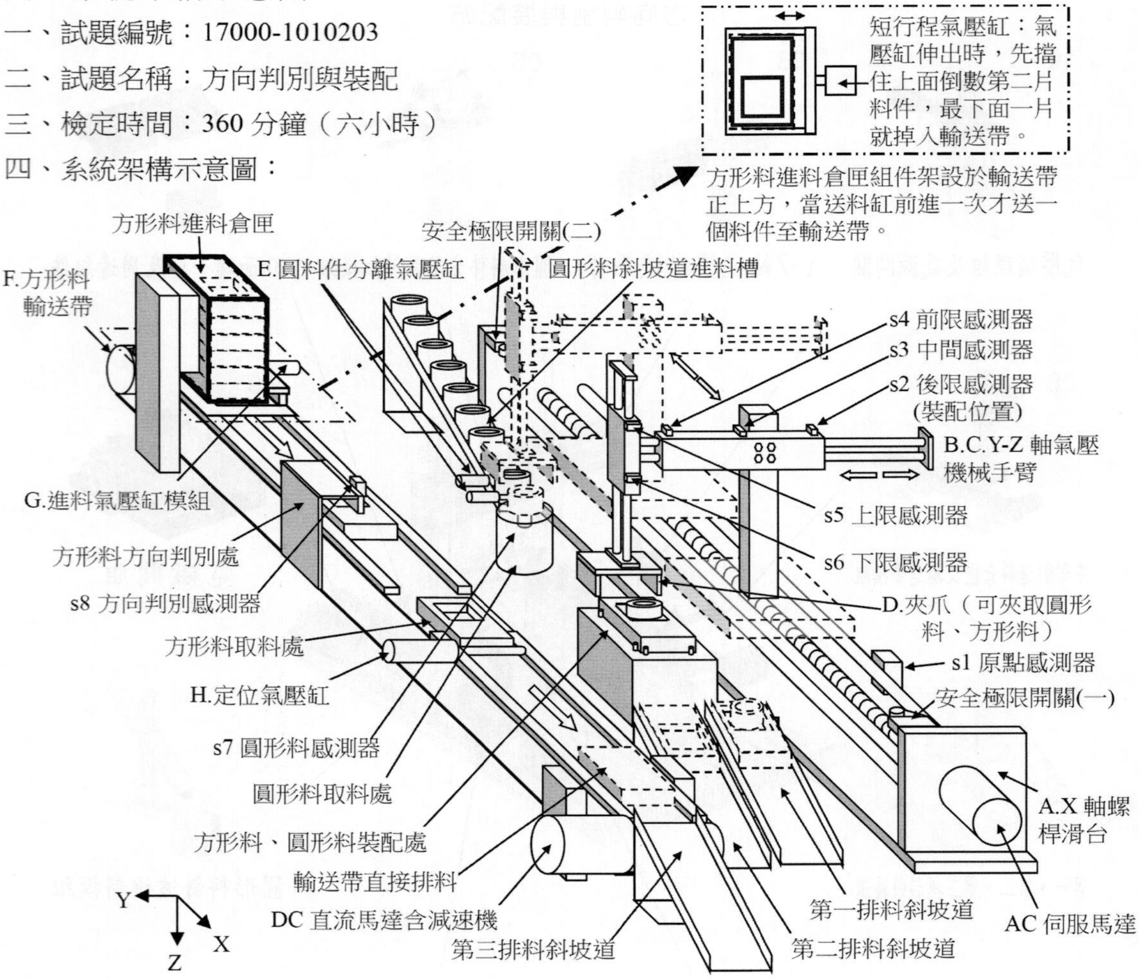

本系統架構示意圖不能做為組裝依據，實際機構以檢定設備為準。

五、機構組成：

編號	模組名稱	數量	編號	模組名稱	數量
01	基板	1	07	料件裝配模組	1
02	X軸螺桿滑台(AC伺服馬達驅動)	1	08	第一、第二、第三排料斜坡道	2
03	Y-Z軸氣壓機械手臂	1	09※	電磁閥組	1
04	圓形料斜坡進料模組	1	10※	氣壓調理組及氣源開關	1
05	圓形料件分離氣壓缸模組	1	11※	介面端子台及周邊組件	1式
06	方形料進料倉匣及輸送帶模組	1	12	方形料×6，圓形料 N×6	1式

註記※者機構拆卸時不需離開基板。

六、緊急停止按鈕及人機介面說明：

(一) 押扣式按鈕開關：做爲機械緊急停止（EMS）之用。

(二) 人機介面：須依題意需求設置輸出入介面及※編輯異常狀態碼畫面之內容。如：自動/手動切換、啓動、停止、手動操作試車、燈號，監視進、排料料件種類、數量與組裝料件、方向不對料件，另自行編輯*異常狀態警報等不同種類之數量。

※　編輯畫面內容：如試題所示，包含 1.異常狀態情況說明之一欄表、2.當下異常狀態之警報碼顯示等。

*　本題異常狀態：1.待機原點異常、2.圓料進料異常、3.未完成復歸、4.緊急停止未解除。

七、動作說明：

(一) 機械原點：A、X軸螺桿馬達停止，B、C缸Y-Z軸氣壓機械手臂在裝配處上方(水平缸縮回、垂直缸在最上位)，D 夾爪缸放開，E 分離缸不排料，F 輸送帶馬達停止，G 進料氣壓缸在後位，H 定位缸伸出。

(二) 電磁閥規劃：請依下列規定裝配管線，B 缸：5/3 中位進氣、C 缸：5/2 雙邊、D 缸：5/2 雙邊、E 缸：5/2 單邊、G 缸：5/2 單邊、H 缸：5/2 單邊。

(三) 手動操作功能：：(手動操作功能時自動循環功能無法操作)

1. 操控 A、X 軸螺桿滑台左移、右移(B、C 軸在氣壓缸縮回位置)。(以 2 個按鈕操控，1 個執行左移、另 1 個執行右移，需測試安全極限開關保護。)
2. 操控 B 水平缸伸出、縮回。(以 2 個按鈕操控，1 個執行伸出、另 1 個執行縮回。)
3. 操控 C 垂直缸上升、下降。(以 2 個按鈕操控，1 個執行下降、另 1 個執行上升。)
4. 操控 D 夾爪閉合、打開。(有料時要先準備承接，以 2 個按鈕操控，1 個執行夾料、另 1 個執行放料。)
5. 操控 E 分離缸動作。(以 1 個按鈕操控，按下時執行分離料件、放開復歸。)
6. 操控 F 輸送帶運轉。(以 1 個按鈕操控，按下時執行運轉、放開停止。)
7. 操控 G 進料缸進料、復歸。(以 1 個按鈕操控，按下時進料、放開復歸。)
8. 操控 H 定位缸縮回、伸出。(以 1 個按鈕操控，按下時縮回、放開伸出。)

(四) 自動循環功能：(自動循環功能時，手動操作功能無法操作)

1. 在正常操作時，選擇開關切換至「自動循環功能」，按下啓動按鈕，運轉紅燈亮，綠燈滅，進料缸將方形料件從進料倉匣依序逐一送出，配合輸送帶運送，由方向判別處之單一感測器判別方向(凹槽方向)；判別後運送至方形料取料處，進行如下各種不同之處理。當輸送帶之取料處無料件後，進料模組即需再進下一個料件。
2. 按下列所勾選之工作條件要求進行動作操作：

《由應檢人代表抽定本場次所有試題統一之項次，評分及複評時項次不更換》

項次	方形槽進料姿勢	處理動作	排料處
1	凹槽朝前	裝配	第一排料斜坡道
	凹槽朝後	不裝配	第二排料斜坡道
2	凹槽朝前	裝配	第二排料斜坡道
	凹槽朝後	不裝配	第一排料斜坡道
3	凹槽朝前	不裝配	第二排料斜坡道
	凹槽朝後	裝配	第一排料斜坡道

※　若「凹槽朝下」視為「不良件」，由輸送帶第三排料斜坡道直接放行排料。

3.　若為裝配料件，Y-Z 軸氣壓機械手臂移至方形料取料處夾取方形料，送至裝配處；若為不裝配料件，Y-Z 軸氣壓機械手臂夾取方形料後直接至所指定之排料處排料；若為不良料件由輸送帶第三排料斜坡道直接放行排料。

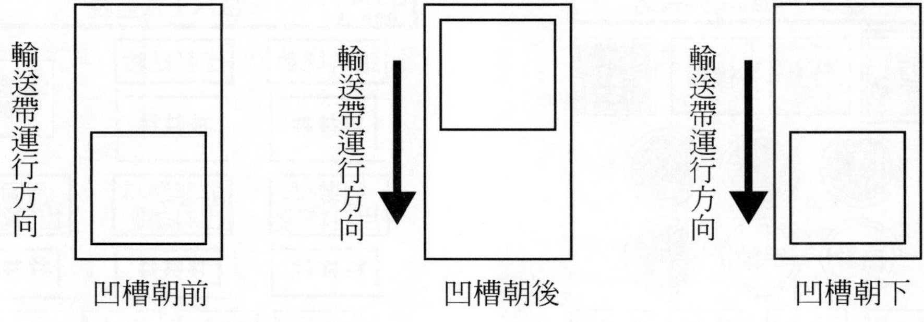

4.　若裝配處有需裝配之方形料時，Y-Z 軸氣壓機械手臂將至圓形料取料處夾取圓形料，再移至裝配處裝配於方形料之凹槽內。

5.　裝配完成後，用 Y-Z 軸氣壓機械手臂將組合料件夾取至指定位置排料。

6.　X 軸螺桿滑台移動時，必須明顯看出加速前進及減速停止。

7.　每完成一個料件後，Y-Z 軸氣壓機械手臂、X 軸螺桿滑台回到機械原點位置：

▼　如壓按停止(STOP)鈕時，則系統在完成一個完整循環後停止運轉，紅燈滅，綠燈亮。待重新按下啓動按鈕(st)，系統重新啓動。

(五) 緊急停止與復歸功能：

1. 在按下緊急停止鈕(EMS)時，系統停止運轉（電磁閥、馬達皆斷電）；若夾爪有夾持料件，必須繼續夾持不可掉落。
2. (EMS)後，將選擇開關切換至「自動復歸功能」，操作人機介面復歸開關，黃色指示燈 0.5 秒亮/0.5 秒滅閃爍，執行自動復歸。自動復歸功能：
   - ▼ 若夾爪沒有夾持料件，則 Y-Z 軸氣壓機械手臂、X 軸螺桿滑台直接復歸至機械原點位置，在工作區上之料件用人工排除。
   - ▼ 若夾爪有夾持料件時，則按照所指定之位置排料，圓形料視爲不良件處理，排至輸送帶第三排料斜坡道排料，最後機械復歸回機械原點。

(六) 人機介面操作功能：位元開關除「自動/手動」外，其餘都爲復歸型。

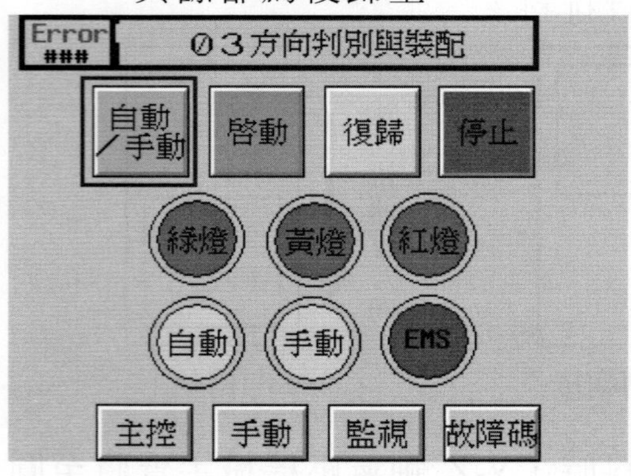

主控制畫面

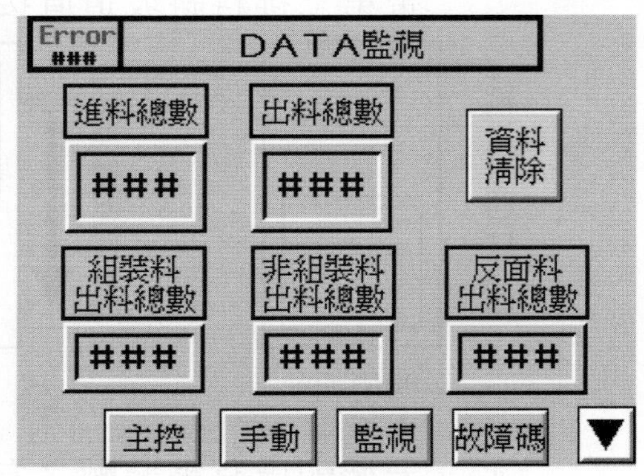

監視畫面(一)

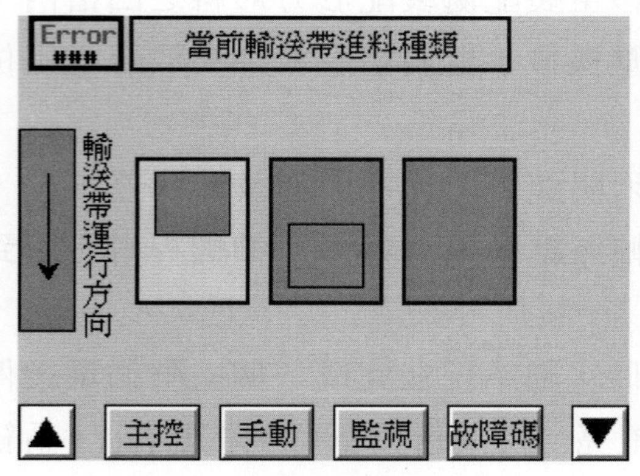

監視畫面(二)

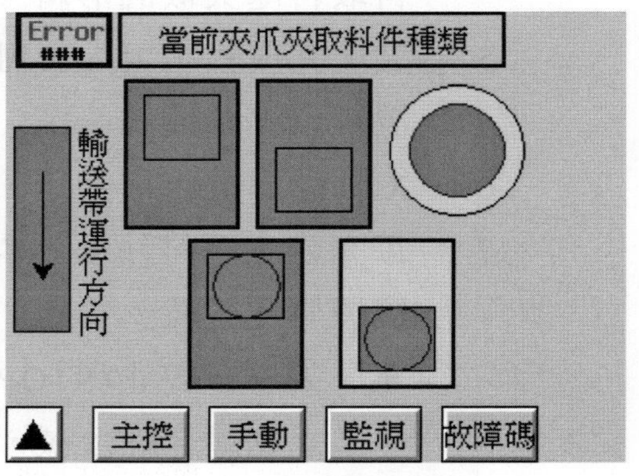

監視畫面(三)

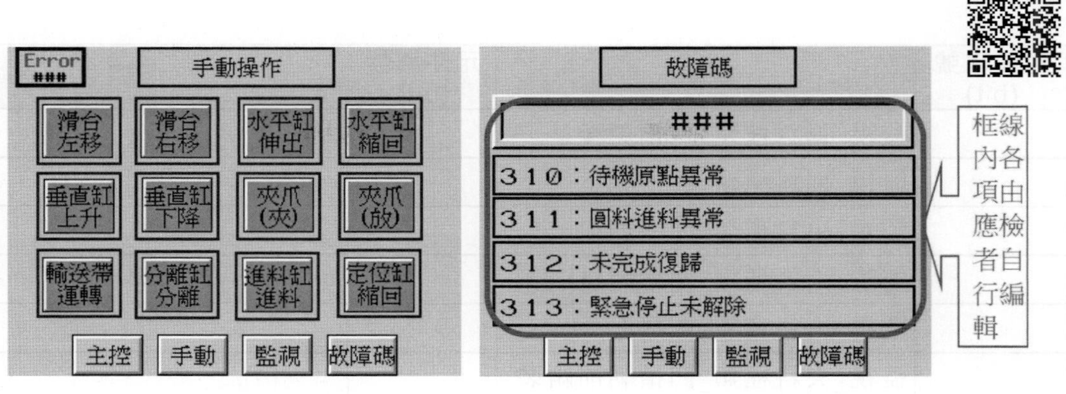

手動操作畫面　　故障碼畫面

(七) PLC 與人機通訊元件配置(術科辦理單位依使用之控制器規劃其元件編號，並提供給檢定人員編寫程式使用。)：

元件編號(bit)	說明	元件編號(bit)	說明
	HMI_單軸滑台_左移		HMI_自動燈
	HMI_單軸滑台_右移		HMI_手動燈
	HMI_水平缸_伸出		HMI_急停燈
	HMI_水平缸_縮回		HMI_錯誤碼燈
	HMI_垂直缸_上升		HMI_綠燈(待機)
	HMI_垂直缸_下降		HMI_黃燈(復歸)
	HMI_夾爪_夾		HMI_紅燈(運轉)
	HMI_夾爪_放	(Word)	說明
	HMI_分離缸_分離		進料總數
	HMI_輸送帶_運轉		組裝料排料總數
	HMI_進料缸_進料		非組裝料排料總數
	HMI_定位缸_縮回		反面料排料總數
	HMI_自動/手動		排料總數
	HMI_自動/手動		異常狀態碼
	HMI_啓動		
	HMI_復歸		
	HMI_停止		
	HMI_資料清除		
	監視_進料種類_凹槽朝前		

元件編號 (bit)	說明	元件編號 (bit)	說明
	監視_進料種類_凹槽朝後		
	監視_進料種類_凹槽朝下		
	監視_夾料種類_凹槽朝前		
	監視_夾料種類_凹槽朝後		
	監視_夾料種類_圓料		
	監視_夾料種類_凹槽朝前組裝		
	監視_夾料種類_凹槽朝後組裝		

八、檢定步驟及內容：(※檢定時，需按此項各步驟順序逐一進行)

檢定開始前：

(一) 動態試車及機構、程式初始化：以 20 分鐘時間，依動作說明進行自動(單一循環)動態試車，同時快速檢查感測器、致動器、機械零組件與裝配附件是否有異常，電氣配線、氣壓管線及電源、氣源供應是否正常，接著機構回到機械原點，請確實檢查(如有零組件故障得請求更換)；於試車完成後，應檢人必須在評分表上之動態試車格內簽名確認；接下來切斷氣源(不可斷電)，由監評人員清除控制器內之程式**及確認人機介面故障碼空白**，再切斷電源。

(二) 在電線作業區集合：每人發給 1 條電線(約 50~60 公分)、2 個 Y 端子、2 個歐規端子及 4 個號環，桌上備有剪線、剝線、壓接工具。

檢定開始後：

(三) 每位應檢人先行剪線 2 條，依電線工作專業規範之規定完成二端撥線、套號環及壓接端子，必須壓牢、金屬線不可外露，交由監評人員檢視，若不確實，在評分表扣分並重新壓接。通過後才可回到崗位繼續後續拆機作業。

(四) 管線拆除：束線帶全部剪開，各機構模組中感測器至中繼集納端子台之電氣控制線不必拆除外，其餘所有的：1.氣壓管線拆除後需全部回收，依長度分類可以再使用，2.從中繼集納端子台至 I/O 接線盒及各繼電器的電氣接線，全部拆除並離開線槽；控制盤部分只需拔除與機構盤相連之快速接頭連接電纜線，其餘皆不必拆除。

(五) 機構拆卸：在管線拆除完成後開始機構拆卸，將所有機構模組單元拆卸離開基板，各模組單元不需再細拆；附著於機構上之感測器必須放鬆且偏移原來位置 10mm 以上或最大極限，所有流量控制閥件開度調至最小，調壓閥壓力降至 3bar 以下。

應檢人	檢查項目 (請每項逐一檢查)	監評 人員
□	束線帶全部剪開	□
□	氣壓管線全部拆除(若氣壓接頭牢固，經監評人員同意者除外)	□
□	所有機構模組單元拆卸離開基板	□
□	感測器必須放鬆且偏移原來位置 10mm 以上或最大極限	□
□	流量控制閥件開度調至最小	□
□	調壓閥壓力降至 3bar 以下	□

(六) 完成上述的步驟之後，需經監評人員檢查無誤並在評分表上確認格內簽名後，才可繼續進行後續步驟。

(七) 機構組裝：依照系統架構示意圖將所有模組組裝在基板上，各感測器裝配在正確位置。

(八) 氣壓管線及電氣配線裝配：

1. 氣壓管線：依氣壓迴路圖裁剪適當長度之新管線或重裁長度之舊管線；在裝配氣壓管線時，如連接於移動機件上，應由上往下裝配，若管線要往上爬升，需循支撐柱子固定而上；從電磁閥組出口處起，離 10~20 cm 就需依規定每間隔 10 cm 用束線帶綑綁，20 cm 需有固定座固定之，且不得放置於線槽內；管線在適當的部位需有分歧點，分歧後之管線不可有嚴重摺痕影響氣體流動量，運轉時也不可有拉扯現象。
2. 電氣配線：使用剛拆下的電線(不足的或損壞的可以至電線作業區裁剪新線，並進行端子壓接)，在 I/O 接線盒處與 PLC 的 I/O 點依規定裝配電氣線路及各繼電器、安全極限開關的電氣接線；每一電氣端子點配線不可並接超過 2 條，電線需整理整齊盡量置於線槽內；若僅能置於線槽外之電線，需用束線帶以 10 cm 爲間隔進行束綁，20 cm 需有固定座固定之，整理完整。

※ **裝配時，不可超出基板面積，氣壓管線及電線不得直接穿越動態工作區。**

(九) 程式編輯及修改：依功能要求，編寫控制程式。

(十) 運轉試車：調整至功能正確、動作順暢後，可以請監評人員檢查。若檢查結果不正確，在檢定時間之內得繼續修正。

(十一) 評分操作步驟：

1. 是否完成答案卷各項目
2. 目視檢查各機構組裝螺絲是否 2 支以上及管線未穿越工作區
3 人機介面自行編輯畫面是否完整
4. 人機介面手動操控(記錄操作失效或錯誤點，需回機械原點)
5. 自動循環功能：(方形料凹槽朝前、朝後、朝下各 2，不規則交錯，圓形料×6)檢視主畫面及監視畫面(I/O)燈號是否正確，DATA 監視畫面總數是否正確，監視進料、夾料種類是否正確。當完成 6 個料件時，壓按「停止」鈕停止，依本場次試題統一之項次檢視出料各類坡道及類別標示是否正確，檢視 DATA 監視畫面總數是否正確
6. 自動循環功能後急停(工件仍夾住，不可掉落)
7. 自動復歸
8. **自動循環功能時**測試各故障碼是否正確顯示(至少 2 故障碼)
9. 手動測試機構組裝是否牢固
10. 自動循環功能再啓動，完成任一料後壓按「停止」鈕**執行**停止**功能**
11. 目視檢查配管配線專業規範
12. 答案卷批改計分

(十二) 計算及元件選用：依所給條件及參考數據，在答案紙上<u>列出計算過程</u>，選用適當元件，回答空格問題。

(十三) 復原：檢定完成或時間終了，經監評人員提示，機構回機械原點，壓力源歸零，切斷電源氣源，整理工作崗位，並整齊擺設，才可離席。

九、《由**監評長指定**試題之項次，**項次記載於答案紙上□**，評分及複評時項次不更換》

請依指定之數據，在答案紙上作答，否則不予計分)

有一部單軸螺桿滑台用 AC 伺服馬達驅動，使滑台做往復之直線運動，請依下列所指定之已知條件回答問題。已知條件：(1)伺服馬達之分解能(P_t)為 131072 pulse/rev。(2)伺服馬達最高轉速限為 3200 rpm。(3)伺服馬達啓動加速(t_a)及停止減速(t_d)時間各為 0.15sec，速度-時間如下圖所示。

請以所抽出之項次條件，回答下列問題並保留計算過程：

項次	行走距離（S）	行走時間（t_s）	螺桿導程（L_p）	實體減速機構比（i）	滑台控制解析度（R）
□1	220 mm	2.35 sec	10 mm	2	1μm
□2	300 mm	3.15 sec	5 mm	2.5	0.5μm
□3	240 mm	2.55 sec	8 mm	3	0.8μm
□4 □5	mm	sec	mm		μm

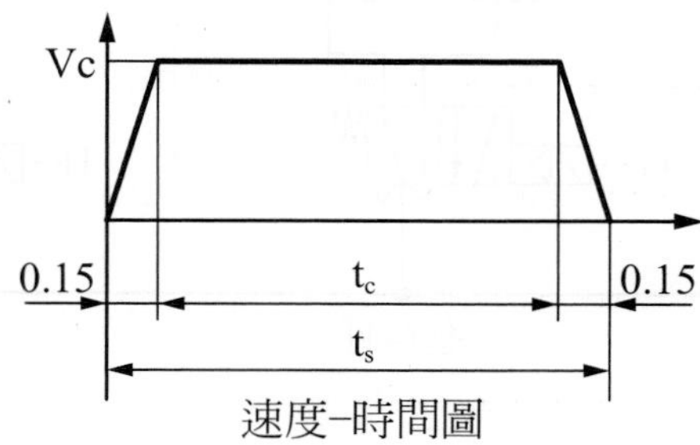

速度-時間圖

(1) 求滑台速度 V_c 為：__(A)__ m/min。

(2) 滑台速度為 V_c 時，伺服馬達轉速 (N_m)：__(B)__ rpm。

(3) 滑台速度為 V_c 時，伺服馬達脈波速率(f)：__(C)__ pps。

(4) 伺服馬達電子齒輪比($\frac{CMX}{CDV}$)：__(D)__。

($\frac{1}{50} \leq \frac{CMX}{CDV} \leq 500\epsilon$ 分子、分母數值為正整數且 ≤ 65535)

(5) 若要移動 S 距離，需加給伺服馬達驅動之脈波數量(P_s)：

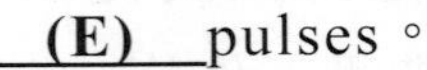
(E) pulses。

3. 氣壓迴路圖

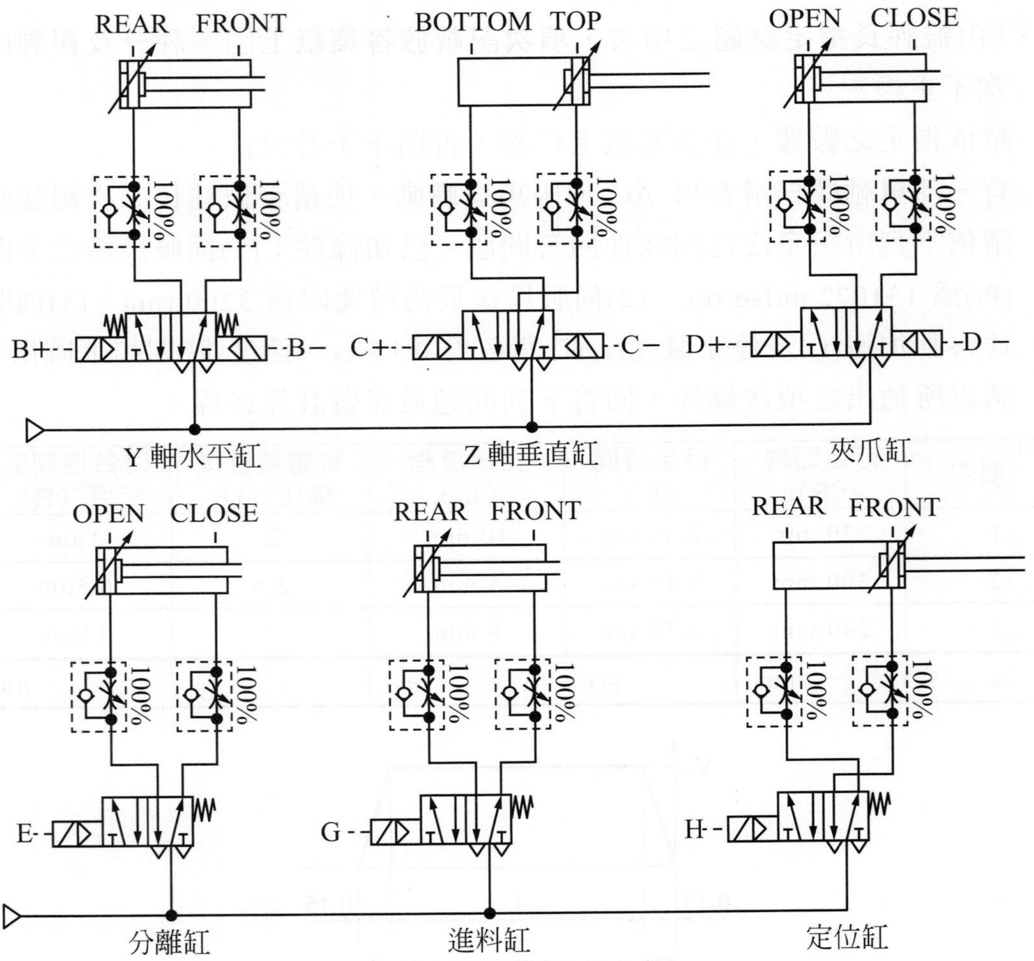

REAR FRONT　BOTTOM TOP　OPEN CLOSE

100%

B+ -B−　C+ -C−　D+ -D−

Y 軸水平缸　Z 軸垂直缸　夾爪缸

OPEN CLOSE　REAR FRONT　REAR FRONT

100%

E-　G-　H-

分離缸　進料缸　定位缸

4. 計算與元件選用

項次 1：行走距離(S) = 220 mm；行走時間(t_s) = 2.35 sec；螺桿導程(L_p) = 10 mm；實體減速機構比(i) = 2；滑台控制解析度(R) = 1μm

(一) $V_c = \frac{S}{t} = \frac{S}{t_s - 0.15} = \frac{220}{2.35 - 0.15} = 100\text{mm/s} = 6\text{m/min}$

(二) $N_m = \frac{V_c}{L_p} \cdot i = \frac{6000\text{mm/min}}{10\text{mm}} \times 2 = 1200\text{rpm}$

(三) $V_c = 6000mm/min = 100mm/sec = 0.1m/sec$；$R = 1\mu m$

$$f = \frac{V_c}{R} = \frac{0.1m/sec}{1\mu m} = 10^5 pps$$

(四) $\frac{CMX}{CDV} = \frac{P_t \times i \times R}{L} = \frac{131072 \times 2 \times 1\mu m}{(10mm \times 1000)\mu m} = \frac{16384}{625}$

(五) $s = 220mm$

$$\frac{(220mm \times 1000)\mu m}{1\mu m} = 22 \times 10^4 = 2.2 \times 10^5 pulses$$

項次 2：行走距離(S) = 300 mm；行走時間(t_s) = 3.15 sec；螺桿導程(L_p) = 5 mm；實體減速機構比(i) = 2.5；滑台控制解析度(R) = 0.5μm

(一) $V_c = \frac{S}{t} = \frac{S}{t_s - 0.15} = \frac{300}{3.15 - 0.15} = 100mm/s = 6m/min$

(二) $N_m = \frac{V_c}{L_p} \cdot i = \frac{6000mm/min}{5mm} \times 2.5 = 3000rpm$

(三) $V_c = 6000mm/min = 100mm/sec = 0.1m/sec$；$R = 0.5\mu m$

$$f = \frac{V_c}{R} = \frac{0.1m/sec}{0.5\mu m} = 2 \times 10^5 pps$$

(四) $\frac{CMX}{CDV} = \frac{P_t \times i \times R}{L} = \frac{131072 \times 2 \times 0.5\mu m}{(5mm \times 1000)\mu m} = \frac{16384}{5000} = \frac{20480}{625} = \frac{4096}{125}$

(五) $s = 300mm$

$$\frac{(300mm \times 1000)\mu m}{0.5\mu m} = 6 \times 10^5 pulses$$

項次 3：行走距離(S) = 240 mm；行走時間(t_s) = 2.55 sec；螺桿導程(L_p) = 8 mm；實體減速機構比(i) = 3；滑台控制解析度(R) = 0.8μm

(一) $V_c = \frac{S}{t} = \frac{S}{t_s - 0.15} = \frac{240}{2.5 - 0.15} = \frac{240}{2.4} = 100mm/s = 6m/min$

(二) $N_m = \frac{V_c}{L_p} \cdot i = \frac{6000mm/min}{8mm} \times 3 = 2250rpm$

(三) $V_c = 6000mm/min = 100mm/sec = 0.1m/sec$；$R = 0.8\mu m$

$$f = \frac{V_c}{R} = \frac{0.1m/sec}{0.8\mu m} = 1.25 \times 10^5 pps$$

(四) $\frac{CMX}{CDV} = \frac{P_t \times i \times R}{L} = \frac{131072 \times 3 \times 0.8\mu m}{(8mm \times 1000)\mu m} = \frac{24576}{625}$

(五) s = 240mm

$$\frac{(240\text{mm}\times 1000)\mu\text{m}}{0.8\mu\text{m}} = 3\times 10^{5}\,\text{pulses}$$

5. I/O 規劃圖及馬達控制迴路圖

(1) I/O 規劃圖

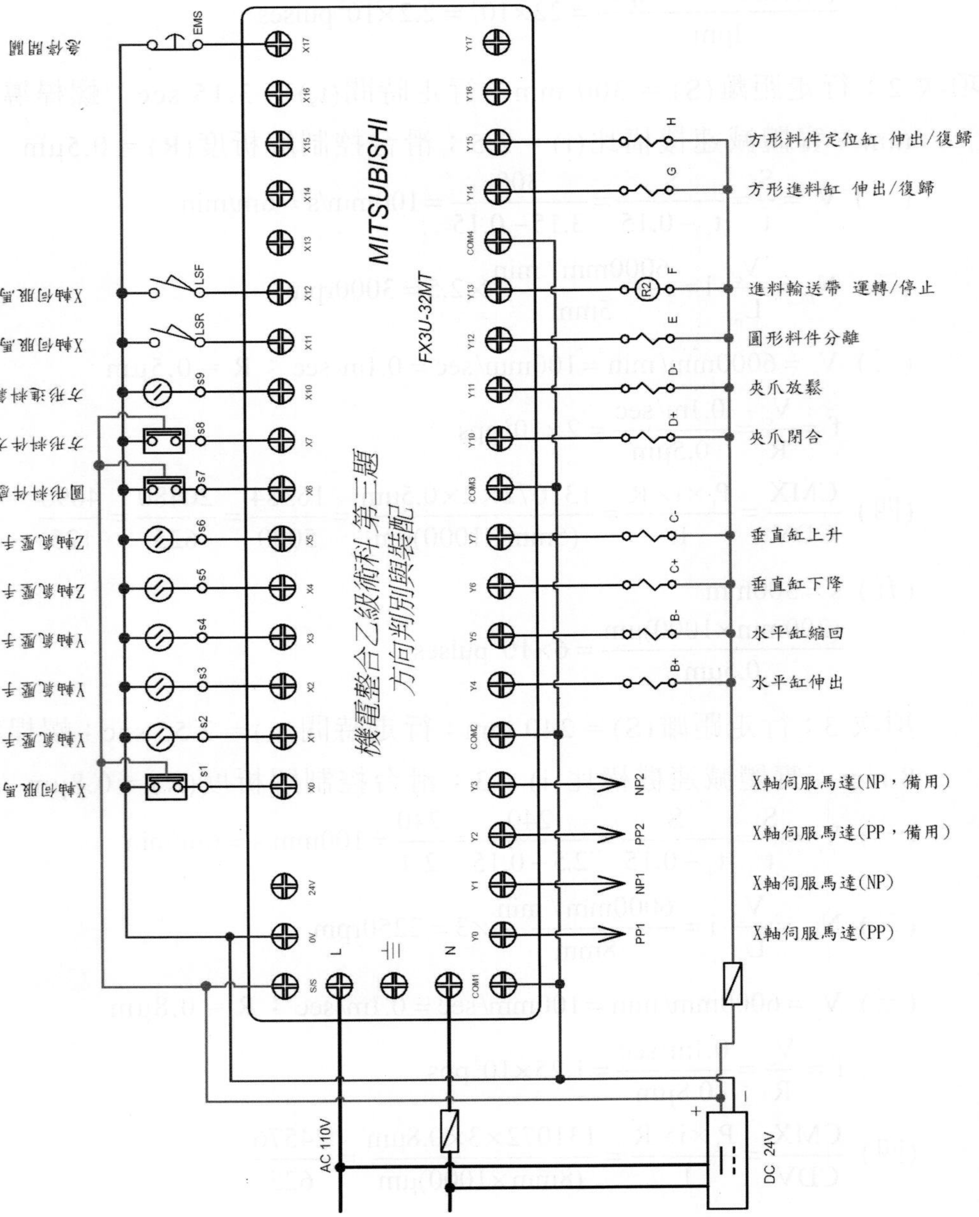

急停開關
X軸伺服馬達 前極限(FWD)
X軸伺服馬達 後極限(REV)
方形進料氣壓缸 後限
方形料件方向感測器
圓形料件感測器
Z軸氣壓手臂 下限
Z軸氣壓手臂 上限
Y軸氣壓手臂 前限(輸送端)
Y軸氣壓手臂 中限
Y軸氣壓手臂 後限(組裝端)
X軸伺服馬達原點(DOG)
EMS LSF LSR s9 s8 s7 s6 s5 s4 s3 s2 s1
X17 X16 X15 X14 X13 X12 X11 X10 X7 X6 X5 X4 X3 X2 X1 X0 24V 0V S/S L ⏚ N
MITSUBISHI
FX3U-32MT
機電整合乙級術科 第三題
方向判別與裝配
Y17 Y16 Y15 Y14 COM4 Y13 Y12 Y11 Y10 COM3 Y7 Y6 Y5 Y4 COM2 Y3 Y2 Y1 Y0 COM1
H 方形料件定位缸 伸出/復歸
G 方形進料缸 伸出/復歸
R2 F 進料輸送帶 運轉/停止
E 圓形料件分離
D- 夾爪放鬆
D+ 夾爪閉合
C- 垂直缸上升
C+ 垂直缸下降
B- 水平缸縮回
B+ 水平缸伸出
NP2 X軸伺服馬達(NP,備用)
PP2 X軸伺服馬達(PP,備用)
NP1 X軸伺服馬達(NP)
PP1 X軸伺服馬達(PP)
AC 110V
DC 24V

(2) 馬達控制迴路圖

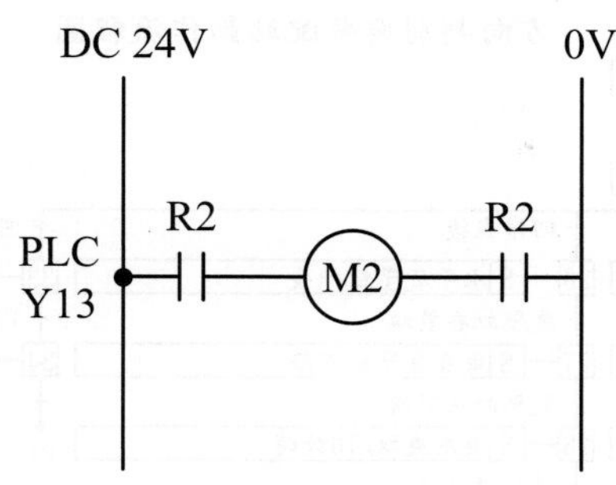
DC 24V
0V
R2
R2
PLC
Y13
M2

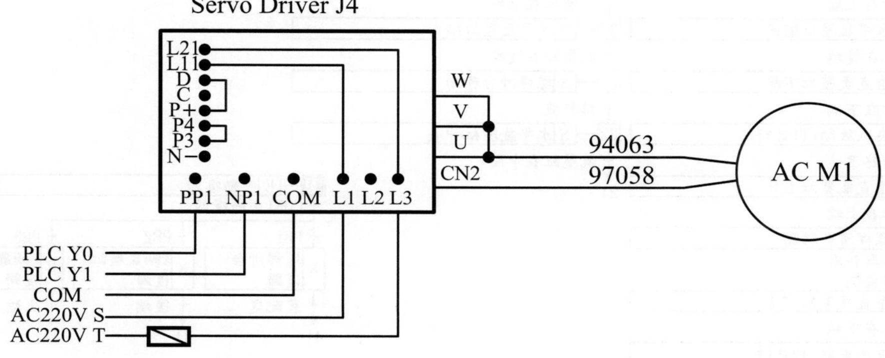
Servo Driver J4
L21
L11
D
C
P+
P4
P3
N−
W
V
U
CN2
94063
97058
AC M1
PP1
NP1
COM
L1
L2
L3
PLC Y0
PLC Y1
COM
AC220V S
AC220V T

6. SFC 順序功能流程圖

方向判別與裝配站動作流程圖

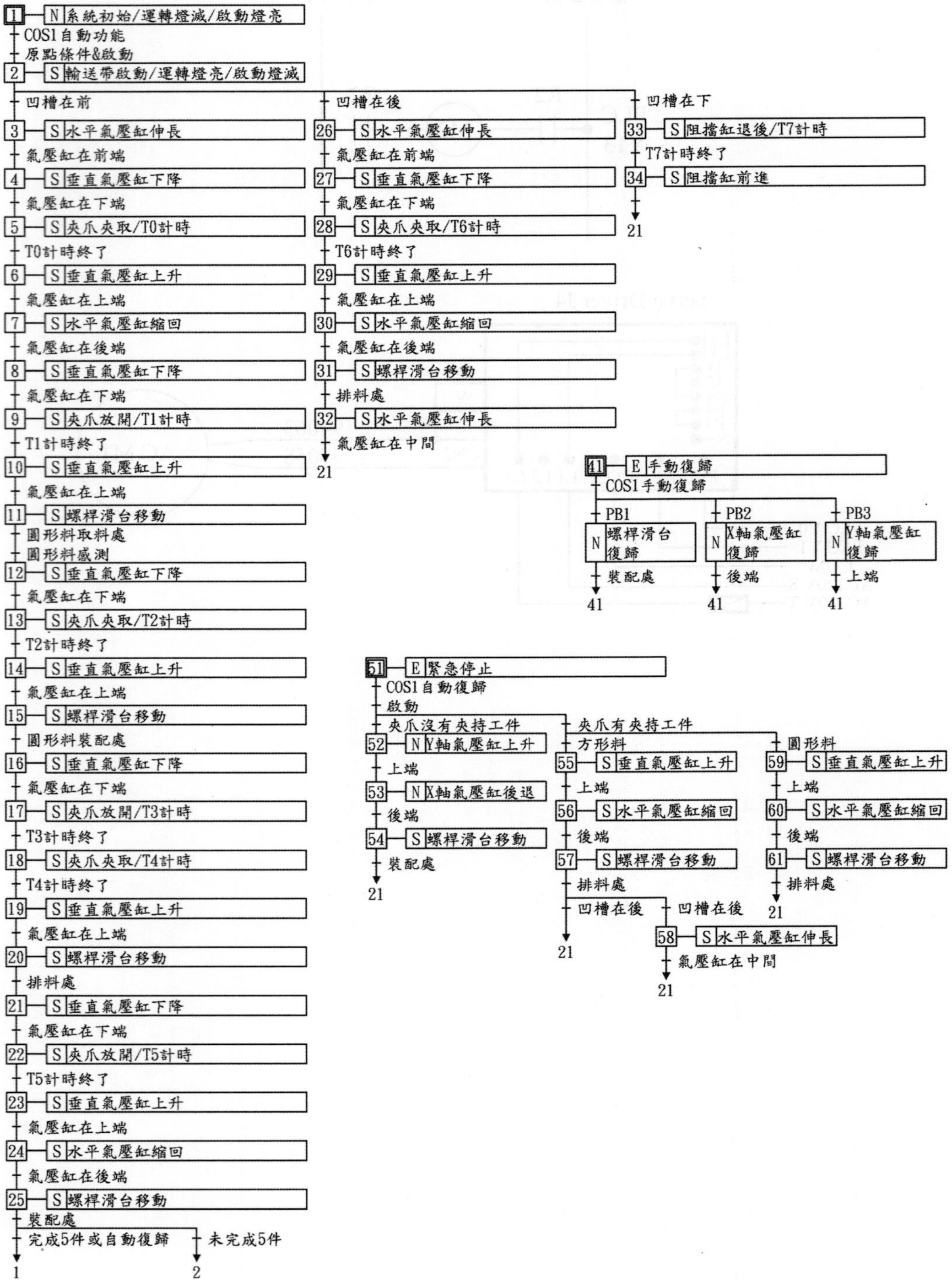

- 1 — N 系統初始/運轉燈滅/啟動燈亮
- COS1 自動功能
- 原點條件&啟動
- 2 — S 輸送帶啟動/運轉燈亮/啟動燈滅

凹槽在前

- 3 — S 水平氣壓缸伸長
- 氣壓缸在前端
- 4 — S 垂直氣壓缸下降
- 氣壓缸在下端
- 5 — S 夾爪夾取/T0計時
- T0計時終了
- 6 — S 垂直氣壓缸上升
- 氣壓缸在上端
- 7 — S 水平氣壓缸縮回
- 氣壓缸在後端
- 8 — S 垂直氣壓缸下降
- 氣壓缸在下端
- 9 — S 夾爪放開/T1計時
- T1計時終了
- 10 — S 垂直氣壓缸上升
- 氣壓缸在上端
- 11 — S 螺桿滑台移動
- 圓形料取料處
- 圓形料感測
- 12 — S 垂直氣壓缸下降
- 氣壓缸在下端
- 13 — S 夾爪夾取/T2計時
- T2計時終了
- 14 — S 垂直氣壓缸上升
- 氣壓缸在上端
- 15 — S 螺桿滑台移動
- 圓形料裝配處
- 16 — S 垂直氣壓缸下降
- 氣壓缸在下端
- 17 — S 夾爪放開/T3計時
- T3計時終了
- 18 — S 夾爪夾取/T4計時
- T4計時終了
- 19 — S 垂直氣壓缸上升
- 氣壓缸在上端
- 20 — S 螺桿滑台移動
- 排料處
- 21 — S 垂直氣壓缸下降
- 氣壓缸在下端
- 22 — S 夾爪放開/T5計時
- T5計時終了
- 23 — S 垂直氣壓缸上升
- 氣壓缸在上端
- 24 — S 水平氣壓缸縮回
- 氣壓缸在後端
- 25 — S 螺桿滑台移動
- 裝配處
- 完成5件或自動復歸 → 1
- 未完成5件 → 2

凹槽在後

- 26 — S 水平氣壓缸伸長
- 氣壓缸在前端
- 27 — S 垂直氣壓缸下降
- 氣壓缸在下端
- 28 — S 夾爪夾取/T6計時
- T6計時終了
- 29 — S 垂直氣壓缸上升
- 氣壓缸在上端
- 30 — S 水平氣壓缸縮回
- 氣壓缸在後端
- 31 — S 螺桿滑台移動
- 排料處
- 32 — S 水平氣壓缸伸長
- 氣壓缸在中間 → 21

凹槽在下

- 33 — S 阻擋缸退後/T7計時
- T7計時終了
- 34 — S 阻擋缸前進 → 21

手動復歸

- 41 — E 手動復歸
- COS1手動復歸
- PB1 — N 螺桿滑台復歸 — 裝配處 → 41
- PB2 — N X軸氣壓缸復歸 — 後端 → 41
- PB3 — N Y軸氣壓缸復歸 — 上端 → 41

緊急停止

- 51 — E 緊急停止
- COS1自動復歸
- 啟動

夾爪沒有夾持工件

- 52 — N Y軸氣壓缸上升
- 上端
- 53 — N X軸氣壓缸後退
- 後端
- 54 — S 螺桿滑台移動
- 裝配處 → 21

夾爪有夾持工件

- 方形料
- 55 — S 垂直氣壓缸上升
- 上端
- 56 — S 水平氣壓缸縮回
- 後端
- 57 — S 螺桿滑台移動
- 排料處
- 凹槽在後 → 21
- 凹槽在後 — 58 — S 水平氣壓缸伸長 — 氣壓缸在中間 → 21

- 圓形料
- 59 — S 垂直氣壓缸上升
- 上端
- 60 — S 水平氣壓缸縮回
- 後端
- 61 — S 螺桿滑台移動
- 排料處 → 21

7. 階梯與狀態流程圖

(1) 人機元件配置與 PLC I/O 表

元件編號(bit)		說明	元件編號(bit)		說明
X00	S01	滑台位置(DOG)	Y00	PP1	伺服 PP(正轉->)
X01	S02	水平缸(組裝端)	Y01	NP1	伺服 NP(反轉 <-Y0+Y1)
X02	S03	水平缸(中間端)	Y02	PP2	伺服 PP(備用)
X03	S04	水平缸(輸送端)	Y03	NP2	伺服 NP(備用)
X04	S05	垂直缸(上限)	Y04	B＋	水平缸(伸出)
X05	S06	垂直缸(放料點)	Y05	B－	水平缸(縮回)
X06	S07	圓型料感測器	Y06	C＋	垂直缸(下降)
X07	S08	方向判別感測器	Y07	C－	垂直缸(上升)
X10	S09	進料後位	Y10	D＋	夾爪(夾)
X11	**LSR1-a**	**伺服馬達安全極限 (REV._N.O.)**	Y11	D－	夾爪(放)
X12	**LSF1-a**	**伺服馬達安全極限 (FWD._N.O.)**	Y12	E	分離缸(分離)
X13			Y13	F	輸送帶運轉(M1)
X14			Y14	G	進料缸(伸出)
X15			Y15	H	定位缸(縮回)
X16			Y16		
X17	EMS	緊急停止開關 (EMS)_(b)N.C	Y17		
HMI	M40	監視_進料種類_凹槽朝前	HMI	M00	HMI_單軸滑台_左移
	M41	監視_進料種類_凹槽朝後		M01	HMI_單軸滑台_右移
	M42	監視_進料種類_凹槽朝下		M02	HMI_水平缸_伸出
	M50	監視_夾料種類_凹槽朝前		M03	HMI_水平缸_縮回
	M51	監視_夾料種類_凹槽		M04	HMI_垂直缸_上升

元件編號(bit)		說明	元件編號(bit)		說明
X00	S01	滑台位置(DOG)	Y00	PP1	伺服 PP(正轉->)
		朝後			
	M52	監視_夾料種類_圓料		M05	HMI_垂直缸_下降
	M60	監視_夾料種類_凹槽朝前組裝		M06	HMI_夾爪_夾
	M61	監視_夾料種類_凹槽朝後組裝		M07	HMI_夾爪_放
				M08	HMI_分離缸_分離
				M09	HMI_輸送帶_運轉
				M10	HMI_進料缸_進料
				M11	HMI_定位缸_縮回
HMI	D50	進料總數	HMI	M20	HMI_手動燈(N.C)
	D60	組裝料排料總數		M20	HMI_自動(N.O)/手動(N.C)
	D70	非組裝料排料總數		M20	HMI_自動燈
	D80	反面料排料總數		M21	HMI_啓動
	D90	排料總數		M22	HMI_復歸
	D100	異常狀態碼		**X17**	**HMI_EMS 燈**
				M23	HMI_停止
				M24	HMI_資料清除
				M25	HMI_錯誤碼燈
HMI	M300	主控鍵		M30	HMI_綠燈(待機)
附加	M350	手動鍵		M31	HMI_黃燈(復歸)
開啓	M400	監視鍵		M32	HMI_紅燈(運轉)
功能	M450	故障碼鍵			

(2) LD 與 SFC

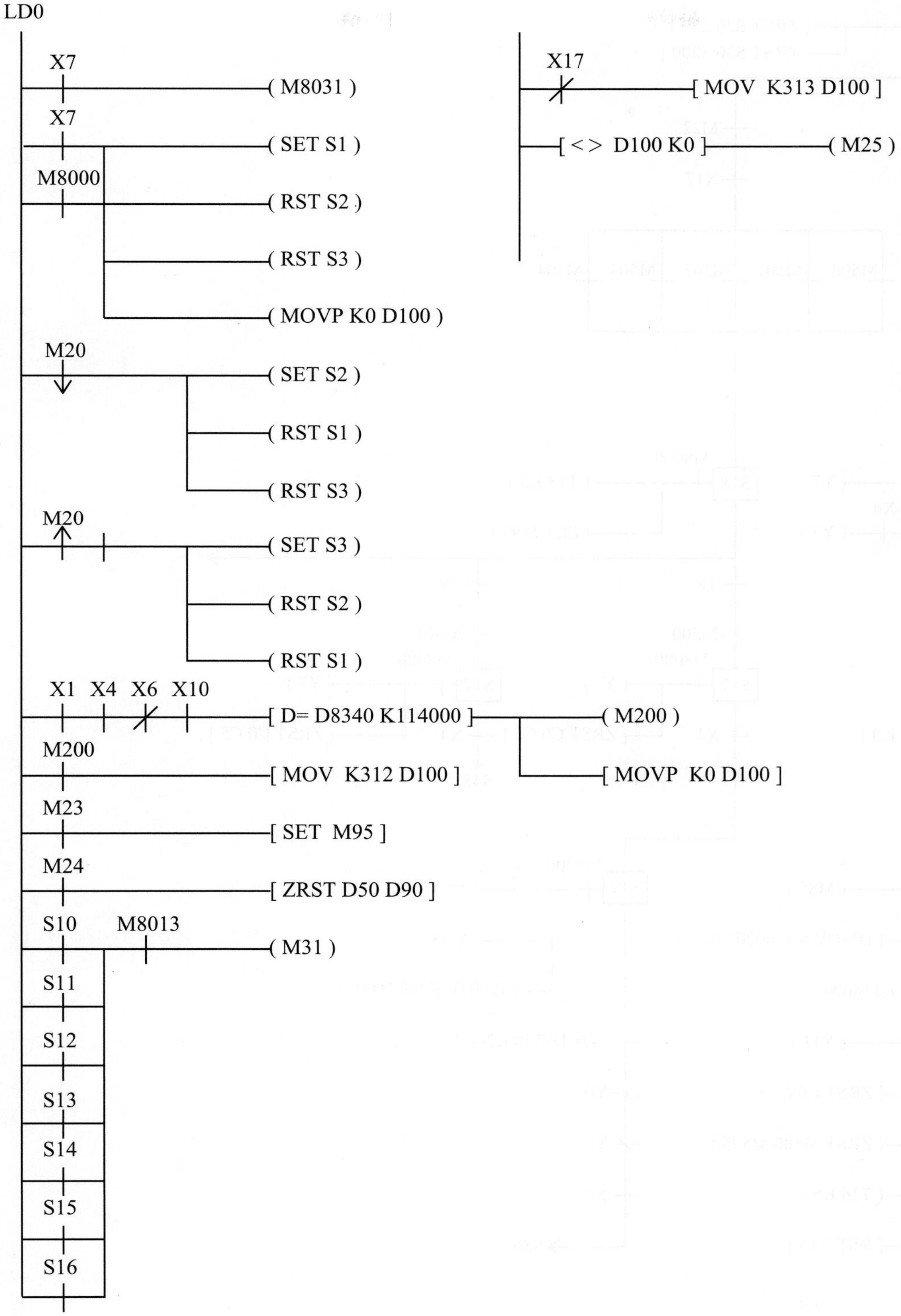

LD0

```
X7 ─┤├─ ( M8031 )
X7 ─┤├─┬─ ( SET S1 )
M8000 ─┤├─┤
       ├─ ( RST S2 )
       ├─ ( RST S3 )
       └─ ( MOVP K0 D100 )
M20 ↓ ─┬─ ( SET S2 )
       ├─ ( RST S1 )
       └─ ( RST S3 )
M20 ↑ ─┤├─┬─ ( SET S3 )
          ├─ ( RST S2 )
          └─ ( RST S1 )
X1 X4 X6(b) X10 ─[ D= D8340 K114000 ]─┬─ ( M200 )
                                      └─ [ MOVP K0 D100 ]
M200 ─[ MOV K312 D100 ]
M23 ─[ SET M95 ]
M24 ─[ ZRST D50 D90 ]
S10 ─┬─ M8013 ─ ( M31 )
S11 ─┤
S12 ─┤
S13 ─┤
S14 ─┤
S15 ─┤
S16 ─┘

X17(b) ─[ MOV K313 D100 ]
─[ <> D100 K0 ]─ ( M25 )
```

S1 復歸流程

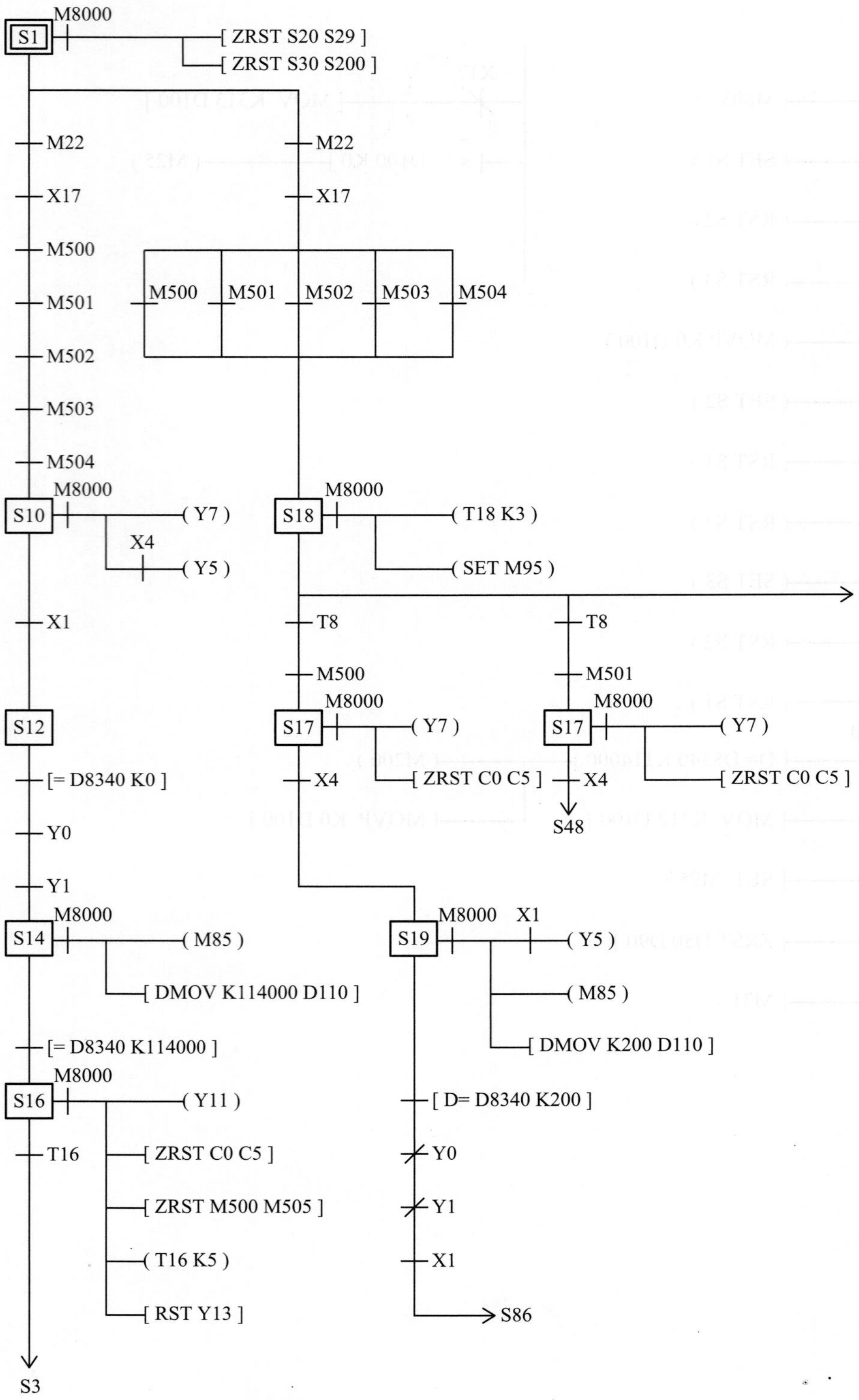

S1
M8000
[ZRST S20 S29]
[ZRST S30 S200]
M22
X17
M500
M501
M502
M503
M504
M22
X17
M500
M501
M502
M503
M504
S10
M8000
(Y7)
X4
(Y5)
X1
S12
[= D8340 K0]
Y0
Y1
S14
M8000
(M85)
[DMOV K114000 D110]
[= D8340 K114000]
S16
M8000
(Y11)
T16
[ZRST C0 C5]
[ZRST M500 M505]
(T16 K5)
[RST Y13]
S3
S18
M8000
(T18 K3)
(SET M95)
T8
M500
S17
M8000
(Y7)
X4
[ZRST C0 C5]
T8
M501
S17
M8000
(Y7)
X4
[ZRST C0 C5]
S48
S19
M8000
X1
(Y5)
(M85)
[DMOV K200 D110]
[D= D8340 K200]
Y0
Y1
X1
S86

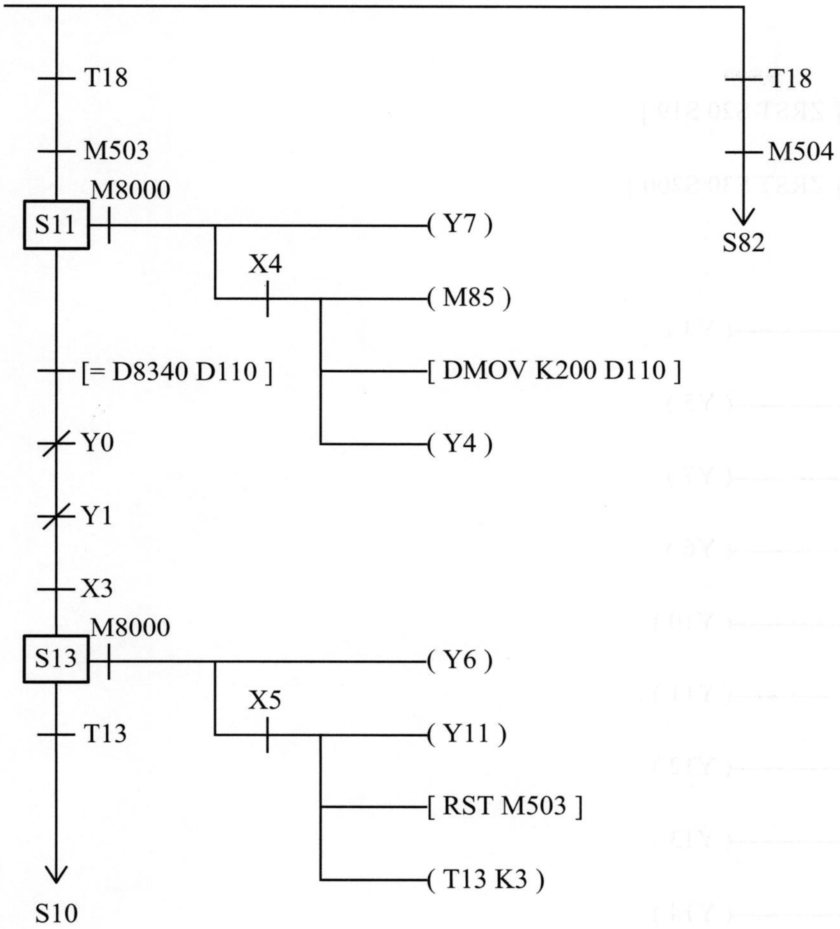

T18
M503
S11
M8000
(Y7)
X4
(M85)
[= D8340 D110]
[DMOV K200 D110]
Y0
(Y4)
Y1
X3
S13
M8000
(Y6)
X5
T13
(Y11)
[RST M503]
(T13 K3)
S10

T18
M504
S82

S2

S2 指定流程

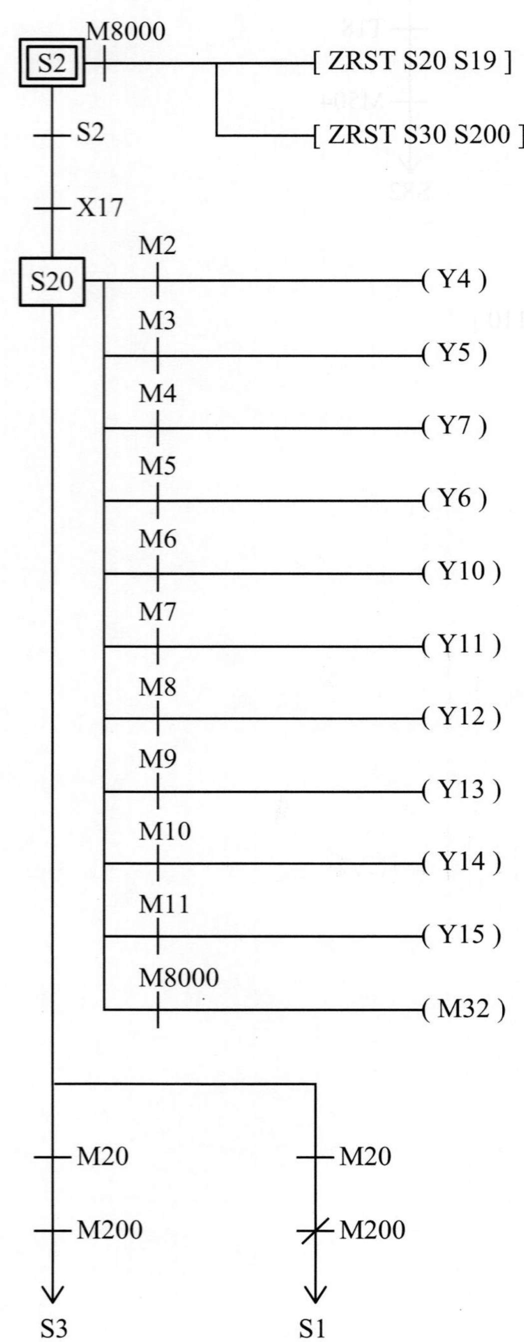
M8000
S2
[ZRST S20 S19]
[ZRST S30 S200]
S2
X17
S20
M2
(Y4)
M3
(Y5)
M4
(Y7)
M5
(Y6)
M6
(Y10)
M7
(Y11)
M8
(Y12)
M9
(Y13)
M10
(Y14)
M11
(Y15)
M8000
(M32)
M20
M200
M20
M200
S3
S1

S3 主流程

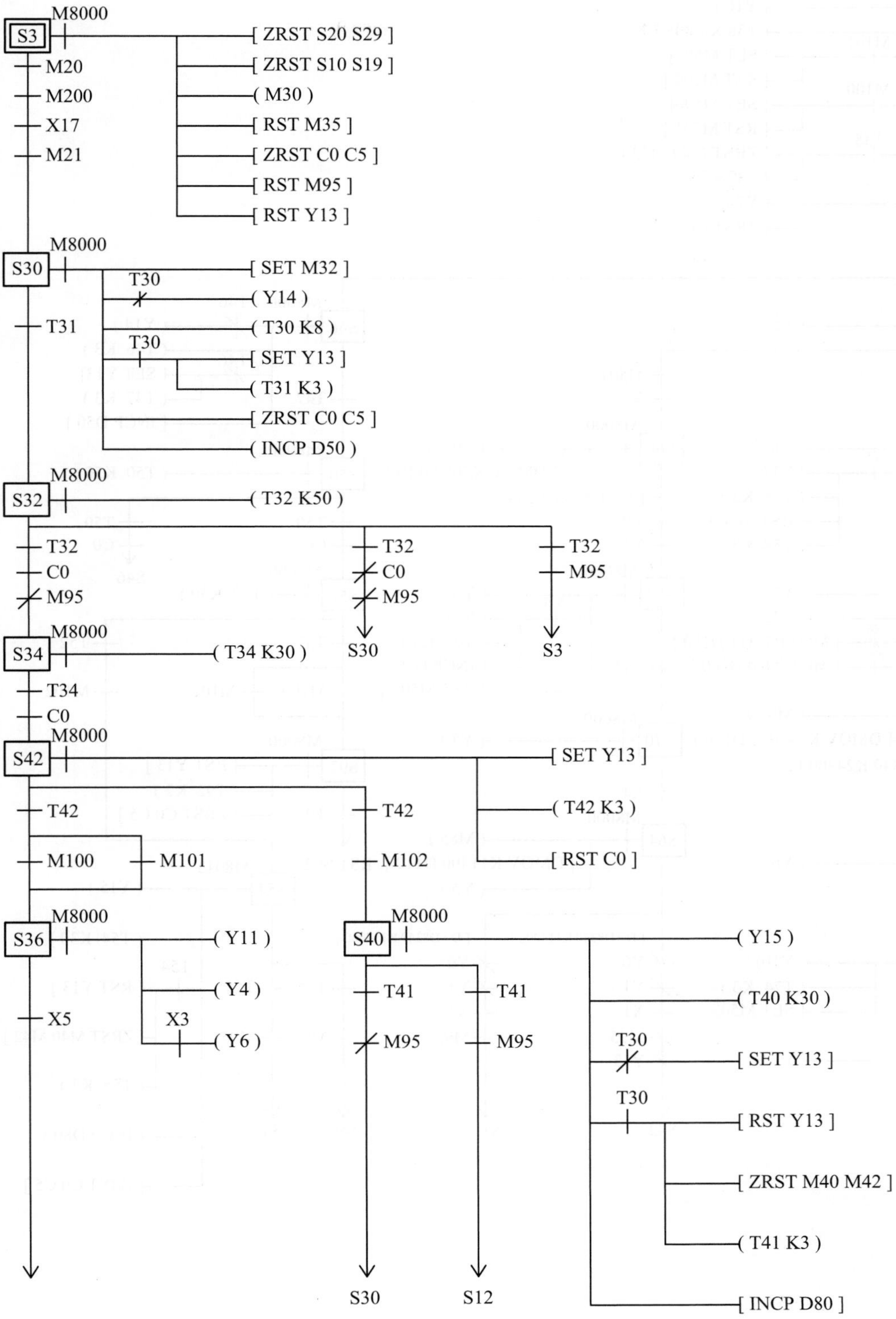

S3 — M8000 — [ZRST S20 S29]
[ZRST S10 S19]
(M30)
[RST M35]
[ZRST C0 C5]
[RST M95]
[RST Y13]

M20
M200
X17
M21

S30 — M8000 — [SET M32]
T30 (NC) — (Y14)
(T30 K8)
T30 — [SET Y13]
(T31 K3)
[ZRST C0 C5]
(INCP D50)

T31

S32 — M8000 — (T32 K50)

T32, C0, M95 (NC) → S34
T32, C0 (NC), M95 (NC) → S30
T32, M95 → S3

S34 — M8000 — (T34 K30)

T34
C0

S42 — M8000 — [SET Y13]
(T42 K3)
[RST C0]

T42, M100 / M101 → S36
T42, M102 → S40

S36 — M8000 — (Y11)
(Y4)
X3 — (Y6)

X5 ↓

S40 — M8000 — (Y15)
(T40 K30)
T30 (NC) — [SET Y13]
T30 — [RST Y13]
[ZRST M40 M42]
(T41 K3)
[INCP D80]

T41, M95 (NC) → S30
T41, M95 → S12

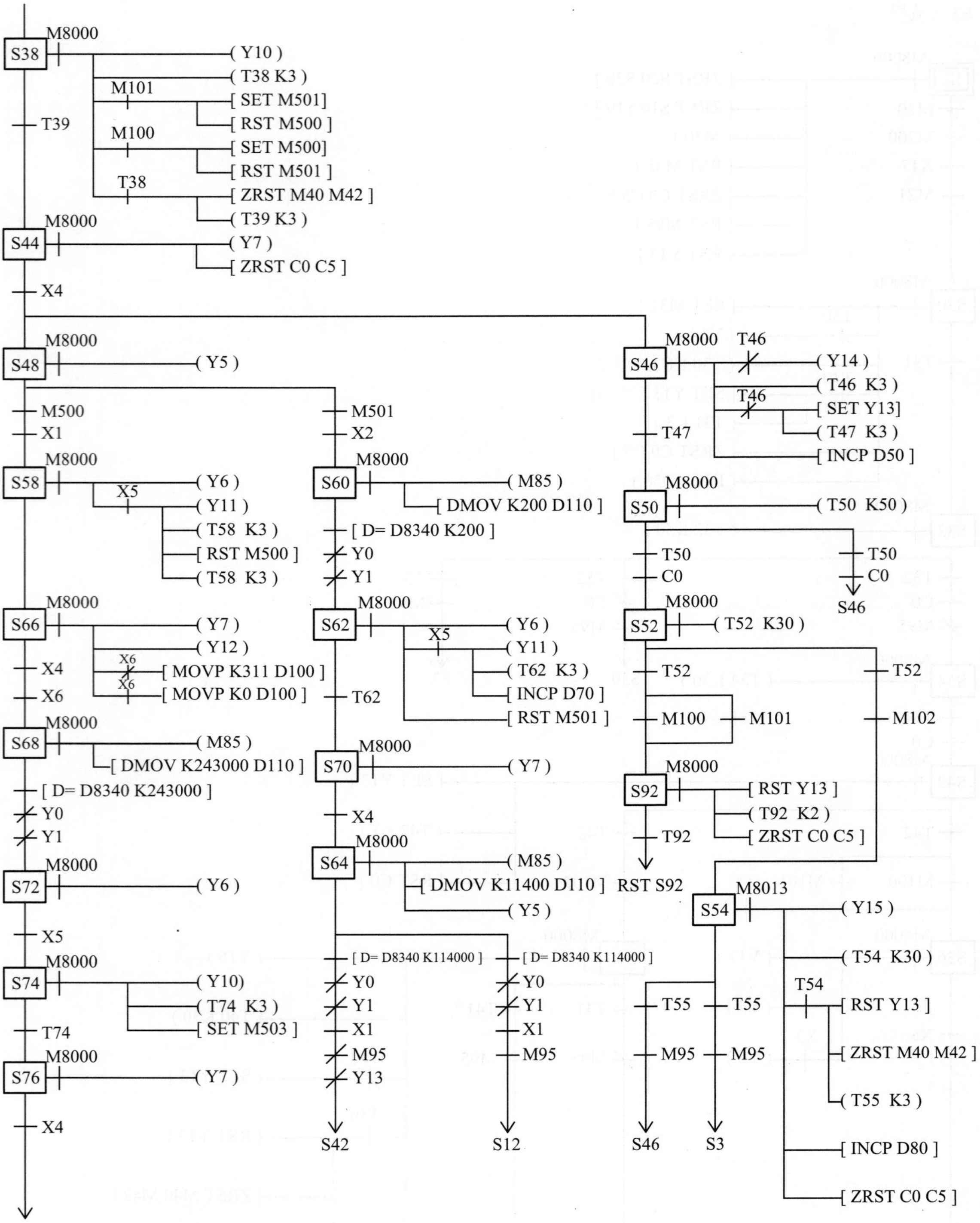

S38 M8000 (Y10)
(T38 K3)
M101 [SET M501]
[RST M500]
M100 [SET M500]
[RST M501]
T38 [ZRST M40 M42]
(T39 K3)
T39
S44 M8000 (Y7)
[ZRST C0 C5]
X4
S48 M8000 (Y5)
M500
X1
S58 M8000 (Y6)
X5 (Y11)
(T58 K3)
[RST M500]
(T58 K3)
S66 M8000 (Y7)
(Y12)
X6 [MOVP K311 D100]
X6 [MOVP K0 D100]
X4
X6
S68 M8000 (M85)
[DMOV K243000 D110]
[D= D8340 K243000]
Y0
Y1
S72 M8000 (Y6)
X5
S74 M8000 (Y10)
(T74 K3)
[SET M503]
T74
S76 M8000 (Y7)
X4
M501
X2
S60 M8000 (M85)
[DMOV K200 D110]
[D= D8340 K200]
Y0
Y1
S62 M8000 (Y6)
X5 (Y11)
(T62 K3)
[INCP D70]
[RST M501]
T62
S70 M8000 (Y7)
X4
S64 M8000 (M85)
[DMOV K11400 D110]
(Y5)
[D= D8340 K114000]
Y0
Y1
X1
M95
Y13
S42
[D= D8340 K114000]
Y0
Y1
X1
M95
S12
S46 M8000 T46 (Y14)
(T46 K3)
T46 [SET Y13]
(T47 K3)
[INCP D50]
T47
S50 M8000 (T50 K50)
T50
C0
T50
C0
S46
S52 M8000 (T52 K30)
T52
M100 M101
T52
M102
S92 M8000 [RST Y13]
(T92 K2)
[ZRST C0 C5]
T92
RST S92
S54 M8013 (Y15)
(T54 K30)
T54 [RST Y13]
[ZRST M40 M42]
(T55 K3)
[INCP D80]
[ZRST C0 C5]
T55
M95
S46
T55
M95
S3

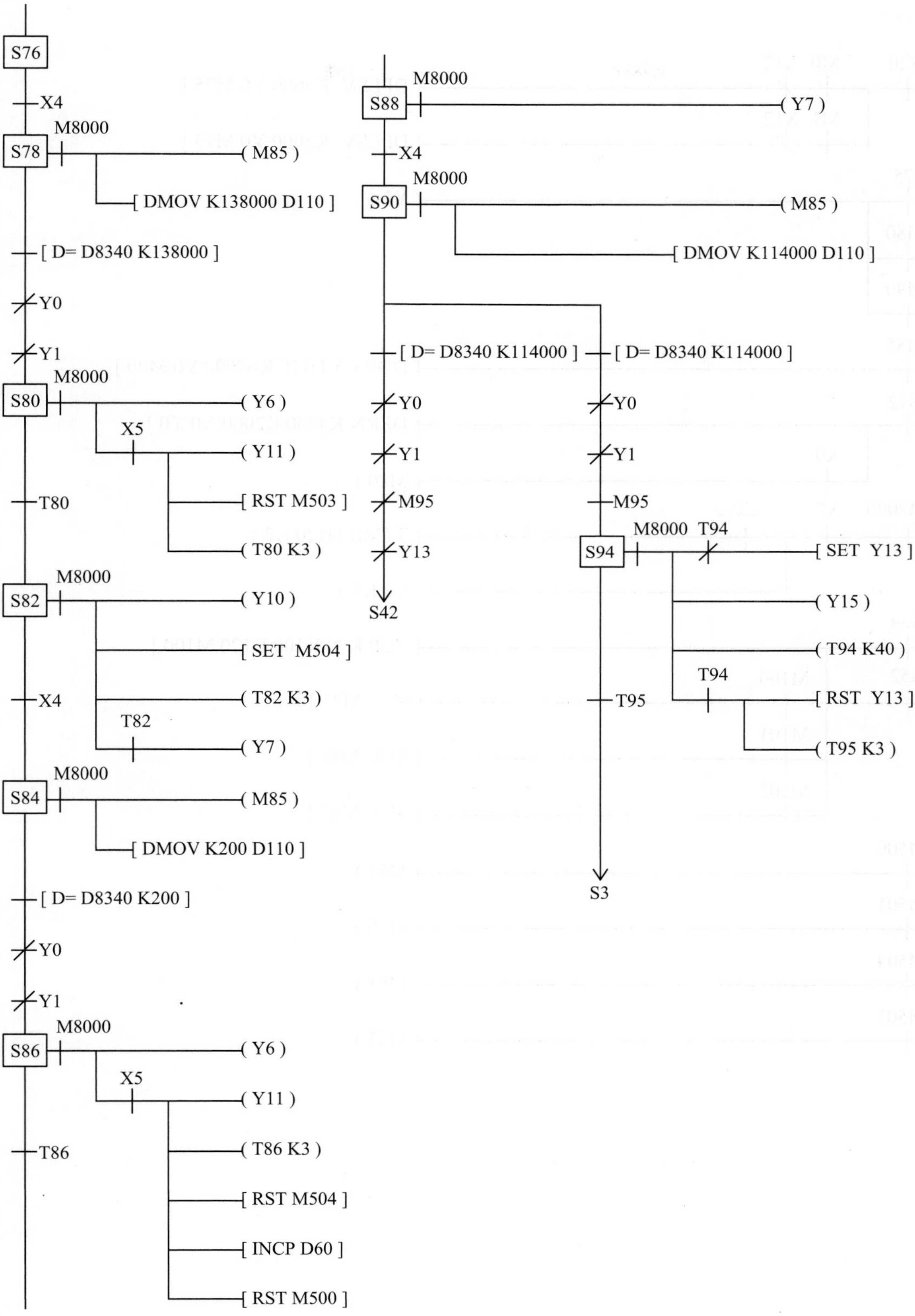

```
S76
 ┼ X4
S78 ─┤M8000├─ ( M85 )
             └ [ DMOV K138000 D110 ]
 ┼ [ D= D8340 K138000 ]
 ┼ /Y0
 ┼ /Y1
S80 ─┤M8000├─ ( Y6 )
             └─┤X5├─ ( Y11 )
                     ├ [ RST M503 ]
                     └ ( T80 K3 )
 ┼ T80
S82 ─┤M8000├─ ( Y10 )
             ├ [ SET M504 ]
             ├ ( T82 K3 )
             └─┤T82├─ ( Y7 )
 ┼ X4
S84 ─┤M8000├─ ( M85 )
             └ [ DMOV K200 D110 ]
 ┼ [ D= D8340 K200 ]
 ┼ /Y0
 ┼ /Y1
S86 ─┤M8000├─ ( Y6 )
             └─┤X5├─ ( Y11 )
                     ├ ( T86 K3 )
                     ├ [ RST M504 ]
                     ├ [ INCP D60 ]
                     └ [ RST M500 ]
 ┼ T86

S88 ─┤M8000├─ ( Y7 )
 ┼ X4
S90 ─┤M8000├─ ( M85 )
             └ [ DMOV K114000 D110 ]
 ├───────────────────────────┐
 ┼ [ D= D8340 K114000 ]      ┼ [ D= D8340 K114000 ]
 ┼ /Y0                       ┼ /Y0
 ┼ /Y1                       ┼ /Y1
 ┼ /M95                      ┼ M95
 ┼ /Y13                     S94 ─┤M8000├─┤/T94├─ [ SET Y13 ]
 ↓                                       ├ ( Y15 )
S42                                      ├ ( T94 K40 )
                                         └─┤T94├─ [ RST Y13 ]
                                                 └ ( T95 K3 )
                             ┼ T95
                             ↓
                             S3
```

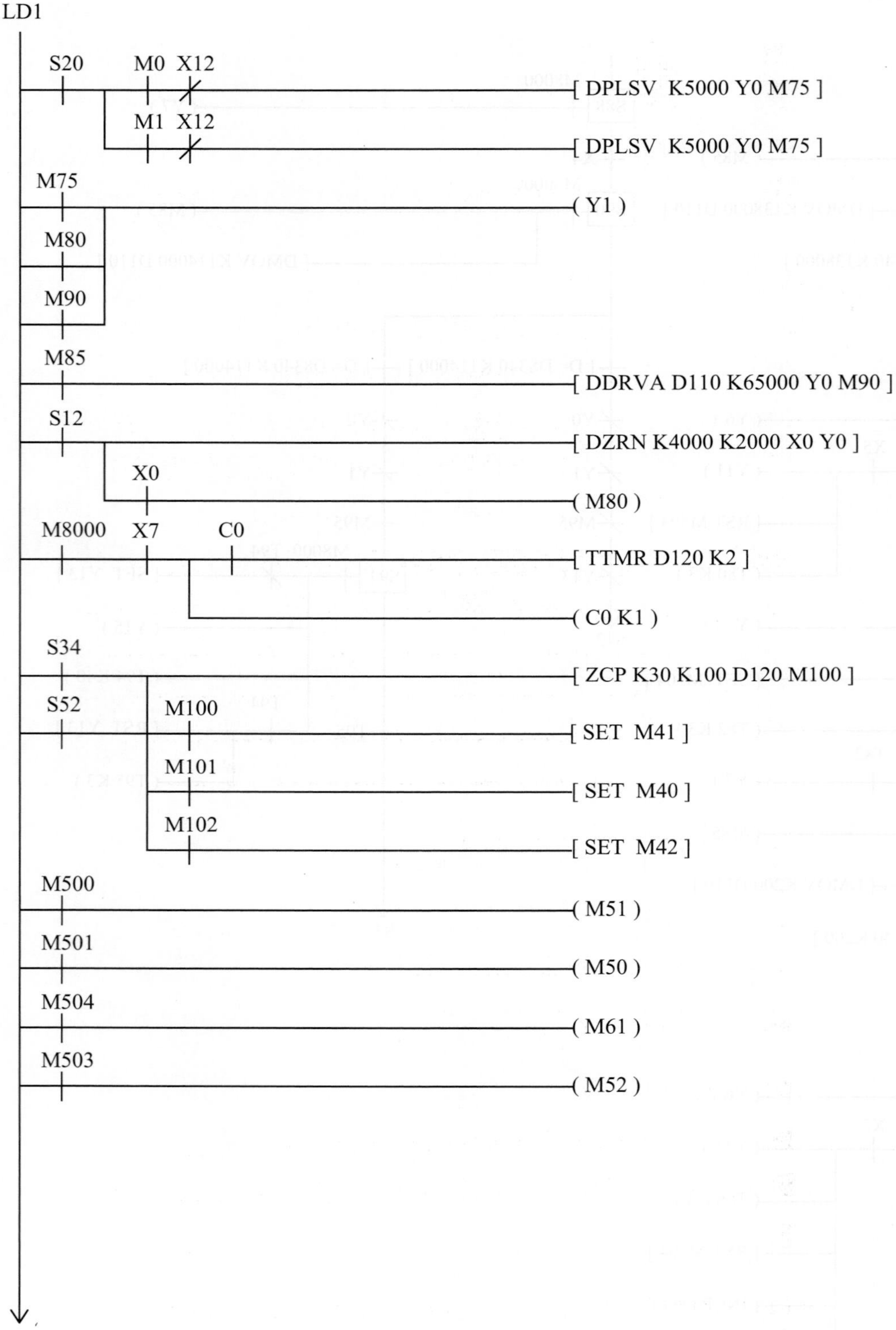

```
LD1
  S20    M0  X12
──┤├──┬──┤├──┤/├────────────────────[ DPLSV  K5000 Y0 M75 ]
      │  M1  X12
      └──┤├──┤/├────────────────────[ DPLSV  K5000 Y0 M75 ]
  M75
──┤├──┬─────────────────────────────( Y1 )
  M80 │
──┤├──┤
  M90 │
──┤├──┘
  M85
──┤├────────────────────────────────[ DDRVA D110 K65000 Y0 M90 ]
  S12
──┤├──┬─────────────────────────────[ DZRN K4000 K2000 X0 Y0 ]
      │  X0
      └──┤├─────────────────────────( M80 )
  M8000  X7        C0
──┤├─────┤├───┬────┤├───────────────[ TTMR D120 K2 ]
              └─────────────────────( C0 K1 )
  S34
──┤├────┬───────────────────────────[ ZCP K30 K100 D120 M100 ]
  S52   │  M100
──┤├────┼──┤├───────────────────────[ SET  M41 ]
        │  M101
        ├──┤├───────────────────────[ SET  M40 ]
        │  M102
        └──┤├───────────────────────[ SET  M42 ]
  M500
──┤├────────────────────────────────( M51 )
  M501
──┤├────────────────────────────────( M50 )
  M504
──┤├────────────────────────────────( M61 )
  M503
──┤├────────────────────────────────( M52 )
```

9-4 顏色識別與天車堆疊

1. 機構分解圖

顏色識別與天車堆疊

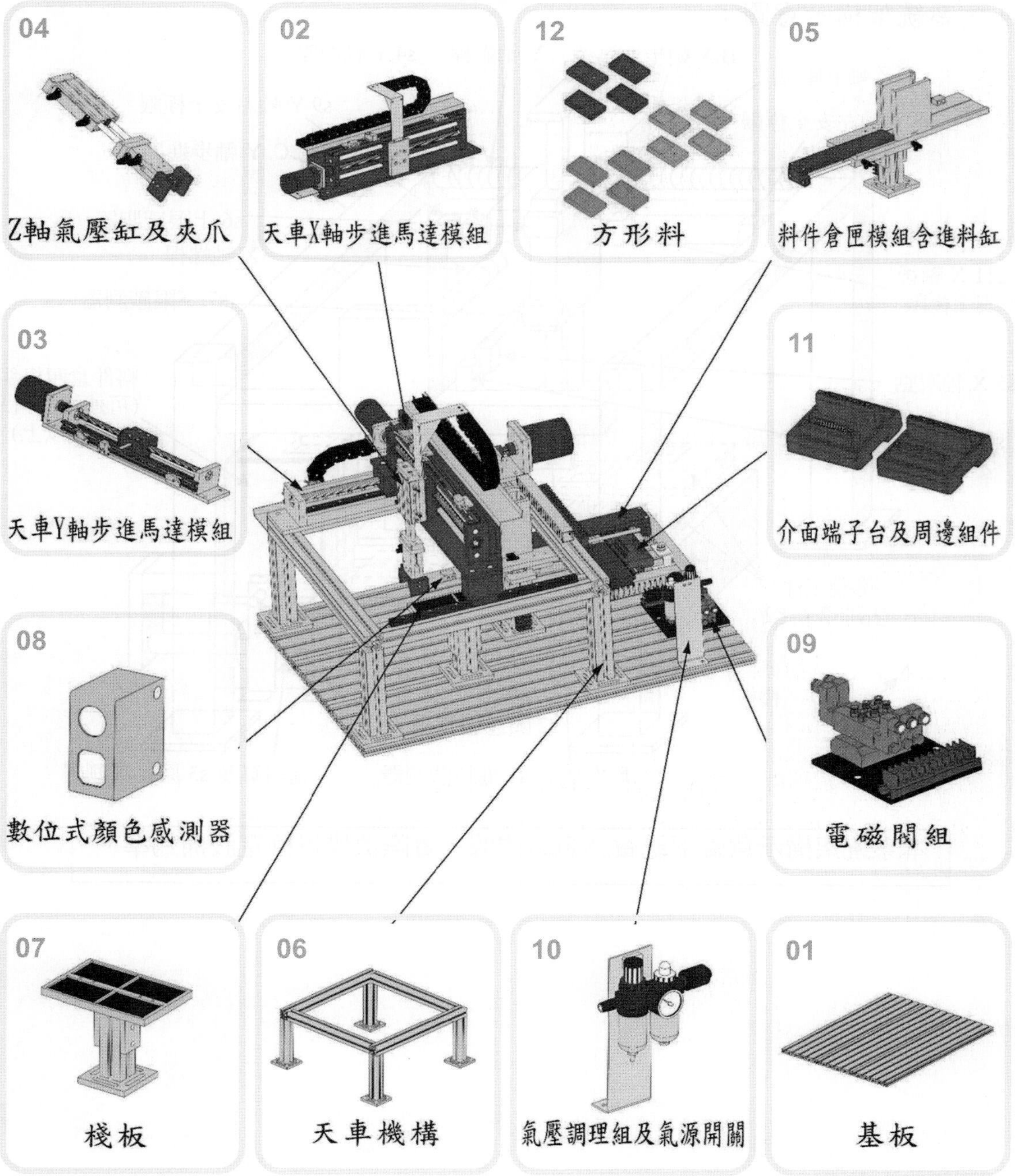

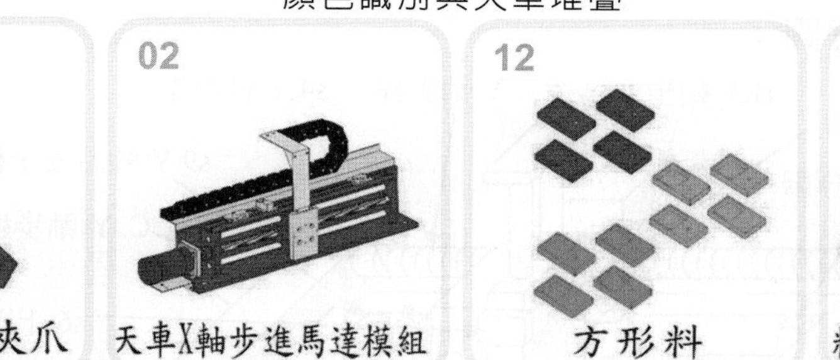

2. 試題說明

一、試題編號：17000-1010204

二、試題名稱：顏色識別與天車堆疊

三、檢定時間：360 分鐘（六小時）

四、系統架構示意圖：

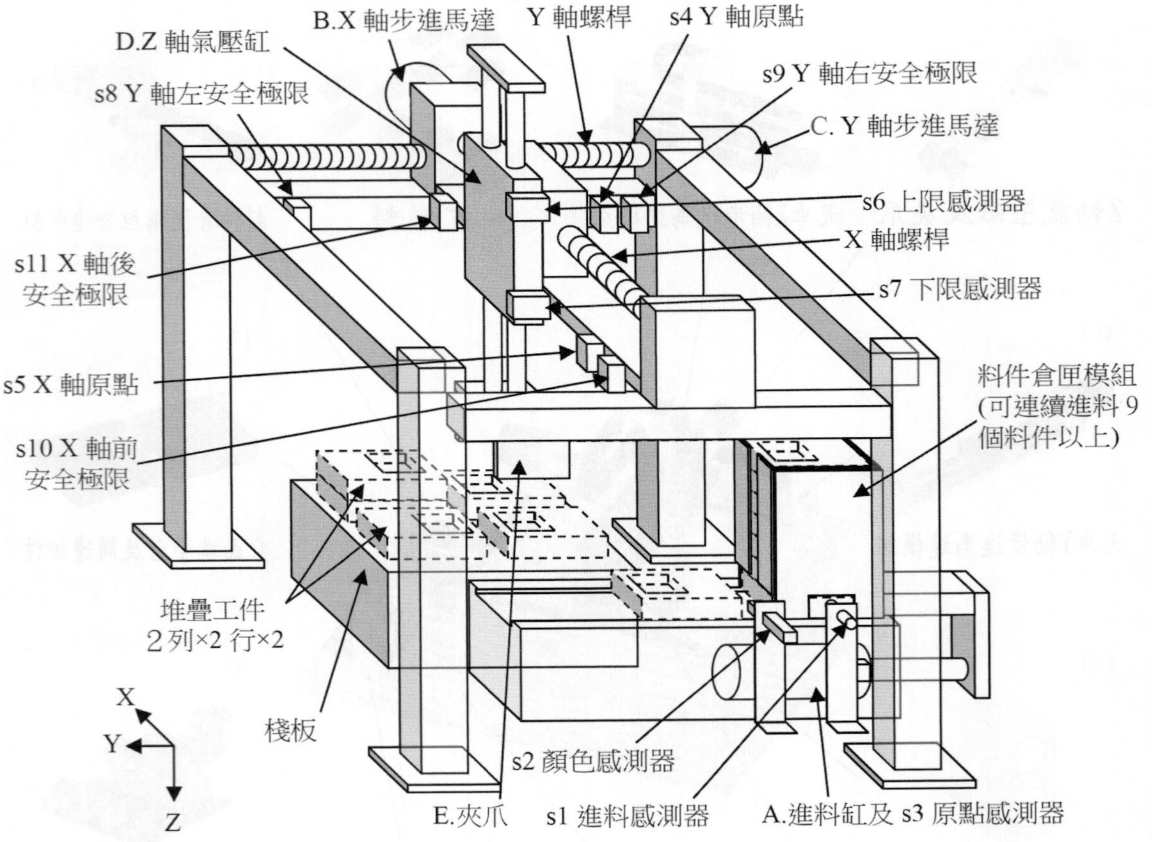

B.X 軸步進馬達
Y 軸螺桿
s4 Y 軸原點
D.Z 軸氣壓缸
s9 Y 軸右安全極限
s8 Y 軸左安全極限
C. Y 軸步進馬達
s6 上限感測器
X 軸螺桿
s11 X 軸後安全極限
s7 下限感測器
料件倉匣模組(可連續進料 9 個料件以上)
s5 X 軸原點
s10 X 軸前安全極限
堆疊工件 2 列×2 行×2
X
Y
棧板
s2 顏色感測器
Z
E.夾爪
s1 進料感測器
A.進料缸及 s3 原點感測器

本系統架構示意圖不能做為組裝依據，實際機構以檢定設備為準。

五、機構組成：

編號	模組名稱	數量	編號	模組名稱	數量
01	基板	1	07	棧板(具有 2×2 定位治具或凹槽)	1
02	天車 X 軸步進馬達模組	1	08	數位式顏色感測器	1
03	天車 Y 軸步進馬達模組	1	09※	電磁閥組	1
04	Z 軸氣壓缸及夾爪	1	10※	氣壓調理組及氣源開關	1
05	料件倉匣模組含進料缸	1	11※	介面端子台及周邊組件	1 式
06	天車機構	1	12	方形料(紅×4、綠×4、藍×4)	1 式

註記※者機構拆卸時不需離開基板。

六、緊急停止按鈕及人機介面說明：

(一) 押扣式按鈕開關：做爲機械緊急停止（EMS）之用。

(二) 人機介面：須依題意需求設置輸出入介面及※編輯異常狀態碼畫面之內容。如：自動/手動切換、啓動、停止、手動操作試車、燈號、設定步進馬達 3 段(1~3)不同轉速，各段轉速自定，由小到大，監視進料料件數量、顯示各種不同料件之顏色及數量，另自行編輯*異常狀態警報。

※　編輯畫面內容：如試題所示，包含 1.異常狀態情況說明之一欄表、2.當下異常狀態之警報碼顯示等。

*　本題異常狀態：1.待機原點異常、2.無料異常、3.未完成復歸、4.緊急停止未解除。

七、動作說明：

(一) 機械原點：A 進料缸在後位，B、C 天車 X、Y 軸在進料點上方，D、Z 軸氣壓缸在上位，E 夾爪缸張開，棧板、進料座上均無料件。

(二) 電磁閥規劃：請依下列規定裝配管線，A 缸：5/2 單邊、D 缸：5/2 單邊、E 缸：5/2 雙邊。

(三) 手動操作功能：(手動操作功能時，自動循環功能無法操作)

1. 操控(A)進料缸進料。(以 1 個按鈕操控，按下時進料、放開復歸。)

2. 操控(B)X 軸步進馬達順轉、逆轉(Z 軸在氣壓缸縮回位置)。(以 2 個按鈕操控，1 個執行順轉、另 1 個執行逆轉，需測試安全極限開關保護。)

3. 操控(C)Y 軸步進馬達順轉、逆轉(Z 軸在氣壓缸縮回位置)。(以 2 個按鈕操控，1 個執行順轉、另 1 個執行逆轉，需測試安全極限開關保護。)

4. 操控(D)Z 軸氣壓缸上升、下降。(以 2 個按鈕操控，1 個執行上升、另 1 個執行下降，需測試安全極限開關保護。)

5. 操控(E)夾爪夾料、放料。(有料時要先準備承接，以 2 個按鈕操控，1 個執行夾料、另 1 個執行放料。)

(四) 自動循環功能：(自動循環功能時，手動操作功能無法操作)

1. 在正常操作時，切換至「自動循環功能」，按下啓動按鈕 (st)，運轉紅燈亮，綠燈滅，系統開始運作。料件在進料倉匣內(紅、藍、綠至少各 2 個，合計 7 個以上)，由 s1 進料感測器判別出有無料，料件在倉匣內以進料缸將料件送出至進料處，並在送料過程中以 s2 顏色感測器辨識出料件顏色。

2. 顏色感測器辨識該料件顏色後，以人機介面之顯示器顯示該顏色，X-Y 天車向下夾起料件並移動至指定的棧板位置，不分顏色依抽題選項之次序 (1→2→3→4)擺放第一層。下圖 ABCD 為人機監視畫面之格位編號。

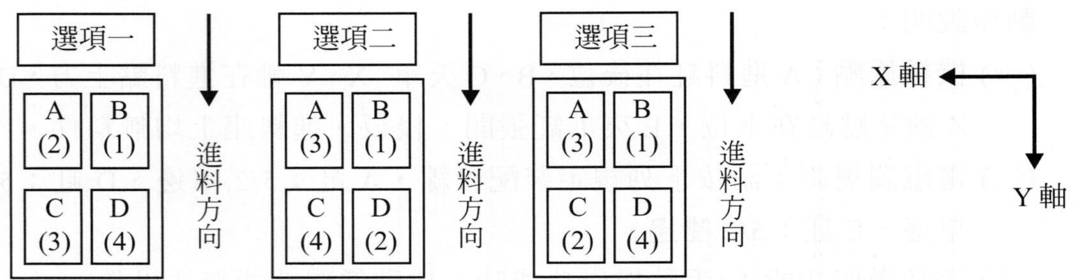

在 E 夾爪夾起料件後，即可從進料處再送出下一個料件，經顏色感測器時，人機介面之顯示器就顯示該料件顏色及進料數量。

3. 每個料件從進料開始至擺放完成，天車回到原點止，不超過 30 秒。天車 X－Y 軸必須能同時運轉，Z 軸需保持在上位，運轉中夾持的料件不得掉落。
4. 當第一層已經置滿 4 個料件時，後續的料件則疊在第二層，且該料件堆疊位置依顏色(同第一層)與位置座標(由小至大)，使上下層料件相同顏色。每一料件堆疊必須平擺，不可歪斜疊放。料件堆疊交錯誤差距離不可超過 5mm。
5. 若第二層該單一顏色已堆滿，則料件不夾取，由進料缸進料時推出下一個料件將其頂出；若無料時就置於進料處。
6. 如按壓停止(STOP)鈕時，則系統在完成一個完整循環後停止運轉，紅燈滅，綠燈亮。待重新按下啓動按鈕(st)，系統重新啓動。
7. 操作過程中料件不可掉落。

(五) 緊急停止與復歸功能：

1. 在按下緊急停止鈕(EMS)時，系統停止運轉（電磁閥、馬達皆斷電）；若夾爪有夾持料件，必須繼續夾持不可掉落。
2. (EMS)後，將選擇開關切換至「手動操作功能」，操作人機介面復歸開關，執行自動復歸動作，黃色指示燈 0.5 秒亮/0.5 秒滅閃爍，將機構復歸回機械原點，輸送帶上或夾爪夾持之料件由人工排除。

(六) 人機介面操作功能：位元開關除「自動/手動」外，其餘都為復歸型。

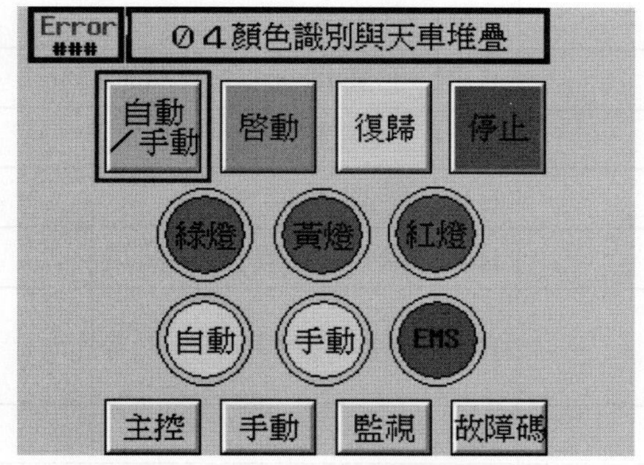

主控制畫面

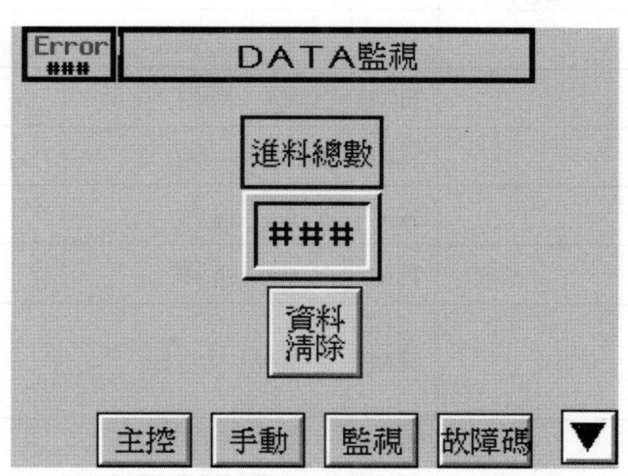

監視畫面(一)

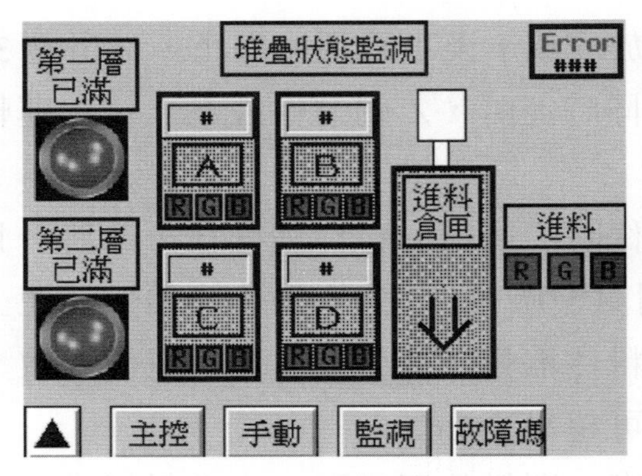

監視畫面(二)

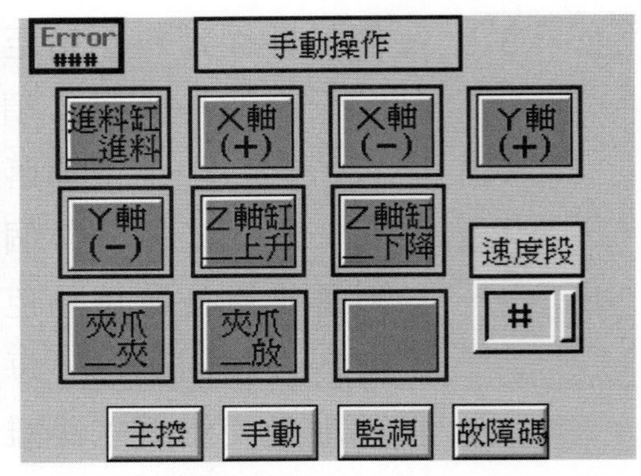

手動操作畫面

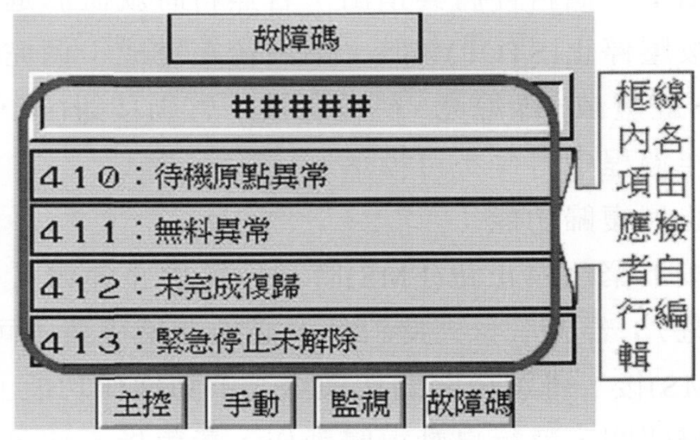

故障碼畫面

(七) PLC 與人機通訊元件配置(術科辦理單位依使用之控制器規劃其元件編號，並提供給檢定人員編寫程式使用。)：

元件編號(bit)	說明	元件編號(bit)	說明
	HMI_進料缸_進料		HMI_自動燈
	HMI_X 軸_順轉		HMI_手動燈
	HMI_X 軸_逆轉		HMI_EMS 燈
	HMI_Y 軸_順轉		HMI_錯誤碼燈
	HMI_Y 軸_逆轉		HMI_綠燈(待機)
	HMI_Z 軸缸_上升		HMI_黃燈(復歸)
	HMI_Z 軸缸_下降		HMI_紅燈(運轉)
	HMI_夾爪_夾		HMI_第一層滿料燈

元件編號 (bit)	說明	元件編號 (bit)	說明
	HMI_夾爪_放		HMI_第二層滿料燈
	HMI_自動/手動		HMI_紅色料顯示(進料)
	HMI_啓動		HMI_綠色料顯示(進料)
	HMI_復歸		HMI_藍色料顯示(進料)
	HMI_停止		
	HMI_資料清除		
	HMI_A 格 R 燈號	(Word)	
	HMI_A 格 G 燈號		進料總數
	HMI_A 格 B 燈號		速度段數
	HMI_B 格 R 燈號		異常狀態碼
	HMI_B 格 G 燈號		HMI_格位 A_料件數
	HMI_B 格 B 燈號		HMI_格位 B_料件數
	HMI_C 格 R 燈號		HMI_格位 C_料件數
	HMI_C 格 G 燈號		HMI_格位 D_料件數
	HMI_C 格 B 燈號		
	HMI_D 格 R 燈號		
	HMI_D 格 G 燈號		
	HMI_D 格 B 燈號		

八、檢定步驟及內容：(※檢定時，需按此項各步驟順序逐一進行)

檢定開始前：

(一) 動態試車及機構、程式初始化：以 20 分鐘時間，依動作說明進行自動(單一循環)動態試車，同時快速檢查感測器、致動器、機械零組件與裝配附件是否有異常，電氣配線、氣壓管線及電源、氣源供應是否正常，接著機構回到機械原點，請確實檢查 (如有零組件故障得請求更換)；於試車完成後，應檢人必須在評分表上之動態試車格內簽名確認；接下來切斷氣源(不可斷電)，由監評人員清除控制器內之程式**及確認人機介面故障碼空白**，再切斷電源。

(二) 在電線作業區集合：每人發給 1 條電線(約 50~60 公分)、2 個 Y 端子、2 個歐規端子及 4 個號環，桌上備有剪線、剝線、壓接工具。

檢定開始後：

(三) 每位應檢人先行剪線 2 條，依電線工作專業規範之規定完成二端撥線、套號環及壓接端子，必須壓牢、金屬線不可外露，交由監評人員檢視，若不確實，在評分表扣分並重新壓接。通過後才可回到崗位繼續後續拆機作業。

(四) 管線拆除：束線帶全部剪開，各機構模組中感測器至中繼集納端子台之電氣控制線不必拆除外，其餘所有的：1.氣壓管線拆除後需全部回收，依長度分類可以再使用，2.從中繼集納端子台至 I/O 接線盒及各繼電器的電氣接線，全部拆除並離開線槽；控制盤部分只需拔除與機構盤相連之快速接頭連接電纜線，其餘皆不必拆除。

(五) 機構拆卸：在管線拆除完成後開始機構拆卸，將所有機構模組單元拆卸離開基板，各模組單元不需再細拆；附著於機構上之感測器必須放鬆且偏移原來位置 10mm 以上或最大極限，所有流量控制閥件開度調至最小，調壓閥壓力降至 3bar 以下。

應檢人	檢查項目 (請每項逐一檢查)	監評人員
□	束線帶全部剪開	□
□	氣壓管線全部拆除(若氣壓接頭牢固，經監評人員同意者除外)	□
□	所有機構模組單元拆卸離開基板	□
□	感測器必須放鬆且偏移原來位置 10mm 以上或最大極限	□
□	流量控制閥件開度調至最小	□
□	調壓閥壓力降至 3bar 以下	□

(六) 完成上述的步驟之後，需經監評人員檢查無誤並在評分表上確認格內簽名後，才可繼續進行後續步驟。

(七) 機構組裝：依照系統架構示意圖將所有模組組裝在基板上，各感測器裝配在正確位置。

(八) 氣壓管線及電氣配線裝配：

1. 氣壓管線：依氣壓迴路圖裁剪適當長度之新管線或重裁長度之舊管線；在裝配氣壓管線時，如連接於移動機件上，應由上往下裝配，若管線要往上爬升，需循支撐柱子固定而上；從電磁

閥組出口處起，離 10~20 cm 就需依規定每間隔 10 cm 用束線帶綑綁，20 cm 需有固定座固定之，且不得放置於線槽內；管線在適當的部位需有分歧點，分歧後之管線不可有嚴重摺痕影響氣體流動量，運轉時也不可有拉扯現象。

2. 電氣配線：使用剛拆下的電線(不足的或損壞的可以至電線作業區裁剪新線，並進行端子壓接)，在 I/O 接線盒處與 PLC 的 I/O 點依規定裝配電氣線路及各繼電器、安全極限開關的電氣接線；每一電氣端子點配線不可並接超過 2 條，電線需整理整齊盡量置於線槽內；若僅能置於線槽外之電線，需用束線帶以 10 cm 為間隔進行束綁，20 cm 需有固定座固定之，整理完整。

※ 裝配時，不可超出基板面積，氣壓管線及電線不得直接穿越動態工作區。

(九) 程式編輯及修改：依功能要求，編寫控制程式。

(十) 運轉試車：調整至功能正確、動作順暢後，可以請監評人員檢查。若檢查結果不正確，在檢定時間之內得繼續修正。

(十一) 評分操作步驟：

1. 是否完成答案卷各項目
2. 目視檢查各機構組裝螺絲是否 2 支以上及管線未穿越工作區
3. 人機介面自行編輯畫面是否完整
4. 人機介面手動操控(記錄操作失效或錯誤點，需回機械原點)
5. 自動循環功能：(紅、藍、綠至少各 2 個，合計 7 個以上不規則交錯)檢視主畫面及監視畫面(I/O)燈號、進料顏色、料位顏色、堆疊數量、依本場次試題統一之項次檢視擺放順序是否正確，每件是否在 30 秒內完工，檢視料件堆疊交錯誤差有無超過 5 mm，當滿料時是否放流，當完成 7 個工件時，壓按「停止」鈕停止，檢視上下層顏色是否相同
6. 自動循環功能後急停(工件仍夾住，不可掉落)
7. 自動復歸
8. **自動循環功能時**測試各故障碼是否正確顯示(至少 2 故障碼)

9. 手動測試機構組裝是否牢固

10. 自動循環功能再啓動，完成任一料後壓按「停止」鈕執行停止功能

11. 目視檢查配管配線專業規範

12. 答案卷批改計分

(十二) 計算及元件選用：依所給條件及參考數據，在答案紙上<u>列出計算過程</u>，選用適當元件，回答空格問題。

(十三) 復原：檢定完成或時間終了，經監評人員提示，機構回機械原點，壓力源歸零，切斷電源氣源，整理工作崗位，並整齊擺設，才可離席。

九、《由**監評長指定**試題之項次，**項次記載於答案紙上**□，評分及複評時項次不更換》

請依指定之數據，在答案紙上作答，否則不予計分)

勾選項次	工作平台之位移解析度(R)	步進角度(θ)	工作平台移動速度(v)	工作平台移動距離(S)	導螺桿直徑(D)	等效工作負載扭力(Tw)
□1	0.001mm	2.5°	40mm/sec	150mm	10mm	1kgf-cm
□2	0.002mm	3.6°	100mm/sec	250mm	20mm	5kgf-cm
□3	0.004mm	1.8°	80mm/sec	400mm	20mm	8kgf-cm
□4 □5	**mm**		**mm/sec**	**mm**	**mm**	**kgf-cm**

(一) 步進馬達驅動之導螺桿(導程為 8 mm)式工作平台，若馬達輸出軸與導螺桿間配有一轉速比 20:1 之減速齒輪組，如工作平台之位移解析度 R，則此步進馬達之步進角度應為 <u>(A)</u> 度。

(二) 步進馬達驅動之導螺桿(導程為 5 mm)式工作平台，其中馬達輸出軸與導螺桿間配有一轉速比 3:1 之減速齒輪組。若此步進馬達之步進角度 θ，如工作平台移動速度為 v，則馬達之控制命令應為 <u>(B)</u> pps。

(三) 上題中，若工作平台移動 S，則馬達之控制命令應為 <u>(C)</u> pulses。

(四) 上題中，如工作平台移動速度為 v，導螺桿直徑 D，基本傳動負載扭力 Tt = 10kgf-cm，等效工作負載扭力 Tw，若不考慮機械效率時，系統之需求扭力最少為 <u>(D)</u> kgf-cm。

(五) 上題中，驅動馬達之馬力約為 <u>(E)</u> W。

3. 氣壓迴路圖

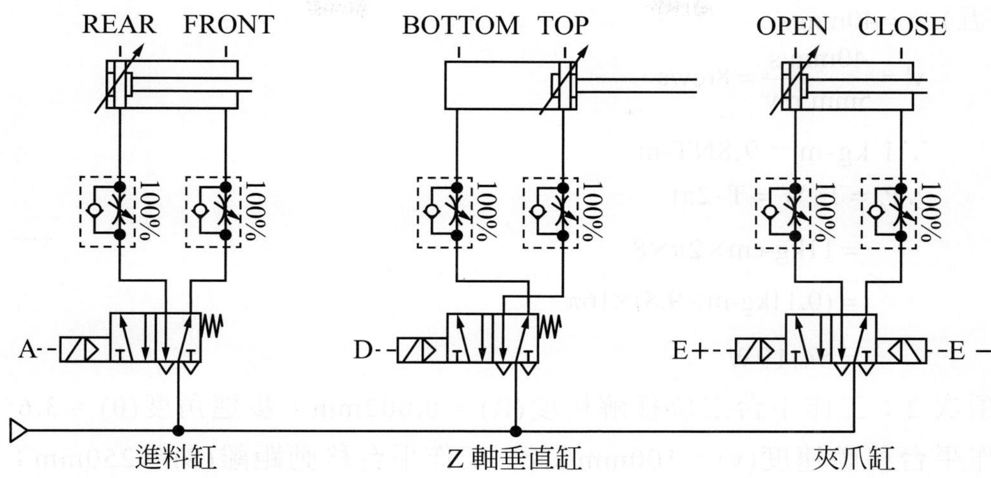

4. 計算與元件選用

項次 1：工作平台之位移解析度(R) = 0.001mm；步進角度(θ) = 2.5°；工作平台移動速度(v) = 40mm/sec；工作平台移動距離(S) = 150mm；導螺桿直徑(D) = 10mm；等效工作負載扭力(Tw) = 1kgf-cm

(一) $P = N \cdot R$

$$N = \frac{P}{R} = \frac{8\text{mm}}{0.001\text{mm}} = 8000\text{pulses}$$

轉速比 20：1 $\Rightarrow 360° \times 20 = 7200°$

$$\text{步進角度} = \frac{7200°}{8000} = 0.9°$$

(二) $V = \frac{\theta}{t} = \frac{40\text{mm/s}}{5\text{mm/rev}} = 8\text{rev/s}$

$\Rightarrow 8\text{rev/s} \times 3 = 24\text{rev/s}$

$$\therefore \frac{24\text{rev/s} \times 360°}{2.5°} = 3456\text{pulses}$$

(三) S = 150mm；P = 5mm/rev；θ = 2.5°

$\frac{150}{5} = 30\text{rev}$，i = 3

$\therefore 30 \times 3 = 90\text{rev}$

$$\frac{90 \times 360°}{2.5°} = 12960\text{pulses}$$

(四) T = Tt + Tw = 10 + 1 = 11 kgf-cm

(五) $v = 40mm/s$

$$v' = \frac{40mm/s}{5mm/rev} = 8rev/s$$

$\because$ 1 kg-m = 9.8NT-m

$$\therefore P_o = T \cdot W = T \cdot 2\pi f$$

$$= 11kg\text{-}cm \times 2\pi \times 8$$

$$= (0.11kg\text{-}m \times 9.8) \times 16\pi$$

$$= 54.19W$$

項次 2：工作平台之位移解析度(R) = 0.002mm；步進角度(θ) = 3.6°；工作平台移動速度(v) = 100mm/sec；工作平台移動距離(S) = 250mm；導螺桿直徑(D) = 20mm；等效工作負載扭力(Tw) = 5kgf-cm

(一) $P = N \cdot R$

$$N = \frac{P}{R} = \frac{8mm}{0.002mm} = 4000pulses$$

轉速比 20：1 $\Rightarrow 360° \times 20 = 7200°$

$$步進角度 = \frac{7200°}{4000} = 1.8°$$

(二) $$V = \frac{\theta}{t} = \frac{100mm/s}{5mm/rev} = 20rev/s$$

$$\Rightarrow 20rev/s \times 3 = 60rev/s$$

$$\therefore \frac{60rev/s \times 360°}{3.6°} = 6000pulses$$

(三) S = 250mm；P = 5mm/rev；θ = 3.6°

$$\frac{250}{5} = 50rev \text{，} i = 3$$

$$\therefore 50 \times 3 = 150rev$$

$$\frac{150 \times 360°}{3.6°} = 15000pulses$$

(四) T = Tt + Tw = 10 + 5 = 15 kgf-cm

(五) $v = 100mm/s$

$$v' = \frac{100mm/s}{5mm/rev} = 20rev/s$$

$\because$ 1 kg-m = 9.8NT-m

$\therefore P_o = T \cdot W = T \cdot 2\pi f$

$= 15\text{kg-cm} \times 2\pi \times 20$

$= (0.15\text{kg-m} \times 9.8) \times 45\pi$

= 184.73W

項次 3：工作平台之位移解析度(R) = 0.004mm；步進角度(θ) = 1.8°；工作平台移動速度(v) = 80mm/sec；工作平台移動距離(S) = 400mm；導螺桿直徑(D) = 20mm；等效工作負載扭力(Tw) = 8kgf-cm

(一) $P = N \cdot R$

$$N = \frac{P}{R} = \frac{8\text{mm}}{0.004\text{mm}} = 2000\text{pulses}$$

轉速比 20：1 $\Rightarrow 360° \times 20 = 7200°$

$$\text{步進角度} = \frac{7200°}{2000} = 3.6°$$

(二) $V = \frac{\theta}{t} = \frac{80\text{mm/s}}{5\text{mm/rev}} = 16\text{rev/s}$

$\Rightarrow 16\text{rev/s} \times 3 = 48\text{rev/s}$

$$\therefore \frac{48\text{rev/s} \times 360°}{1.8°} = 9600\text{pulses}$$

(三) S = 400mm；P = 5mm/rev；θ = 1.8°

$\frac{400}{5} = 80\text{rev}$，i = 3

$\therefore 80 \times 3 = 240\text{rev}$

$$\frac{240 \times 360°}{1.8°} = 48000\text{pulses}$$

(四) T = Tt + Tw = 10 + 8 = 18 kgf-cm

(五) $v = 80\text{mm/s}$

$$v' = \frac{80\text{mm/s}}{5\text{mm/rev}} = 16\text{rev/s}$$

$\because$ 1 kg-m = 9.8NT-m

$\therefore P_o = T \cdot W = T \cdot 2\pi f = 18\text{kg-cm} \times 2\pi \times 16 = (0.18\text{kg-m} \times 9.8) \times 32\pi =$ 177.34W

5. I/O 規劃圖及馬達控制迴路圖

(1) I/O 規劃圖

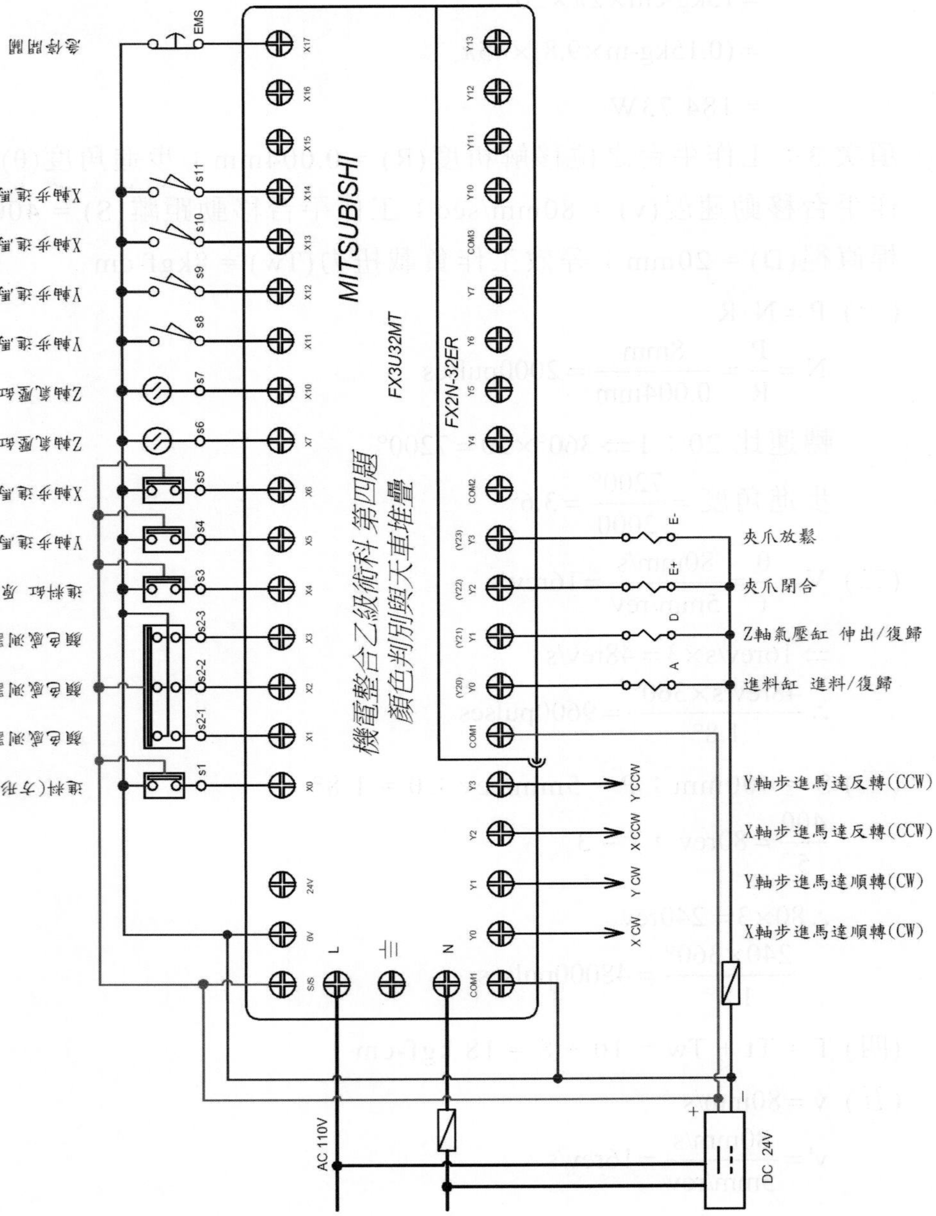

MITSUBISHI
FX3U32MT
FX2N-32ER
機電整合乙級術科 第四題
顏色判別與天車堆疊

急停開關 EMS X17
X軸步進馬達 後安全極限 s11 X14
X軸步進馬達 前安全極限 s10 X13
Y軸步進馬達 右安全極限 s9 X12
Y軸步進馬達 左安全極限 s8 X11
Z軸氣壓缸 下限感測器 s7 X10
Z軸氣壓缸 上限感測器 s6 X7
X軸步進馬達 原點感測器 s5 X6
Y軸步進馬達 原點感測器 s4 X5
進料缸 原點感測器 s3 X4
顏色感測器(判別綠色) s2-3 X3
顏色感測器(判別藍色) s2-2 X2
顏色感測器(判別紅色) s2-1 X1
進料(方形)感測器 s1 X0

夾爪放鬆 (Y23) Y3 E-
夾爪閉合 (Y22) Y2 E+
Z軸氣壓缸 伸出/復歸 (Y21) Y1 D
進料缸 進料/復歸 (Y20) Y0 A

Y軸步進馬達反轉(CCW) Y3 Y CCW
X軸步進馬達反轉(CCW) Y2 X CCW
Y軸步進馬達順轉(CW) Y1 Y CW
X軸步進馬達順轉(CW) Y0 X CW

AC 110V
DC 24V

(2) 馬達控制迴路圖

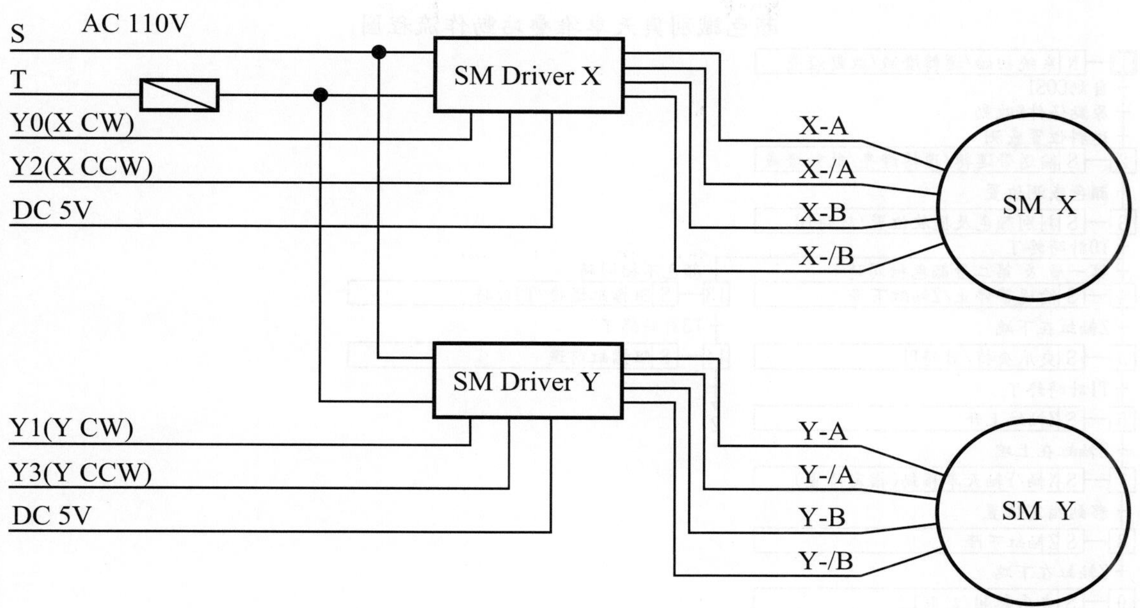

AC 110V
S
T
Y0(X CW)
Y2(X CCW)
DC 5V
SM Driver X
X-A
X-/A
X-B
X-/B
SM X
SM Driver Y
Y1(Y CW)
Y3(Y CCW)
DC 5V
Y-A
Y-/A
Y-B
Y-/B
SM Y

6. SFC 順序功能流程圖

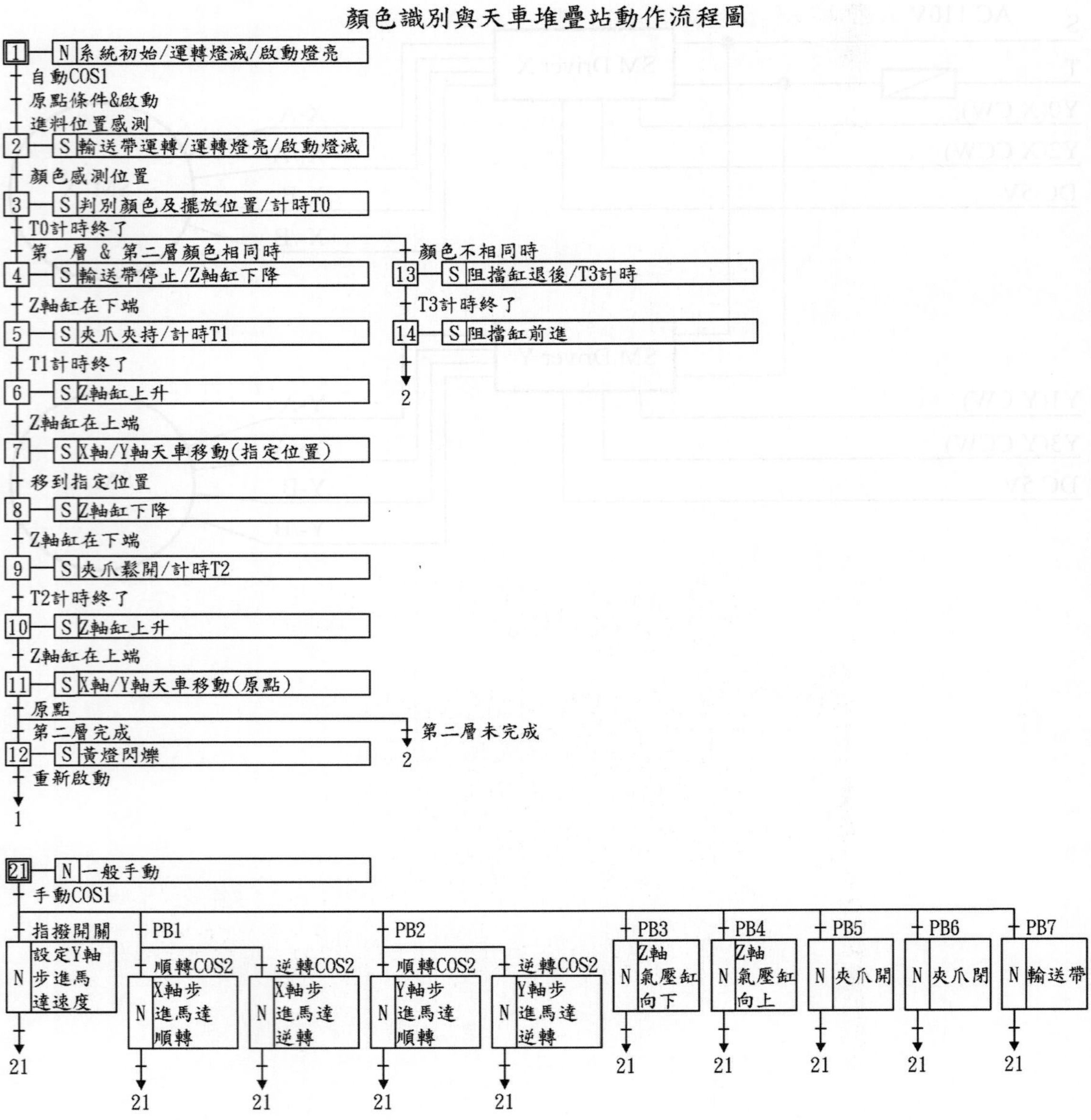

顏色識別與天車堆疊站動作流程圖

7. 階梯與狀態流程圖

(1) 人機元件配置與 PLC I/O 表

元件編號(bit)		說明	元件編號(bit)		說明
X00	S1	進料感測器	Y00	X-P	X-PULSE(X 軸運轉訊號)
X01	S2-1	顏色感測 01-R	Y01	Y-P	Y-PULSE(Y 軸運轉訊號)
X02	S2-2	顏色感測 02-B	Y02	X-D	X-DIR(X 軸方向控制訊號)
X03	S2-3	顏色感測 03-G	Y03	Y-D	Y-DIR(Y 軸方向控制訊號)
X04	S3	進料缸原點	Y04	A	進料缸(前進)
X05	S4	**Y 軸原點**	Y05	D＋	Z 軸氣壓缸(下降)
X06	S5	**X 軸原點**	Y06	E＋	氣壓夾爪(夾)
X07	S6	Z 軸缸(上限)	Y07	E－	氣壓夾爪(放)
X10	S7	Z 軸缸(放料點)			
X11	S8	**Y 軸正轉極限(N.O.) [⊙→]**			
X12	S9	**Y 軸反轉極限(N.O.) [⊙←]**			
X13	S10	**X 軸正轉極限(N.O.) [⊙→]**			
X14	S11	**X 軸反轉極限(N.O.) [⊙←]**			
X15					
X16					
X17	EMS	緊急停止開關(EMS)_(b)			
HMI	M41	HMI_第一層滿料燈	HMI	M00	HMI_進料缸_進料
	M42	HMI_第二層滿料燈		M01	HMI_X 軸_順轉
	M51	HMI_紅色料顯示(進料)		M02	HMI_X 軸_逆轉
	M52	HMI_綠色料顯示(進料)		M03	HMI_Y 軸_順轉
	M53	HMI_藍色料顯示(進料)		M04	HMI_Y 軸_逆轉
	M61	HMI_A 格 R 燈號		M05	HMI_Z 軸缸_上升
	M62	HMI_A 格 G 燈號		M06	HMI_Z 軸缸_下降

(+)
(+)
X
進料座
(−)
Y

元件編號(bit)		說明	元件編號(bit)		說明
	M63	HMI_A 格 B 燈號		M07	HMI_夾爪_夾
	M71	HMI_B 格 R 燈號		M08	HMI_夾爪_放
	M72	HMI_B 格 G 燈號	HMI	M20	HMI_自動(N.O)/手動(N.C)
	M73	HMI_B 格 B 燈號		M20	HMI_自動燈
	M81	HMI_C 格 R 燈號		M20	HMI_手動燈
	M82	HMI_C 格 G 燈號		M21	HMI_啓動
	M83	HMI_C 格 B 燈號		M22	HMI_復歸
	M91	HMI_D 格 R 燈號		**X17**	**HMI_急停燈 EMS**
	M92	HMI_D 格 G 燈號		M23	HMI_停止
	M93	HMI_D 格 B 燈號		M24	HMI_資料清除
HMI	D40	進料總數		M25	HMI_錯誤碼燈
	D50	速度段數		M30	HMI_綠燈(待機)
	D60	HMI_格位 A_料件數		M31	HMI_黃燈(復歸)
	D70	HMI_格位 B_料件數		M32	HMI_紅燈(運轉)
	D80	HMI_格位 C_料件數			
	D90	HMI_格位 D_料件數			
	D100	異常狀態碼			

(2) LD 與 SFC

LD0

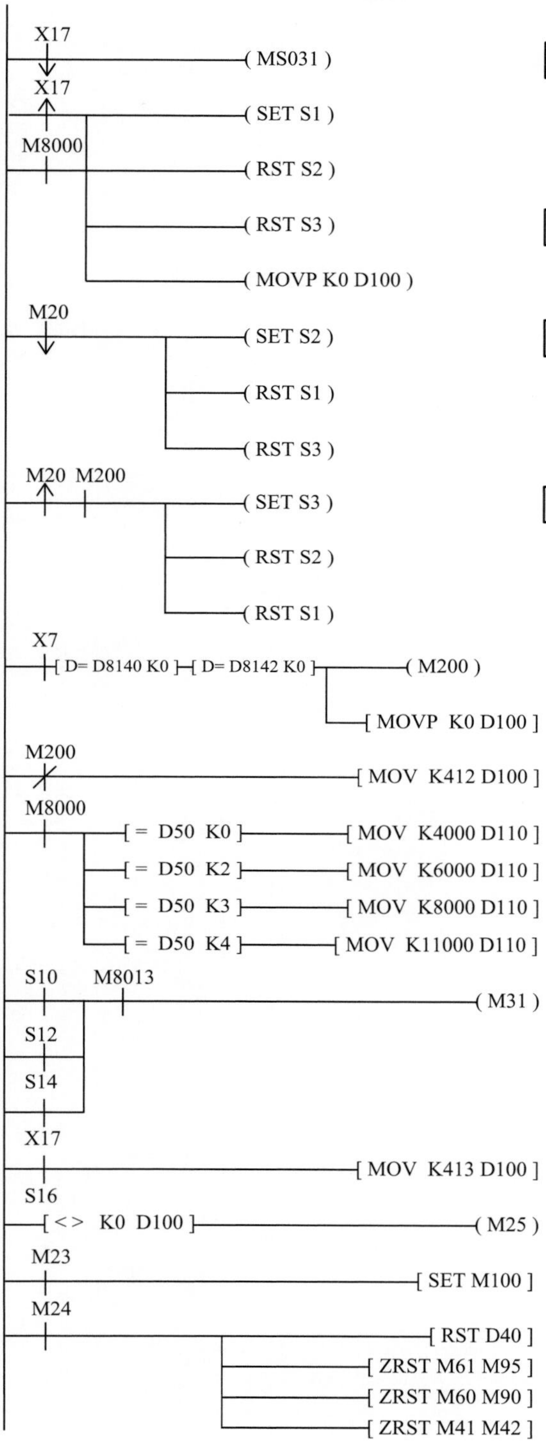

```
X17↓                                   ( MS031 )
X17↑                                   ( SET S1 )
M8000                                  ( RST S2 )
                                       ( RST S3 )
                                       ( MOVP K0 D100 )
M20↓                                   ( SET S2 )
                                       ( RST S1 )
                                       ( RST S3 )
M20↑  M200                             ( SET S3 )
                                       ( RST S2 )
                                       ( RST S1 )
X7  [ D= D8140 K0 ] [ D= D8142 K0 ]    ( M200 )
                                       [ MOVP  K0 D100 ]
M200 (NC)                              [ MOV  K412 D100 ]
M8000  [ = D50 K0 ]                    [ MOV  K4000 D110 ]
       [ = D50 K2 ]                    [ MOV  K6000 D110 ]
       [ = D50 K3 ]                    [ MOV  K8000 D110 ]
       [ = D50 K4 ]                    [ MOV  K11000 D110 ]
S10  M8013                             ( M31 )
S12
S14
X17                                    [ MOV  K413 D100 ]
S16  [ <> K0 D100 ]                    ( M25 )
M23                                    [ SET M100 ]
M24                                    [ RST D40 ]
                                       [ ZRST M61 M95 ]
                                       [ ZRST M60 M90 ]
                                       [ ZRST M41 M42 ]
```

S1 復歸流程

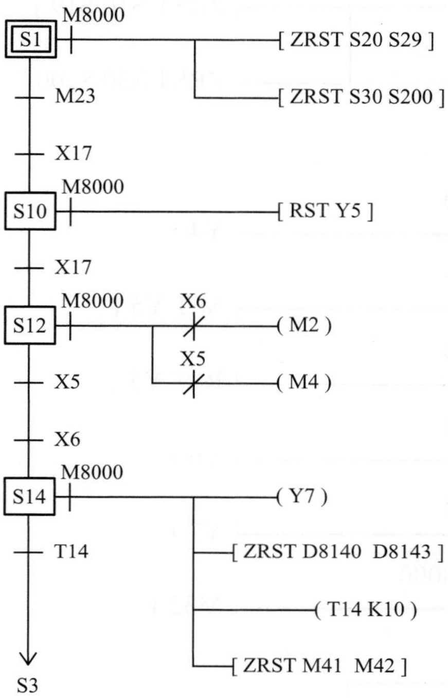

```
[S1]  M8000                            [ ZRST S20 S29 ]
                                       [ ZRST S30 S200 ]
 + M23
 + X17
[S10] M8000                            [ RST Y5 ]
 + X17
[S12] M8000   X6 (NC)                  ( M2 )
              X5 (NC)                  ( M4 )
 + X5
 + X6
[S14] M8000                            ( Y7 )
                                       [ ZRST D8140  D8143 ]
                                       ( T14 K10 )
                                       [ ZRST M41  M42 ]
 + T14
 ↓
 S3
```

S2 指定流程

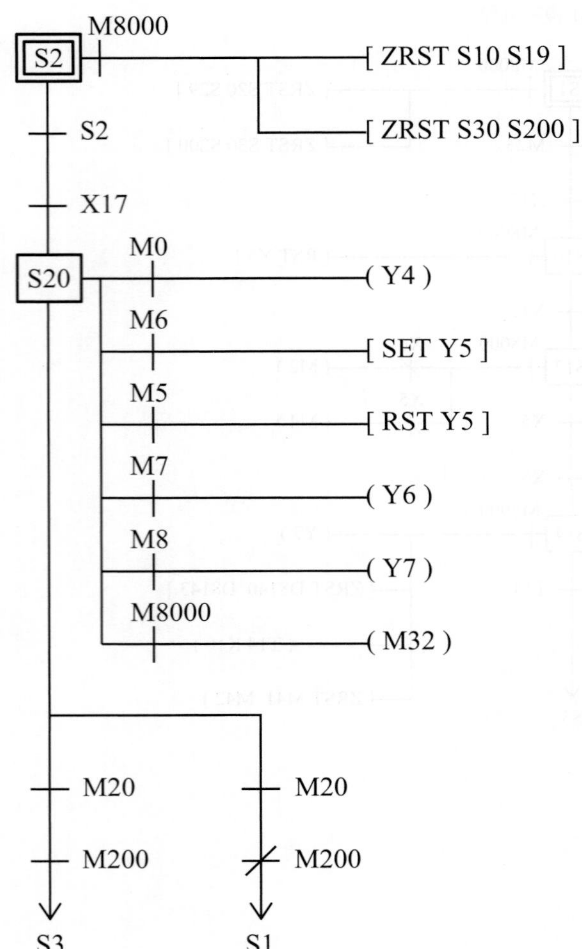
M8000
S2
[ZRST S10 S19]
[ZRST S30 S200]
S2
X17
S20
M0
(Y4)
M6
[SET Y5]
M5
[RST Y5]
M7
(Y6)
M8
(Y7)
M8000
(M32)
M20
M200
S3
M20
M200
S1

S3 主流程

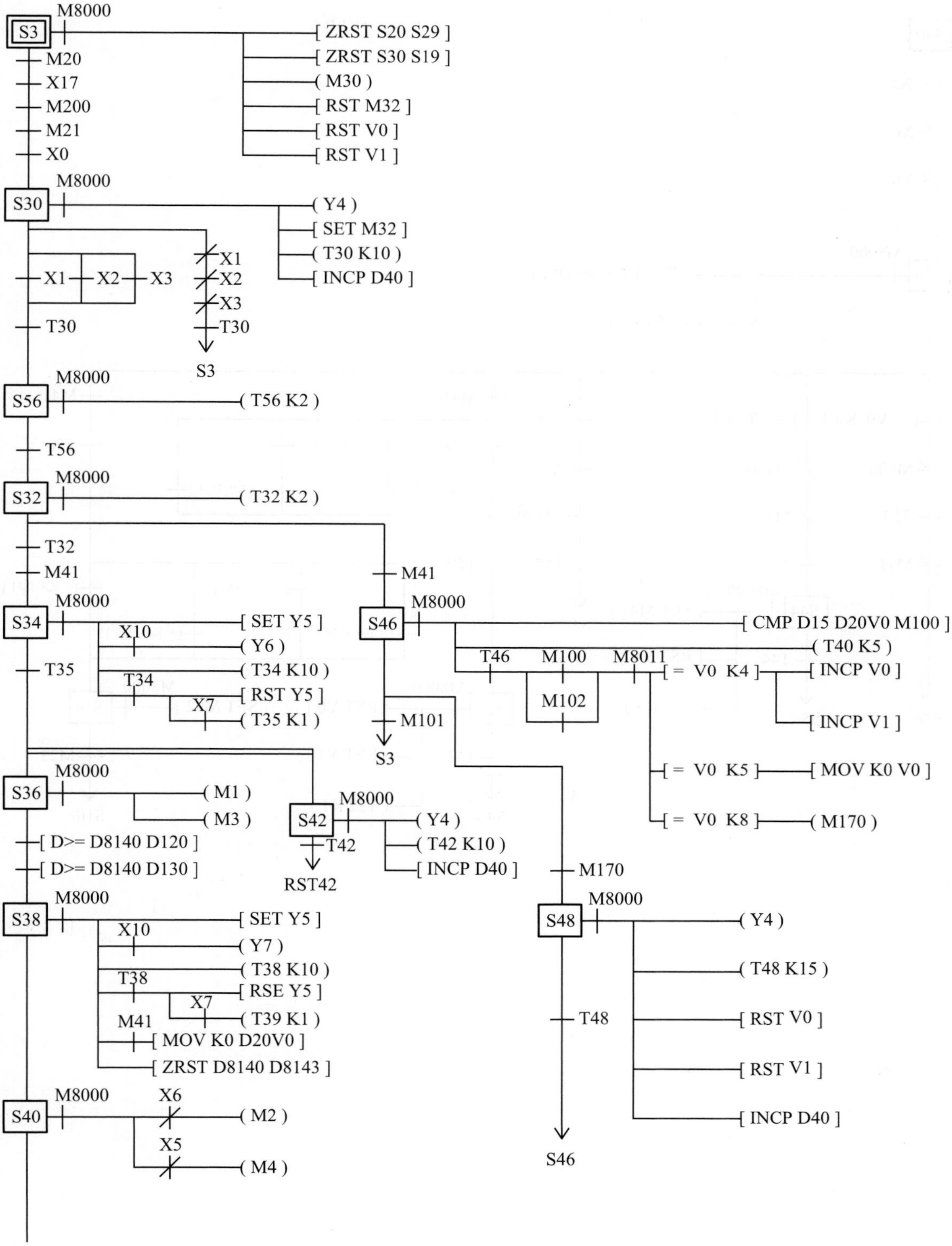

S3 M8000 [ZRST S20 S29] [ZRST S30 S19] (M30) [RST M32] [RST V0] [RST V1]
M20 X17 M200 M21 X0

S30 M8000 (Y4) [SET M32] (T30 K10) [INCP D40]
X1 X2 X3 T30
X1 X2 X3 T30 S3

S56 M8000 (T56 K2)
T56

S32 M8000 (T32 K2)
T32 M41
M41

S34 M8000 [SET Y5] X10 (Y6) (T34 K10) T34 [RST Y5] X7 (T35 K1)
T35

S46 M8000 [CMP D15 D20V0 M100] (T40 K5) T46 M100 M102 M8011 [= V0 K4] [INCP V0] [INCP V1]
[= V0 K5] [MOV K0 V0]
[= V0 K8] (M170)
M101 S3

S36 M8000 (M1) (M3)
[D>= D8140 D120]
[D>= D8140 D130]

S42 M8000 (Y4) (T42 K10) [INCP D40]
T42 RST42

M170

S38 M8000 [SET Y5] X10 (Y7) (T38 K10) T38 [RSE Y5] X7 (T39 K1) M41 [MOV K0 D20V0] [ZRST D8140 D8143]

S48 M8000 (Y4) (T48 K15) [RST V0] [RST V1] [INCP D40]
T48 S46

S40 M8000 X6 (M2) X5 (M4)

上接

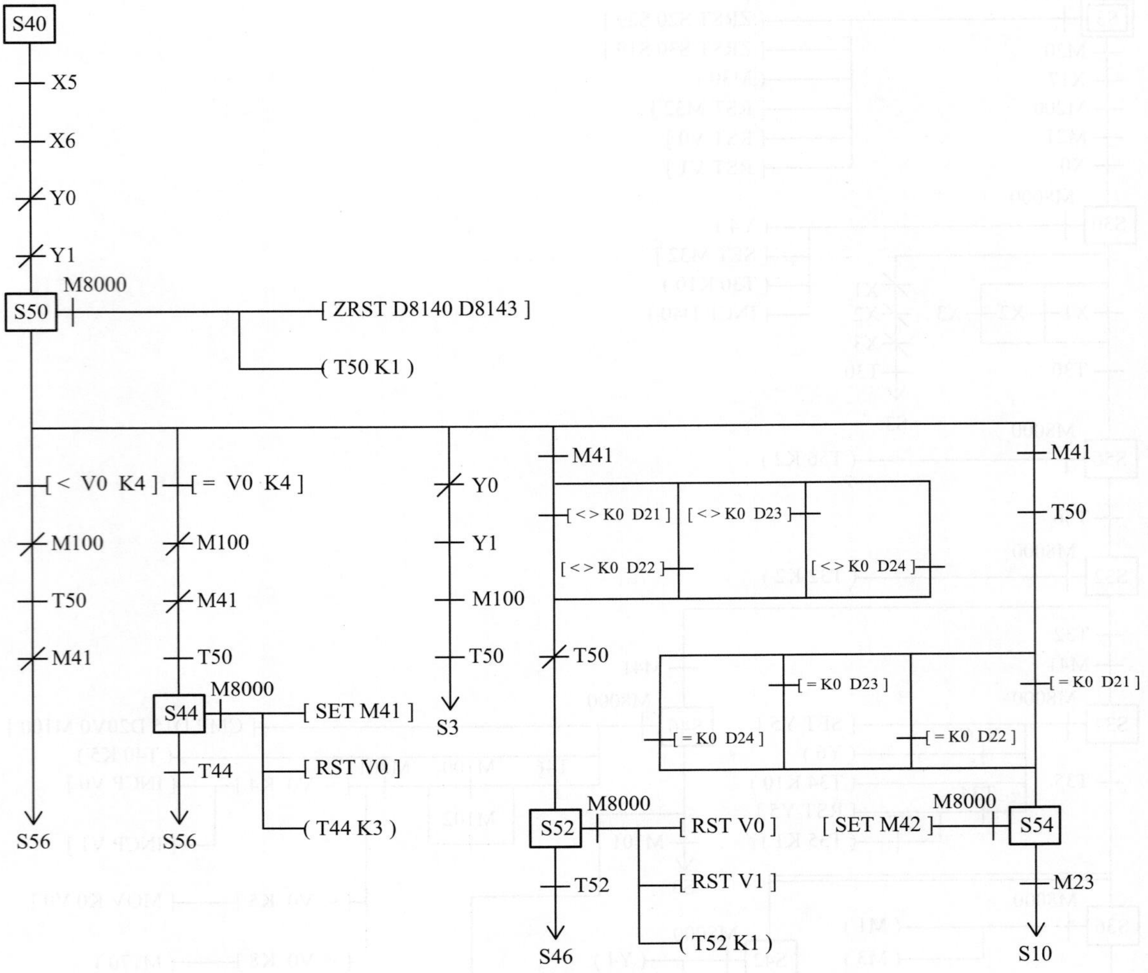

S40
X5
X6
Y0
Y1
M8000
S50
[ZRST D8140 D8143]
(T50 K1)
[< V0 K4]
[= V0 K4]
M100
T50
M41
M100
M41
T50
S44
M8000
[SET M41]
[RST V0]
(T44 K3)
T44
S56
S56
Y0
Y1
M100
T50
S3
M41
[<> K0 D21]
[<> K0 D23]
[<> K0 D22]
[<> K0 D24]
T50
[= K0 D23]
[= K0 D24]
[= K0 D22]
M41
T50
[= K0 D21]
M8000
S52
[RST V0]
[RST V1]
(T52 K1)
T52
S46
M8000
[SET M42]
S54
M23
S10

LD1

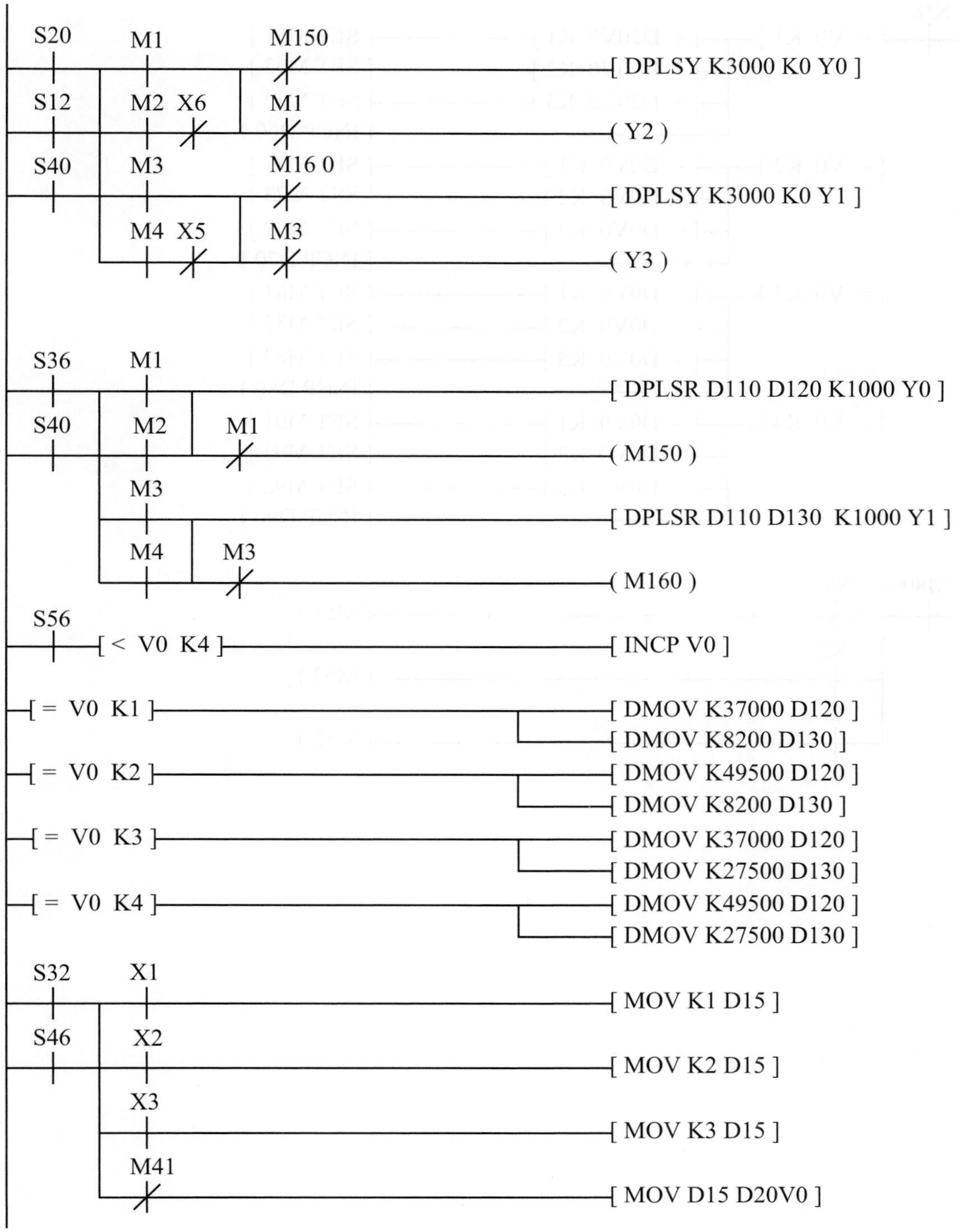

```
 S20      M1          M150
--| |--+--| |------+---|/|------------------------[ DPLSY K3000 K0 Y0 ]
 S12   |  M2   X6  |   M1
--| |--+--| |--|/|-+---|/|------------------------( Y2 )
 S40   |  M3          M16 0
--| |--+--| |------+---|/|------------------------[ DPLSY K3000 K0 Y1 ]
       |  M4   X5  |   M3
       +--| |--|/|-+---|/|------------------------( Y3 )

 S36      M1
--| |--+--| |---+---------------------------------[ DPLSR D110 D120 K1000 Y0 ]
 S40   |  M2    |   M1
--| |--+--| |---+---|/|---------------------------( M150 )
       |  M3
       +--| |---+---------------------------------[ DPLSR D110 D130  K1000 Y1 ]
       |  M4    |   M3
       +--| |---+---|/|---------------------------( M160 )
 S56
--| |--[ < V0 K4 ]--------------------------------[ INCP V0 ]

--[ = V0 K1 ]---------------------------+---------[ DMOV K37000 D120 ]
                                        +---------[ DMOV K8200 D130 ]
--[ = V0 K2 ]---------------------------+---------[ DMOV K49500 D120 ]
                                        +---------[ DMOV K8200 D130 ]
--[ = V0 K3 ]---------------------------+---------[ DMOV K37000 D120 ]
                                        +---------[ DMOV K27500 D130 ]
--[ = V0 K4 ]---------------------------+---------[ DMOV K49500 D120 ]
                                        +---------[ DMOV K27500 D130 ]
 S32      X1
--| |--+--| |-------------------------------------[ MOV K1 D15 ]
 S46   |  X2
--| |--+--| |-------------------------------------[ MOV K2 D15 ]
       |  X3
       +--| |-------------------------------------[ MOV K3 D15 ]
       |  M41
       +--|/|-------------------------------------[ MOV D15 D20V0 ]
```

```
S38
─┤├──[= V0 K1]──┬─[= D20V0 K1]──────[SET M61]
                ├─[= D20V0 K2]──────[SET M63]
                ├─[= D20V0 K3]──────[SET M62]
                └───────────────────[INCP D60]
     [= V0 K2]──┬─[= D0V0 K1]───────[SET M71]
                ├─[= D0V0 K2]───────[SET M73]
                ├─[= D0V0 K3]───────[SET M72]
                └───────────────────[INCP D70]
     [= V0 K3]──┬─[= D0V0 K1]───────[SET M81]
                ├─[= D0V0 K2]───────[SET M83]
                ├─[= D0V0 K3]───────[SET M82]
                └───────────────────[INCP D80]
     [= V0 K4]──┬─[= D0V0 K1]───────[SET M91]
                ├─[= D0V0 K2]───────[SET M93]
                ├─[= D0V0 K3]───────[SET M92]
                └───────────────────[INCP D90]

M8000   X1
─┤├──┬──┤├──────────────────────────(M51)
     │  X2
     ├──┤├──────────────────────────(M53)
     │  X3
     └──┤├──────────────────────────(M52)
```

9-5 自動倉儲存取與換向

1.　機構分解圖 

自動倉儲存取與換向

04 三軸存取機模組

11 方形料

08 電磁閥組

10 介面端子台及周邊組件

02 倉儲位

06 交流馬達模組含變頻器

03 自動進料座模組

07 X軸感測器及4個水平定位

05 排料座

09 氣壓調理組及氣源開關

01 基板

2. 試題說明

一、試題編號：17000-1010205

二、試題名稱：自動倉儲存取與換向

三、檢定時間：360 分鐘（6 小時）

四、系統架構示意圖：

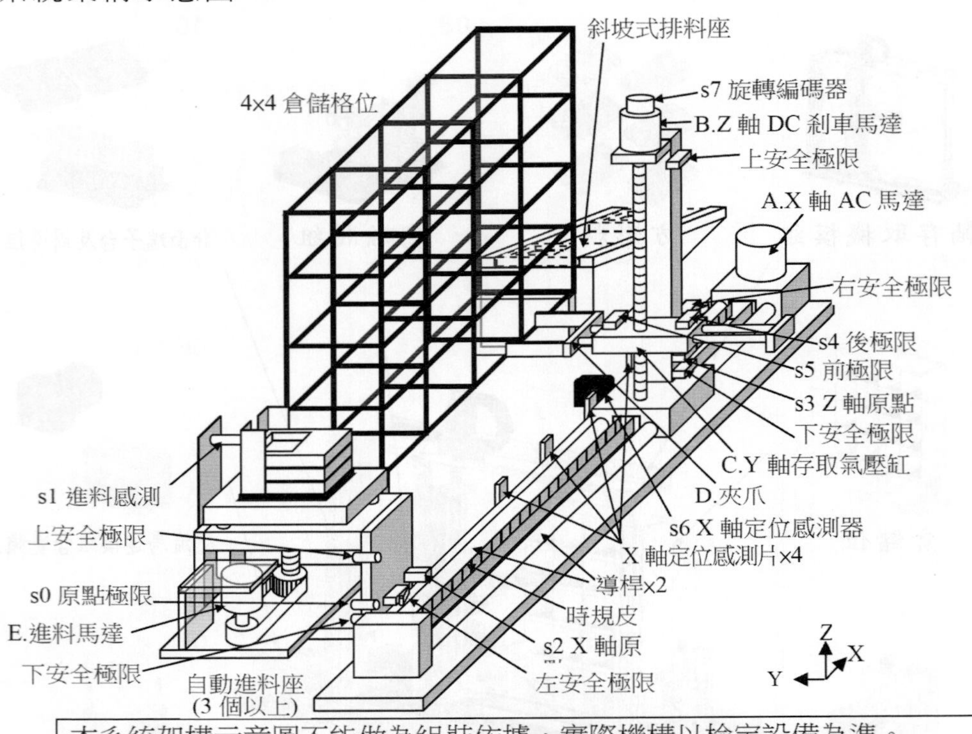

本系統架構示意圖不能做為組裝依據，實際機構以檢定設備為準。

五、機構組成：

編號	模組名稱	數量	編號	模組名稱	數量
01	基板	1	07	X 軸感測器及 **5** 個水平定位	1 式
02	倉儲位(4*4=16 格儲位)	1	08※	電磁閥組	1
03	自動進料座模組(置料盤可更換)	1	09※	氣壓調理組及氣源開關	1
04	三軸存取機模組	1	10※	介面端子台及周邊組件	1 式
05	斜坡排料座	1	11	方形料*6	1 式
06	交流馬達模組含變頻器	1			

註記※者機構拆卸時不需離開基板。

六、緊急停止按鈕及人機介面說明：

(一) 押扣式按鈕開關：做爲機械緊急停止（EMS）之用。

(二) 人機介面：須依題意需求設置輸出入介面及※編輯異常狀態碼畫面之內容。如：自動/手動切換、啓動、停止、手動操作試車、復歸、燈號，及設定存料模式、取料模式、欲存入、取排料件倉儲位編號(至多 3 筆並列)，另自行編輯*異常狀態警報。

※ 編輯畫面內容：如試題所示，包含 1.異常狀態情況說明之一欄表、2.當下異常狀態之警報碼顯示等。

＊ 本題異常狀態：1.待機原點異常、2.水平缸(Y 軸)伸出異常、3.未完成復歸、4.緊急停止未解除。

七、動作說明：

(一) 機械原點：A.存取機 X 軸在進料點，B.Z 軸在下方進料點，C.Y 軸存取臂在後位，D.夾爪缸張開，E.進料馬達在下位，倉儲格位、排料座均無料。

(二) 電磁閥規劃：請依下列規定裝配管線，C 缸：5/2 單邊、D 缸：5/2 雙邊。

(三) 手動操作功能：(手動操作功能時自動循環功能無法操作)

1. 操控(A)X 軸左、右慢速等速移動(Y 軸在氣壓缸縮回位置)，並檢查<u>左限、右限是否確實</u>。(以 2 個按鈕操控，1 個執行左移、另 1 個執行右移，需測試安全極限開關保護。)
2. 操控(B)Z 軸上、下移動(Y 軸在氣壓缸縮回位置)，並檢查<u>上限、下限是否確實</u>。(以 2 個按鈕操控，1 個執行上移、另 1 個執行下移，需測試安全極限開關保護。)
3. 操控(C)Y 軸氣壓缸伸出、縮回。(以 2 個按鈕操控，1 個執行伸出、另 1 個執行縮回。)
4. 操控(D)夾料、放料。(有料時要先準備承接，以 2 個按鈕操控，1 個執行夾料、另 1 個執行放料。)
5. 操控(E)上升、下降。(以 2 個按鈕操控，1 個執行上升、另 1 個執行下降。)

(四) 自動循環功能：(自動循環功能時，手動操作功能無法操作)在正常操作時，切換至「自動循環功能」，當預先設定好進料料件數量與儲存格位編號後，按下啓動按鈕(st)，運轉紅燈亮，綠燈滅。

1. 進料座可自動逐一運送料件至定點，供存取機構夾取進料；當料件被取走後，只要進料數量未達預先設定數量，就自動繼續運送下一個料件至定點。
2. 多個料件存料：在人機介面上設於存料功能，用設定數值按鈕方式指定多個預存之倉儲位編號後(至多 3 筆)，在按下啓動開關(st)時，存取機構可自動逐一至進料座(有料件時)夾取料件(數量等於預設儲存格位之筆數)，依安全運轉(X、Z 兩軸要移動時，Y 軸氣壓缸必須在縮回位置)要求，逐一將料件放置於指定儲位格中，在最後一個料件存入完成後存取機構回原點。存入料件的數量，視預先設定存入之筆數而定。每個料件之存料時間不超過 30 秒。
3. 多個料件取料：在人機介面上設於取料功能，用設定數值按鈕方式指定多個取料之倉儲位編號(至多 3 筆)，並於指定儲位格擺放料件後，在按下啓動開關(st)時，存取機構可自動逐一至指定儲位格夾取料件(數量等於預設儲存格位之筆數)，依安全運轉(X、Z 兩軸要移動時，Y 軸氣壓缸必須在縮回位置)要求，逐一將料件放置於排料座(無料件時)，在最後一個料件取出完成後存取機構回原點。取排料件的數量，視預先設定取出之筆數而定。每個料件之取料時間不超過 30 秒。
4. X 軸之移動速度必須明顯看出加速前進及減速停止。

(五) 緊急停止與復歸功能：

1. 在按下緊急停止鈕(EMS)時，系統停止運轉（電磁閥、馬達皆斷電）；<u>若夾爪有夾持料件，必須繼續夾持不可掉落</u>。

2. (EMS)後，將選擇開關切換至「復歸功能」，操作人機介面復歸開關(RST)，執行自動復歸動作，黃色指示燈 0.5 秒亮/0.5 秒滅閃爍，夾爪夾持之料件由人工排除。自動復歸動作：
   - ▼ 在 Y 軸縮回至後限，存取臂 Z 軸降至下限。
   - ▼ Z 軸降至下限後，X 軸存取機移至機械原點。

(六) 人機介面操作功能：位元開關除「自動 /手動」外，其餘都爲復歸型。

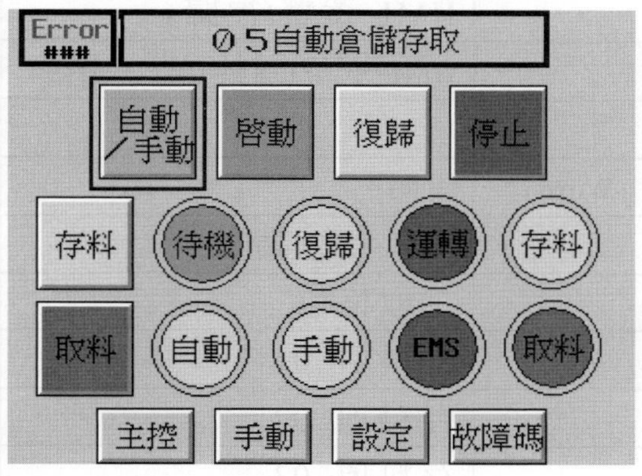

主控制畫面

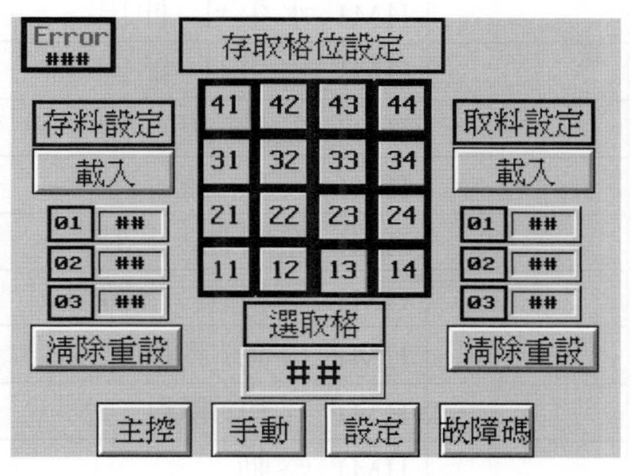

設定畫面

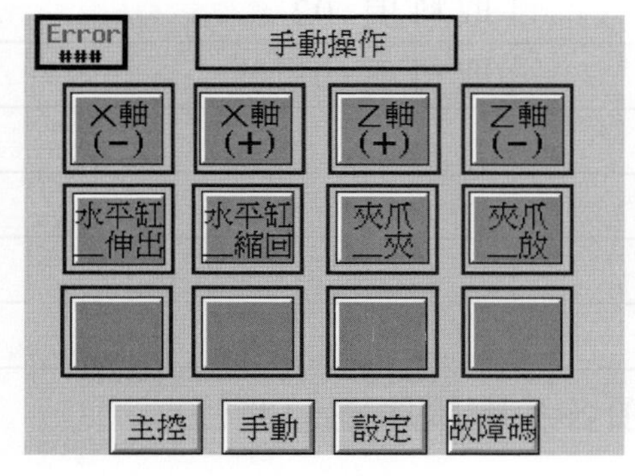

手動操作畫面

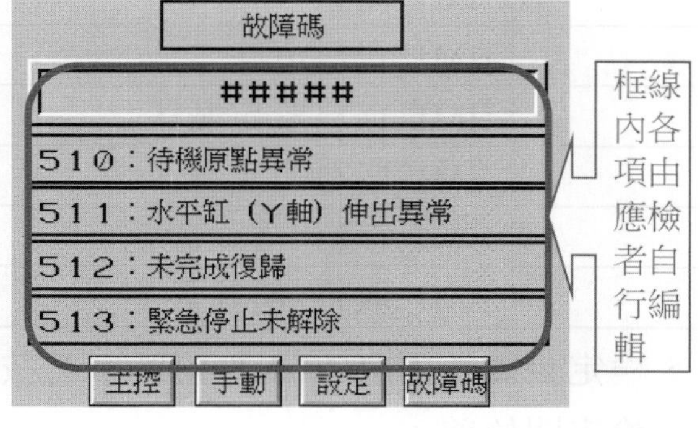

故障碼畫面

(七) PLC 與人機通訊元件配置(術科辦理單位依使用之控制器規劃其元件編號，並提供給檢定人員編寫程式使用。)：

元件編號(bit)	說明	元件編號(bit)	說明
	HMI_X 軸(－)		HMI_自動燈
	HMI_X 軸(＋)		HMI_手動燈
	HMI_Z 軸(＋)		HMI_EMS 燈
	HMI_Z 軸(－)		HMI_綠燈(待機)
	HMI_水平缸_伸出		HMI_黃燈(復歸)
	HMI_水平缸_縮回		HMI_紅燈(運轉)
	HMI_夾爪_夾		
	HMI_夾爪_放	(Word)	說明
	HMI_進料座_上升		異常狀態碼
	HMI_進料座_下降		選取格位
	HMI_自動/手動		存料項_01
	HMI_存料/取料		存料項_02
	HMI_啓動		存料項_03
	HMI_復歸		取料項_01
	HMI_停止		取料項_02
	HMI_資料清除		取料項_03
	HMI_存料設定載入		
	HMI_取料設定載入		
	HMI_存料_清除設定		
	HMI_取料_清除設定		

八、檢定步驟及內容：(※檢定時，需按此項各步驟順序逐一進行)

檢定開始前：

(一) 動態試車及機構、程式初始化：以 20 分鐘時間，依動作說明進行自動(單一循環)動態試車，同時快速檢查感測器、致動器、機械零組件與裝配附件是否有異常，電氣配線、氣壓管線及電源、氣源供應是否正常，接著機構回到機械原點，請確實檢查(如有零組件故障得請求更換)；於試車完成後，應檢人必須在評分表上之動態試車格

內簽名確認；接下來切斷氣源(不可斷電)，由監評人員清除控制器內之程式**及確認人機介面故障碼空白**，再切斷電源。

(二) 在電線作業區集合：每人發給 1 條電線(約 50~60 公分)、2 個 Y 端子、2 個歐規端子及 4 個號環，桌上備有剪線、剝線、壓接工具。

檢定開始後：

(三) 每位應檢人先行剪線 2 條，依電線工作專業規範之規定完成二端撥線、套號環及壓接端子，必須壓牢、金屬線不可外露，交由監評人員檢視，若不確實，在評分表扣分並重新壓接。通過後才可回到崗位繼續後續拆機作業。

(四) 管線拆除：束線帶全部剪開，各機構模組中感測器至中繼集納端子台之電氣控制線不必拆除外，其餘所有的：1.氣壓管線拆除後需全部回收，依長度分類可以再使用，2.從中繼集納端子台至 I/O 接線盒及各繼電器的電氣接線，全部拆除並離開線槽；控制盤部分只需拔除與機構盤相連之快速接頭連接電纜線，其餘皆不必拆除。

(五) 機構拆卸：在管線拆除完成後開始機構拆卸，將所有機構模組單元拆卸離開基板，各模組單元不需再細拆；附著於機構上之感測器必須放鬆且偏移原來位置 10mm 以上或最大極限，所有流量控制閥件開度調至最小，調壓閥壓力降至 3bar 以下。

應檢人	檢查項目 (請每項逐一檢查)	監評人員
☐	束線帶全部剪開	☐
☐	氣壓管線全部拆除(若氣壓接頭牢固，經監評人員同意者除外)	☐
☐	所有機構模組單元拆卸離開基板	☐
☐	感測器必須放鬆且偏移原來位置 10mm 以上或最大極限	☐
☐	流量控制閥件開度調至最小	☐
☐	調壓閥壓力降至 3bar 以下	☐

(六) 完成上述的步驟之後，需經監評人員檢查無誤並在評分表上確認格內簽名後，才可繼續進行後續步驟。

(七) 機構組裝：依照系統架構示意圖將所有模組組裝在基板上，各感測器裝配在正確位置。

(八) 氣壓管線及電氣配線裝配：

1. 氣壓管線：依氣壓迴路圖裁剪適當長度之新管線或重裁長度之舊管線；在裝配氣壓管線時，如連接於移動機件上，應由上往下裝配，若管線要往上爬升，需循支撐柱子固定而上；從電磁閥組出口處起，離 10~20 cm 就需依規定每間隔 10 cm 用束線帶綑綁，20 cm 需有固定座固定之，且不得放置於線槽內；管線在適當的部位需有分歧點，分歧後之管線不可有嚴重摺痕影響氣體流動量，運轉時也不可有拉扯現象。

2. 電氣配線：使用剛拆下的電線(不足的或損壞的可以至電線作業區裁剪新線，並進行端子壓接)，在 I/O 接線盒處與 PLC 的 I/O 點依規定裝配電氣線路及各繼電器、安全極限開關的電氣接線；每一電氣端子點配線不可並接超過 2 條，電線需整理整齊盡量置於線槽內；若僅能置於線槽外之電線，需用束線帶以 10 cm 爲間隔進行束綁，20 cm 需有固定座固定之，整理完整。

※ **裝配時，不可超出基板面積，氣壓管線及電線不得直接穿越動態工作區。**

(九) 程式編輯及修改：依功能要求，編寫控制程式。

(十) 運轉試車：調整至功能正確、動作順暢後，可以請監評人員檢查。若檢查結果不正確，在檢定時間之內得繼續修正。

(十一) 評分操作步驟：

1. 是否完成答案卷各項目
2. 目視檢查各機構組裝螺絲是否 2 支以上及管線未穿越工作區
3. 人機介面自行編輯畫面是否完整
4. 人機介面手動操控(記錄操作失效或錯誤點，需回機械原點)
5. 自動循環功能：(方形料 3，指定倉儲位)檢視主畫面及監視畫面(I/O)燈號是否正確，選取格位是否正確，每件是否在 30 秒內存料或取料，X 軸之移動速度是否明顯看出加速前進及減速停止。當存料完成時檢視實體及人機畫面格位是否正確，是否完成所有取料

6. 自動循環功能後急停(工件仍夾住，不可掉落)
7. 自動復歸
8. **自動循環功能時**測試各故障碼是否正確顯示(至少 2 故障碼)
9. 手動測試機構組裝是否牢固
10. 自動循環功能再啓動，完成任一料存料及放料後停止
11. 目視檢查配管配線專業規範
12. 答案卷批改計分

(十二) 計算及元件選用：依所給條件及參考數據，在答案紙上列出計算過程，選用適當元件，回答空格問題。

(十三) 復原：檢定完成或時間終了，經監評人員提示，機構回機械原點，壓力源歸零，切斷電源氣源，整理工作崗位，並整齊擺設，才可離席。

九、《由**監評長指定**試題之項次，**項次記載於答案紙上**□，評分及複評時項次不更換》

請依指定之數據，在答案紙上作答，否則不予計分)

有一控制器之 12-bit 線性 DAC 模組，且其數位輸入範圍爲 0_H ~ FFF_H，則

勾選項次	輸出電壓範圍(Vr)	精確度(Ra)	DAC 輸出電壓(Vo)	馬達之轉速(Nm)
□ **1**	0V~ +10V	1rpm	7V	100rpm
□ **2**	0V~ +5V	2rpm	4V	200rpm
□ **3**	0V~ +3V	0.5rpm	2V	500rpm
□**4** □**5**	**V~ V**	**rpm**	**V**	**rpm**

(1) 若其輸出電壓範圍 Vr，此 DAC 最小輸出之電壓變化爲 **(A)** mV（解析度）。(小數點 2 位)

(2) 若其輸出電壓範圍 Vr，當此 DAC 輸出電壓爲 Vo 時，其 DAC 之數位命令值應爲 **(B)** 。

(3) 若有一變頻器模組之電壓輸入 0V ~ +10V 表示馬達之轉速為 0rpm ~ +1000rpm，其精確度為 Ra rpm。則選用 __(C)__ bit(偶數)之 D/A 模組(其輸出電壓範圍為 Vr = 0V ~ +10V)，以獲得此輸出解析度。

(4) 續上題，透過此 D/A 模組之控制解析度為 __(D)__ rpm。(小數點 2 位)

(5) 續上題，若馬達之轉速為 Nm rpm 時，其 DAC 之數位命令值應為 __(E)__。

3. 氣壓迴路圖

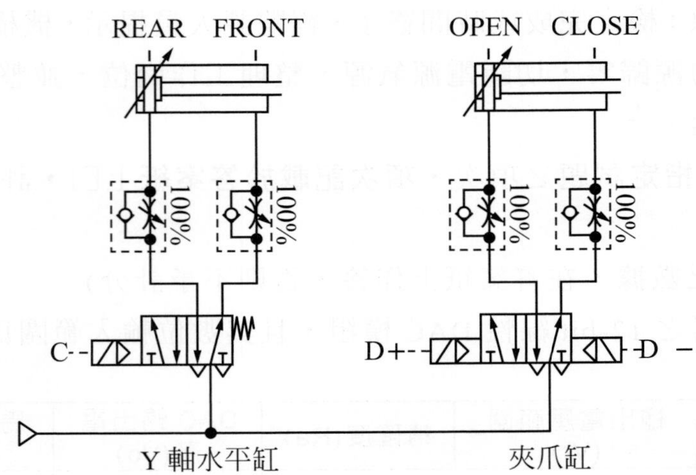

4. 計算與元件選用

項次 1：輸出電壓範圍(Vr) = 0V~ +10V；精確度(Ra) = 1rpm；DAC 輸出電壓(Vo) = 7V；馬達之轉速(Nm) = 100rpm

(一) Vr = 0V~ +10V；12 bit DAC

$2^{12} = 4096$

$$\text{解析度} = \frac{10}{4096} = 0.00244\text{V} = 2.44\text{mV}$$

(二) Vr = 0V~ +10V；Vo = 7V

$$\frac{x}{4096} = \frac{7}{10-0}$$

$$\Rightarrow x = 2867.2$$

(三) Vi = 0V~ +10V；N = 0 ~ 1000rpm；Ra = 1rpm

$$\frac{1000rpm}{1rpm} = 1000$$

$$2^9 = 512$$

$$2^{10} = 1024 > 1000$$

選 10 bit D/A 模組

(四) $2^{10} = 1024$

$$\frac{1000}{1024} = 0.98rpm$$

(五) $\frac{y}{1024} = \frac{100}{1000}$

$$y = 102$$

項次 2：輸出電壓範圍(Vr) = 0V~ +5V；精確度(Ra) = 2rpm；DAC 輸出電壓(Vo) = 4V；馬達之轉速(Nm) = 200rpm

(一) Vr = 0V~ +5V；12 bit DAC

$$2^{12} = 4096$$

$$解析度 = \frac{5}{4096} = 0.00122V = 1.22mV$$

(二) Vr = 0V~ +5V；Vo = 4V

$$\frac{x}{4096} = \frac{4}{5-0}$$

$$\Rightarrow x = 3276.8$$

(三) Vi = 0V~ +10V；N = 0 ~ 1000rpm；Ra = 2rpm

$$\frac{1000rpm}{2rpm} = 500$$

$$2^9 = 512 > 500$$

無單數模組，故選 10 bit D/A 模組

(四) $2^{10} = 1024$

$$\frac{1000}{1024} = 0.98rpm$$

(五) $\frac{y}{1024} = \frac{200}{1000}$

$$y = 205$$

項次 3：輸出電壓範圍(Vr) = 0V~ +3V；精確度(Ra) = 0.5rpm；DAC 輸出電壓(Vo) = 2V；馬達之轉速(Nm) = 500rpm

(一) Vr = 0V~ +3V；12 bit DAC

$2^{12} = 4096$

$解析度 = \frac{3}{4096} = 0.000732V = 0.732mV$

(二) Vr = 0V~ +3V；Vo = 2V

$\frac{x}{4096} = \frac{2}{3-0}$

$\Rightarrow x = 2730$

(三) Vi = 0V~ +10V；N = 0 ~ 1000rpm；Ra = 0.5rpm

$\frac{1000rpm}{0.5rpm} = 2000$

$2^{11} = 2048 > 2000$

無單數模組，故選 12 bit D/A 模組

(四) $2^{12} = 4096$

$\frac{1000}{4096} = 0.244rpm$

(五) $\frac{y}{4096} = \frac{500}{1000}$

$y = 2048$

5.　I/O 規劃圖及馬達控制迴路圖

(1)　I/O 規劃圖

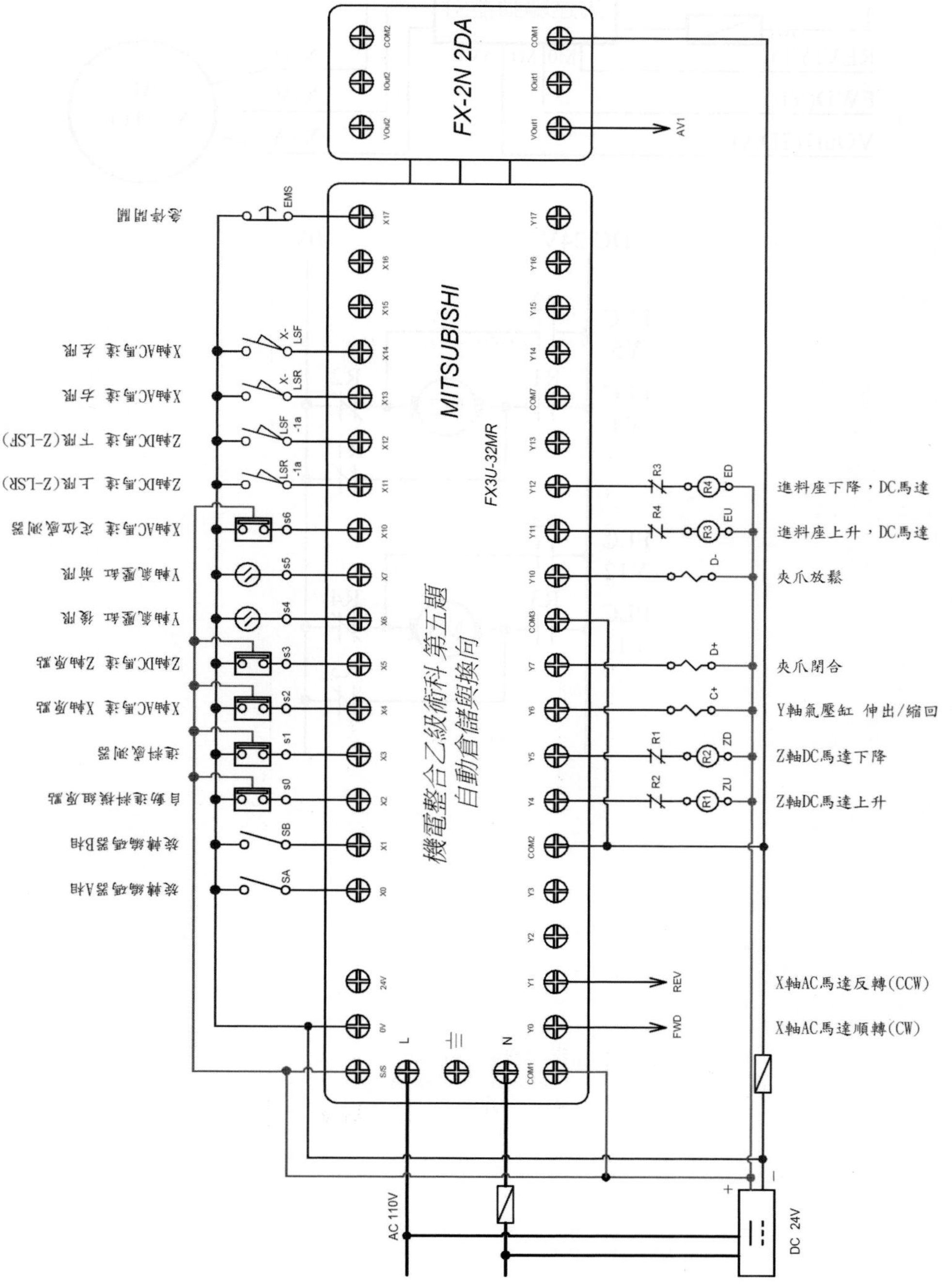

FX-2N 2DA
MITSUBISHI
FX3U-32MR
機電整合乙級術科 第五題
自動倉儲與換向

急停開關
X軸AC馬達 左限
X軸AC馬達 右限
Z軸DC馬達 下限(Z-LSF)
Z軸DC馬達 上限(Z-LSR)
X軸AC馬達 定位感測器
Y軸氣壓缸 前限
Y軸氣壓缸 後限
Z軸DC馬達 Z軸原點
X軸DC馬達 X軸原點
進料感測器
自動進料機組原點
旋轉編碼器B相
旋轉編碼器A相

進料座下降，DC馬達
進料座上升，DC馬達
夾爪放鬆
夾爪閉合
Y軸氣壓缸 伸出/縮回
Z軸DC馬達下降
Z軸DC馬達上升
X軸AC馬達反轉(CCW)
X軸AC馬達順轉(CW)

AC 110V
DC 24V

(2) 馬達控制迴路圖

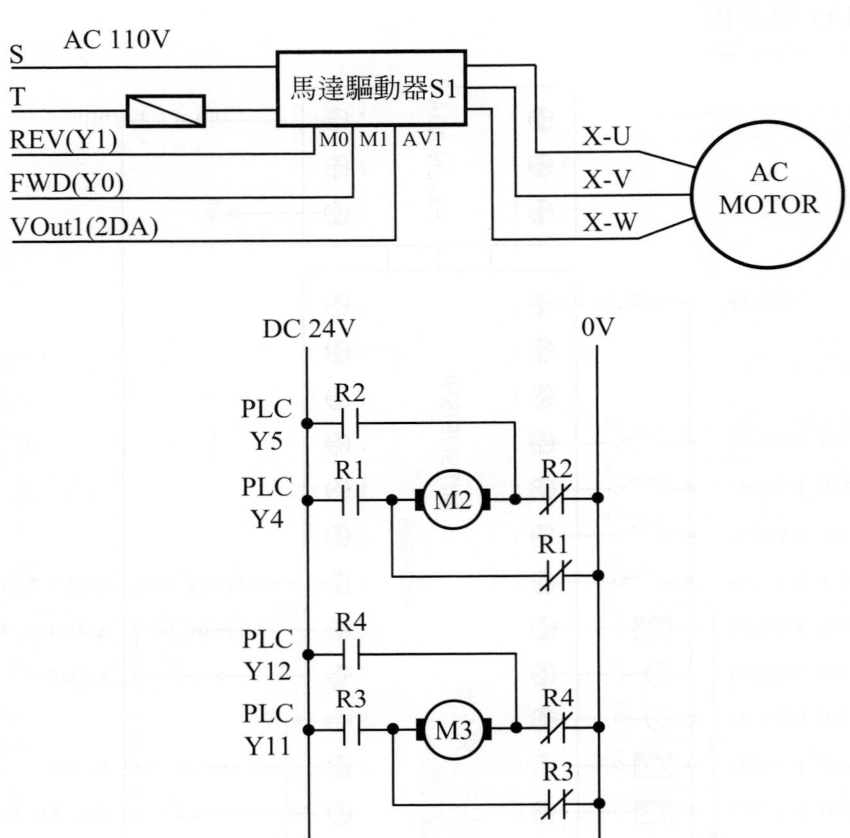
S
AC 110V
T
REV(Y1)
FWD(Y0)
VOut1(2DA)
馬達驅動器S1
M0 M1 AV1
X-U
X-V
X-W
AC MOTOR
DC 24V
0V
PLC Y5
R2
PLC Y4
R1
M2
R2
R1
PLC Y12
R4
PLC Y11
R3
M3
R4
R3

6. SFC 順序功能流程圖

自動倉儲存取站動作流程圖

7. 階梯與狀態流程圖

(1) 人機元件配置與 PLC I/O 表

元件編號(bit)		說明	元件編號(bit)		說明
X00	SA	旋轉編碼器 A 相	Y00	X+	X 軸(＋)
X01	SB	旋轉編碼器 B 相	Y01	X	X 軸(－)
X02	S0	進料座原點感測器	**Y02**	**Z+**	**Z 軸(＋)**
X03	S1	進料座進料感測器	**Y03**	**Z**	**Z 軸(－)**
X04	S2	X 軸(原點)	**Y04**	**C**	**水平缸(伸出)**
X05	S3	Z 軸(原點)	**Y05**	**D+**	**夾爪(夾)**
X06	S4	水平缸(後限)	**Y06**	**D**	**夾爪(放)**
X07	S5	水平缸(前限)	**Y07**	**E+**	**進料座(上升)**
X10	S6	X 軸定位感測器	**Y10**	**E**	**進料座(下降)**
X11	**LSR1-b**	**X 軸左極限(PLC)**	Y11		
X12	**LSF1-b**	**X 軸右極限(PLC)**	Y12		
X13			Y13		
X14			Y14		
X15			Y15		
X16			Y16		
X17	EMS	緊急停止開關 (EMS)_(b)	Y17		
HMI	M26	HMI_存料設定載入	HMI	M00	HMI_X 軸(＋)
	M27	HMI_取料設定載入		M01	HMI_X 軸(－)
	M28	HMI_存料_清除設定		M02	HMI_Z 軸(＋)
	M29	HMI_取料_清除設定		M03	HMI_Z 軸(－)
	M33	**HMI_存料_**		M04	HMI_水平缸_伸出
	M34	**HMI_存料燈**		M05	HMI_水平缸_縮回

元件編號(bit)		說明	元件編號(bit)		說明
	M35	**HMI_取料_**		M06	HMI_夾爪_夾
	M36	**HMI_取料燈**		M07	HMI_夾爪_放
				M08	HMI_進料座_上升
				M09	HMI_進料座_下降
HMI	D30	選取格位	HMI	M20	HMI_自動(N.O)/手動(N.C)
	D40	存料項_01		M20	HMI_手動燈
	D50	存料項_02		M20	HMI_自動燈
	D60	存料項_03		**M21**	**HMI_啓動**
	D70	取料項_01		**M22**	**HMI_復歸**
	D80	取料項_02		**X17**	**HMI_急停燈 EMS**
	D90	取料項_03		**M23**	**HMI_停止**
	D100	異常狀態碼			
				M25	**HMI_錯誤碼燈**
				M30	HMI_綠燈(待機)
				M31	HMI_黃燈(復歸)
				M32	HMI_紅燈(運轉)

(2) LD 與 SFC

```
LD 0
 X17↓                         —( M8031 )
 X17↑                         —( SET S1 )
 M8002                        —( RST S2 )
                              —( RST S3 )
                              —( MOVP K0 D100 )
 M20↓                         —( SET S2 )
                              —( RST S1 )
                              —( RST S3 )
 M20↑ M200                    —( SET S3 )
                              —( RST S2 )
                              —( RST S1 )
 X2 X4 X5 X6                  —( M200 )
                              —[ MOVP  K0 D100 ]
 M200 (NC)                    —[ MOV  K512 D100 ]
 S10 / S12 / S14 / X16  M8013 —( M31 )
 —[ <>  K0  D100 ]            —( M25 )
 M8000                        —[ WR3A K0 K21 D110 ]
                              —( C251 D120 )
        X10↑                  —( C0 D130 )
                              —[ DECP D135 ]
 M8000 —[ <>  D135  K1 ]      —[ MOV K4000 D110 ]
       —[ <=  D135  K1 ]      —[ MOV K4000 D110 ]
 X17 (NC)                     —[ MOV K513 D100 ]
 M23                          —[ SET M100 ]
```

S1 復歸流程

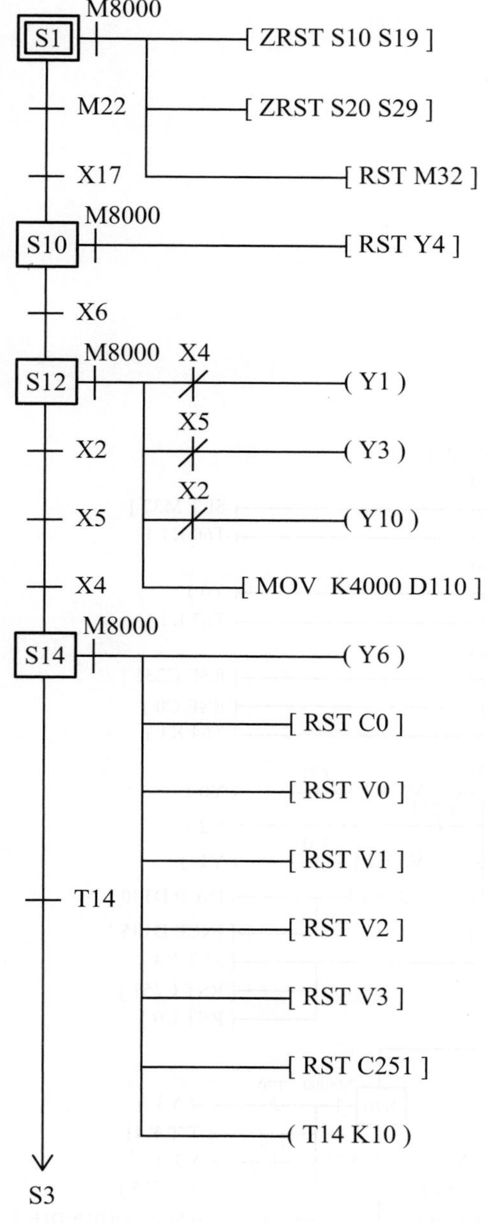

S2 指定流程

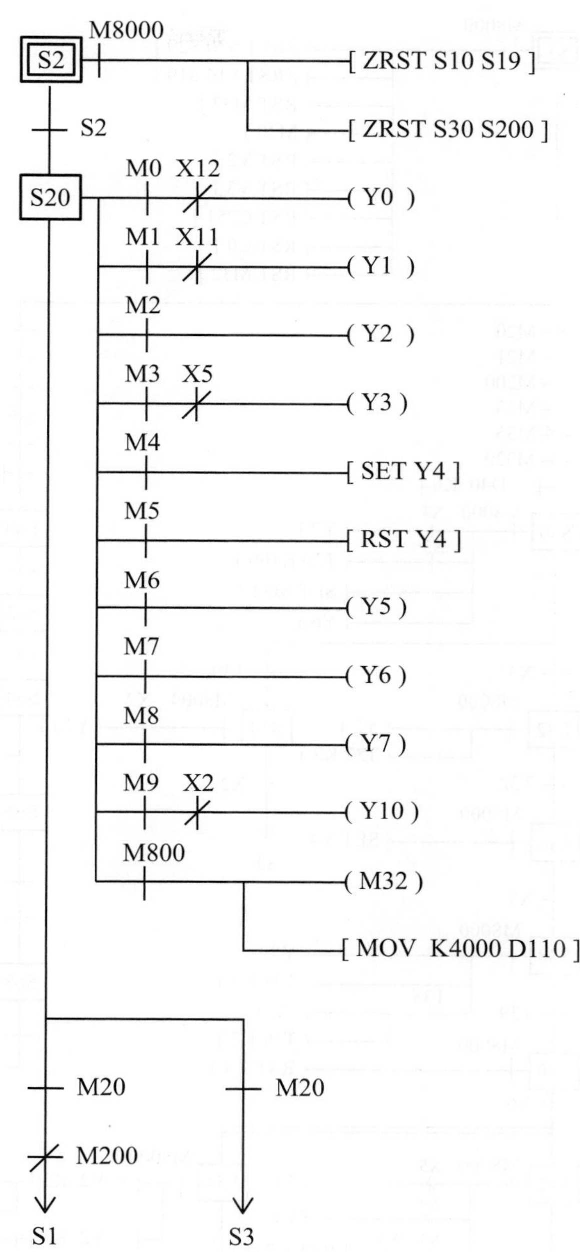

S3 主流程

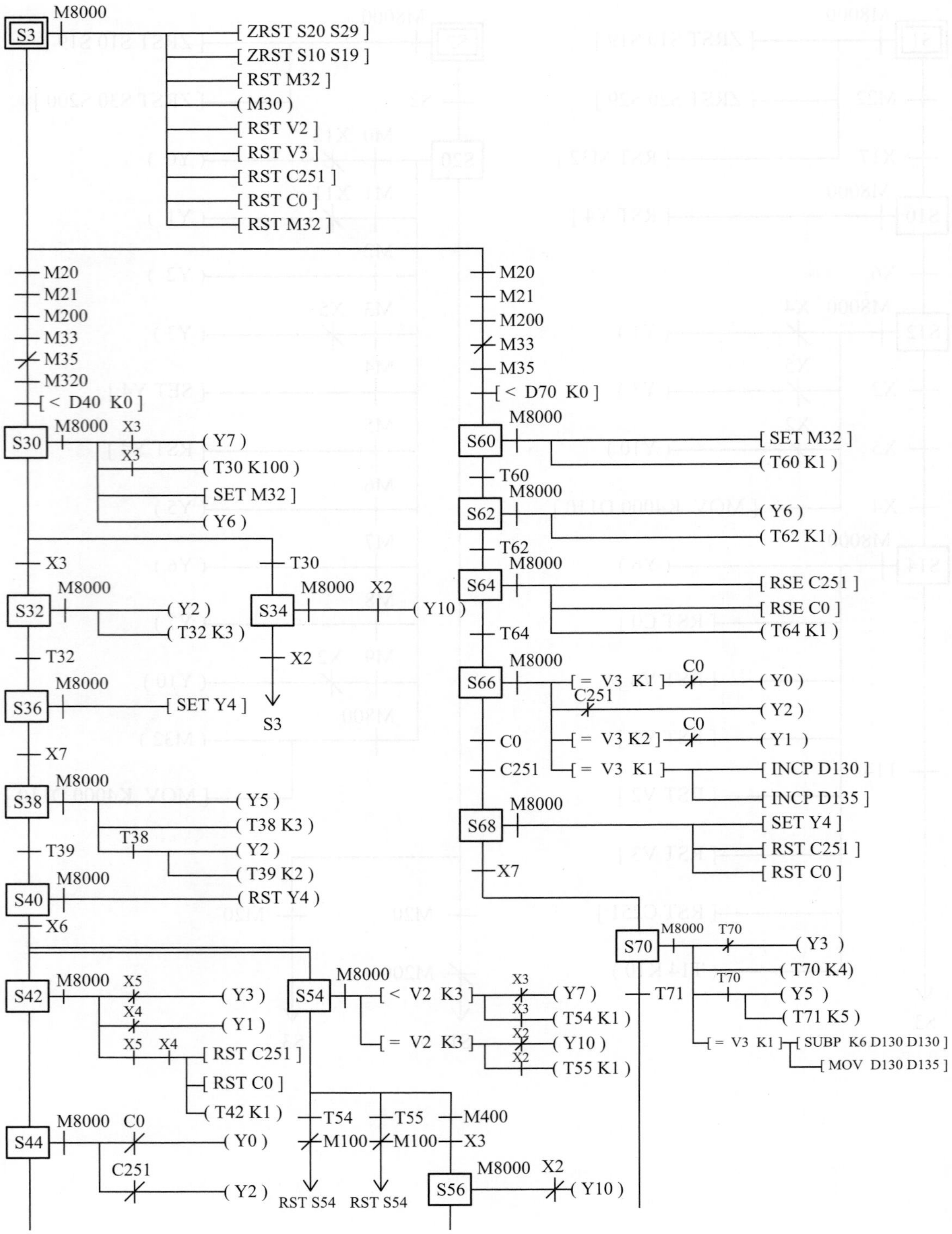

S3
M8000
[ZRST S20 S29]
[ZRST S10 S19]
[RST M32]
(M30)
[RST V2]
[RST V3]
[RST C251]
[RST C0]
[RST M32]
M20
M21
M200
M33
M35
M320
[< D40 K0]
S30
M8000
X3
(Y7)
X3
(T30 K100)
[SET M32]
(Y6)
X3
T30
S32
M8000
(Y2)
(T32 K3)
S34
M8000
X2
(Y10)
X2
S3
T32
S36
M8000
[SET Y4]
X7
S38
M8000
(Y5)
(T38 K3)
T38
(Y2)
(T39 K2)
T39
S40
M8000
(RST Y4)
X6
S42
M8000
X5
(Y3)
X4
(Y1)
X5
X4
[RST C251]
[RST C0]
(T42 K1)
S44
M8000
C0
(Y0)
C251
(Y2)
S54
M8000
[< V2 K3]
X3
(Y7)
X3
(T54 K1)
[= V2 K3]
X2
(Y10)
X2
(T55 K1)
T54
M100
RST S54
T55
M100
RST S54
M400
X3
S56
M8000
X2
(Y10)
M20
M21
M200
M33
M35
[< D70 K0]
S60
M8000
[SET M32]
(T60 K1)
T60
S62
M8000
(Y6)
(T62 K1)
T62
S64
M8000
[RSE C251]
[RSE C0]
(T64 K1)
T64
S66
M8000
[= V3 K1]
C0
(Y0)
C251
(Y2)
[= V3 K2]
C0
(Y1)
[= V3 K1]
[INCP D130]
[INCP D135]
C0
C251
S68
M8000
[SET Y4]
[RST C251]
[RST C0]
X7
S70
M8000
T70
(Y3)
(T70 K4)
T70
(Y5)
(T71 K5)
T71
[= V3 K1]
[SUBP K6 D130 D130]
[MOV D130 D135]

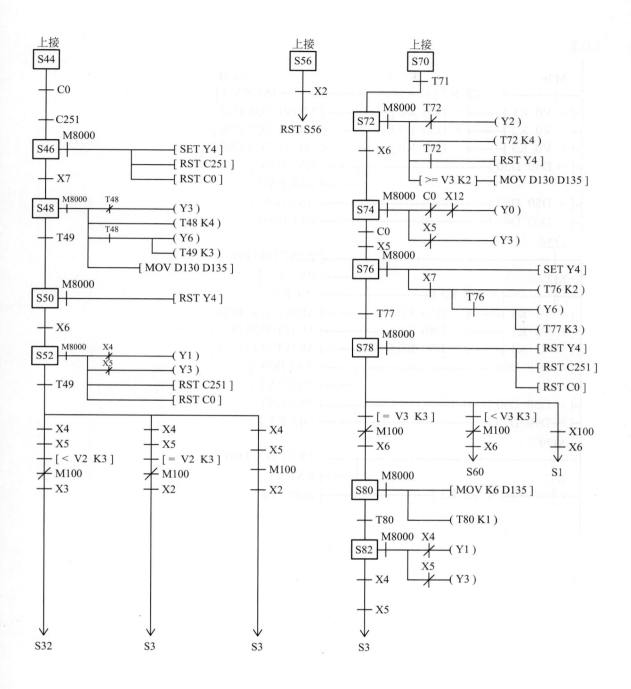

上接
S44
C0
C251
S46 M8000 [SET Y4] [RST C251] [RST C0]
X7
S48 M8000 T48 (Y3) (T48 K4) T48 (Y6) (T49 K3) [MOV D130 D135]
T49
S50 M8000 [RST Y4]
X6
S52 M8000 X4 (Y1) X5 (Y3) [RST C251] [RST C0]
T49
X4 X5 [< V2 K3] M100 X3 → S32
X4 X5 [= V2 K3] M100 X2 → S3
X4 X5 M100 X2 → S3

上接
S56
X2
RST S56

上接
S70
T71
S72 M8000 T72 (Y2) (T72 K4) T72 [RST Y4] [>= V3 K2] [MOV D130 D135]
X6
S74 M8000 C0 X12 (Y0) X5 (Y3)
C0
X5
S76 M8000 [SET Y4] X7 (T76 K2) T76 (Y6) (T77 K3)
T77
S78 M8000 [RST Y4] [RST C251] [RST C0]
[= V3 K3] M100 X6
[< V3 K3] M100 X6 → S60
X100 X6 → S1
S80 M8000 [MOV K6 D135] (T80 K1)
T80
S82 M8000 X4 (Y1) X5 (Y3)
X4
X5
→ S3

```
LD 1
  M26
──┤├────[< V0 K3]──────────────[INCP V0]
──[= V0 K1]──[= D40 K0]────────[MOVP D30 D40]
──[= V0 K2]──[= D50 K0]────────[MOVP D30 D50]
──[= V0 K3]──[= D60 K0]────────[MOVP D30 D60]
──[= D40 D50]──────────────┬───[RST D50]
                           └───[DECP V0]
──[= D50 D60]──────────────┬───[RST D60]
──[= D60 D40]──────────────┴───[DECP V0]
  M28
──┤├───────────────────────┬───[ZRST D40 D60]
                           └───[RST V0]
  M27
──┤├────[< V1 K3]──────────────[INCP V1]
  [= V1 K1]──[= D70 K0]────────[MOVP D30 D70]
──[= V1 K1]──[= D80 K0]────────[MOVP D30 D80]
──[= V1 K1]──[= D90 K0]────────[MOVP D30 D90]
──[= D70 D80]──────────────┬───[RST D80]
                           └───[DECP V1]
──[= D80 D90]──────────────┬───[RST D90]
──[= D90 D70]──────────────┴───[DECP V1]
  M29
──┤├───────────────────────┬───[ZRST D70 D90]
                           └───[RST V1]
  S32
──┤├────[< V2 K3]──────────────[INPC V2]
```

```
S36
|--| |----[ = V2 K1 ]---------[ DIV D40 K10 D45 ]
          [ = V2 K2 ]---------[ DIV D50 K10 D45 ]
          [ = V2 K3 ]---------[ DIV D60 K10 D45 ]
S38
|--| |------------------------+--[ MOV D46 D130 ]
                              +--[ MOV D130 D135 ]
S40
|--| |------------------------+--[ INCP D130 ]
                              +--[ INCP D135 ]
S60
|--| |----[ < V3 K3 ]---------[ INCP V3 ]
S62
|--| |--+-[ = V3 K1 ]---------[ DIV D70 K10 D45 ]
        +-[ = V3 K2 ]---------[ DIV D80 K10 D45 ]
        +-[ = V3 K3 ]---------[ DIV D90 K10 D45 ]
S64
|--| |--+-[ = V3 K1 ]---------+--[ MOV D46 D130 ]
        |                     +--[ MOV D130 D135 ]
        +-[ >= V3 K2 ]--------+--[ SUBP K5 D46 D130]
                              +--[ MOV D130 D135 ]
M8000
|--| |--+-[ = D45 K1 ]--------[ DMOV K20000 D120 ]
        +-[ = D45 K2 ]--------[ DMOV K20000 D120 ]
        +-[ = D45 K3 ]--------[ DMOV K39300 D120 ]
        +-[ = D45 K4 ]--------[ DMOV K57700 D120 ]
```

國家圖書館出版品預行編目資料

可程式控制快速進階篇(含乙級機電整合術科解析)
/ 林文山編著. -- 初版. -- 新北市 : 全華圖書
股份有限公司, 2021.01
面 ; 公分
ISBN 978-986-503-547-1(平裝)
1.自動控制 2.機電整合
448.9 109021806

可程式控制快速進階篇(含乙級機電整合術科解析)

作者 / 林文山
發行人 / 陳本源
執行編輯 / 張曉紜
出版者 / 全華圖書股份有限公司
郵政帳號 / 0100836-1 號
印刷者 / 宏懋打字印刷股份有限公司
圖書編號 / 06466007
初版一刷 / 2021 年 04 月
定價 / 新台幣 390 元
ISBN / 978-986-503-547-1 (平裝)
全華圖書 / www.chwa.com.tw
全華網路書店 Open Tech / www.opentech.com.tw
若您對本書有任何問題，歡迎來信指導 book@chwa.com.tw

臺北總公司(北區營業處)
地址：23671 新北市土城區忠義路 21 號
電話：(02) 2262-5666
傳真：(02) 6637-3695、6637-3696

南區營業處
地址：80769 高雄市三民區應安街 12 號
電話：(07) 381-1377
傳真：(07) 862-5562

中區營業處
地址：40256 臺中市南區樹義一巷 26 號
電話：(04) 2261-8485
傳真：(04) 3600-9806(高中職)
(04) 3601-8600(大專)

讀者回函卡

掃 QRcode 線上填寫 ▸▸▸

姓名：＿＿＿＿＿＿ 生日：西元＿＿＿年＿＿＿月＿＿＿日 性別：□男 □女

電話：（ ）＿＿＿＿＿＿ 手機：＿＿＿＿＿＿

e-mail：（必填）＿＿＿＿＿＿

註：數字零，請用 Φ 表示，數字 1 與英文 L 請另註明並書寫端正，謝謝。

通訊處：□□□□□

學歷：□高中・職 □專科 □大學 □碩士 □博士

職業：□工程師 □教師 □學生 □軍・公 □其他

學校／公司：＿＿＿＿＿＿ 科系／部門：＿＿＿＿＿＿

・需求書類：

□ A. 電子 □ B. 電機 □ C. 資訊 □ D. 機械 □ E. 汽車 □ F. 工管 □ G. 土木 □ H. 化工 □ I. 設計

□ J. 商管 □ K. 日文 □ L. 美容 □ M. 休閒 □ N. 餐飲 □ O. 其他

・本次購買圖書為：＿＿＿＿＿＿ 書號：＿＿＿＿＿＿

・您對本書的評價：

封面設計：□非常滿意 □滿意 □尚可 □需改善，請說明＿＿＿＿＿＿

內容表達：□非常滿意 □滿意 □尚可 □需改善，請說明＿＿＿＿＿＿

版面編排：□非常滿意 □滿意 □尚可 □需改善，請說明＿＿＿＿＿＿

印刷品質：□非常滿意 □滿意 □尚可 □需改善，請說明＿＿＿＿＿＿

書籍定價：□非常滿意 □滿意 □尚可 □需改善，請說明＿＿＿＿＿＿

整體評價：請說明＿＿＿＿＿＿

・您在何處購買本書？

□書局 □網路書店 □書展 □團購 □其他＿＿＿＿＿＿

・您購買本書的原因？（可複選）

□個人需要 □公司採購 □親友推薦 □老師指定用書 □其他＿＿＿＿＿＿

・您希望全華以何種方式提供出版訊息及特惠活動？

□電子報 □ DM □廣告（媒體名稱＿＿＿＿＿＿）

・您是否上過全華網路書店？（www.opentech.com.tw）

□是 □否 您的建議＿＿＿＿＿＿

・您希望全華出版哪方面書籍？＿＿＿＿＿＿

・您希望全華加強哪些服務？＿＿＿＿＿＿

感謝您提供寶貴意見，全華將秉持服務的熱忱，出版更多好書，以饗讀者。

填寫日期：　　/　　/

2020.09 修訂

親愛的讀者：

感謝您對全華圖書的支持與愛護，雖然我們很慎重的處理每一本書，但恐仍有疏漏之處，若您發現本書有任何錯誤，請填寫於勘誤表內寄回，我們將於再版時修正，您的批評與指教是我們進步的原動力，謝謝！

全華圖書　敬上

勘　誤　表

書　號		書　名		作　者	
頁　數	行　數	錯誤或不當之詞句		建議修改之詞句	

我有話要說：（其它之批評與建議，如封面、編排、內容、印刷品質等・・・）